中国建筑文化遗产

20世纪遗产的事件学阐释：建筑与人

单霁翔　名誉主编

金　磊　主　编

30

天津大学出版社

图书在版编目（CIP）数据

20世纪遗产的事件学阐释：建筑与人 / 金磊主编
. — 天津：天津大学出版社, 2023.3
（中国建筑文化遗产；30）
ISBN 978-7-5618-7429-5

Ⅰ.①2… Ⅱ.①金… Ⅲ.①建筑史 – 研究 – 中国
Ⅳ.①TU–092

中国国家版本馆CIP数据核字(2023)第054403号

20 SHIJI YICHAN DE SHIJIANXUE CHANSHI: JIANZHU YU REN

策划团队　韩振平工作室
责任编辑　刘博超
装帧设计　董秋岑

出版发行　天津大学出版社
地　　址　天津市卫津路92号天津大学内（邮编：300072）
电　　话　022-27403647
网　　址　www.tjupress.com.cn
印　　刷　北京盛通印刷股份有限公司
经　　销　全国各地新华书店
开　　本　635×965　1/8
印　　张　27
字　　数　539千
版　　次　2023年4月第1版
印　　次　2023年4月第1次
定　　价　96.00元

CHINA ARCHITECTURAL HERITAGE
中国建筑文化遗产 30
20世纪遗产的事件学阐释：建筑与人

目 录

CONTENTS

目 录

CONTENTS

持续开创建筑遗产保护学术新"家园"

金磊

无序不成书,序对不同主题的解读要释其名而彰其义。建筑"史记"是宏大的,历史的长河也必是无比辽阔的。不同的十年又十年,一条守望的路,落叶无迹。《中国建筑文化遗产》站在历史与当代的宏观高度,为建筑界、文博界乃至社会记录下丰厚的建筑与艺术遗产。学术本身根植于广阔的文化遗产原野上,一切成果都归功于现代的学科体系,不仅从各个学科中汲取养分,更离不开每位开创者的学术激情及对文化的挚爱。

2022 年 7 月 18 日,在北京市建筑设计研究院有限公司,我和叶依谦执行总建筑师共同主持了"20 世纪与当代遗产:事件 + 建筑 + 人"建筑师茶座,我在主持词中讲道:"事件需要回眸,尤其需要有记录、有省思的研究,而对 20 世纪遗产的研究恰恰为我们提供了最好的交流舞台。"我坚信,这个参会人数并不多的茶座,因其特定的历史价值与时代性,是可以载入"会议事件"系列的。我认为,大家的发言乃至写作都是"史与传"结合的,都是"个体与历史"有深度的对话,都是 20 世纪与当代遗产留下的城市文化"传记"。本次茶座展示了两本书,这两本书对本次交流起到了很好的作用。一本是李东晔采访整理的《予知识以殿堂:国家图书馆馆舍建设(1975—1987)口述史》;另一本是曹汛(1935—2021)著的《林徽音先生年谱》一书,由曹汛之子曹洪舟赠送。它们同样令与会专家感怀。

2013 年 3 月,《中国建筑文化遗产》编委会与中国建筑文化中心联合推出了《中国建筑文化遗产年度报告(2002—2012)》,这是一部浸透着中国建筑界、文博界近百位专家学者心血的力作。在 2022 年 7 月这个时间节点上回望,从 2011 年开始出版《中国建筑文化遗产》,已十一个年头;从召开"首届中国 20 世纪建筑遗产保护与利用研讨会",已整整十年;《建筑评论》也将迎来第十个年头。对 2012—2022 年这十年,中国文物学会会长单霁翔将其归纳为"面临考验的十年""中国文化遗产事业科学发展的十年""成果丰硕的十年及理念进步的十年"。这说明,太多精彩的文化佳作似"家园"般呈现,而策划良久、于近期刚刚问世的《建筑师的家园》更让建筑学人有了可以抒怀的学术"家园"。

2022 年 6 月 21 日,在第七批中国 20 世纪建筑遗产项目终评推介会上,秘书处向与会的专家、委员赠送了《中国建筑文化遗产 29》与《世界的当代建筑经典——深圳国贸大厦建设印记》,展示了我们对 20 世纪与当代遗产的特有态度。单霁翔会长向本次会议赠予的新著《人居香港——活化历史建筑》,立足当下,以香港历史建筑为例,向公众讲述了该如何重温、反思、保护与建设,强调了"活化历史建筑伙伴计划"在城市历史"记忆库"中发挥的作用。该书无疑是启迪人心的佳作,对中国 20 世纪建筑遗产的保护与活化之理论与实践意义非凡。

纵观漫漫十年路,《中国建筑文化遗产》系列丛书至少体现了如下八个方面的坚守:
根植于城市建筑与文博,在扎根国情与地域文化的基础上,始终关注全球化语境;
不仅诠释传统与现代、东方与西方,更展示设计文化相融的思辨;
虽属学术"新秀",但它以敏锐的观察力,在城市与建筑间架设起智库桥梁;
一直striking研究集中在"建筑·事件·人"上,已推出数以十计的中国建筑先驱;
挖掘城市文脉并将其融入当代,借鉴"城设"理念,求索文化城市与遗产保护的多元路径;
在扩大自身平台品牌效应的同时,全方位提升服务行业的能力,增强在国际出版界的影响力;
一直要求编辑以学术情怀彰显深层的精神气质,在学界中厚植专业底蕴,将学术认知落实到每个编撰环节中;
倡导提升编辑修养,不仅要对社会及公众承担责任与使命,还要同时将理性、科学、系统思维及研究四个方面的能力建设置于首位,强调综合协同能力的建设。

为期数月的"五感的建筑——隈研吾建筑设计展"于 2022 年 7 月 21 日在嘉德艺术中心开幕,它应该是中外建筑文化交流中的一次现实碰撞。2022 年恰逢中日邦交正常化五十周年,愿中国建筑界有更多"时代号角"般的作品展呈现。在展示行业现实"表情"时,也要用作品与思想、人物与文化来表意,创造更多用经典与创意之美浸润人心的好作品。我们研判:20 世纪在中国建筑遗产史上是非常重要的时期,所以基于此走出继承与创新并举的未来之路就显得太关键了。

2022 年 7 月

Continue to Create a New Academic "Home" of Architectural Heritage Conservation

Jin Lei

Almost every book has a preface. Prefaces need to interpret the meanings of different themes. The "historical record" of architecture is grand, and the long river of history must also be incomparably vast. Different ten years and ten years, a watchful road, leaves without trace. *China Architectural Heritage* stands at the macro level of history and contemporary era, and records rich architectural and artistic heritage for the architectural, cultural and museum circles and even the society. Academia itself is rooted in cultural heritage. All academic achievements are attributed to the system of modern academic disciplines, which not only absorb "nutrients" from disciplines, but also are built on the academic passion and love for culture of pioneers of all academic disciplines.

On July 18, 2022, at Beijing Institute of Architectural Design (BIAD), Ye Yiqian and I co-hosted the architect symposium titled "20th Century and Contemporary Heritage: Events + Architecture + People." At the workshop, I said: "Events need to be reviewed, especially the research with records and reflection, and the research on the heritage of the 20th century provides us with the best exchange stage." I firmly believe that this workshop, despite its small size, will go down in history as a significant event because of its historical and epochal value. The high-quality speeches and writings of the participants grasp connections between history and biography and are in-depth dialogues between individuals and history. They chronicle urban culture left by the 20th century and contemporary heritage. This symposium showed two books, which played a good role in this exchange, namely *Palace of Knowledge: An Oral History of the Building of the National Library of China (1975-1987)* by Li Dongye and *Chronological Life of Lin Huiyin* by Cao Xun (1935-2021). The latter is a gift from Cao Hongzhou, the son of Cao Xun.

In March 2013, the editorial board of *China Architectural Heritage* and China Architectural Culture Center jointly launched *China Architectural Heritage Annual Review (2002-2012)*, which is the fruit of hard work of nearly one hundred of experts in architecture. Eleven years have passed since the publication of *China Architectural Heritage* in 2011. It has been ten years since the first China 20th Century Architectural Heritage Conservation and Utilization Symposium was held. *Architectural Review* has also ushered its tenth year. According to Shan Jixiang, the 2012-2022 decade was full of trials and tribulations, and saw the scientific development, fruitful achievements, and update of mindsets in China's cultural heritage conservation. Many wonderful masterpieces on cultural heritage were published during this decade. *Homes of Architects*, which has been planned for a long time and recently published, has given architectural scholars a platform to express themselves.

At the Final Review Meeting for the Seventh List of China's 20th Century Architectural Heritage held on June 21, 2022, the Secretariat presented *China Architectural Heritage (Volume 29)* and *The World's Contemporary Architectural Classics: The Construction Imprint of Shenzhen International Trade Centre Building* to the expert committee as gifts, showing its unique attitude toward the heritage of the 20th century and the modern times. Shan Jixiang, President of the Chinese Society of Cultural Relics, introduced his new book *Habitat Hong Kong: Revitalising Historic Buildings* at the meeting. The book uses historical buildings in Hong Kong as examples and elucidates how to evaluate and conserve architectural heritage of a city with an eye on the present. It informs the public about the role played by the "Revitalising Historic Buildings Through Partnership Scheme" in preserving the city's memories. This book is undoubtedly a thought-provoking masterpiece. It is of great significance to the conservation and revitalization of China's 20th century architectural heritage in terms of both theory and practice.

Looking back on the journey of *China Architectural Heritage* series books in the past ten years, we sum up the following eight characteristics of the books:
While rooted in urban architecture, national conditions, and local culture, the books always pay attention to the global context;
The books not only annotate the traditional and modern, the East and the West, but also show the thinking of the integration of design culture;
Although relatively young as academic books, they have built a think tank bridge between cities and buildings with keen observation;
Research reports appearing on the books always focus on the stories of architecture, events and people. The books have published stories of dozens of Chinese architectural pioneers;
Explore the cultural context of cities from a contemporary perspective, draw on the concept of urban design, and look for different ways to boost the development of cultural cities and support heritage conservation;
In addition to strengthening brand building efforts, they have also made an endeavor to comprehensively improve the ability to serve the industry and increase its influence in international publishing;
The editors have always been required to show their deep spiritual temperament with academic feelings, lay professional foundation in academic circles, and implement academic cognition in every compilation link;
The books encourage its editors to improve editorial capabilities, assume their social responsibilities, and prioritize comprehensive and coordinated capacity building on the four fronts, that is, rationality, scientific thinking, systematic thinking, and research.

The months-long "Kuma Kengo Exhibition: Architecture for the Five Senses" opened at the Guardian Art Center on July 21, 2022, a cultural exchange in the field of architecture to mark the 50th anniversary of the normalization of diplomatic relations between China and Japan. I hope that there will be more architecture in China to grasp the zeitgeist of our times. Architecture is not just about practical functions, but also about ideas, people and culture. We hope architects will create more architecture that pull people's heart strings with a heady blend of classics and creativity. The 20th century is a very important period in the history of Chinese architectural heritage, so it is critical to take the future road of both inheritance and innovation based on this.

July 2022

从鼓楼望向钟楼：北京中轴线北端的全国重点文物保护单位钟鼓楼建筑（2022年9月26日，金磊摄）

* 中国文物学会会长、故宫博物院学术委员会主任。

Backbone: Liang Sicheng

栋梁梁思成

单霁翔*（Shan Jixiang）

"栋梁——梁思成一百二十周年文献展"开幕式现场　　　　梁思成与林徽因在清华园（20世纪50年代）

编者按：2021 年是梁思成先生 120 周年诞辰，2022 年是梁思成先生逝世 50 周年。值此之际，中国文物学会会长单霁翔特别为纪念建筑先贤梁思成撰写了《栋梁梁思成》一书。本文内容摘自《栋梁梁思成》一书(有改动)。希望单霁翔会长的这本书能引起更多人对建筑学家梁思成学术贡献的关注。该书论及以下七部分内容：一、"体形环境论"——中国语境下建筑教育体系的推广；二、"中而新"——传统建筑与现代建筑相互融合的探索；三、《中国建筑史》——要写中国人自己的建筑史；四、宋《营造法式》——中国古建筑"天书"密码的破解；五、"整旧如旧"——要延年益寿，不要返老还童；六、"古今兼顾，新旧两利"——历史性城市规划的原则；七、"北平城全部"—— 实现古都北京整体保护的理想。本文仅辑要其中第五部分的部分内容。

Editor's note: The year 2021 marked the 120th anniversary of the birth of Liang Sicheng and the 50th anniversary of his death. This article is excerpted from a new book *Backbone: Liang Sicheng* written by Shan Jixiang, president of the Chinese Society of Cultural Relics, written in memory of architecture sage Mr. Liang. I hope that Shan's new book will direct more attention to Liang's academic accomplishments. The book consists of seven chapters: ① Theory of planning physical environment—Promotion of the architectural education system in the Chinese context; ② The new Chinese style—Fusion of traditional and modern architecture; ③ *History of Chinese Architecture*—The Chinese people's own architectural history;④ *Yingzao Fashi* (*State Building Standards*)—Deciphering the codes of ancient Chinese architecture; ⑤ Artifact restoration—Respecting the artifact itself and its history; ⑥ Combination of past and present—The principle of urban planning of historic cities; and ⑦ The holistic approach to the conservation of old Beijing. This article is an excerpt from its fifth chapter.

梁思成先生是文化遗产的忠实守望者。

梁思成先生始终关注文物建筑保护，在调查、抢救、维修、利用等方面都提出过系统的主张。他认为文物建筑记录着历史的沧桑变迁，也是科学性与艺术性的集中体现。为了让文物建筑更长久地焕发生机与魅力，需要持续地对其进行维修保护，但是在这一过程中，应保持文物建筑的"品格"和"个性"，通过"整旧如旧"呈现给世人的不是"返老还童"的形象，而应该是"延年益寿"的状态。梁思成先生不但拥有正确的文物建筑保护理念，而且做出了典范性的实践。

梁思成夫妇在 1928 年回国以前，一起赴英国、瑞典、挪威、德国、瑞士、意大利、西班牙、法国考察，亲眼看到这些国家，特别是意大利等国的历史建筑受到妥善的保护，而且有专家学者们对这些历史建筑进行深入系统的研究并实施维修保护。对比自己的国家，一个具有几千年文明传统的中华民族，虽然祖先留下了丰富的建筑遗产，但是如今却未获得应有的保护，大批古建筑处于风雨飘摇之中，遭受人为与自然的伤害损毁。为此，他们义无反顾地投身于中国古代建筑的保护事业。

进入中国营造学社后，梁思成先生首先掌握了明清官式建筑的基本特点，后拓展至唐、辽、宋、元等多个朝代，对中国古代建筑风格、美术特征、建筑形制、结构法则等开展了系统分析及深入研究，总结出我国各个时代历史建筑的辨别标准，也使中国营造学社具备了对古建筑认识和评价的能力。他对研究工作极其重视，因此科学研究成为古建筑修缮工程的基础。他对几乎每座建筑都认真进行考证，通过内外区分、主次有别、尊重国情的价值判断和技术选择，解决了西方理论应用于中国古建筑实际中产生的一系列问题，使落架大修、彩画重绘、瓦顶重铺、新技术新材料运用等策略和技术得以形成。

1932 年，梁思成先生提出"保持现状，恢复原状"的修缮理念，并明确其运用原则。与此并行的是修缮理念研究。秉持"保持现状，恢复原状"的理念，通过将建筑分为现存的"现状"和初建时的"原状"来对古建筑的年代信息和风格特征进行评价以指导

梁思成绘制的独乐寺观音阁渲染图（中国文化遗产研究院藏）

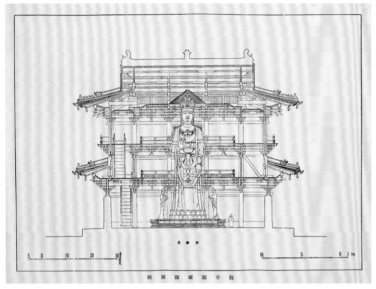

独乐寺观音阁纵断面图（1932年，中国营造学社绘）

修缮。在对古建筑状态的描述中，引入时间和价值的概念，是梁思成先生的重要贡献，通过"现状"概念的应用，改变对"原状"的传统理解，并赋予其新的意义，将其定义为"建筑物初建或某时期重建后的状态"。

"保持现状，恢复原状"的提出，从根本上改变了我国古建筑修缮的理念。在"现状"方面，通过超越传统精度和深度的前期勘察，形成整体与局部、普遍与重点、外部与内部相结合的观察方法，对于重点部位则拆开局部深入观察，并借助摄影及测量绘图，精确量化记录现状问题。在"原状"方面，通过对部分材料的拆解，并借助文献和与清工部《工程做法则例》、宋《营造法式》对照的研究方法，分析古建筑各部分构件、装饰的年代及风格，进行原始状况的判定，据此判断古建筑各部分的价值，通过修缮设计，决定取舍，存精去芜，并进一步细化维修保护或拆除修复的策略。

独乐寺是梁思成先生系统进行古建筑调查的起点，《蓟县独乐寺观音阁山门考》是一篇高水平的论文，在论文的最后专门写了"今后之保护"部分，针对独乐寺的保护提出了鲜明的观点："观音阁及山门，既为我国现存建筑物中已发现之最古者，且保存较佳，实为无上国宝。""数十年来，不惟任风雨之侵蚀，且不能阻止军队之毁坏。今门窗已无，顶盖已漏，若不及早修葺，则数十年乃至数年后，阁门皆将倾圮，此千年国宝，行将与建章、阿房同其运命，而成史上陈迹。故对于阁门之积极保护，实目前所亟不容缓也。"

在这篇著名的调查报告中，梁思成先生指出，"保护之法，首须引起社会注意，使知建筑在文化上之价值；使知阁门在中国文化史上及中国建筑史上之价值，是为保护之治本办法。而此种之认识及觉悟，固非朝夕所能奏效，其根本乃在人民教育程度之提高，此是另一问题，非营造师一人所能为力"。"在社会方面，则政府法律之保护，为绝不可少者。军队之大规模破坏，游人题壁窃砖，皆须同样禁止。而古建筑保护法，尤须从速制定，颁布，施行；每年由国库支出若干，以为古建筑修葺及保护之用，而所用主其事者，尤须有专门智识，在美术，历史，工程各方面皆精通博学，方可胜任"。

梁思成先生在文中提出了三大原则：一要教育人民提高古建筑保护意识；二要政府重视，要立法；三要由专门人才来负责具体工作。他认为，应培养古建筑保护专业人才，没有经过专门的训练，任何人都不能从事文物建筑修缮，就连建筑师也不行。他提出，要做好文物建筑的保护，关键是要提高全民对文物建筑价值的认识，这些有重大价值的建筑不仅属于一个地区、一个国家，而且属于全世界。可以说，梁思成先生毕生都在进行这种宣传，他写文章、做报告，向各级领导呼吁，甚至因此遭到莫须有的批评也在所不辞。

在《蓟县独乐寺观音阁山门考》这篇调查报告中，梁思成先生首次呼吁出台"古建筑保护法"。后来，南京国民政府制定过一部《古物保存法》，但是这部法律只提到可移动文物，未提及文物建筑。1949 年中华人民共和国成立之后，国家逐步加大立法力度，一系列保护文物建筑等的法律法规相继发布。例如 1950 年政务院发布《关于保护古文物建筑的指示》，1961 年国务院公布了第一个全面的国家文物保护法规《文物保护管理暂行条例》。1982 年，梁思成先生逝世 10 年之后，《中华人民共和国文物保护法》成为正式的国家法律。

他在《曲阜孔庙之建筑及其修葺计划》中指出："在设计人的立脚点上看，我们今日所处的地位，与二千年以来每次重修时匠师所处地位，有一个根本不同之点。以往的重修，其唯一的目标，在将已破敝的庙庭，恢复为富丽堂皇，工坚料实的殿宇，若能拆去旧屋，另建新殿，在当时更是颂为无上的功业或美德。但是今天，我们的工作却不同了，我们须对于各个时代之古建筑，负保存或恢复原状的责任。在设计以前须知道这座建筑物的年代，须知这年代间建筑物的特征；对于这建筑物，如见其有损毁处，须知其原因及其补救方法；须尽我们的理智，应用到这座建筑物本身上去，以求现存构物寿命最大限度的延长，不能像古人拆旧建新，于是这问题也就复杂多了。"

在这篇文章绪言的最后一段，梁思成先生明确提出："修葺古建筑与创建新房子不同，拆卸之后，我们不免要发现意外的情形，所以不惟施工以前计划要有不可避免的变更，就是开工以后，工作一半之中，恐怕也不免有临时改变的。"保护工程中，开始的勘测不可能全面和完善，随着建筑的拆开，将有更多问题出现，修缮设计必须因应问题而变化，不可以初始计划施工到底。因此，研究必须贯穿工程始终，每一步都依照研究结果来变更设计计划并依其进行下一步施工，不断重复"研究—实施—发现问题—研究—实施"的实践程序。研究优先和程序正确，正是《曲阜孔庙之建筑及其修葺计划》所体现的核心精神。

1944年，梁思成先生在《中国建筑史》中对这一时期的文物保护工作进行了总结："在古建筑之修葺方面，刘敦桢、卢树森之重修南京栖霞寺塔，实开我修理古建筑之新纪元。北平故都文物之整理，由基泰工程司杨廷宝与中国营造学社刘敦桢、梁思成等共负设计之责，曾修葺天坛、国子监、玉泉山、各牌楼、五塔寺等处古建筑。计划而未实现重修者如曲阜孔庙，曾一度拟修，由梁思成计划。此外如杭州六和塔、赵县大石桥、登封观星台、长安小雁塔等等，皆曾付托中国营造学社计划，皆为战事骤起，未克实现。梁思成、莫宗江设计之南昌滕王阁则为推想古代原状重建之尝试计划也。"

梁思成先生以现代力学分析古建筑结构、传统材料及其使用方法，并依据其研究成果，在古建筑修缮中大量使用新材料、新技术、新工艺，弥补以往做法的不足，为古建筑的保护引入更科学、现代的技术。但是对使用新材料的部位与做法，他进行了严格的规范。其中重要的原则是，要求外部严格保护原外观风貌，内部保证结构安全，形成内外不同、区别对待的保护策略。因为中国古建筑的承重体系之主要价值在于结构安全，而且其在建筑内部，对古建筑以及古建筑群的风貌影响较小，采用新材料加固方式可以有效解决结构问题，并且避免对古建筑风貌产生影响，完美地解决了古建筑加固和风貌保护的问题。

实物勘察结果显示，绝大部分古建筑都是外檐彩画损毁严重，内檐彩画则保存得相对完整。梁思成先生据此在天坛修缮工程中，针对内外檐彩画分别制定了不同的保护策略：外檐彩画根据原状重绘；内檐彩画则尽量保存，脱落缺失部分根据原状补绘，此前因不当修缮而导致与原状不符且效果拙劣的部分，则依据建筑内檐彩画重新绘制。这种有选择地重绘、尽量保留原物的做法，既保护了外檐木结构，又大量保留了内檐彩画，最大限度地保护了古建筑的整体价值，同时为科学研究、复原外檐彩画提供了依据，更使彩绘工匠技艺得以传承。这种方法被此后的古建筑保护工程所沿用，但是围绕保护与更新的争论从未间断。

2007年5月，由中国国家文物局、联合国教科文组织世界遗产中心、国际文化财产保护与修复研究中心、国际古迹遗址理事会共同主办，故宫博物院承办的"东亚地区文物建筑保护理念与实践国际研讨会"在北京举办，会议一致通过了《北京文件》。但是，会议建议就木结构彩画保护问题再召开一次国际会议，以进一步达成共识。2008年10月，"东亚地区木结构彩画保护国际研讨会"在京召开，在会议上我以"中国木结构古建筑彩画及其保护实践"为题做了主旨报告，特别讲道："诚如著名建筑史学家梁思成先生所言：'这些彩色（建筑彩画）并不是无用的脂粉，确是木造建筑物结构上必需的保护部分。'这句话非常明确地指出了木结构古建筑彩画的基本功能。"

长期以来，在国际历史建筑保护领域，人们以西方保护历史建筑室内壁画的做法为依据，并不认可中国的古建筑保护理论和实践。随着"东亚地区木结构彩画保护国际研讨会"的召开、东西方保护领域的深入交流，文化多样性原则被广泛认同，国际社会逐渐认同应该根据各国、各地区历史建筑特点采取不同的保护方法。经过充分讨论，会议明确东亚地区木结构彩画重绘的合理性，使之无论从理论还是操作层面，均得到东西方历史建筑保护界的一致肯定。至此，我国现代古建筑修缮理念基本形成。

梁思成先生关于在古建筑修缮过程中保护彩画的理念非常重要。将那些具有较高价值的彩画原状保存下来，是古建筑保护的最高追求，因为任何原始的彩画都代表了当时的建筑艺术、绘画传统和工艺特征，它携带着珍贵的历史信息。同时，多年以来中国运用传统做法对已经完全损坏的木结构古建筑彩画进行重绘的做法，也确实具有一定的现实意义。经过认真细致的调查记录、研究论证而复原建筑彩画，既起到了对木结构古建筑的保护作用，也起到了对古建筑的装饰作用，而其间对建筑彩画的制作与绘制，更是对古建筑传统技艺的传承与延续。

1944年，梁思成强调古建筑与街市均为民族文化之显著表现者，并批评城市建设中的大拆大建："主要城市今日已拆改逾半，芜杂可哂，充满非艺术之建筑。纯中国式之秀美或壮伟的旧市容，或破坏无遗，或仅余大略，市民毫不觉可惜。雄峙已数百年的古建筑（Historical Landmark），充沛艺术特殊趣味的街市，为一民族文化之显著表现者,亦常在'改善'的旗帜之下完全牺牲。近如去年甘肃某县为扩宽街道,'整顿'市容,本不需拆除无数刻工精美的特殊市屋门楼,而负责者竟悉数加以摧毁,便是一例。这与在战争炮火下被毁者同样令人伤心。"

梁思成先生始终将古代建筑视为人类共同的文化遗产。1944年至1945年,他担任教育部战区文物保存委员会的副主任。为了满足大规模反攻的需要,梁思成先生曾紧张地工作了两个月,任务是为政府及盟军编制一份《战区文物保存委员会文物目录》,并在军用地图上标出经过中国营造学社十多年来的考察,认为最重要的古建筑,标明这些古建筑所在的位置。除此之外,既要按照地区列出文物建筑的名称,还要对每个建筑的建造年代、特点、价值做简单的介绍,并附上照片。为了满足与盟军配合作战的需要,全部资料均采用汉英对照的版本。工作完毕后,他曾将这份资料托人转交给当时在重庆的周恩来先生一份。

当时,梁思成先生为几百处古建筑都评了星级。其中只有两个四星级文物,一个是独乐寺观音阁,另一个是五台山佛光寺大殿。独乐寺观音阁是辽代建筑,建造于公元984年,距今已经有1000多年的历史,是梁思成先生考察的第一个宋辽金建筑,所以对他来说刻骨铭心。五台山佛光寺大殿是梁思成、林徽因先生一生中考察发现的最重要的古建筑,是当时发现的唯一的唐代木构建筑。他们对唐代木构建筑的发现,粉碎了日本学者"中国已经没有唐代木构建筑,要看唐代建筑需去奈良"的说法,所以他们赢得了一场没有硝烟的战争。

当时,梁思成先生建议美军在轰炸日本领土的时候,要保护日本奈良、京都的古建筑。北京大学考古系主任宿白教授曾回忆,1947年梁思成先生在北京大学的一次讲话中,谈到曾经建议不要轰炸京都与奈良的往事。梁思成先生说,这些古文物不仅是日本人的,而且是世界的,是全人类的!如今,"保护人类共同的文化遗产"这一理念,已经成为国际社会保护世界文化遗产的重要思想。

郑孝燮先生在《纪念学术巨人梁思成先生百岁诞辰——他的足迹是一条建筑文脉》一文中讲道:"(第)二次世界大战末期,美军大反攻轰炸日本本土,古都奈良、京都却平安无恙,所以至今日本人一直感谢'梁思成是日本古都的恩人'。"原来,在美军大反攻前,梁思成向美国驻重庆办事处联络官布朗森上校,陈述了保护京都、奈良古建筑的重要性,并提交了一份关于奈良古建筑的图纸以及这样一段见解:"建筑是社会的缩影,民族的象征,但绝不是某一民族的,而是全人类的共同财产。如奈良唐招提寺,是全世界最早的木结构建筑,一旦炸毁,是无法补救的。"美军接受了梁先生的建议,并请其助手在军用地图上标绘出区块,进而保护了日本古都,使其免于原子弹轰炸。

1951年2月,梁思成先生在《人民日报》上发表了文章《伟大祖国建筑传统与遗产》,赞美中国建筑乃世界上最古老、最长寿、最有新生力的建筑体系。其中北京无疑是拥有"历史文物建筑比任何一个城都多"的城市,散布在全城的大量文物建筑和由此构成的城市格局,本身就是北京的历史艺术价值所在。梁思成先生主张在原则上尽可能保存一切有历史和艺术价值的文物。他说:"我们绝没有丝毫的'思古幽情',我们是尊敬古代劳动人民卓越的创造,要我们的首都每一条街道更能够生气勃勃地代表新民主主义、社会主义时代的伟大面貌。片面强调'交通'、借口'发展'来拆除文物,确有加以考虑的必要。"他建议对古建筑进行调查,立法分级保护。

由于梁思成先生和陈占祥先生提出的《关于中央人民政府行政中心区位置的建议》,即"梁陈方案"没有被接受,新的行政中心建设被安排到北京旧城,"旧城改造"不可避免。于是梁思成先生后来的大部分工作就是保护和抢救文化遗产,奔走呼吁、竭尽所能、屡败屡战。他强调保护古代建筑的整体平面环境,注意保存城市的标志物,例如城墙、城门、牌楼等。同时,他一直主张积极的保护,尽最大可能使古代建筑有机地融入现代城市,成为现代城市生活不可缺少的一部分,并发挥积极的作用,丰富城市的生活面貌。"把文物组织到新的规划中,而不应用片面的理由或个人的爱恶轻率地决定文化遗产的命运。"

梁思成先生首先遇到的是北京城墙的保护问题。在中华人民共和国成立初期,一些人认为北京的城墙是封建时代作战的防御物,现在已经失去效能,成为妨碍北京建设、束缚生产力发展的障碍,主张拆除。理由大致有五条:一是拆除城墙后交通方便;二是可打破城乡民众之间思想和感情上的隔阂;三是城墙已破烂不堪,将来城里盖了高楼,相形之下,极不美观;四是如果保存古物,有紫禁城就够了,强调莫斯科原有三道城墙,现在也只留下克里姆林宫宫墙;五是拆了城墙可以得到许多砖瓦地皮。简而言之,认为城墙"留之无用,且有弊害,拆之不但不可惜,且有薄利可图"。

梁思成夫妇听到这种说法后非常着急,一起呼吁保护北京城墙,认为城墙是北京古城的标志,是北京古城完整格局的一个有机的组成部分,"它的产生,它的变化,它的平面形成凸字形的沿革,充满了历史意义,是历史现象辩证的发展的卓越标本",因为它不是平凡叠积的砖堆,它与长城一样是举世无双的纪念物,它与北京人民一起历经风雨甘辛,"总都要引起后人复杂的情感的"。因此,无论是从历史价值、建筑价值、美学价值的角度,还是从给后人留下文化遗产的角度,都万万不应拆除北京城墙。

1951年4月,他和林徽因先生再次在《新观察》上撰文谈到,北京城内城外无数的文物建筑,尤其是故宫、太庙、社稷坛、天坛、先农坛、孔庙、国子监、颐和园等等,都普遍地受到人们的赞美,但是,一件极重要的珍贵文物,竟然没有得到应有的注意,乃至被人忽视,那就是伟大的北京城墙。至于它的真实雄厚的壁垒,宏丽嶙峋的城门楼、箭楼、角楼,也正是北京体形环境中不可分割的艺术构成部分,他还特别提到,苏联人民称斯摩棱斯克的城墙为苏联的颈链,我们的北京城墙,加上那些美丽的城楼,更应称为一串光彩耀目的中华人民的璎珞。

关于城墙存废问题的争论愈发激烈。从1952年开始,北京陆续拆除外城城墙,拆除办法是组织市民义务劳动,或动员各单位拆墙取砖取土。1956年,随着城市建设的展开,一些建设单位开始从城墙上就近拆取建筑材料。1958年,在"大跃进"浪潮中,北京市做出拆除城墙的决定,使零星拆取建筑材料的行为变为大规模的拆除行动。1959年3月,北京市决定:"外城和内城的城墙全部拆除,需争取在两三年内拆完。"1965年7月,北京地下铁道工程开工。1969年3月,"珍宝岛事件"后掀起挖防空洞的高潮。这些都加速了北京城墙的消失。

1957年,梁思成先生在《整风一个月的体会》中曾写道:"在北京城市改建过程中,对于文物建筑的那样粗暴无情,使我无比痛苦,拆掉一座城楼像挖去我一块肉,剥了外城的城砖像剥去我一层皮。"他站在不断被夷为平地的北京城墙遗迹前,默默地流下了眼泪。他曾就此事与领导争论道:"你们把真古董拆了,将来要懊悔的,即使把它恢复起来,充其量也只是假古董。"梁思成先生最看重做人的品格,他敢于发表自己的不同见解,不管上级领导采纳与否,都会及时发表自己的意见。

1996年12月,在明城墙遗址前发生的一幕使我终生难忘。当时我所在的北京市文物局为抢救东便门明城墙遗址,曾在全市发起一场"爱北京城、捐城墙砖"活动,得到了市民的热情支持。很多热爱北京城的市民听到捐城墙砖的倡议后,仿佛顿时省悟:原来这些过去被"废物利用"的城墙砖居然也是宝贝。于是,人们把寻找城墙砖、捐献城墙砖看作热爱北京城的一种实际行动。老城墙砖大多散落在全城各个平房住户院内,有着不同用处,不好找到,也不易取出,但是不少市民有着很强的文物保护意识,当时为此设立的捐献城墙砖的热线电话几乎被打爆。

一时间,北京掀起了寻找、捐献城墙砖的热潮,有的市民拆掉自家用城墙砖搭建的小厨房和储藏间,把城墙砖取出捐献过来;有的老人为了找城墙砖,骑着自行车满城转,几乎每天都用自行车驮来一两块自己找到的城墙砖,送到城墙修缮工地。上至八旬白发苍苍的老专家,下至不足十岁稚气未脱的学童,都络绎不绝前来捐赠城墙砖,被北京媒体称为"一道亮丽的风景线"。令人印象深刻的是,一家祖孙三代在87岁的马宗臣老人带领下,一次次把城墙砖运到城墙遗址;有的市民从几十里外的通州用自行车送来了两块城墙砖;更有数以千计的北京市民作为志愿者冒着严寒、踏着残雪到明城墙修复工地参加城墙砖清理工作。

明城墙遗址的保护修缮,注重保护好城墙中原有遗迹的历史真实性,总体上采取现状加固的方法,采用传统工艺、传统材料,以最大限度地保护城墙的历史信息和原有风貌。同时,保留现状、恢复原貌、排除险情、修复残状、适当复建的做法,使城墙恢复为连续的整体,得到全面保护。北京明城墙遗址公园的建设,以保护城墙为设计前提,从人的活动和感受出发,形成由城墙所构成的特有文化氛围。在较有条件的西段城墙顶部,开辟了梁思成先生提出的京城百姓休憩场所——城墙顶部公园。

2002年9月,明城墙遗址保护修缮工程竣工,北京明城墙遗址公园正式向公众开放,成为面向市民不收费的城市带状绿地公园,当年在京城尚属少见。如今,以古老的城墙为背景的明城墙遗址公园,已经成为人们城市生活中的重要休闲场所,蚕食明城墙遗址的现象彻底消失,代之而来的是绿树成荫、充满韵味的文化遗址公园景观,古朴、绿色、自然;经过修复的城墙高低起伏,呈现雄伟、坚固的风貌,同时展现出沧桑之美。掩映在起伏绿荫后的城墙含蓄、隽永,唤起人们对渐渐远去的城墙的记忆,也唤起人们对梁思成先生的怀念。

关于北京城墙存废的讨论余波未了,1953年另一场围绕着牌楼拆迁的论战又开始了。历史上北京老城的

北京永定门内大街（2011年5月15日）

街道上有许多牌楼，其中东四、西四路口各有四个牌楼，东单、西单路口各有一个牌楼，这也就是东四、西四和东单、西单地名的来历。前门有五牌楼，大高玄殿、历代帝王庙前，东交民巷、西交民巷等地都有牌楼，它们把单调、笔直的街道变成了有序的、丰富的空间，共同形成北京城古老街道的独特景观。梁思成认为它们与西方都市街道中的雕塑、凯旋门和方尖牌等相比，更"合乎中国的身份"，更富有民族的性格，应加以"聪明的应用"，以形成充满艺术特殊趣味的街市、城市空间和城市标志物。

1953年7月，梁思成先生再次致信有关领导，反对拆除东四、西四牌楼。此后，由北京市政府与文化部、文物局共同组织联合调查小组，对北京城区的牌楼及其他一些古建筑进行调查。最后，对牌楼做出了保、迁、拆三种处理，即在公园、坛庙之内的可以保存下来；大街上的除了国子监街的牌楼外，都拆移或拆除；东四四牌楼，西四四牌楼，东、西交民巷牌楼，前门五牌楼，大高玄殿三重牌楼都拆掉，东、西长安街上和历代帝王庙前的牌楼迁到陶然亭公园里。

梁思成和陈占祥先生认为，改造北海大桥应充分利用该地段景观丰富的特点，借助对景、借景等手法把北海、故宫和景山有机地组织在一起，在缓解交通状况的同时，改善该地段的景观及游览条件。根据这一指导思想，他们提出原金鳌玉蝀桥不动，在其南面再建一座新桥，将交通分为上下两单行线，将两座牌楼移至两桥之间，南桥正对故宫的角楼。之后，梁思成先生又指导清华大学建筑系教师关肇邺先生做了改进方案，即新桥较宽，能容交通上下行，原金鳌玉蝀桥仅作为步行之用。

一次，在涉及团城留存命运的讨论会上，平时温文尔雅的梁思成先生勃然大怒，站起来说："照你们这样说，干脆推倒团城，填平三海，修一条笔直的马路过去好了，还讨论什么？"情急之下，他不得不直接找周恩来总理呼吁保护北海团城，他陪同周恩来总理两次登上团城进行实地勘察，提出保留的建议，最后将中南海围墙南移，在北海大桥的改建工程中，使道路拐弯，将团城保存下来。梁思成先生说："我们这一代对于祖先和子孙都负有保护文物建筑之本身及其环境的责任，不容躲避。"

西长安街在目前的电报大楼附近原有一座创建于金大定二十六年（1186年）的庆寿寺，元至元年间增建双塔——海云塔和可庵塔，因此庆寿寺又称双塔寺。由于海云禅师是元大都规划者刘秉忠的老师，所以在元大都的规划中，城墙都曾避让双塔，以至双塔得以保留到现代。双塔均为八角密檐砖塔，分别为9层和7层，一高一低，东西排列，互相呼应，造型优美，给单调的街道带来了生气。"先有双塔寺，后有长安街"，庆寿寺双塔见证了北京城从金、元、明、清到近现代的历史。1954年，因西单至新华门段道路狭窄，有关部门决定拆除庆寿寺双塔。

面对这一"重中之重"的市政工程，梁思成先生建议建设街心交通岛，保留双塔，丰富道路景观，为此他曾做过一个保护方案，即把这两座古塔做成一个交通环岛街心小公园，并绘制了双塔街心公园的效果图。但是这一建议遭到交通部门的强烈抵制，在这种情况下，梁思成先生提出了著名的"缓期执行"的观点，即按"保留双塔，道绕塔行"方案，将双塔保留一年，观察效果如何，再定存废。即便如此，梁思成先生的方案也没有被采纳，双塔很快就被拆除。当双塔被拆除后，梁思成先生批评有关方面"对庆寿寺的拆毁不够慎重，当时有争论，有关方面没有很好考虑就拆掉了"。

以上案例表明，梁思成先生对待北京城墙、牌楼、古桥、古塔等文物古迹的态度，是希望通过慎重研究，以求"古今兼顾，旧新两利"。为了保护文物古迹，他不惜以政治生命为代价，四处奔走呼吁，竭力争取留下记录城市历史的文物建筑，为此耗费了大量的心血。令人遗憾的是，当时北京大规模的城市建设已经展开，大量文物古迹被拆毁的情况已难以避免。目睹这一情况，面对这些无解的难题，梁思成先生仍然大声疾呼，动真感情。他应该很清楚最终的结局，因为这些文物建筑能够被保存的前提已经失去。梁思成先生的可贵之处也正在于此，即便失败，也要努力争取，因为这是一名学者的执着、责任和良知。

吴良镛教授在《梁思成思想研究的时代意义》一文中讲道："梁先生始终走在学术思想的前列,他的追求正是时代的需求。""在学术研究领域,梁思成先生更是成就卓著。他的研究是一个践履笃实、拾级而登的过程;在确定的目标下,以严谨的态度、科学的方法,进行系列化的研究,逐步探索、推进,虽步履维艰,但不舍不弃。""更为可贵的是,梁先生始终是一个表里如一、胸无城府的人,对违背他专业信念的事,用他自己的话说就是'我就要冲上去',有时甚至奋不顾身,是个'老小孩'。"

在文化遗产保护方面,梁思成先生既是重要的开拓者,更是永不妥协的守护者。1957年7月,在全国人民代表大会上,梁思成先生对破坏文物的行为提出批评:"有些地方甚至于看中了一些文物建筑的'经济价值',而忽视了它们更大的、无可补偿的历史、艺术价值,做出了因小失大、'焚琴煮鹤'的事情。河北宝坻县广济寺的一座辽代大殿被拆去修成潴龙河上的公路桥;浙江龙泉县的三座宋塔被拆去修公路;北京外城的城墙以及数不尽的县城的城墙都以其有'经济价值'为理由之一被拆除了。吉林省无数县城村镇的庙宇,真正具有还可使用的经济价值的,却又以破除迷信为理由被拆毁了。"

在这一特定的历史时期,梁思成先生曾当选为全国人大常委会委员、全国政协常委、中国科学院学部委员,本着对中国古建筑的深刻理解,对中华传统文化的无比热爱,对民族未来的高度负责,他提出了很多关于城市文化建设和文化遗产保护的具有历史意义的建议和意见。同时,他发表了多篇关于建筑设计的文章,包括在《建筑学报》上发表的《建筑创作中的几个重要问题》,在《人民日报》上发表的《建筑和建筑的艺术》,在《新清华》报上发表的《谈"博"而"精"》,并且继续在全国各地开展学术交流活动,为中国建筑学术发展建立了不可磨灭的功勋。

梁思成先生在扬州做关于古建筑保护的报告时,深入浅出地说:"我的牙齿没有了,在美国装这副假牙时,因为我上了年纪,所以大夫选用了这副略带黄色、而不是纯白的,排列也略稀松的牙,因此看不出是假牙,这就叫作'整旧如旧'。"值得注意的是,就在1964年5月,在意大利威尼斯举行的第二届历史古迹建筑师国际会议上,通过了著名的《保护文物建筑及历史地段的国际宪章》(简称《威尼斯宪章》),这部宪章总结了世界各国在保护古建筑中的经验教训,提出了有关历史古迹定义、保护、修复、发掘等的原则与纲领,这些内容在世界各国达成共识,因而这部宪章成为世界文物保护方面具有权威性的宪章。次年,国际古迹遗址理事会成立。

这部宪章提出:古迹保护包含着对一定环境的保护;修复中可采用有关的现代建筑及保护技术;无论在任何情况下,修复的前后必须对古迹进行考古及历史研究;为社会公用之目的使用古迹要永远有利于古迹的保护。这些原则都与梁思成的主张完全一致。这自然不是偶然现象,因为梁思成对中外古代建筑的价值都有深刻的认识。无论是在美国留学、在欧洲考察,还是在国内从事研究工作,他都密切注意和研究文物建筑保护的理论与实践,站得高,看得全,想得远,因此他提出的主张必然带有普遍性,经得起历史的考验。

由于当时中国与西方的学术交流很少,中国引入《威尼斯宪章》时,已经距其发布过去了二十二年。1986年,清华大学主办的期刊《世界建筑》首次在国内刊载《威尼斯宪章》。半个多世纪以来,国际文化遗产保护的主流观念已经发生了深刻变化。其中,联合国教科文组织发布了一系列公约、宪章、文件,在历史建筑保护方面强调真实性和完整性,这也逐渐成为国际遗产保护的普遍理论。如今来看,梁思成的"整旧如旧"的古建筑修复观念,虽然不是古建筑维修保护的标准,但是这一理念影响深远,成为此后文物保护领域长期遵循的原则。

清华大学建筑学院陈志华教授在《我国文物建筑和历史地段保护的先驱》一文中谈到,梁思成先生在20世纪30年代就要在中国建立文物建筑保护的科学理论,是因为他眼界开阔,很熟悉当时世界的科学潮流。在1930年关于独乐寺的文章里,梁思成先生提到了意大利教育部关于"复原"问题的争论,介绍了日本的有关理论和政府的工作情况。在1948年发表的文章里,他提到了意大利、英国、美国、法国、苏联、德国、比利时、瑞典、丹麦、挪威等许多国家。眼界宽,知识就丰富,思想就活泼。

The Earliest Cultural in the Forbidden City
故宫最早的文创

马国馨*（Ma Guoxin）

《故宫影片》封套

* 中国工程院院士，全国工程勘察设计大师。

自 2013 年故宫博物院举办文创设计大赛以来，其文创产品设计本着趣味性、创新性、实用性的原则取得了很大成功。最近从文献中看到，故宫博物院在 1925 年 10 月 10 日正式开馆时，也曾发行过文创产品，虽然只是形式比较初级的明信片，但追根溯源，其仍是故宫文创之路的开山之作。

这就是由清室善后委员会摄影股在博物院成立时发行的《故宫影片》明信片。据考，摄影作品铜版印刷始于 1910 年，在那时就已有印有风景的明信片。我于 20 世纪 60 年代在东安市场购得的这 5 套共 30 片，算起来至今也已经有近百年的历史了。

这些明信片的外面都有一个灰绿色的封套（尺寸为 18 cm×10 cm），正面印有标题《故宫影片》，内容和作者（以上均以中英文印刷），左下方为明信片的内容。封套背面注明出版者——清室善后委员会摄影股，特约总发行所——朴社出版经理部（北京景山西大石作三十二号），每组大洋贰角，也都是中英文对照。而里面的明信片为白色（尺寸为 14.1 cm×9.4 cm），一面为黑白照片和文字说明（中英文对照），另一面印有"邮政明信片"和"清室善后委员会印行"，都是中英文对照。黑白照片的尺寸一般为 9.6 cm×7.4 cm 或 8 cm×6.9 cm 两种。

封面注明《故宫影片》第一辑，但此后是否有第二辑、第三辑出版尚不明确，目前还未见有存世。从 2021 年十竹斋拍卖会介绍看，此影片只出版了一辑 7 组共 42 片。我收藏的几组内容分别如下。

第一辑，二（翊坤宫体和殿）。6 片分别为翊坤宫西屋之葡萄架，翊坤宫东平康室内部，翊坤宫后院一角，翊坤宫体和殿，翊坤宫体和殿东屋内部，翊坤宫体和殿东屋南窗一部。

第一辑，三（翊坤宫体和殿）。6 片分别为翊坤宫体和殿东内屋，翊坤宫体和殿西屋内部，翊坤宫体和殿西屋南窗一部，翊坤宫体和殿西内屋之书桌，翊坤宫体和殿西屋之蟋蟀罐，翊坤宫体和殿西益寿斋南屋内部。

第一辑,四(储秀宫)。6 片分别为储秀宫,储秀宫正面,储秀宫院中之铅石担,储秀宫中屋宝座,储秀宫中屋之风琴,储秀宫中屋之花生及酱菜捧盒。

第一辑,六(储秀宫)。6 片分别为储秀宫西屋内部,储秀宫西屋陈设之茶叶罐,储秀宫西屋浴室,储秀宫浴室柜内之鞋袜,储秀宫西屋之头髻,储秀宫东屋之小说书籍。

另外一组 6 片没有封套,但分析第一辑的一是翊坤宫,而储秀宫是四之后,第五组我查到过另外的明信片目录,所以这一组如果编号的话,也应是第一辑的七了。其内容为:储秀宫后院丽景轩东西屋一览,储秀宫东屋一部,储秀宫后院丽景轩东屋内部,储秀宫后院丽景轩,储秀宫后院丽景轩东屋之铜床,储秀宫后院丽景轩西屋内部。

远了不说,清朝时东西六宫都是皇后或嫔妃们居住的地方,不像明朝,皇后住坤宁宫。翊坤宫和储秀宫都是故宫西六宫的一部分,其形制基本是前宫门、后正殿,正殿三敞间加东西掖间共五间。陈设都是固定的,根据陈设档,可了解室内的详细布置方式和装饰,每一个宫还挂一幅故事画,画的对面是御笔宫训,一般后殿都是寝宫,东耳房为寝室,多设前檐炕或后檐炕。翊坤宫和储秀宫都曾在顺治年间重修过,都因其中住过晚清的重要人物而为人所知,同时也都因她们曾居住于此而有所拆改。

翊坤宫是西六宫东列南数第二宫,前殿有乾隆皇帝题匾额"懿恭婉顺",正殿主间上悬慈禧御笔"有容德大"匾额,东西配殿为延洪殿、元和殿。光绪十年(1884 年),慈禧太后五十寿辰移居储秀宫时,于此接受大家的朝贺。其后殿于光绪年间拆除,改为体和殿,北面与储秀宫配殿相连,慈禧于此殿用膳。其前廊柱有康熙撰慈禧书匾额"翔凤为林"。光绪十三年(1887 年)冬天,光绪皇帝的一后二妃的选定即在此处。据称,当时慈禧面南坐正中宝座,光绪皇帝侍立一旁,慈禧面前有一长桌,上放一支镶玉如意、两对红绣花荷包,选定皇后赠镶玉如意、贵妃赠荷包。备选的五名女子以慈禧侄女为首依次排列,光绪皇帝原中意第二人,在慈禧暗示下不情愿地选了第一人,然后将第四、五选为贵妃,即为瑾妃和珍妃。

翊坤宫后院一角　　　　　　　　　　翊坤宫体和殿

翊坤宫体和殿西屋南窗一部

储秀宫

储秀宫后院丽景轩东西屋一览

储秀宫西屋浴室

陈万里先生

储秀宫是西六宫东列南数第三宫,前殿东西配殿为养和殿、绥福殿,后殿为丽景轩,东西配殿为凤光室、猗兰馆。储秀宫有慈禧题匾额"熙天曜日",前殿有乾隆皇帝题匾额"茂修内治"。嘉庆皇帝的两任皇后均以此处为寝宫,咸丰元年(1851年)之后,慈禧在这里度过了由兰贵人、懿嫔、懿妃到懿贵妃的岁月,并在此生下同治皇帝,光绪十年(1884年)慈禧重回储秀宫。最后居住在这里的是溥仪的皇后婉容,她比较新派,所以将储秀宫西暖阁(原为慈禧的卧室)改为浴室,安放西式浴盆,把慈禧用膳的体和殿改为书房兼客厅,并在其中放置法国的八音琴,而常在体和殿西间读书。储秀宫的后殿丽景轩,婉容将此处改为西式餐厅,内放西式餐桌和餐具。1924年11月5日,冯玉祥部下鹿钟麟率部逼宫时,溥仪和婉容正在储秀宫谈笑,得知消息后大惊失色,溥仪正咬着的苹果滚到地上,他们仓皇收拾,于当天下午4点搬出紫禁城。

下面就要介绍一下这些照片的作者,摄影家陈万里先生。陈万里(1892—1969),江苏吴县(今苏州市吴中区和相城区)人,名鹏,字万里,也是近代学术界的一位传奇式人物,为陶瓷考古学家、摄影家、公共卫生专家。1917年毕业于国立北京医学专门学校(今北京大学医学部的前身),曾先后在北京大学、厦门大学、江苏省卫生署、故宫博物院等处任职,曾任故宫博物院古物部代理主任、学术委员会副主任、研究馆员。其兴趣十分广泛,爱音乐、擅昆曲、会演戏、喜绘画,又是摄影大师。

陈万里先生的主要成就在古陶瓷研究方面,他是中国乃至国际知名的古陶瓷考古专家。他不是科班出身,在1930年去欧洲考察时,接触了许多考古学家和陶瓷学者,将田野考察方法用于古代窑址的实地考察,为现代陶瓷学研究奠定了科学基础。他1928年起"八去龙泉,七赴绍兴",先后发现龙泉窑、越窑遗址,完成了《瓷器与浙江》的田野考察报告,引起世界学术界的关注。中华人民共和国成立后,经周总理批准,陈先生由卫生署调故宫博物院,调查南北各处名窑窑址,完成多部调查报告和论文,对中国名窑瓷器的工艺特点和艺术成就进行了全面、系统、科学的总结,为中外学者所重视。为此,2007年在龙泉特别安放了陈先生的塑像。

陈万里先生在中国摄影界发挥的作用,丝毫不逊于他在中国古瓷研究上的,他是中国摄影界早期的领军人物之一,他取得了摄影行业的许多第一。早在求学时期,他就是摄影爱好者。1919年,经时为北京大学校医的陈万里等人倡议,在北京大学校内三院举办了第一次摄影作品展,此后每年举办一次,到1923年陈万里等人商议成立摄影组织,起名为"艺术写真研究会",以自宅为会址。1924年6月,该组织在中山公园举办了第一次摄影展,这是中国摄影史上第一次由摄影团体举办的摄影艺术展。这次影展结束后,陈万里选出自己的作品12幅,亲自作序,以《大风集》为名出版,这是我国正式出版的第一本个人摄影作品集,印数100册。此后展览连续举办了五次,1926年研究会改名为"光社"。1927年,第四次摄影展结束后,光社将参展作品编辑出版,即《北平光社年鉴》第一集,1928年第五次摄影展后出版了第二集,这也是我国最早的摄影艺术作品选集,这一时期也是光社活动的高潮时期。1937年,日寇侵占北京后,光社停止活动,最后其社员有20余人。

1925 年,陈万里先生在甘肃的敦煌莫高窟的摄影,是国人第一次对莫高窟展开的摄影记录,他是以摄影记录文物的先行者。1926 年,他在上海举办个人摄影艺术作品展(第一人),并相继出版三本摄影集。1928 年初,陈万里和郎静山等人又创建了上海华社。这些都对早期摄影事业的发展起了重要的推动作用。俞平伯先生评论:"以一心映现万物,不以万物役一心,遂觉合不伤密,离不病疏。摄影得以以艺名于中土,将由此始。"所以在中国摄影家协会 2016 年提出的中国摄影大师 15 人名单中,陈万里先生仅次于刘半农位列第二,可能是因为刘半农在 1927—1929 年先后发表过《半农谈影》和《北平光社年鉴》第一、二集的序言,为摄影艺术理论的发展做出的贡献吧。

修正后的清室优待条件规定:"其一切公产归民国政府所有。"从 1924 年 11 月 10 日开始,清室善后委员会开始清查故宫,到 13 日查竣。陈先生曾以摄影记者身份参与了溥仪出宫之后的宫内清点和纪实摄影工作,给我们留下了珍贵的历史文献记录。1925 年出版的《故宫影片》是第一批作品,对西六宫中的翊坤宫和储秀宫做了详细的记录,从建筑形制到室内陈设、细部用具,包括一些细节,都无遗漏,这是历史转折时刻的瞬间记录。虽然当时的印刷条件所限,《故宫影片》清晰度稍差,但其文献和历史价值都是不能抹杀的。此后在 1928 年,由良友书店出版了《故宫图录》一书,定价八角,其中共收入照片 97 幅,《故宫影片》中的照片大多收入其中。同年,开明书店出版了陈先生的《民十三之故宫》一书,定价一元,收入照片 84 幅,均为 1924 年溥仪离开前后宫中情况的真实记录,如宫中人员的出入、检查查封的军警人员、封存现场的细部场景等,他在本书"小言"中说:"废帝溥仪出宫以后,我就跟着军警政学各界办理查封时所照的照片……自信其中多少部分可以留作将来史料的地方。"这说明陈先生在那时已充分认识到摄影的纪实功能,他用摄影记录下重大的历史事件,而这更显出这些摄影作品的历史价值。

对收藏的 30 片明信片的回顾,更加深了我对晚清、民国初期历史的印象。而作为一代学人的陈万里先生,最早体悟到摄影的审美功能,提出"造美"的观点,在"极不美的境界中"发现并"照成它美",把自然美创作成融入作者个性的艺术美。他还提出:"不仅须有自我个性的表现,美术上的价值而已;最重要的,在能表示中国艺术的色彩,发扬中国艺术的特点。"所以顾颉刚先生评价他:"在感情上勇于求适,在理知上勇于求高,在极不枯燥的境界中表显出极活动的心灵,成就许多伟大和优秀的作品。"

谨以此小文纪念故宫博物院最早的文创产品《故宫影片》出版九十七周年,同时纪念其作者陈万里先生诞生一百三十周年。

2022 年 12 月 25 日

《故宫图录》

《民十三之故宫》

Reflections on the Study of *Selected Works of Hua Nangui*
《华南圭选集》学习感悟

金 磊 [*]（Jin Lei）

《华南圭选集——一位土木工程师
跨越百年的热忱》

华南圭

摘要：无论是在中国第一代建筑师、规划师名录的研究中，还是在对
20 世纪中国城市现代化的启蒙式发掘的探讨中，都缺少对华南圭先生
（ 1877—1961 ）的纵深介绍及系统化分析。通过研究，笔者不仅认识到
他与詹天佑(1861—1919)对中国铁路乃至中国工程师学会的早期贡献，
随朱启钤(1872—1964)等在中国营造学社的开创和古都北京现代化方
面取得的成就，更发现他早在 20 世纪 20 年代便就都市防洪减灾提出了
"海绵" 建设观。他对城市审美与建筑景观设计做出一系列精辟论述，还
特别从建筑批评角度探究了城市文脉与遗产保护的理念。对于华南圭
先生做出的巨大贡献，华新民女士所编的《华南圭选集》做了周密归纳。
本文只是针对华南圭先生的学术思想谈及研读心得，旨在基于 20 世纪
城市与建筑遗产观挖掘城市文化设计先驱的思想脉络，为现当代城市品
质化发展提供启示。

关键词：20 世纪遗产；华南圭；城市现代化；防洪减灾；建筑审美

Abstract:Whether it is in the study of the directory of the first generation of architects and planners
in China, or in the exploration of the enlightenment excavation of China's urban modernization in
the 20th century, there is a lack of in-depth introduction and systematic analysis of Mr. Hua Nangui
(1877-1961). Through research, the author not only recognized his contributions to the Chinese railway
and even the Chinese Society of Engineers with Zhan Tianyou (1861-1919), and the achievements
in the establishment of the China Construction Society and the modernization of the ancient capital
of Beijing with Zhu Qiqian (1872-1964) and others, but also found that he put forward the "sponge"
construction concept on urban flood prevention and disaster reduction as early as in the 1920s, and his
series of incisive expositions on urban aesthetics and architectural landscape design, and especially from
the perspective of architectural criticism, he also explored the concept of urban context and heritage
protection. For Mr. Hua Nangui's great contributions, Ms. Hua Xinmin's *Selected Works of Hua Nangui* has
thoroughly summarized. This article is only aimed at Mr. Hua Nangui's academic thoughts, talking about
the study experience, aiming to excavate the ideological context of the pioneers of urban cultural design
based on the 20th century urban and architectural heritage view and to provide enlightenment for the
development of modern and contemporary urban quality.

Keywords: 20th century heritage; Hua Nangui; Urban modernization; Flood prevention and disaster
reduction;Architectural aesthetics

* 中国文物学会20世纪建筑遗产委员
会副会长、秘书长
中国建筑学会建筑评论学术委员会副
理事长
《中国建筑文化遗产》《建筑评论》
《建筑摄影》总编辑

一本著作若可以引发持续的学术研讨,必定有其特殊的思想内涵与表达。2022 年元月,由散文作家、城市文化遗产保护工作者华新民女士赠我的《华南圭选集——一位土木工程师跨越百年的热忱》(以下简称《选集》,华新民编,同济大学出版社,2022 年 1 月),正是一本以典为源、以史为据,又以理为证的好书。因为它不仅记录了一位城市思想者的成长史,更如华南圭孙女华新民女士所言,它是用一支笔穿越三个时代写就的著作。面对中西文化交织的 20 世纪中国城市现代化的命题,这确是需深入研读的著作。它不仅全方位展示了华南圭本人作为规划师、建筑师、工程师的业绩,更让我们从其彰显的学术思想及管理理念中分辨出何为助力百年城市建设的思想文化与技术发展。我十分认同该书副标题中的"土木工程师"与"跨越百年热忱"这两个关键词,它们既突出了广博视域,又道出了主人公的家国情怀。本人虽读《选集》还欠深入,但还是愿谈些读书体会与公众分享。

一、设计先驱华南圭及《选集》概述

由于笔者与华南圭之子华揽洪总建筑师同为北京市建筑设计研究院员工,又与华南圭孙女华新民同为城市文化遗产保护者,因此对前辈华南圭的贡献有所了解且对其非常敬仰。同时,由于研究传播朱启钤对中国营造学社的贡献、分析 20 世纪中国第一代建筑师的开创作为的缘故,我认识到华南圭与朱启钤同为 20 世纪中国城市建设的思想大家。2022 年是华南圭先生诞生一百四十五年,因此通过读《选集》深入学习华南圭的学术思想及贡献是十分有价值的。1904 年,他留学法国,就读于法国公共工程大学(ESTP),成为该校第一个中国留学生;1911 年归国后,历任交通部技正,京汉铁路、北宁铁路总工程师,北平特别市工务局局长,天津工商学院院长;中华人民共和国成立初期,担任北京都市计划委员会总工程师;1949—1957 年,担任北京人大代表。他不仅与朱启钤一起于 1915 年建设中山公园(原中央公园),并支持朱启钤创办中国营造学社,在最关键的 1930—1937 年一直任"评议"等职,还以开阔的视野与职业担当,成为科技报国与文化爱国主义的杰出典范。如

留学期间（1904—1911年）的华南圭

华南圭绘制的中山公园钢筋混凝土廊桥图纸

1956年,华南圭和家人、朋友在无量大人胡同家里,图左前排为《华南圭选集》编者华新民及其法国籍母亲华伊兰,图右为华新民姐姐华卫民

他早在留法期间就与中国同学共同撰写了涉及代数、几何、铁路、水利等内容的《工程学教科书》并寄回国在商务印书馆出版。对此,正如编者华新民女士在《选集》的序中所说:"……通过泛黄的纸张和工整的墨迹,我和祖父隔空对话了,开始熟悉他,以及一个此前我并不甚了解的时代……1911 年祖父归国,他终于能施展自己的抱负了,他几十年中活跃在不同领域中:铁路、房屋建筑、桥梁、水利、市政建设。时而在一线指挥具体工程,时而参与制定规划,时而著书并教书。"

据华新民女士讲,《选集》中的内容是她在通读了数百万字档案文献资料后遴选出来的,时间跨度为 1902 年至 1957 年,收录的 1902 年的文章是译著《罗马史要》的序,收录的 1957 年的文章是《针对北京城市规划的视察报告》。《选集》共有 6 个章节,共选入文章 81 篇,并有编者序及鸣谢、旧词注释等。第 1 章为城市市政建设篇(以北京、天津为主)。绝大多数文章是 1949 年前讲述北京与天津城市建设与保护的论文,也有 5 篇关于1949 年前后建设新中国的文章。第 2 章为中国交通工程篇。其中有专论交通的规划、政策、管理、法规等的文章 22 篇。据铁路史志专家姚世刚说,华南圭确实是一位谋略大师,他提出的中国铁路发展十五经、十四纬的建设设想,全面且周到,是包含了中国当时版图上所有地区的铁路规划。归国后第二年(1912 年),他在《铁路

华南圭与孙女华新民及她的母亲华伊兰

华南圭译著《法国公民教育》
（1912年）

1915年，华南圭设计的唐花坞的当年情形（载《时报·图画周刊》，1921年12月12日），20年后因水蒸气侵蚀栀檩木料，由汪申重新设计（刘南策负责水暖设计）并经华南圭审核，修建于1936年，改为钢筋混凝土结构，但仍保留了原设计的燕翅构思

协会杂志》（第3期）上发表了《铁道泛论》一文，既讲述了铁路是文明之媒介、铁路的发达之迫切性，同时还对中国铁道做了大谋划（而孙中山先生《建国方略》中的铁路计划则问世于1919年）。这些与当下中国铁路六纵六横、八纵八横等发展战略确有多处不谋而合。第3章为中国工程师社团篇。1908年，在法留学的他与另外两位同学联名给《时报》《申报》投稿《拟组织工程学会启》，一是强调国人要自强自尊，指出"各国路权绝无尺寸在外人手者，吾国路权殆无尺寸不在外人手者"；二是从国外经验看，"组建学会对国家工程是振兴之标志，它可集思广益，胜任专而收效速也……其办法之大略如下，工程学总会、工程学支会……"，据查中华工程师学会是1913年成立的。第4章为房屋建筑篇。虽只有10篇文章，但涉及不同建筑类型，这些文章研究了建筑美学，分析了建筑室内空气环境，更对中外建筑特点进行了比较与贯通研究等。第5章为其他文章。这些文章不仅涉及建筑物理、建筑机电设备，还有启迪公众教育观的，如1912年他翻译的《法国公民教育》的绪言及例言。第6章为附录。既有华南圭略历（自述）、他本人主持拟定的法规，还有华新民女士整理的华南圭生平及著作列表等。

这是一部篇幅宏大且内涵丰厚的20世纪中国土木工程师创新的学术史，展示了一位有着国际视野的土木工程师跨越百年的规划、建筑乃至文博保护的爱国热忱。这是一部风格独特之作，为业界与社会揭开了中国20世纪历史长河中的城市科技文化史的密码，极其耐人寻味。

二、华南圭百年前提出的城市防灾韧性智慧说

一切为了中国城市的现代化及城市安全，该观点在《选集》中的多篇文章中均有所涉及。一代人有一代人的学术，一代人的学术不仅由一代人的学术风格体现，更要由其学术命题来决定。中国城市特别是古都北京的历史文化与自然地理，是华南圭先生立论之沃土。

尽管自1987年第42届联合国大会通过169号决议（将从1990年开始的20世纪最后十年定为国际减灾十年）至今已有三十五周年，但从《选集》的文论看，华南圭先生关注并研究防灾减灾事宜，至少开始于1917年。他在《中国将来之洪水》（载于《铁路协会会报》的《本会讲演录》，1917年第六卷第十、第十一册合刊）的开篇讲道："……今日铁路协会大会，鄙人演题为洪水，与铁路问题似格（隔）膜……"在说明洪水对铁路危害相关性时，华老又说："津浦、京奉各受其害，而京汉之损失尤大，顾诸君亦知人民生命、财产之损失为尤不可思议乎！"此文虽不长，但将洪灾、铁路、植树的关系及生态保护观——道出。文章提及，铁路经过长江与黄河，防范两流域的水患是铁路建设的防御大计。对长江发生流域性洪水较完备的记载于明清及民国时期才出现，此时反映沿线诸市雨水情形的"晴雨录"和赈灾所需水情灾情等"奏报"档案已很丰富。如乾隆五十三年（1788年），长江发生了一次全流域的特大洪水，从受灾情况看，灾情最严重时涉及湖北、四川、江西、安徽等省；同治九年（1870年）长江再发全流域特大灾，洪水流经城乡均为铁路建设必须关注之地。黄河作为中华母亲河，千百年来其安澜与否是国运泰否之关键，为此他强调洪旱之灾，忧患在大河，江山永固更需治河为先。1922年，他在担任京汉黄河新大桥（因资金缺少未建成）设计审查委员会副会长时，就着力推进防洪减灾工程的建设。

《选集》集中收录的与北京"水问题"相关的文章有4篇，即《北平之水道》（1928年7月）、《玉泉源流之状况及整理大纲计划书》（1928年）、《北平通航计划之草案》（1928年）、《北平旧城市下水道计划书》（1949

《中国将来之洪水》

年9月）。在《北平之水道》一文中，他从北京古今渊源、今日留痕讲到城乡水道。他指出，"凡一都市，有水乃有生气；无水则如人之干瘪"，大胆描述了北京各水道的疏通连接思路，并呼吁如"世界红海运道与巴拿马运道"，我中华何不用工程造福百姓。他在《玉泉源流之状况及整理大纲计划书》中提到，静明园坐落在颐和园西侧玉泉山上，于乾隆年间曾进行大规模建设，形成"静明园十六景"，玉泉被乾隆皇帝命名为"天下第一泉"，金代称"玉泉秀虹"或跑突，是燕京八景之一，是北京被水恩泽的见证。从历史上看，蓟城是北京地区最早出现的城市，坐落在永定河流域，永定河亦成了北京的"母亲河"。但历史上永定河洪水横流的例子比比皆是，最严重的当数清嘉庆六年（1801年）发生的近五百年最大的洪灾。有资料记载，永定河乃一条善徙、善淤、善决的河道，虽康熙帝曾筑"永定大堤"并赐名"永定河"，但自金代至1949年，其决口81次，浸溢59次，改河道9次，多次致洪水威胁北京城。而21世纪的今天，北京城靠防御规划，使永定河的"永定"名副其实了。该文章用科学方法，分析"水量之近况"；用规划思路，提出"水量汇集及分配之大概"的测算；用统筹与系统之思，确定"管理事权之统一"；用匠心之策，周密编写治理玉泉水源的"目前之整理工作"的管理计划。在此基础上，华南圭先生将此文与自己的另一篇文章《北平通航计划之草案》相衔接，探讨出既防洪又能优化利用水源的城市安全之径。

今日永定河（2022年3月28日，于门头沟）

历史文献中的水患记载固然存在某些客观性，但凡"灾事"都不失为特定背景下人类对灾害认知的一种反映。从水进人退，到人进水退，趋利避害，确能在防灾减灾中创造出灿烂的文化，同时在现实中也不乏失当之举。防灾智慧表明，极端天气酿灾，人类并非总是无辜的。中国城市从南到北"海绵城市"一建再建，但内涝悲剧从未停止。由此，我们再次打开《选集》，可读到在当下都很新的理念：如人类该如何承认脆弱性，如何将天灾、人事与城市活动串联在一起，在全面看待文化对城市发展的特殊作用时，如何用文化御灾等。1932年，华南圭在清华大学做了题为"何者为北平文化之灾"的演讲；1947年，他在自己演讲稿的封面上写道："以时论，此文已是明日黄花。以事论，此文尚非明日黄花。再读此文，感慨系之矣。卅六年四月廿日，著者。"文化乃北京之魂，北京处处皆历史，对每位愿思索文化的人，北京就是一扇可回首历史的窗户。北京也萦绕着沧桑兴衰，作为一座文明之城，其文化遗产中不乏以防灾文化筑就的文明儒雅与大智慧。

写作于九十年前的《何者为北平文化之灾》一文，我至少读到三方面内容。其一，提出了何为北平的广义文化之灾。他在疾呼"玉泉源流破产之一日，即北平文化宣告死刑之一日"的同时，实则在揭示"不知整理玉泉，则其罪与摧毁古迹无异"。其二，政府要正视北京的旱灾。文中说："近年来三海屡成水荒之象，盛夏荷且半死，鱼亦如在釜底，昆明池亦无充足之水量……我今明白一问，有人敢言昆明、三海应废弃否：如可废弃，则玉泉可以不管，尽量开作水田可也；如曰不能废弃，则管理不可一日缓。"其三，文章还以山西云冈石窟遭破坏及北京地坛内古树之患，发出"北平文化之寿命，不过十年或二十年耳"之呼唤。该文是早期呈现批评方法的京城文化横断面场景之文，对今日北京中轴线申遗及历史文化遗产保护也都有特别的启发价值。无疑，作为一位有国际视角的20世纪中国早期城市现代化设计先驱，华南圭是一位出色的建筑师和规划师。华老在历史视野下的开放和兼容心态，不断激起我们在阅读《华南圭选集》时的敬佩之心，更从该书中学到"知人论事品思想"的根本。"广义"的城市现代化的多领域研究与实践，使华南圭老人的爱国主张与科技救国策略产生了持续影响。据此有如下遗产传承方面的科技减灾文化之启迪。

1. 华南圭百年前就提出具有前瞻性的韧性建设之思

2020年初暴发的新型冠状病毒（简称新冠）肺炎疫情，让全球对面临的未知风险有了更真切的认知。"城者，所以自守也"，保障安全是城市的第一要务，韧性城市有良好的抗压、存续和适应能力，可快速应对各类灾难风险并自我修复。国家"十四五"规划已明确了

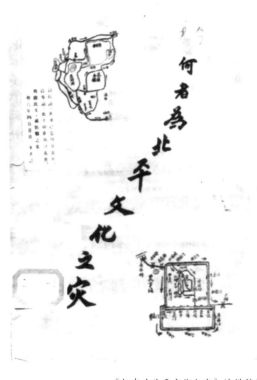

《何者为北平文化之灾》演讲稿封面

13 | 为北平长安街命名之呈 [1]

1928年

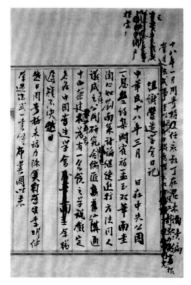

1. 自北京市档案馆，档号 J001-001-00001。呈文组的政府令见北平特别市（市政公报）1928年第2期。

华南圭"为北平长安街命名之呈"的建议

建设韧性城市的目标。如果从文献看，历史视野下的韧性思想源自1898年霍华德的"田园城市"理念，如他强调自足，即城市间要有便捷的交通连接；他强调平衡，即城乡要协调发展。而华南圭前辈早在《中国将来之洪水》（1917年）一文中说："今若山岭丘壑遍处有林，则累年落叶集成海绵状之厚体，能将雨量之一大部分瞬息吸收，待雨过后再缓缓吐出，非但可免一时之水灾，且可利常年之灌溉……"这是多么明确的"海绵"与韧性建设观。2021年10月末，北京市公布《关于加快推进韧性城市建设的指导意见》，我认为这既是加强京城韧性建设的统筹之思，也是以当下管理致敬华南圭城市韧性建设观的智库之思。华南圭先生早已为建设安全城市插上智慧的翅膀，早已在文论中超前说明了绿色基础设施在城市防灾中的特别重要的作用，今天更应细读研究其措施。

2. 华南圭百年前就倡导开启民智、培育安全文化之思

城市的核心是人，要真正筑牢城市安全屏障，提升城市抗风险的感知力、抵抗力及创伤愈合力，需要市民凝心聚力，侥幸与麻木是最大的安全隐患，所以民众的协力配合及主动参与至关重要。还是在《何者为北平文化之灾》文论中，华南圭针对保护北平文化之源强调："凡我民众，应向当局督促其实行，绝勿再任其因循……天地间穷而无告之民，孰有甚于此大中华之小百姓者！"若从北京的新式舞台、报馆、新学堂、公园等有近代意义的公共空间看，为公众提供开启民智的教育课堂，华南圭当属先驱者之一。他将国外的理论引入国内，旨在建立中国现代化的文明安全城市观，并特别强调要以文化教育为基础。如从《选集》中可读到他于一百多年前写下的《法国公民教育》（1912年）译文，读者能从中领悟到先生就法国公民教育之法启智中国之联想。当下，"防灾避险，生命至上，自救互救，人人有责"的安全文化观正在普及，已成为社区防灾减灾能力精细化建设的保障，多形式、多频次、多渠道的安全自护文化教育是增强城市社会韧性及综合减灾能力与培育风险治理文化的关键。

三、华南圭先生百年来城市与建筑思想感悟

华南圭先生是我国第一代建筑师和规划师。如果说华南圭孙女华新民所编写的《选集》的内容与内涵令人感悟颇丰，那么更令人遐思的则是该书副题"一位土木工程师跨越百年的热忱"，这仿佛是一个启示语，让人以独特的科学文化视角去追溯中国土木工程师的摇篮，去寻找华南圭除铁路建设外，在城市建设、市政工程、建筑设计乃至营造学等方方面面所做的贡献。其匠心、职业能力与修为，为他独具的城市审美与跨界之思奠定了基础。华南圭是中华工程师学会的开创者，1908年他就建言中国要组织工程学会，1914年他协助詹天佑主持中华工程师学会工作，1931年中华工程师学会及中国工程学会合并成中国工程师学会，1932年8月22日—24日，在天津南开大学举办的第二届中国工程师学会年会上，华南圭作为临时主席致辞："工程家惟当与各界联络合作，以期事半功倍，即可消除工程家不问国事之积习。工程家应有猛虎一般的建设勇气，绵羊一般的服务精神，庶于国家有所裨益。"这种社团精神，不仅体现了一位知识分子的爱国情怀与社会使命担当，更凸显了他作为城市建筑家的综合能力、作为建筑教育家的特殊视野以及对中国建筑师、工程师的能力要求。

1. 华南圭先生的城市建筑基本理念

建筑作为一门综合性学科，融科技、艺术、思想、社会于一体，古今中外无数设计大师留下了伟大的设计作品，也总结出对建筑本质的一系列言说。大约生活在公元前1世纪的古罗马建筑师、工程师维特鲁威，系统总结了古希腊和古罗马建筑经验，在公元前22年写出《建筑十书》，其成为迄今古典建筑最权威的范本。他提出的"建筑要保持坚固、适用、美观"的原则，与近年来中国的"适用、经济、绿色、美观"的八字建筑方针有一脉相承之感。维特鲁威还说，"对建筑师来说，最需要注意的就是以一定的比例进行各部分正确的分配"，文艺复兴大师达·芬奇还据此绘制了著名的"维特鲁威人"。中国古代杰出的建筑巨匠和建筑学家李诫（?—1110，字明仲）的《营造法式》，是在他主持一系列国家宫室、坛庙、府邸等项目的基础上完成的。他说："凡构屋之制，皆以材为祖。材有八等，度屋之大小，因而用之。"此话强调了中国古代木构建筑采用以"材分"为基的模数制。此方法，在历史上体现了通用性，也保证了建筑设计与施工的安全性，用现当代观念看也合乎模数化设计方法。阿尔伯蒂（1404—1472）是文艺复兴前的重要理论家与建筑师，他除了设计的作品表现卓越外，还著有《论

朱启钤先生1929年《组织营造学会日记》手迹，此为中国文化遗产研究院2020年底向"中国营造学社纪实展"（中国园林博物馆）提供的展品

建筑》《论绘画》等不朽名著。身为贵族的他认为,建筑师的地位大大高于传统的工匠,只有建筑师才能通过自己的思考创造出伟大的美感。他表述道:"所有建筑物,都产生于需要,受'适用'调度,被'功效'润色,'赏心悦目'放在其后。"20世纪中国设计先驱华南圭先生在《选集》收录的多篇文章中讲述了阿尔伯蒂特有的建筑观,认为其既给出了建筑本质论,也突出了广义的建筑设计方法。

中山公园一览图[1921年京兆乌景洛先生测绘,华通斋(华南圭)委员捐赠]

《房屋工程》一书出版于1920年,此时华南圭先生已经具有了如世界著名建筑大师一般的建筑智慧。如赖特(1867—1959),他比华南圭年长十岁,他的作品与思想既有现代主义特性,还深受东方哲学之影响,同时他还是一位有土木工程师背景的建筑师;勒·柯布西耶(1887—1965),他比华南圭小十岁,除设计作品丰硕外,更在1923年结集出版《走向新建筑》一书,该书不仅是关于20世纪现代主义建筑与城市的一部重要文献,同时也是他留给建筑师的"备忘录"。他强调,"建筑为社会服务,建筑就要按标准行事……尺度既代表一个时代,它是精神的标尺,是我们所控制的技术手段与力量的标尺"。同样,1920年,华南圭在《房屋工程》中说,"房屋上之主要者有三事:曰美观,曰便利,曰流畅",同时,他还引用法国建筑名家朗德莱(Rondelet)的话,"若干建筑家往往轻其所重而重其所轻,专注重于美观,而于支配及工作反置为缓图,实大误为"。他还特别指出居家的卫生观念中外之不同,他说:"中国人民与西洋不同,卫生观念更薄弱,凡营工房,宜将沟道及洗晒场位区划布置,平时又宜有人专司清道,而又加之以监督,所有不净之水,应有去路。"在《家庭卫生小工程》(1927年)中,华南圭还极为细致地讲述了家庭中最污秽的人身排泄物及饮食厨房之污秽的技术处理之法,并绘制工程详图,很是生动。

建筑是什么?建筑设计是什么?每个人有自己的观点,但无论是功能还是审美,都要让其使用者感受到方便、安全和愉悦,因为建筑设计旨在探索对功能与需求进行最好的结合。1911年就留学归国的华南圭,自然会根据20世纪初的国际化的现代主义观,重新审视中国建筑的现代化价值,他也关注历史建筑所具有的精美雅致之气韵。在《房屋工程》一书中,他从多个角度阐释"建筑物之性质",主要有:①建筑物之外表,为人所注目之处,建筑家应随其用途而注意……重在功能适当,反对追求奇巧;②稳固是建筑物应有之性,安全设计是必需的;③建筑简约要更显庄雅,窗孔、门孔、横竖线条、凹凸部分等要均匀配置;④建筑设计要遵循法规,确保兼顾科学性与政策性等。由此,我们悟到,华南圭前辈实际上是在强调建筑师要多才多艺,这样一来技艺精巧就要求建筑师有眼界,要求施工匠师有水平,从而提供与造价相当的且尽可能用材精良、功能均衡的建筑设计成果。

1957年春,华南圭(右二)在武汉长江大桥上与茅以升(右四)等其他参与建设该桥的技术顾问在一起(中铁大桥局提供)

河北大学校史馆展厅里的展陈（华新民摄）
注：20世纪50年代该学院不同系分别并入今天津大学、河北大学及南开大学

华南圭天安门观礼台设计方案

2. 华南圭先生在建筑审美上的城市文化观

在《选集》中专述建筑美学的文章有3篇，即1920年的《〈房屋工程〉第八编美术》、1928年的《中西建筑式之贯通》、1931年的《美术化从何说起》，当然在相关文献中也有不少体现城市文化的美学理念。在《中西建筑式之贯通》开篇，华南圭即先抛出1925年朱启钤刊行李明仲《营造法式》一书的价值，评价道："图说兼具，大有益于我人之参考。"他的《中西建筑式之贯通》中强调对中西建筑诸风格、诸技艺要全面透彻地了解和融会。

首先，他一针见血地批评了"假古董"的建设做法："有人用西法造屋，却又用假柱假梁以为合于古式，既非保古，又非仿古，并非化古，画蛇添足之道而已。"华老此话之意是，从事建筑师职业者要真正懂得中西建筑的本质，中国人做西式建筑，不是简单贴外皮，简单追求形式。他表示，中国建筑制度，"古今殆无大异，不曰古新贯通，而曰中西贯通"。在全书中占了38页的《中西建筑式之贯通》一文，讲了59条道理，极为可贵的是其中不仅有理性阐述，更有数学算例，同时有精湛的绘图说明，体现了一位有工程师基础的建筑师的综合功力与才学。在对建筑的认知上，他认为建筑之有序，并非一般只有构件的组合，在很大程度上，它乃一个复杂的发展过程，在这一过程中，内外部建设的相互作用会不断促使新的解决方法及形式的产生，使选用的材料与结构形式更加多样化。华老在介绍中式建筑长处时，评价道"古匠刻意求工，雕镂无穷"，同时也从如何利用太阳光线上总结出，"太阳是人生之宝，西谚有云'太阳所到之处，即医师不到之处'。此言也，犹言太阳光线充足，则人可无病也。是故，就卫生方面言之，檐杪有害，因其阻止光线也"。具体讲到如"中式常用游廊，此亦予所怀疑者；主要理由即卫生二字，即太阳光线不宜射入正屋故也……"一旦檐杪及游廊或墙增高太多，就不太经济了。再如《营造法式》之门窗格式样本甚多，"惟不适用今日之生活：一因木料太多，光线不充足；二因尘灰太易积留，极有害于卫生也。如欲摹仿，一须将木料致少以改细，二须将玻璃另备活框，以便驱尘"。显然，华南圭指出了《营造法式》中的某些条文不明确及须略加修改的地方。

历史上，建筑的美观也曾一度成为决定建筑的品质与精湛度的重要因素。而现代建筑的艺术观自20世纪以来越来越取决于建筑师对技术细节的把控，建筑师将于新技术赐予的新的可能性中创造艺术。世界设计大师密斯·凡·德·罗（1886—1969）与勒·柯布西耶是与华南圭先生同时代的人，他们曾先后认为壮丽的大坝、雄伟的粮仓、美丽的公路、各类通信电视塔、飘逸的悬索桥等土木工程，均代表新的文明，依靠的是建筑师与工程师的设计美学功底与创作力，也是提取工程精华之本。华南圭在《〈房屋工程〉第八编美术》中有大段论述表述他对建筑艺术的观点，如"建造根据于科学，人人皆能学之，美术则出于意匠，不尽以学理为限制……其意匠亦随人而殊，大美术家，是其天赋之才，固非寻常人所能同造者也"。可贵的是，华老笔下的建筑艺术或称建筑美学思维，特别强调为人民的意识。要知晓，这些文章是在20世纪20年代完成的。对此，同时代的设计大师勒·柯布西耶曾说："……营造只是把房子造起来，建筑却是为了人。"据此，勒·柯布西耶的一系列住宅项目，均追求健康、逻辑、勇气、和谐、完美、富于情感，体现出设计为了人民的本质，这种成熟的设计范式旨在要求建筑作品再艺术也要有标准。对于建筑艺术的人民性，华老分析说："一时代之人民，有此时代此人民之需要，此需要乃系此时代此人民所公有者。美术，随此需要而发生，此美术成为一种体制，凡建筑上所称为体制者，即此具也……故一时代一地方之美术体制，即为该时代该人民之意志之代表。"他进一步剖析道："埃及旧建筑，十分牢固，代表其人民不生不灭之意志，盖其时建筑家，迎合此意志而营造者也。"从建筑艺术的体制讲，该文章将建筑艺术的特性归纳为六点："曰纯净，曰特别，曰确切，曰鲜明，曰自然，曰适当。"即从设计上要采用轻雅之门楣，设计要尽量体现特质，自然的设计要免去矫揉造作之物，建筑需要因类型而采用相应的设计等。华南圭还提出"建筑家须富具历代建筑物之智识，方能有推陈出新之妙用"，这是多么值得研究的早期中国传承与创新设计观。

对于建筑师应有的建筑艺术观，他有三点建议，认为这是不可不知之事："其一，须广览建筑物以博眼界；其二，须多备样本以融意匠；其三，须实地生活于优美房屋中，俾深知生活上需要之各事。"他还向建筑师推荐："中国美术，无册籍可资研究，余只见有一书，名曰宋李明仲《营造法式》，有暇者阅之，未始无益也。"对于建筑师的城市审美与艺术修养，他在1931年《美术化从何说起》（《美术丛刊》1931年10月创刊号）中有充分说明。他认为："美术之为物，足以淑性陶情，故社会若不美术化，则人性不淑，人性不陶，人类将有禽兽化之患。"他分析某建筑:"门耶窗耶,墙耶屋面耶,蹊径耶,栏杆耶,家具耶,无一不献其丑,无一配得上一个美字。"华老正反两方面地评价了某些城市景观。他说:"中国园景,以'山穷水尽,别有天地'八字为美术之结晶。山穷水尽之布置,实为中国园艺之特长,而别有天地之布置,则于美学尚有缺憾。"无锡梅园始建于1912年,设计者据地势,结合梅园特点,以梅饰山,倚山植梅,梅以山而秀,山因梅而幽。然而华南圭1931年在《美术化从何谈起》一文中说,梅园已著名于世,园门优于他园,门口有一石镌"梅园"二字,但他也归纳其间所观的不美之处:"一,园内大小广场,每为高楼围绕,致成为囹圄式之广场;二,旅馆形式材料之恶陋;三,塔之恶陋;四,围墙之恶陋。惟由高处遥望太湖及一片树林,则风景极佳。"从城市景观审美出发,他又以无锡蠡园(1927—1936年建设)为例,认为虽假山之坳在美术方面有所进步,但不美处犹在,如"钢筋混凝土之亭柱,尺寸多不合乎比例,外皮用人造豆渣石,尤见为土气;反之,若用杂石垒高,或将混凝土做成无规则之形状,则气象自能较雅。至于房屋,一律华式,亦太拘泥;园林中参与西式何尝不可,再参日本式,亦何尝不可;盖点缀风景,只求悦目,华园固不必以华房为限也"。

结语

《选集》中的城市建筑诸文,无论是在技术策略层面,还是在文化规划层面,都体现出华老具有批判思维的审美观,在当下再品都可感悟到文化遗产的特有价值。该著作在塑造城市设计文化的同时,也带来传承借鉴,更留存下太多的启示。以下作为建言与体会。

(1)呼吁中国科学技术协会及建筑、城市、文博、铁道等领域的相关学术组织,综合性开展对华南圭先生及其著述的研究。

(2)设计先驱对华南圭作品的欣赏应始于阅读。要将对华南圭先生的研究与中国20世纪遗产和中国第一代建筑师的贡献相结合,寻找中国城市的时代烙印,发现建筑文史新档案。

(3)研究华南圭先生,特别要弘扬他的家国情怀与文化爱国精神。

参考文献

[1] 华新民. 华南圭选集:一位土木工程师跨越百年的热忱 [M]. 上海:同济大学出版社,2022.

[2] 金磊. 中国21世纪安全减灾战略 [M]. 开封:河南大学出版社,1998.

[3] 勒·柯布西耶. 走向新建筑 [M]. 陈志华,译. 西安:陕西师范大学出版社,2004.

[4] 尼古拉斯·佩夫斯纳. 现代设计的先驱者:从威廉·莫里斯到格罗皮马斯 [M]. 王申祜,王晓京,译. 杭州:浙江人民美术出版社,2004.

2011，Rediscovering the Spirit of Architectural Heritage
—Academic Review of Ten Years of *Chinese Architectural Heritage*

2011，重启建筑遗产精神
——《中国建筑文化遗产》"十年"学术回眸

CAH编委会（CAH Editorial Board）

在碎片化信息洪流冲击建筑文化精神的当下，保护建筑文化遗产的责任重大，故肩负起责任也更为必要和紧迫。这绝非表面上的切入点，它一定是带有某些焦点问题的象征性个案，无论是 2011 年起步的学术丛书《中国建筑文化遗产》，还是此后的《建筑评论》与《建筑摄影》，它们合力关注着城市、建筑、文博界"大历史"，用不同的视角书写着行业"大事件"。2014 年成立的中国文物学会 20 世纪建筑遗产委员会更如灯塔一样，照亮百年间记录与言说建筑与人的平台。虽说《中国建筑文化遗产》起步于 2011 年，但实际上我们从更早的时候就开始探索中国建筑文化遗产的世界了。2000 年，"居住改变中国"几个字在许多刊物的封面上出现，但那是历史上的一出出地产情景剧，而《中国建筑文化遗产》则旨在发掘建筑与城市空间的内涵：建筑所承担的角色已从解决住房问题上升为塑造城市生活空间的新载体，建筑设计彰显出一种富于社会责任感的思考力，它如同一场颇具规模的思想传播，需要不同的文化认知与文化改变。十多年来，我们与《中国建筑文化遗产》为伴，渐入佳境，愈发感到对遗产的历史保护与当代解读是一个最能点燃激情的题目，其魅力就在于建筑文化遗产不仅是"活化石"，更是先人创造的奇迹。可以说，《中国建筑文化遗产》丛书创造了属于建筑遗产世界的有品质的城市学术生活。

其实十多年来我们围绕着《中国建筑文化遗产》耕耘，从未在记录、传承中丢掉批评风格，这首先是基于单霁翔会长、马国馨院士关注 20 世纪建筑遗产的学术视角，更源自 2008 年 4 月中国文化遗产

2020年1月14日《中国建筑文化遗产》编委会迎新春建筑学人文化聚会嘉宾合影

保护无锡论坛通过的《20世纪遗产保护无锡建议》、2008年8月国家文物局发布的《关于加强20世纪遗产保护工作的通知》。此后,以《中国建筑文化遗产》编委会及磐石慧智(北京)文化传播有限公司为"基地"的中国20世纪建筑遗产推荐活动,如伟大的"事件"般不断蓬勃发展。截至2022年6月21日已评选出7批共计697个中国20世纪建筑遗产项目(第七批待公布),无论从规模上还是深度上都形成了中国建筑遗产世界的一个不容置疑的"现象",其不仅跟上了联合国教科文组织《世界遗产名录》的发展步伐,也开创出中国遗产新类型之路,并相继发布了《中国20世纪建筑遗产保护与发展建议书》(2016年,北京故宫博物院)、《中国20世纪建筑遗产传承创新发展倡言》(2019年,北京)、《中国建筑文化遗产传承创新·奉国寺倡议》(2020年,义县奉国寺)、《中国20世纪建筑遗产传承与发展·武汉倡议》(2022年,武汉洪山宾馆)等在学界具有影响力的建议和倡议。中国20世纪建筑遗产委员会专家团队还走出去,于2019年4月末至5月上旬,先后考察了新西兰与澳大利亚多个城市的20世纪建筑遗产项目,并同ICOMOS(国际古迹遗址理事会)20世纪遗产科学委员会等国际遗产保护组织的专家交流研讨,以看世界的大视野不断获取来自国际遗产界的新动态。如ICOMOS 20世纪遗产科学委员会于2022年9月21日在欧洲文化之都考纳斯(立陶宛)举办了"20世纪遗产专题框架:遗产地评估工具"研讨会,其价值不仅在于思考全球20世纪遗产叙事的工具,还在于展示并拓展对20世纪遗产的新认知,并探讨其传播价值等。《中国建筑文化遗产》编委会及20世纪建筑遗产委员会,不仅要加强与国际组织的学术交流,还要研究出更恰当的合作方式,更好地打造向中国展示世界20世纪遗产之窗,同时将中国20世纪建筑遗产项目按专题介绍出去。自2017年启动、目前已编辑出版的《20世纪建筑遗产读本》正是中国文物学会20世纪建筑遗产委员会倾力推广的、肩负学术使命与社会责任的"教材"。

2021年4月19日,《经济观察报》在社评中专门为该报创刊二十周年发表了《时间的玫瑰》一文。令我感慨的是,它强调媒体是时代的信使,人类要一次次穿越时光隧道。回望《中国建筑文化遗产》中那些激扬的文字,虽说它们仅仅是中国建筑文化历史长河中的寥寥数语,但展示出的是对建筑文化遗产事业的坚守,深入骨髓且历久弥坚。如同没有价值观的企业

2011年8月8日《中国建筑文化遗产》项目启动仪式

2021年7月28日,值磐石慧智(北京)文化传播有限公司成立四周年之际,在京部分中青年编委举办小型交流活动

没有未来一样,《中国建筑文化遗产》必须为推进人类文明发展和维护人的尊严做出贡献,它一定要成为为人类价值、城市尊严而奋斗的学术丛书。尽管中国20世纪建筑遗产项目的推介在全社会已形成合力,但完成深入挖掘并活化利用的使命还任重道远。传承与创新是需要一连串"事件"的,无论是对作品,还是对人,广义的纪事要尽善尽美、字字珠玑,因为《中国建筑文化遗产》应有的厚度是要呈现最本质的原真性品质,准确记载行业发展的历程,指导行业发展的方向。《中国建筑文化遗产》与20世纪遗产事业,都必然要面对并探讨设计如何引领可持续新空间的发展的问题,既要演绎可持续的设计美学,让恰当的设计融入城市肌理,也要让年轻的设计力量在传承使命过程中再贡献新智。在众多选题中,《中国建筑文化遗产》要当好传承、创新城市更新理念,促进城市更新理念发展、落地的倡导者与推动者。

人们生活在充满文化的城市中,感受着越来越深厚的城市文化底蕴。联想到2022年7月25日以"传承·创新·互鉴"为永久主题的首届北京文化论坛,专

2020年4月中国文物学会20世纪建筑遗产委员会与哈尔滨工业大学《当代建筑》合办"20世纪建筑遗产传承与创新"主题专刊

《建筑传播论——我的学思片段》

家学者对文化城市的所思与所行,事关文化强国建设全局,更是《中国建筑文化遗产》应肩负的使命。丛书记载着借鉴传统建筑文化瑰宝的创新之法,记录着从过去到未来的建筑求索之旅,还有一系列以阅读之名架设的建筑文博之桥,乃至涵养当代建筑文博人心灵及学养的先贤故事。十年时光下,我们用著述让更多的设计者与文博专家敞开心扉,追索历史与当代学人的记忆;我们还用媒体的整合与共振之力,构建起城市建筑时空;我们始终未忘记要对建筑与人做出共同诠释,要为中国建筑师树起人生坐标,尤其要为先贤的风范搭建星光满天之境。

细数过往,还有太多的深切之问;集思未来,也有遵循发展逻辑的愿景。理性、科学、系统的学术修养及创作编辑一直是《中国建筑文化遗产》编委会所倡导的。除要求编者具有横向思维、全面思维、协作思维外,还要求其必须训练乃至培养自身的学术思维,尤其要学会对重大事件和重要论坛做出有深度且有特色的专业化解读。学术思维强调理性,尤其不可盲从有知名度的作者,杜绝评论性文字中夸大其词的表述;学术思维强调科学,尤其应注意文章是否持之有据,是否指出其科学支撑点在哪里;学术思维是系统的思考,尤应考量文章分析的整体性,把握"牵一发而动全身"的道理;学术思维更是研究的思维,要求编者在繁忙编辑事务中抽出时间,如同大学者那样深研学术,虽然达不到大学者的程度,但可以在编辑工作中主动加大编研的分量,主动写出自己的编辑历程与见解,这也许是一个学术群体应保持的状态。营造学术团队的编研风气,不仅有助于探索建筑科技与文化的诸多"秘境",更能从蕴藏在书中的每位作者的感悟中品到人间冷暖与丰富历史,也许编研的过程中就有理念的旋律生成,就有编者与建筑大千世界的成功对话。2017 年,我在《中国建筑文化遗产》编委会同人支持下完成了《建筑传播论——我的学思片段》,在其行文构思和价值选择上,我秉持传播理性与服务建筑界、文博界的原则,解决了"怎么说""对谁说"的问题。

在当下这个极富挑战且充满万千可能的时代,希望《中国建筑文化遗产》《建筑评论》《建筑摄影》及中国文物学会 20 世纪建筑遗产委员会在历史的沉淀与文化的嬗变中,积极感受中外建筑文化的灿烂,不负时代的馈赠和机遇,以建筑文化"人类学"的研究视野,不断创新编研模式,将建筑与城市的"人、事、资源"汇集考量。2022 年 10 月,法国瑟耶出版社推出《历史时刻:历史事件的十种形成方式》,该书让我们再思事件历史。历史事件往往与一些重要的时间节点相关联,当人们关注历史事件和时间节点时,会发现历史事件的发生改变了当时的社会环境、科技发展进程乃至人们的思想观念等,从而不断丰富、塑造人们的记忆。在专注事件所带来的广博的视野下,《建筑摄影》在后摄影时代展示的媒体艺术,正愈来愈深刻地改变着体验世界的方式,建筑摄影存在的合理性使用影像重构现实成为必然。2022 年 9 月 15 日在黄浦江畔拉开帷幕的首届世界设计之都大会(WDCC),以"设计无界,相融共生"为主题,其释放的设计创新驱动的赋能作用,正如著名设计专家柳冠中所说的,"设计是在科学与艺术之外,人类所拥有的第三种智慧和能力"。我想,如同设计的初心是用创造性思维讲出解决问题的方案一样,媒体无论专业与通俗、小众与大众,都是在为建筑界、文博界传播记忆和符号,奠定坚实的文化与社会基础。

围绕遗产新视角还归纳出以下两个议题。

议题一:需携手共建中国"文化和自然遗产日"的世界家园

自 2006 年中国文化遗产日(2017 年调整设立为文化和自然遗产日,以下简称"遗产日")诞生至今,其作为一个传播主体激发出国家与城市遗产保护传承的活力,不但彰显政府作为,更动员全社会共同参与遗产保护传承。这里有"行"的参与,也有"情"的感染,它使每个人都与遗产"家园"紧密相连。2022 年文化和自然遗产日的"文物保护:时代共进,人民共享"主题正说明了它的广泛性。今年恰逢联合国教科文组织《保护世界文化和自然遗产公约》(以下简称《世界遗产公约》)颁布 50 周年,如何让遗产日活动赋予中国精神以国际化视野,是我们应该深入研究的问题。为此有以下三点浅识。

其一,联合国教科文组织 50 年前的"遗产之策"有当代价值。1972 年 11 月 16 日,联合国教科文组织第 17 届会议通过了《世界遗产公约》,其标识设计就象征着文化遗产与自然遗产之间相互依存的关系。图案中央的正方形代表人类创造,圆圈代表大自然,两者连接在一起,既象征全世界,也体现了保护理念。联合国教科文组织于 1972 年在巴黎举行的第 17 届会议上提出了遗产保护整体政策,即"应该使文化和自然遗产在社会生活中发挥积极的作用,并把当代成就、昔日价值和自然之美纳入一个整体政策"。会议精神体现在创造人与自然、传统与现代的遗产和谐家园。2017 年,中国对文化遗产日名称做出调整,将其变更为文化和自然遗产日。遗产研究与管理者、媒体传播机构要加大对其丰富内涵的宣传和解读,尤其要对遗产日文化与自然的双主题予以充分解读。对照50 年前颁布的《世界遗产公约》,审视中国遗产日,在用遗产育民并惠民的同时,认知遗产日及发挥其影响力确需"他山之石"。

其二,国际社会在遗产保护方面一直是多机构鼎力携手共进。伴随着 1972 年联合国教科文组织颁布的《世界遗产公约》的落地与推进,1972 年联合国在瑞典斯德哥尔摩举行了人类环境会议,提出共同保护人类赖以生存的家园,遏制全球典型公害事件与环境灾害,促进环境意识的觉醒与可持续素养的提升,这体现出为构建遗产家园而开展文化建设的迫切性。2022 年世界环境日主题是"只有一个地球",主办国是瑞典,其除呼吁采取务实行动保护共同家园外,还用生物多样性及生态保护原则强调申遗潜力。如果说遗产是人类献给未来的礼物,那么自然遗产并非只有美景。据世界自然保护联盟发布的《2020 年世界遗产展望》报告分析,世界自然遗产与自然文化双遗产,全球整体状态处于"较好"的状态的比重为 63%,而中国占比为 89%。如果说"明者防祸于未萌,智者图患于将来",守护遗产家园愈来愈需要遏制人类对生态环境的破坏,为使人与自然回归安宁,要以真诚之心体察并呵护文博遗产。2016 年联合国教科文组织与联合国环境规划署联合发布的《气候变化下的世界遗产与旅游业》报告发出预警,揭示灾难正对世界自然和文化遗产产生负面影响。2017 年联合国教科文组织出台《气候变化问题行动战略》,2021 年国际古迹遗址理事会通过"文化、遗产与气候变化行动(2021—2024)"科学计划等都是遗产保护在科学与人文、技术与文化、传承与创新方面的技术保障策略。

其三,挖掘遗产保护的"基因库"需要文化与自然的深度融合。面对 2020 年暴发的新冠肺炎疫情导致的全球文博业的停摆或歇业,2022 年联合国教科文组织发布《重塑创意产业政策:文化作为一种全球公共产品》,其要点是文博与文旅既作为全球文化公共产品,就要融入可持续发展框架,加强合作,做到遗产共识共享。如果说遗产日的概念认知与外延,开启了人们认识文化和自然的视野之旅,那它体现的遗产保护与传承则应融合两种文化,这里既有强调遗产文化价值的"人文文化",也包括凸显遗产自然价值的"科学文化",重要的是中国文化和自然遗产日要以丰富的物质与非物质纪念研究与传播活动,为融合这两种文化指明方向,并从本质上融合它们各自产生的本源,促进综合的遗产观的建立,创造社会共识,以形成携手建设遗产强国的局面。之所以借助遗产日再提文化和自然统一的遗产观,是因为人类已经留下太多人工与自然的瑰宝,它们是思想与情感、记忆与技艺的杰作,不仅是文化的"基因库",更是自然的"基因库",是文化与自然缺一不可的和谐美好家园的"基因库"。

建设遗产强国贵在注入精神之力,这里不可轻视国内外历史背景、精神内涵与发展线索,尤其是文化传播影响力的作用,文化和自然的遗产观反映了马克思主义人与自然的辩证关系,彰显了马克思主义的人化自然观的遗产价值魅力。2021 年,在福州召开的第 44 届世界遗产大会上,中国教育部与联合国教科文组织合作举办"面向未来的世界遗产教育"主题边会,强调了全面的世界遗产教育在个体生命价值与文化认同上的时代意义。作为对我们的启示,它至少说明从培育严谨求是的遗产观出发,一是要加强文化治理,培养国民自觉参与意识;二是再塑自然观,以本质书写大地,汲取人与自然的遗产智慧。中国是令世界瞩目的遗产富集地,文化和自然遗产日的年年推进,必将以对全社会负责任的态度,传播中国文化遗产的美好,守护住万物和谐的遗产家园。(以上部分内容曾发表于 2022 年 7 月 27 日的《文博中国》)

议题二:现当代遗产修缮设计要走保育活化之路——单霁翔《人居香港——活化历史建筑》的启示

2022 年 6 月 21 日,中国文物学会 20 世纪建筑遗产委员会在北京建筑设计研究院(以下简称"北京建院")推介终评第七批中国 20 世纪建筑遗产项目时,中国文物学会会长单霁翔向与会专家介绍了他的最新著作《人居香港——活化历史建筑》(以下简称《人居香港》,中国大百科全书出版社出版)的写作感悟。他细致地讲述了香港对独特的历史建筑保育与活化的经验与个案,阐释了香港城市建设的保护与创新成就。《人居香港》一书呈现了香港对建筑遗产的保护理念,也为粤港澳大湾区的各个城市乃至内地大中城市提供了 20 世纪建筑遗产保护与活化利用的可品鉴之

《人居香港——活化历史建筑》

路。结合揭牌成立的北京建院建筑与文化遗产院,他特别讲道:"北京建院自新中国成立起就是有着遗产保护优良传统的设计机构,经中国文物学会、中国建筑学会推荐的入选中国 20 世纪建筑遗产项目的数量居全国首位,说明北京建院一代代建筑师、工程师与城市建筑同呼吸、同脉动,在规划设计中注入了建筑精品意识与文化传承观。"

针对当下新型城镇化及城市更新的各种要求与发展方向,曾任国家文物局局长十年、故宫博物院院长七载的单霁翔,又以他近几年用心、用情、用功、用脚步丈量中国世界遗产的精神与魅力,向北京建院建议:城市更新是行动而非运动,要遵循历史、文化、科学规律,香港的"活化历史建筑伙伴计划"的经验是值得借鉴的。北京建院建筑与文化遗产院应与中国文物学会 20 世纪建筑遗产委员会合作,在国内系统地推动建筑遗产保育和活化设计研究,这将是一个开创性工作,可以先从北京建院入选的中国 20 世纪建筑遗产项目入手,边研究,边修缮,边出成果。据此有如下认知。

其一,《人居香港》解读出保育活化的新意。20 世纪是人类历史上最具创造性也最具保护性破坏的时代。香港在开埠的一个多世纪中,留下了数以千计的历史建筑,它们融汇了中外建筑艺术精华,是香港文化身份的象征,是港人创业集体记忆的组成部分,体现了文化传承的延续与归属感,见证了香江的血与火。在单霁翔会长笔下,香港"是一个饱经风雨沧桑之城,一个彰显坚韧与执着的城市,一个充满人性与温暖的城市,一个珍惜历史与记忆的城市,一个永葆创意与活力的城市"。用建筑传承历史,尤其采用保育活化之方法,可读懂香港建筑发展史。香港特别行政区 2008 年推出了"活化历史建筑伙伴计划",迄今该计划已推出 6 期,共有 22 处历史建筑(含建筑群)被纳入该计划,其中已有 12 个项目投入服务,向公众开放。时任香港特别行政区行政长官的林郑月娥为该书作序,赞叹该书的文化遗产贡献。其中她讲到 2007 年 11 月,她以香港特别行政区发展局局长身份首次访京时,拜访了时任国家文物局局长的单霁翔,向其介绍了香港的"活化历史建筑伙伴计划"。此后,单霁翔十年间访港超过 10 次,"次次行程排得很满,到处考察香港的历史建筑……以宏观的角度,通过不同脉络对香港大部分历史建筑做出分析和论述"。单霁翔在书中回顾,作为香港特别行政区发展局第一任局长的林郑月娥,她早就意识到"文物保育不再是纸上谈兵,而是马上行动,2007 年 10 月 10 日'活化历史建筑伙伴计划'应运而生"。该保育活化计划的价值是在现代化进程中将珍视香港民众的集体记忆提上政府议程。保留至今的历史建筑,不仅见证了香港城市发展和改变的全过程,还保留了属于香港本地的建筑文化特色。2021 年 5 月 21 日,中央全面深化改革委员会第十九次会议审议通过了《关于在城乡建设中加强历史文化保护传承的意见》,明确提出"建立分类科学、保护有力、管理有效的城乡历史文化保护传承体系"。从期待更多设计审美智慧出发,20 世纪遗产保护与修缮设计必须走历史与当代结合、相得益彰之路。无论北京还是其他城市,都要在坚持 20 世纪遗产文化价值优先性的基础上,积极稳妥地推动老城旧城与新区新城、历史街区与城市景观环境、历史建筑与新建筑(含新旧地标性建筑)、建成遗产与非遗文化的协调共生。建筑师、工程师在遗产设计上的潜力是无限的。

其二,《人居香港》讲述了诸多保育活化的成功经典个案。单霁翔认为,2007 年起,香港特区政府推出的"活化历史建筑伙伴计划"是香港历史建筑保育政策中的里程碑。从 2008 年的第 1 期到 2019 年的第 6 期,活化工程不仅造福社会公众,还有 5 个项目摘取了联合国教科文组织亚太地区文化遗产保护奖,产生了国际影响力。在一系列活化方式中,如在"置换新的功能空间"方式上有北九龙裁判法院建筑的活化个案,该法院建筑建造见证了香港司法制度的发展史,虽是 1960 年建成的项目,但其不乏建筑美观特色和风格。结合北九龙裁判法院的修缮要求,它被纳入第一期"活化历史建筑伙伴计划",其用途是学院、培训中心和古物艺术廊。此计划先后收到 21 份申请书,最后,活化历史建筑咨询委员会决定由美国萨凡纳艺术设计学院在此开设香港分院。正是由于"伙伴"选择正确,在保护和活化设计与修缮中,法院建筑的外立面原封未动,同时为保护墙体、艺术品大都采用吊挂的方式。这样的改造保留了原有建筑的历史价值,赋予法院所在社区艺术品质和亲和力,使一座庄严的法院成为活力十足的艺术设计学院。2010 年 9 月,萨凡纳艺术设计(香港)学院开馆运营,2011 年该项目获联合国教科文组织亚太地区文化遗产保护奖,截至 2020 年 6 月,来此参观的各界人士超过 40 多万人次。再如,2015 年获联合国教科文组织亚太地区文化遗产保护奖的美荷楼项目。美荷楼是住宅楼,是政府关注民生居住、推动"公屋"政策发展的时代见证,尤为珍贵的是,美荷楼是香港仅剩的一座 H 形住宅楼。单霁翔细致描述了美荷楼活化计划的一个个如时光隧道般的香港原住居民的故事。2013 年,美荷楼"活化历史建筑伙伴计划"项目竣工,由香港青年旅社协会以非营利形式运营,鼓励社会参与文化交流与遗产保护。美荷楼生活馆特别建造了"多格厕所",呈现当年一层楼共用厕所的原貌,还重新建造"走廊厨房",再现居民在狭窄走廊煮食的状况。单霁翔将这种邻里关系总结为"守望相助、分甘同味、相互照应、忧喜与共的浓情与乡愁"。这种"公屋"文化很好地诠释了保育活化的主题,该计划使原本废置的历史建筑重获生命,创造了体现香港文化特色的"公屋"新地标。

其三,《人居香港》提出保育活化的"十二律"。单霁翔认为,"活化历史建筑伙伴计划"的实施,已不再是单纯地保护物质文化遗产,它的立足点是对历史变迁轨迹、自然生态环境、人类的尊重。他在著述中特别借鉴多个国际性文化遗产保护文件,如"保护历史建筑、古遗址和历史地区环境"的《西安宣言》,强调要保留文化景观的历史记忆。他在书中以 1989 年香港志莲净苑启动重建计划为例,介绍了现代建筑何以同样承载历史的思考。他大胆提出,"优秀的仿古建筑也是对历史文化、营造法式和传统技艺的保护传承"。2012 年 11 月 17 日,国家文物局在全国世界文化遗产工作会议上更新的《中国世界文化遗产预备名单》,将香港志莲净苑与南莲园池项目列入其中。有鉴于香港在遗产保护方面的探索与经验,单霁翔在理性分析主导思想、实施目标、运营模式的基础上对香港的保育和活化之路有所拓展,提出了有价值内涵与可操作性的"十二律",或许这就是这本香港遗产保护著作中最精彩的篇章。"十二律"内容如下。①要有专责且有效率的组织机构。②要有古物咨询委员会负责下的评级制度。③要有政府指导下的准入、评估和评审标准。④要有保育和活化的制度创新。⑤要有为保育和活化指引的服务系统。⑥要有精致、严谨且稳定的运作模式。对此他特别解读,"香港发展局十分谨慎地推进'活化历史建筑伙伴计划'的实施,努力在以市场机制为主导前提下,强化公共部门对历史建筑保护的责任……然后由非政府机构申请历史建筑的使用权与运营权……如果没有招聘到合适的'伙伴'便决定放到下一批"。⑦要实现科学修复。⑧要注重活化传承。单霁翔深化了保育和活化两者的关系及不同内容。他说,目前遗产保护大多是"冷藏"式的博物馆模式,而历史建筑要活化以服务社会。⑨要有善用历史建筑和服务社会目标的"优化伙伴合作"。⑩要有文化保育的财务支撑。⑪ 要强化影响力大的社会宣传。⑫ 要构建政府与民间相互扶持、公众参与的模式等。

单霁翔会长的《人居香港》一书令人联想到,遗产调研与考察,无论是在现代都市里寻走,还是踏墟寻迹,不仅在贯通历史与现代,还重在探索方向。单霁翔会长对 20 世纪建筑遗产与文化城市的实践与建言,实际上唤醒了城市建筑学问理念的乡愁般温情与传承创新的想象力。北京建院用开阔的国际视野介入 20 世纪建筑遗产保护与再设计,不仅让建筑遗产定格旧岁月,更让建筑遗产焕发新活力,让体味历史文化之趣与当代城市设计精神的建筑文化交响曲的旋律更美妙,从而体现有机更新与整体保护观。在中外城建历史中,也不乏教训与思辨,这里有理念之争,更有认知上的缺陷。如 2020 年全球新冠肺炎疫情暴发后,希腊旅游遭重创,为此希腊文化部提议,利用这个时期,加快对始建于公元前 580 年的雅典卫城古迹的修复,这一点是正确的。但其做法失当了,居然在雅典卫城雅典娜神庙旁修了一条长几十米、宽 2~8 米、厚约 45 厘米的水泥路,被人们形容为"如同一块打在古老遗址上的补丁",它不仅是对卫城原始韵味及历史沧桑感的破坏,且是对卫城"圣岩"的一种亵渎。尽管希腊文化部报告说,卫城的神庙修复工作至少还要持续二十年,高低不平的地面给修复工作带来不便,此处残障人士也无法到达等,但所有这些并不是增设水泥路面的理由,这个"现代风景线"是对卫城的不可逆的破坏。恰如希腊建筑历史与艺术评论家所言,世界各地的著名遗产地都曾举办过大型文化活动,将现当代生活与文化古迹相结合,这会加深人们对世界文化遗产的认识,也是对历史和传统文化的传承与创新发展。如果说,2 500 年前雅典卫城的伟大设计师菲狄亚斯和卡里克拉特都没有在卫城留下任何属于他们的印记,那么希腊确实不应以今人的水泥路给历史建筑留下败笔。

单会长的书及倡议,给我最深的印象还有两个:第一,书中丰富的保护与创新个案,对中国 20 世纪与当代遗产保护传承有借鉴意义,从这个角度讲,《人居香港》一书在讲述香港历史建筑保育活化的成功经验与保护细则的同时,实在是为全国的城市更新、文化城镇建设指明了方向;第二,要从香港活化历史建筑中,再识建筑遗产保育与活化的相关性,特别是要从中汲取营养,将活化文章做准、做充分。要教育公众及城乡管理者,现实中不存在完全回避利用的保护。"历史建筑详细书写着历史的每一篇章,它形成于过去、认识于现在、施惠于未来,是城市文化生生不息的象征,也是代表不同历史发展进程的坐标。"(以上部分内容曾发表于 2022 年 8 月 11 日的《文博中国》)

后面几篇文章是编委会部分学人按不同视角为《中国建筑文化遗产》发展所做的分析、归纳与思考,希望能引起读者的兴趣与共鸣。

2022 年 9 月 16 日

金磊执笔

Craftsman Spirit and Cultural Connotation, Western Architectural Styles in China
—Review of the Decade of *China Architectural Heritage* (2011-2021)

匠作国风　西体中用
——《中国建筑文化遗产》十年（2011—2021年）回顾

殷力欣[*]（Yin Lixin）

* 《中国建筑文化遗产》副总编辑，
中国文物学会20世纪建筑遗产委员会
专家委员。

2021年是《中国建筑文化遗产》出版发行十周年。十年来，在业界朋友们的鼎力相助下，在编委会同人的共同努力下，《中国建筑文化遗产》已然成为建筑历史与理论学科以及建筑遗产保护事业的研究、宣传之重镇，影响力远达域外。迄今已出版的29辑，全面展示出了新时期的学术研究成果及建筑遗产保护事业的最新进展。

《中国建筑文化遗产》编委会自2011年初开始筹备，历时约半年，至2011年9月正式刊行第1辑。在筹备期间，时任国家文物局局长的单霁翔先生曾多次予以大方向性质的思路指导，马国馨院士等诸多学界名流也给出了中肯建议；编委会成员数次开会研讨，集思广益，确立了"继承并发扬光大中国营造学社传统，拓宽视野，以学术研究投身于建筑遗产保护事业的实际行动之中"的方针。这个总体性的思路，概括为一个对联，刊载于第1辑上：

匠作国风　追寻远古惟壮丽
西学中体　展望大寰以通达

以下是对《中国建筑文化遗产》十年历程的概要回望。

一、顺应时代要求，把握发展趋势

在任何时期，文化遗产作为人类共同的精神财富，都应予以保护，这是当今全球性的共识。其中作为不可移动类文化遗产的建筑遗产，其保护工作面临的问题尤为复杂。因此，《中国建筑文化遗产》编写伊始，即着意在保护、研究、宣传等具体工作中探讨出一个能够为各界所认可的理论体系。为此，本丛书每辑均辑录了单霁翔先生的文论，如其为第1辑所作的《坚守中国建筑文化遗产传播的理想》。单霁翔先生在文中指出，《中国建筑文化遗产》不仅肩负城市、建筑、创意互动的文化传播平台的职责，更在砥砺理念中扬起思辨之帆，用超越国人的视野传承属于中华民

《中国建筑文化遗产》首发仪式现场（2011年8月8日，天津）

族的建筑遗产。而之后每辑所收录的系列文章,如第 2 辑《关于城市文化建设与文化遗产保护的思考》《关于20 世纪建筑遗产保护的思考》,第 17 辑《从 "紫禁城论坛" 到〈紫禁城宣言〉》,第 25 辑《文明互鉴与对话:建构人类命运共同体》等,全面系统地展现了建筑文化遗产保护领域的全新理念。

其一,在以往的文物保护理念中,无论对建筑遗产的重视程度如何,都难以摆脱一个固有观念:建设与保护往往形成矛盾,为了建设,难免要拆除一些文物建筑。而在当今,新的理论具有突破性的关键一点便是:新的建设与对遗产的保护,完全可以不构成矛盾,甚至对遗产的保护,可以促进建设的理性发展。

其二,对建筑类文物的概念界定,之所以强调以 "文化遗产" 这个概念代替 "文物",是因为 "文化遗产" 彰显了文物在现实生活中的文化特性,从而拉进了其与现实的距离。

其三,基于上述两点,单霁翔先生指明当今的任务是及时鉴定现存建筑是否具备文化遗产资质,改变以往重视古代、近代建筑的保护,而相对忽视对现当代建筑的及时鉴定、及时保护的做法,进而适时总结当下建筑之得失,促进文化发展的有序演进。单霁翔先生不愧为高瞻远瞩的思想者。

此外,各辑中的 "总编的话" 也是引导整体工作的特色内容。如《新的开端》(第 1 辑)、《遗产就是今天》(第 3 辑)、《走过十辑:建筑文化的遗产印记》(第 10 辑)、《致敬建筑中国》(第 12 辑)、《新中国 70 年 "设计机构史" 研究需要更新》(第 25 辑)、《中国建筑文化遗产传播研究 "拾" 金联想》(第 28 辑)等,或从学理层面说明建筑文化遗产与现实之间的关系,或具体阐述某专项课题研究,时时有引发学界同人深思的思想亮点。

二、中国营造学社学术体系的继承与发扬光大

我国自鸦片战争以来,为拯救民族危亡、弘扬民族文化,"救亡" 与 "启蒙" 成为历时长久的话题。而 1919年的五四运动,开启了成系统地反思中华文明得失的征程。在建筑界,向西方学习域外经验是必要的,而以中国营造学社成员为代表的部分有识之士对以往所忽略的传统建筑学体系的探析,也是不可或缺的。《中国建筑文化遗产》编委会也自然视继承中国营造学社之学术传统为己任。不过,我们也清醒地认识到,随着时代的变化,简单沿袭旧有的工作方法是行不通的,必须有所变化、有所发展。

(一)有关中国建筑学体系的再认识

已故建筑历史学家陈明达先生曾提出一个学术命题:所谓 "坚固、实用、美观" 的建筑三原则,是属于西方建筑学体系范畴的表述,而中国自有一套与之迥异的中国建筑学体系。当然,这一命题目前存在较大争议。《中国建筑文化遗产》自问世以来,对相关学术研讨保持着密切关注,如第 2 辑(2011 年 9 月)辑录了陈明达的《中国建筑概说》;第 2 辑(2011 年 7 月)辑录了王贵祥教授的专文《独树一帜的中国建筑》,文中明确指出:"相对于西方建筑史上由古罗马建筑师维特鲁威提出的 '坚固、实用、美观' 的建筑三原则,古代中国人也有自己的建筑原则,即《尚书》中有关大禹的为政(建筑)三原则:正德、利用、厚生。"

针对这一重大研究命题,周学鹰等撰写了《中国古代建筑屋顶等级制度研究》(第 25、26、27 辑),可谓在基础工作方面立足建筑细节,做 "小心求证" 的典范。

(二)提升理论深度,拓展工作范围

《中国建筑文化遗产》编委会十分重视建筑历史研究工作的延续,自问世起,如崔勇的《中国营造学社先贤朱启钤概述》(第 1 辑),刘江峰的《不朽的中国建筑精神——纪念建筑学家梁思成诞辰 110 周年》(第 2辑),崔勇的《陈明达古建筑学术研究》(第 16 辑),殷力欣的《刘敦桢先生等中国营造学社先贤的民居建筑研究历程》(第 19 辑)与殷力欣、耿威合撰的《莫宗江先生古建筑测绘图考略》(第 20、21、22 辑)等文,均在仔细辨析学术史料的基础上,探讨前辈学术成果对当今的借鉴意义。

除对传统建筑体系、建筑思想的重新认识外,1911 年之后的近现代建筑现象及其文化内涵,也是《中国建筑文化遗产》编委会所关注的。在这方面,如殷力欣所撰的《刍议 "中国固有式建筑" 的文化意义》(第 1 辑),黄越、汪晓茜、诸葛净所撰的《民国时期媒体视野中民族建筑的现代性》(第 15 辑),金磊所撰的《20 世纪中国建筑发展演变的科学文化思考》(第 18 辑)等,客观述评了近现代在 "西风东渐" 历史背景下的中国建筑发展态势,要旨在于说明在经济发展、技术变革下,坚守建筑艺术的民族文化特质之必要性。

对于中国营造学社主要围绕单体建筑或一个建筑组群开展调研的工作方法,编委会认为有必要将考察范围扩大。为此,我们及时引入了中国建筑设计研究院建筑历史研究所提出的"大遗址"概念(见第 1 辑所载陈同滨的《有关中国大遗址保护规划的几点随想》),辑录了该研究所之专文《世界文化遗产 "杭州西湖文化景观" 概述》(第 2 辑,2011 年 9 月),在介绍"大遗址"概念的同时,以事实为依据,向公众展示了一幅保护与建设相互依存的完美图景。刘临安的《关于曲阜孔子文化遗产保护区划叠压问题的解决思路》(第 18 辑,2016年 5 月)一文,似乎正是依据"大遗址"概念解决实际问题的具体事例。第 5 辑收录的《文化城市:中国淮安》,则展现了覆盖面达一个地级市全境的文化遗产保护行动。

园林学研究是中国建筑史学的一个重要分支,《中国建筑文化遗产》编委会针对以往的研究,在第 1 辑中特别收录了中国工程院院士孟兆祯先生的力作《中国古典园林与传统哲理》,提倡将对园林现象的阐释上升到美学层面;刘彤彤的《清代皇家园林赏析》(第 1 辑)、张龙等的《文物建筑测绘与颐和园研究》(第 4 辑)、贾珺的《山东四座古代私家园林纪略》(第 9 辑)等,也各有独到见解。此外,编委会选择上海古猗园为个案,联合数家机构探讨传统园林在当今时代的生存与发展(见第 26 ~ 28 辑系列文章),颇有值得嘉许的研究进展。

自第 1 辑刊载刘伯英的《中国工业建筑遗产保护——从首钢谈起》起,编委会对工业类建筑遗产的关注,可谓贯彻始终。其中,第 6 辑(2012 年 6 月)中沈榆的《工业遗产的意义:源自现象学观点的读解》,可谓是史论并举的一篇佳作;而第 18 辑(2016 年 5 月)中单霁翔的《保护工业遗产:回顾与展望》、刘伯英的《世界文化遗产中与全国重点文物保护单位中的工业遗产名录》等文,及时记录了这一领域的最新工作进展,在业界影响甚大。

(三)对建筑遗产的田野新考察

中国营造学社的基础工作之一,是对古代建筑遗存进行田野考察。将《中国建筑文化遗产》收录的考察报告与 1949 年之前的《中国营造学社汇刊》各期所刊载的考察报告相比较,有如下变化。

其一,以刘叙杰的《湖南新宁古建筑考察纪行》(第 1、2、8、10、19 辑,后期有考察组殷力欣、陈鹤等参与)为例,对中国营造学社的考察方法进行了原汁原味的继承,但将考察重点转移至民居建筑并涉及中国乡村的近现代建筑。

其二,以丁垚、刘翔宇的《杭州闸口白塔调查记》(第 5 辑)为例,同样是对古代建筑实例的考察,当下各高校的考察团队开始采用新的测绘技术,以新的研究视角对中国营造学社原考察项目做重新认识,有新的发现和进一步的理解。

其三,以《中国建筑文化遗产》编委会组织并撰写的《黑龙江大庆、齐齐哈尔、黑河等地考察纪略》(第 24辑)为例,对新中国成立后建筑高潮中所遗留的建筑做初步调研,标志着 1949 年以后的建筑,已成为建筑遗产考察的重要项目。

其四,以马国馨所作《阿尔山的日军筑垒遗址》(第 17 辑)、殷力欣所作《东北三省抗战历史建筑遗产考察纪略》(第 15 辑)为例,强调了对警示性建筑遗产开展考察工作也是具有深刻文化意义的工作之一。

其五,以建筑文化考察组《英国世界文化遗产考察简记》(第 12 辑)为例,指出新时期的建筑考察工作必须立足本土、放眼世界,对全球范围的建筑遗产保护与研究动态予以密切关注。

(四)对当代建筑学科史料的关注与整理

中国拥有五千年的建筑历程,而具科学性的建筑学科的历史却是自清末民初才起步的,迄今百余年。及时收集百年学科史的史料,也是学界重任之一。因此,《中国建筑文化遗产》编委会投入相当大的精力,开展了这方面的工作,不仅相继对朱启钤、吕彦直、梁思成、刘敦桢、陈明达、莫宗江、单士元、卢绳等建筑界前辈先贤做过纪念专辑,对汪坦、罗哲文、杨永生、杨鸿勋、张驭寰、刘先觉、郭湖生、周治良等已离世的专家学者也及时组织纪念暨学术研讨,并对华揽洪、吴良镛、费麟、张锦秋、马国馨、何镜堂、程泰宁、楼庆西、谢辰生等著名建筑师或知名建筑学家的工作也做了适时的追踪介绍。此举在广泛收集建筑历史史料的同时,使得建筑学界内部、史论学者与设计师之间,形成共济一堂、同心向学,为在当今局面下谋求中国建筑文化的发扬光大而携手共进的局面。

我们对华揽洪设计的北京儿童医院、周治良设计的首都体育馆、张锦秋设计的陕西历史博物馆、马国馨参与设计的毛主席纪念堂等现当代建筑作品的设计及建造过程资料的搜集,为书写现当代中国建筑史积累下弥足珍贵的史料。我们在建筑历史与理论的文献资料征集方面最突出的一点就是把研究范围推进至当代。

（五）其他课题工作进展

克劳斯·茨威格的《中国传统木构建筑的可持续性》（第 13 辑）、温玉清的《善水之城：吴哥都城的源流与变迁》（第 13 辑）、刘临安的《意大利建筑遗产保护的三个杰出人物》（第 1 辑）等文论的辑录,说明我们很重视了解西方人对中国建筑的理解,也关注中国的建筑遗产保护观念在域外的推广,同时关注东西方遗产保护理论的比较研究。

三、积极参与中国 20 世纪建筑遗产保护事业

早在 2012 年 8 月,《中国建筑文化遗产》第 7 辑便收录了单霁翔的《关于 20 世纪建筑遗产保护的思考》一文,"20 世纪建筑遗产"这个概念首次在本丛书中出现。之后,金磊发表了一系列专文:《20 世纪建筑遗产评估标准相关问题研究》（第 12 辑,2013 年 12 月）、《中国 20 世纪建筑遗产认定标准的再研究——兼论传承中国 20 世纪建筑师的作品与思想》（第 15 辑,2015 年 5 月）、《"中国文物学会 20 世纪建筑遗产委员会"成立综述》（第 15 辑）、《20 世纪建筑遗产保护始于春天》（第 16 辑,2015 年 10 月）、《关于 20 世纪遗产保护的自审与自省》（第 18 辑,2016 年 4 月）、《中国 20 世纪建筑遗产项目认定的研究与实践》（第 19 辑,2016 年 12 月）等。

第 15 辑、第 19 辑是记载具有标识性意义的重大事件的两辑:第 15 辑（2015 年 5 月）中的《"中国文物学会 20 世纪建筑遗产委员会"成立综述》一文标志着从这时开始,我们的工作重点转变为对 20 世纪建筑遗产的研究、宣传,并参与实际的保护行动;而第 19 辑除金磊的《中国 20 世纪建筑遗产项目认定的研究与实践》一文从学术角度论述了中国 20 世纪建筑遗产项目认定的意义外,另一篇文前部分的文章《98 项近现代经典建筑入选"中国 20 世纪建筑遗产"名录——"致敬百年建筑经典:首届中国 20 世纪建筑遗产项目发布暨中国 20 世纪建筑思想学术研讨会"在京举行》,向世人宣告了这一工作初战告捷。

自第 19 辑起,丛书各辑均有与"中国 20 世纪建筑遗产名录"评选工作相关的内容和研究文章,以大量的工作成果,表现这项工作与当代建设大业的并行不悖。第 28 辑的《为着奉国寺的下一个千年——辽代建筑遗产保护研讨暨第五批中国 20 世纪建筑遗产项目公布推介学术活动综述》,介绍并评述了这样一件意味深长的业界大事:在同一时间同一场合,千年木构杰作与百年建筑珍品同台亮相,揭示出当代建筑遗产保护事业的蓬勃发展必须立足于中华文化沃土上。

四、丛书特色:深入浅出、雅俗共赏、赏心悦目

在当今信息爆炸的时代,并不以营利为目的的学术丛书要生存乃至发展,除使其学术水准维持在水平线以上外,其自身的特色也是其生存之本。《中国建筑文化遗产》的特色即在保证学术水平的基础上对完美的不懈追求。

其一,我们强调供稿人的百家争鸣,欢迎不同学术背景、不同文风的作者踊跃赐稿。这就要求我们在每一辑的审稿环节,尽量做到大致围绕一个主要话题,使不同文风、不同学术观点的文章汇聚一堂而不显凌乱,反而使其显得分外丰富多彩。如某人对某辑某文有不同意见,我们本着公平原则,尽量及时将此人的学术争鸣文章安排在下一辑,即使要与之争鸣的对象是当今的权威学者或社会名流。

其二,本丛书针对建筑、建筑遗产的自身特色,注重文稿的图文并茂。我们不会因来稿的文字量过大而要求作者减少图纸、照片的数量,或将图片的尺寸放小;甚至为增强某来稿的说服力,编者会主动为作者补充提供必要的图片。

其三,编委会的工作作风不是闭门造车、坐等来稿,而是走出办公室,积极参与或组织大量的社会活动,广泛听取来自权威专家和普通读者的意见、建议,将视野拓宽到当下建筑行动和建筑遗产保护行动中,以此把握

建筑、建筑遗产的未来趋势,乃至试图对全球范围的建筑走势做分析把握。在这样的工作风格下,我们的约稿是有的放矢的。我们制订的以20世纪中国建筑遗产为关注重点的编辑策略,得到了业界的认可和支持。

其四,对丛书风格的细节把握。《中国建筑文化遗产》作为与建筑相关的丛书,首先要保证自身有建筑之美,而且是能够被大众所接受的建筑之美。因此我们努力做到以下几点。

首先,对于研究内容艰深的文稿,我们会以主动为其增加配图的方式,在辅助增强说服力的同时,也一定程度上增强其可读性。

其次,收录随感、建筑摄影、建筑艺术品藻等内容,在提高学术研究水准的同时,以相当大的精力致力于建筑文化的启蒙和普及。

最后,编辑细节的精益求精。在本书的编辑环节中,正副主编不仅要审阅所有文稿,对于一张图稿或照片的清晰度和排版尺寸,也都会过问。这一点,尤其体现在每辑封底的设计上。本丛书各辑的封底均有一幅8平方厘米的历史图档及500字简要说明。迄今选用的图档,从汉画像砖至当代建筑师速写稿,均有涉及,寓千年建筑意蕴于方寸之间。图档选择和简要说明,每辑都由副主编殷力欣供稿,由主编金磊定夺,旨在与当辑主题有所呼应。如第1辑封底选用童寯先生所绘的古典园林之铺地图案,暗含本丛书立足于中华建筑文化沃土的象征意义。

从各辑封底图档的内容看,29帧方寸画幅之间,既远追两千年前秦汉之朴拙雄浑、千年之唐宋妙绘,也精心体会中国营造学社诸先贤之筚路蓝缕,设计师前辈吕彦

第1辑封底:苏州西院(戒幢寺)大门前铺地实测图 | 第2辑封底:唐代洞窟凿井图临摹 | 第3辑封底:莫宗江设计的景泰蓝作品之一 | 第4辑封底:片金坐龙天花

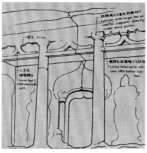  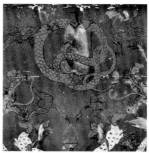 

第7辑封底:天龙山隋开皇四年石窟局部 | 第8辑封底:陈明达彭山崖墓素描稿(40年代) | 第9辑封底:人面蛇身的烛龙氏 | 第10辑封底:汉画像砖,尹元朗博时

第13辑封底:南阳画像石之泗水捞鼎 | 第14辑封底:广州中山纪念堂平面图(效果) | 第15辑封底:莫伯治,白云宾馆中庭图稿 | 第16辑封底:李嵩,月夜看潮图,台北"故宫博物院"藏

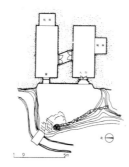   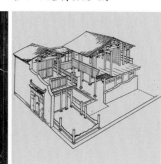

第19辑封底:河南氾水窑洞平面,中国营造学社首次测绘民居类建筑 | 第20辑封底:墨菲设计的金陵女子大学校舍图,吕彦直绘制 | 第21辑封底:吕彦直,广州中山纪念堂设计详图局部,华表设计 | 第22辑封底:徽州西溪南村吴息之宅剖视图

 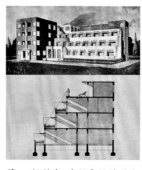  

第25辑封底:20世纪50年代杭州城市规划 | 第26辑封底:奚福泉设计的上海肺病疗养院 | 第27辑封底:梁思成大庆速写,水上油井与干打雷 | 第28辑封底:天花彩画结构示范图

第5辑封底:南宋,金明池争标图　　第6辑封底:梁思成绘独乐寺图

第11辑封底:热河三十六景图　　第12辑封底:云南老鸦滩铁索桥
之芝径云堤

第17辑封底:兰州渥桥　　第18辑封底:王希孟,千里
江山图

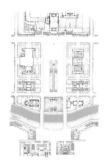

第23辑封底:天安门广场改　　第24辑封底:北京八大学院之钢铁
建规划图　　学院规划图

第29辑封底:韶山毛泽东同志
纪念馆平面图

直、莫伯治等于现代思潮中坚守中华气韵,更记录下1949年之后建筑界的多重探索;而西人之铜版画则反映出域外人士对中国建筑文化之好奇乃至仰慕……常言"细节决定成败",封底的设计寄托着我们的文化追求。

以上是我们对十年编辑工作的简要回顾。抚今追昔,意在重整行装再出发。

以下附录暂列三份遴选内容,是笔者所认为尤应录的成果。

附录一:第1至29辑各辑要目(不含田野考察,其中第1辑10篇,第14辑4篇,其余各辑每辑5篇)

《中国建筑文化遗产》第1辑:

(1)单霁翔,《坚守中国建筑文化遗产传播的理想》;

(2)金磊,《新的开端》;

(3)王贵祥,《独树一帜的中国建筑》;

(4)孟兆祯,《中国古典园林与传统哲理》;

(5)殷力欣,《刍议"中国固有式建筑"的文化意义》;

(6)青木信夫、徐苏斌,《天津近代工业遗产与创意城市》;

(7)刘伯英,《中国工业建筑遗产保护——从首钢谈起》;

(8)刘临安,《意大利建筑遗产保护的三个杰出人物》;

(9)单霁翔,《实现原生环境保护的生态博物馆(一)》;

(10)陈同滨,《有关中国大遗址保护规划的几点随想》。

《中国建筑文化遗产》第2辑:

(1)陈明达,《中国建筑概说》;

(2)《世界文化遗产"杭州西湖文化景观"概述》(特辑)

(3)金磊,《奥运建筑研究初论》;

(4)吴葱等,《保护与修复?试论〈威尼斯宪章〉中译本对核心概念理解上的偏差》;

(5)刘江峰,《不朽的中国建筑精神——纪念建筑学家梁思成诞辰110周年》。

《中国建筑文化遗产》第3辑:

(1)金磊,《遗产就是今天》;

(2)《广州中山堂　结构设计成就的新发现》(特辑);

(3)《中国建筑文化遗产》编委会,《中国建筑测绘教育实践精粹》;

(4)苏波,《时代背景下建筑语言的探索》;

(5)白德懋,《南礼士路空间变迁》。

《中国建筑文化遗产》第4辑:

(1)单霁翔,《中国建筑文化遗产保护需要新理念》;

(2)金磊,《建筑遗产学的当代使命——故宫与北京中轴线建筑保护的文化省思》;

(3)张龙、刘媛,《文物建筑测绘与颐和园研究》;

(4)马晓、周学鹰,《中国古代建筑活化石——苏北历史建筑大叉手构架研究》;

（5）殷力欣，《纪念刘敦桢先生诞辰一百周年》。

《中国建筑文化遗产》第 5 辑：

（1）单霁翔，《关于故宫博物院保护的政协提案五则》；

（2）《中国淮安》编委会，《文化城市：中国淮安》(特辑)；

（3）钟训正，《建筑设计应尊重遗产》；

（4）刘建，《日本美术馆一瞥》；

（5）崔勇，《美感与造型——略论中国古建筑园林设计美学思想遗产》。

《中国建筑文化遗产》第 6 辑：

（1）单霁翔，《关于城市文化建设与文化遗产保护的思考》；

（2）CAH 编委会，《千万广厦勒字 山河永记哲文——中国古建泰斗 < 中国建筑文化遗产 > 名誉总编罗哲文辞世纪念综述》；

（3）西安建筑科技大学建筑学院，《回归原点•行走历史——西安建筑科技大学建筑学院文化遗产保护 2002—2012》；

（4）路红等，《构筑历史风貌建筑保护的科技体系》；

（5）马国馨，《访奈良遗产名所》。

《中国建筑文化遗产》第 7 辑：

（1）单霁翔，《关于 20 世纪建筑遗产保护的思考》；

（2）《中国建筑文化遗产》编委会，《建筑出版人的永远风范——"建筑学编审杨永生纪念专辑"(一)》；

（3）张锦秋，《西安古城保护述评(1980—2012)》；

（4）《中国建筑文化遗产》编委会，《首届中国 20 世纪建筑遗产保护与利用研讨会(一)》；

（5）宋昆、赵春婷，《建筑名家阎子亨与中国工程司》。

《中国建筑文化遗产》第 8 辑：

（1）单霁翔，《建筑方针 60 年的当代意义——以中国博物馆建筑发展为例》；

（2）刘临安等，《大国之器与大道之行》；

（3）单嘉筠，《单士元对传统工艺技术的探寻与研究》；

（4）玄峰，《澳门开埠前史初探》；

（5）胡佳，《走进英国园林(一)》。

《中国建筑文化遗产》第 9 辑：

（1）《中国建筑文化遗产》编委会，《纪念华揽洪建筑大师专辑(一)》；

（2）舒莺、殷力欣，《缅甸中国远征军仁安羌大捷纪念碑落成纪略》；

（3）郭卫兵，《寻找建筑的文化力量——河北地域建筑文化探索》；

（4）贾珺，《山东四座古代私家园林纪略》；

（5）李沉，《1952 年院系调整前后的高校建筑教育》。

《中国建筑文化遗产》第 10 辑：

（1）单霁翔，《走出庙堂 服务民众——浅议中国博物馆事业的开创与发展》；

（2）娄承浩、陶祎珺，《上海：中国建筑师事务所孕育和活跃的沃土》；

（3）茱莉•施瑞克，《新威斯敏斯特市区规划的监管手段——城市仅存历史街区的保护》；

（4）王世仁，《北京故宫西连房遗址再认识》；

（5）《中国建筑文化遗产》编委会，《重访汶川，重建雅安》。

《中国建筑文化遗产》第 11 辑：

（1）单霁翔，《从"建筑 + 收藏 + 专家 + 观众"到"地域 + 传统 + 记忆 + 居民"》；

（2）张松、庞智，《"文革"时期建筑的保护问题探讨》；

（3）宋昆、黄盛业，《奥地利籍建筑师罗尔夫•盖苓及其建筑设计作品考察》；

（4）李晓丹等，《"英中式园林"在法国》；

（5）马国馨，《阿维尼翁的遗产》。

《中国建筑文化遗产》第 12 辑：

（1）单霁翔，《关于 20 世纪建筑遗产保护的思考》；

（2）金磊，《20 世纪建筑遗产评估标准相关问题研究》；

（3）马国馨，《毛主席纪念堂建设的回忆》；

（4）阳国利、蒋祖烜，《韶山红色建筑的沿革与文化传承》；

（5）李晓丹等，《马戛尔尼使团与"中国热"的再度兴起》。

《中国建筑文化遗产》第 13 辑：

（1）单霁翔，《谈谈故宫的修缮保护工作》；

（2）金磊，《新型城镇化建设的"乡愁"观——兼谈〈国家新型城镇化规划(2014—2020 年)〉人文城市的建设之思》；

（3）经真、钱毅，《庐山牯岭近代建筑群的世界遗产文化景观价值研究》；

（4）克劳斯•茨威格，《中国传统木构建筑的可持续性》；

（5）李秉奇，《依山重楼，聚小成大——重庆市政府办公楼设计》。

《中国建筑文化遗产》第 14 辑：

（1）单霁翔，《20 世纪建筑遗产保护的使命与挑战——在"中国文物学会 20 世纪建筑遗产委员会成立会议"上的演讲》；

（2）宋春华，《朱启钤先生逝世 50 周年纪念专辑》；

（3）贾珺，《民国时期北京中央公园析读 (1914—1939)》；

（4）沈旸等，《军事运作角度下的"军事工程"类遗址的真实性与完整性构建——以营口西炮台遗址保护为例》。

《中国建筑文化遗产》第 15 辑：

（1）金磊，《中国 20 世纪建筑遗产认定标准的再研究——兼论传承中国 20 世纪建筑师的作品与思想》；

（2）《中国建筑文化遗产》编委会，《"中国文物学会 20 世纪建筑遗产委员会"成立综述》；

（3）陈顺祥、周坚，《"西风"渐近影响下的贵州近代建筑》；

（4）西泽泰彦，《20 世纪前半叶建筑人员与建筑材料的移动——以战前中国东北地区为例》；

（5）李希铭、陈志宏，《近代陈嘉庚校园规划理念的形成发展初探》。

《中国建筑文化遗产》第 16 辑：

（1）单霁翔，《"一带一路"格局中的澳门世界文化遗产保护——纪念澳门历史城区成功申报世界文化遗产 10 年》；

（2）金磊，《20 世纪建筑遗产保护始于春天》；

（3）CAH 编委会，《陈明达先生百年诞辰纪念专辑》；

（4）陈明达，《对保护古建筑工作的建议》；

（5）张剑葳，《运河与大都之源：白浮泉的建筑与景观史考》。

《中国建筑文化遗产》第 17 辑：

（1）单霁翔，《从"紫禁城论坛"到〈紫禁城宣言〉》；

（2）金磊，《"十二五"期间中国建筑遗产保护与利用发展问题浅析》；

（3）杨鸿勋，《汉化第一伽蓝——北魏洛阳永宁寺复原研究》；

（4）耿威，《古典文学中的建筑典故》；

（5）丘小雪，《日本妻笼宿的保护和整治》。

《中国建筑文化遗产》第 18 辑：

（1）单霁翔，《建立故宫古建筑研究性保护机制的思考》；

（2）金磊，《20 世纪中国建筑发展演变的科学文化思考》；

（3）刘伯英，《世界文化遗产中与全国重点文物保护单位中的工业遗产名录》；

（4）刘临安、丁艺，《关于曲阜孔子文化遗产保护区划叠压问题的解决思路》；

（5）舒莺、殷力欣，《巴渝夯土碉楼民居历史渊源及建筑艺术评析》。

《中国建筑文化遗产》第 19 辑：

（1）《98 项近现代经典建筑入选"中国 20 世纪建筑遗产"名录——"致敬百年建筑经典：首届中国 20 世纪建筑遗产项目发布暨中国 20 世纪建筑思想学术研讨会"在京举行》；

（2）金磊，《中国 20 世纪建筑遗产项目认定的研究与实践》；

（3）崔勇，《中华人民共和国成立前的文物保护法律法规述略》；

（4）张复合，《汪坦先生：中国近代建筑史研究的奠基人》；

（5）耿威，《历史的细节——义县奉国寺大殿的佛教内涵与建筑形式》。

《中国建筑文化遗产》第 20 辑：

（1）单霁翔，《携手全球伙伴 闪烁文明之光——出席在希腊雅典召开的"中欧文明对话会"有感》；

（2）金磊，《20 世纪事件建筑学问题研究与探索》；

（3）金磊，《著名建筑历史学家莫宗江先生 100 周年诞辰纪念专辑》；

（4）克劳斯·茨威格，《凉山彝族民居》；

（5）柳肃，《湖南大学校园建筑》。

《中国建筑文化遗产》第 21 辑：

（1）CAH 编委会，《唐代木构建筑杰作佛光寺东大殿发现 80 周年纪念》；

（2）天津大学建筑学院，《纪念卢绳先生专稿》；

（3）单霁翔，《宿白先生的精神遗产值得永远珍惜》；

（4）朱颖，《白浮泉城市设计的文化反思》；

（5）林娜等，《中国 20 世纪建筑遗产的时代价值与创作精神》。

《中国建筑文化遗产》第 22 辑：

（1）单霁翔，《紫禁城里的山水人文景观》；

（2）金磊，《北京 20 世纪建筑遗产的相关问题研究》；

（3）《中国建筑文化遗产》编委会，《纪念改革开放四十周年专辑》；

（4）欧阳杰，《南京大校场机场近现代建筑群遗存探究及其保护策略》；

（5）李东烨，《北京图书馆新馆"五老方案"的由来》。

《中国建筑文化遗产》第 23 辑：

（1）金磊，《六十载"北京十大建筑"启示"读城"计划》；

（2）殷力欣，《吕彦直建筑思想再认识》；

（3）亓明曼，《江南古典园林铺地纹样与民俗心理映现》；

（4）韩昭彦，《客寨桥结构形式考察与研究》；

（5）韩杨，《俄罗斯名城归后》。

《中国建筑文化遗产》第 24 辑：

（1）金磊，《跨越二十一世纪的〈北京宪章〉20 年——〈世界遗产名录〉20 世纪建筑遗产项目研究与借鉴》；

（2）周治良，《首都体育馆设计介绍》；

（3）罗雨林，《广州陈氏书院及其建筑艺术》；

（4）刘志华，《修缮古建筑要有传承守望的巨人心》；

（5）黄续，《中国传统村镇民居中的风水运用》。

《中国建筑文化遗产》第 25 辑：

（1）单霁翔，《文明互鉴与对话：构建人类命运共同体》；

（2）金磊，《新中国 70 年"设计机构史"研究需要更新》；

（3）CAH 编委会，《第十届中国工业遗产学术研讨会在郑州二砂厂召开》；

（4）马晓、周学鹰，《外敷一柱夺天工》；

（5）崔勇，《中国古代园林的现代转型与审美情趣及存在的问题》。

《中国建筑文化遗产》第 26 辑：

（1）单霁翔，《担起新时代文化发展新使命——中国文博这五年》；

（2）金磊，《致敬中国 20 世纪现代建筑设计的先驱——以传承建筑师沈理源、戴念慈的建筑思想为例》；

（3）夏珩等，《建构视角下的黔东南老三线工业建筑遗存三层装配式厂房群体田野调查报告》；

（4）王宇佳、周学鹰，《中国古代建筑屋顶等级制度研究》；

（5）孙邦硕、彭长歆，《帕金斯 - 费洛斯 - 汉弥尔顿建筑师事务所在中国的校园规划实践》。

《中国建筑文化遗产》第 27 辑：

（1）单霁翔，《从建筑、城市规划、文遗保护和博物馆四个视角，看文化的传承与发展》；

（2）CAH 编委会,《纪念中国营造学社成立 90 周年》;

（3）周治良,《第十一届亚运会工程概况》;

（4）陈荣华,《理念引导设计——简评重庆文化宫片区文化风貌保护提升设计》;

（5）刘江峰,《奉国寺大殿研究史》。

《中国建筑文化遗产》第 28 辑:

（1）单霁翔,《"2020 金砖国家治国理政研讨会暨人文交流论坛"上的发言》;

（2）金磊,《中国建筑文化遗产传播研究"拾"金联想》;

（3）《中国建筑文化遗产》编委会,《为着奉国寺的下一个千年——辽代建筑遗产保护研讨暨第五批中国 20 世纪建筑遗产项目公布推介学术活动综述》;

（4）袁东山,《从谯楼到鼓楼——考古视野下的 800 年重庆府》;

（5）胡斌,《重庆市大田湾体育场保护修缮和利用设计》。

《中国建筑文化遗产》第 29 辑:

（1）单霁翔,《让传统文化走进当代,走进现实生活》;

（2）金磊,《20 世纪遗产中的红色建筑经典 ——事件建筑学的历史科技文化价值再析》;

（3）CAH 编委会,《"栋梁——梁思成诞辰一百二十周年文献展"专辑》;

（4）田长青、柳肃,《"火车向着韶山跑……"——韶山火车站建筑概述》;

（5）陈瑞,《再析文化景观类世界遗产的突出普遍价值》。

附录二:《中国建筑文化遗产》十年最有深度的作者

单霁翔:系统、全面地阐释文化遗产保护与合理利用的全新理念。

马国馨:作为著名建筑师,其所作的《毛主席纪念堂建设的回忆》《历史名城阿尔勒》《伏尔加河英雄城》《张德沛:热血青年 建筑名师》《难忘前辈陈植老》《一叶菩提传后世》等建筑随笔系列,展示出一代设计大师对建筑遗产的独特理解,以此充分说明了建筑创作对历史文化渊源的倚重。

陈明达:作为已故著名建筑历史学家,其遗作《中国建筑概说》《对保护古建筑工作的建议》等首刊于本丛书,记录下了老一代建筑历史学家对中国建筑历史文化的独特见解,也记录下了其对建筑历史文化遗产保护问题的具体建议,很值得后人深思。

刘叙杰:其田野考察系列《湖南新宁古建筑考察纪行》,内容丰富,思考深刻,继承了中国营造学社的学术传统,并在新的社会现状中对其有所发展。

王贵祥:撰写《独树一帜的中国建筑》等文章,指出中国建筑规划设计思想与西方建筑三原则的根本差异在于:中国建筑更为注重"正德"与"厚生"。

陈同滨:所著的《关于中国大遗址保护规划的几点随想》、主持撰写的《世界文化遗产"杭州西湖文化景观"概述》等,及时总结了我国文化遗产"大遗址"项目的经验并提出理论见解。

刘临安:在《意大利建筑遗产保护的三个杰出人物》《矿山型工业遗产保护与展示的方法研究》《关于曲阜孔子文化遗产保护区划叠压问题的解决思路》等文章中,展现出学贯中西的深厚学养和借鉴国外先进经验以提高我国文化遗产保护与研究水平的治学特色。

彭长歆:撰写的《广州黄埔船坞工业遗产调查》《太古洋行在近代华南地区的建造活动》《在传统与现代之间——广东江门侨乡宗祠建筑的近代转型》等,史论并美,实为中国近代建筑历史研究之佳作。

周学鹰:撰写、主持合作撰写的《南京秦淮河房厅的建筑技艺》《中国古代建筑屋顶等级制度研究》（1～3）等课题研究成果,既坚持传统建筑实例之考察测绘,又在技术层面开展文化渊源之理论探析,颇有独到见解。

刘伯英:所著的《首钢西十筒仓改造工程简析》《继往开来——开辟中国工业遗产保护的新征程》等,体现了其在建筑遗产中的工业建筑方面的权威性见解。

崔勇：撰写《近年来中国建筑艺术的发展思考》《张驭寰古建筑考察与学术研究述评》《中华人民共和国成立前的文物保护法律法规述略》等文论，以建筑的美学视角参与建筑遗产保护与研究事业，治学立意颇具特色。

附录三：《中国建筑文化遗产》最有价值的十五次"田野新考察"

"田野新考察"活动，原主要由建筑文化考察组承担，在做法上沿袭中国营造学社的学术传统。《中国建筑文化遗产》继承"田野新考察"传统并有所变化：在人员上，鼓励更多的人参与；在范围上，由主要考察中国传统建筑，扩展到近现代建筑乃至域外建筑；在治学方法和研究视角上，较以往也有所更新、有所深化。

（1）刘叙杰，《湖南新宁古建筑考察纪行》（1～5）（第1、2、8、10、19辑），后期有建筑文化考察组殷力欣、陈鹤等参与，原汁原味继承中国营造学社传统，但将考察重点转移至民居建筑并涉及近现代建筑。

（2）丁垚、刘翔宇，《杭州闸口白塔调查记》（第5辑），采用新的测绘技术、新的研究视角，对中国营造学社原考察项目做重新认识，有新的发现和进一步的理解。

（3）建筑文化考察组，《英伦建筑遗产行》（第11、14、16辑），首次把考察范围拓展至海外。

（4）殷力欣，《湖南祁阳建筑遗产考察纪略》（第11、13辑），在建筑遗产考察中侧重"讲好中国故事"。

（5）建筑文化考察组，《重走营造学社之路——踏访云南建筑文化遗产》（第14辑），既追寻中国营造学社足迹，也记录云南近现代建筑的发展历程。

（6）刘志伟，《重庆市涪陵区大顺乡夯土楼考察》（第13辑），侧重于考察以往忽略的一类乡土建筑。

（7）殷力欣，《东北三省抗战历史建筑遗产考察纪略》（第15、17辑），是抗战建筑遗迹考察之延续，侧重于"警示性建筑遗产"探析。

（8）建筑文化考察组，《追忆历史　立足当下——河北建筑师"重走梁思成刘敦桢古建之路河北行"之考察》（第15辑），是"重走梁思成古建之路四川行"的续篇。

（9）马国馨，《阿尔山的日军筑垒遗址》（第17辑），以建筑师的眼光做"警示性建筑遗产"研究。

（10）建筑文化考察组，《遗产守望背景下的探新之旅——重走刘敦桢古建筑之路徽州行》（第19辑），对建筑历史学大宗师的再认识。

（11）建筑文化考察组，《北京宣南香厂街区近现代建筑遗产考察纪略》（第21辑），对北京近现代建筑西风东渐现象的初次考察。

（12）建筑文化考察组，《黑龙江大庆、齐齐哈尔、黑河等地考察纪略》（第24辑），对新中国成立后建筑高潮中所遗留的建筑做初步调研，基于黑龙江遗存的日伪警示性建筑遗迹，展现天翻地覆般的历史巨变。

（13）李海霞，《滇越铁路沿线遗产考察札记》（第26辑），对至今仍在使用的窄轨铁路建筑与工业遗产的初步考察。

（14）殷力欣、戚霞，《值得重视的几处岭南戚氏村落——广东省云浮古院村、从化枧村和白岗村踏访纪略》（第27辑），对岭南民居建筑的初步考察，由此发现吕彦直等现代中国建筑师对传统建筑元素的借鉴与创新。

（15）建筑文化考察组，《让世界走近中国20世纪建筑遗产——中国20世纪建筑遗产新澳之行》（第23辑），一次细致的域外建筑遗产考察。

Picking up Pearls from the Sea
—Marking the Tenth Anniversary of
China Architectural Heritage

沧海拾珠
——以文章记录《中国建筑文化遗产》十年

董晨曦*（Dong Chenxi）

知识的创新离不开文献信息资源，学术书刊作为反映学界研究成果最具时效性的平台，是传播科研成果的过程中最重要的载体。学者们以《中国建筑文化遗产》为阵地，及时公布研究进程，交流学术思想，通过《中国建筑文化遗产》营造百家争鸣的氛围，有力推动了建筑文化向社会的渗透。

一、作者的广度

《中国建筑文化遗产》编者作为学术传播中的把关人，一直以来坚持纵向一体化（专注建筑专业）和多元化（建筑文化的衍生）相结合的发展方向。在这十年当中，《中国建筑文化遗产》不

1.刘敦桢（1897—1968） 2.梁思成（1901—1972） 3..刘鸿典（1905—1995） 4.单士元（1907—1998） 5.陈明达（1914—1997） 6.徐尚志（1915—2007）

仅为院士大师、总建筑师、教授搭建了学术氛围浓厚的交流平台，更以广阔的胸襟吸纳和培养了更多优秀的学术新人。它联合建筑艺术类高校教师、文博研究员等一线人员，围绕建筑艺术实现了跨学科式的发展，极大地拓展了读者阅读的广度，同时壮大了建筑文化的科研队伍，团结凝聚了一批新生力量。

二、传播的广度

受众具有内容界定性和市场性。通常学术书刊因其传播内容的特殊性，使作者和受众被限定在特殊专业的人群当中，无法实现知识的"走出去"。为了打破这一桎梏，在受众分析研究的基础上，编者以打造"知识读本"为理念，打破了专业人员与大众之间的认知壁垒，为建筑文化的广泛传播提供可能。

三、学术的广度

*《中国建筑文化遗产》编委会副主任。

1. 中华建筑文明——由现实出发，向历史提问

传承千年的中华建筑文明在广袤的土地上持续焕发着蓬勃的生命力。无论是研究古代建筑还是当代创

7.谢辰生（1922—2022）　　8.罗哲文（1924—2012）　　9.罗小未（1925—2020）　　10.陈志华（1929—2022）　　11.杨永生（1931—2012）　　12向欣然（1940—2021）

作，在地性或称本土设计都是中国建筑最坚实的生长根基。作为《中国建筑文化遗产》最重要的内容之一，反映"中华建筑文明"的相关文章涵盖建筑风格分析、建筑遗产保护与更新、建筑地域性研究、建筑工程概述等方向。例如在中国传统民居的研究当中，通过分析当地人生活居住环境的变迁，折射出居住环境与人的尊严之间的互相投射。如第21辑中的《传统山地聚落的量化分析及模拟——以湖南通道芋头村古侗寨为例》，作者通过地理信息系统（GIS），量化展示了传统地域文化因素对聚落生长的影响方式及规律，给传统民居与山地建筑的研究以新的视角。

2. 工业遗产——地域文化的重要代表

从20世纪初期我国近代工业萌芽，到"一五""二五"时期工业格局的基本形成，工业遗产见证和记录了工业发展的历史进程，具有重要的历史、科技、社会和艺术价值。对工业遗产的研究，如第26辑中的《建构视角下的黔东南"三线"工业建筑遗存三层装配式厂房群体田野考察报告》，运用建筑制图的手段聚焦结构、材料、建造、连接细节等基本议题，在建构设计层面深入探索，对研究缺少原始图纸的工业建筑遗存有一定的参考价值。对工业遗产的再利用，既要延续遗产的生命，更要将遗产与社区发展紧密联系起来。如第18辑中的《首钢西十筒仓改造工程简析》，刘伯英教授从遗产价值评估入手，将功能与原有工业结构相结合，探寻工业遗产的活化方法。

3. 纪念特辑——挖掘掩埋的矿藏

优秀的编辑团队不仅要把关好信源，更要在学术研究上引领学科发展。《中国建筑文化遗产》通过设计和策划独具前瞻性的、有原创意义的重要选题，推动研究领域的拓展和学科的建设。纪念特辑涵盖范围很广，其中人物类纪念特辑包括巨匠百年、名人访谈、学者往事、大师工作室专访等内容，致力于为建筑师群体发声；事件类纪念特辑涵盖大运河沿线历史城市与建筑研究、佛光寺东大殿发现80周年纪念等活动所涉及的遗产等，通过征集优秀学者撰写的成体系的文章，从更多视角推动学科发展。

4. 20世纪遗产——重新定义遗产价值

与古代文化遗存相比，20世纪建筑遗产因存续历史较短，不断遭到漠视和损毁。中国文物学会会长单霁翔所作的《关于20世纪建筑遗产保护的思考》（第7辑），针对20世纪建筑的保护困境提出分析，充分肯定了20世纪建筑的遗产价值。金磊主编一直致力于为20世纪建筑遗产的保护发声，其《中国20世纪建筑遗产需要深度传播》《20世纪建筑遗产保护需可持续的体制和机制》《保护20世纪"80后"建筑需要思辨》《中国20世纪建筑遗产认定的工业遗产审视——兼议池州润思祁红茶老厂房全遗产认知的"文化城市实践"》等文章，为20世纪建筑遗产研究持续贡献着力量。此外，学界一直在探索从新的角度进行研究，如张松教授《清末民国历史保护相关史料钩沉》系列文章，以四个不同主题的文献解读，阐述文化遗产保护工作的域内外发展进程，为历史的钩沉提供丰富的史料。

5. 园林景观——古典造园艺术的当代应用

中国是世界园林艺术起源最早的国家之一。对园林建筑进行研究不仅能了解古典园林设计营造手法，还可窥探当时的社会文化氛围，为今后的文化景观设计与古典园林再生提供范式与参考。比如孟兆祯院士所作的《中国古典园林与传统哲理》（第1辑），抽丝剥茧般地揭示了园林艺术中的传统哲理与隐喻，这对深入研究园林景观"形""神"关系，创造具有中国特色和时代内容的新园林具有现实意义。

6. 田野新考察——用脚步丈量理论的深度

田野考察强调多学科方法的交叉渗透，将实地调查与历史研究相结合，通过实践验证理论成果。专家们进行田野考察的目的地遍布全国，考察不仅涉及宗祠、古街、民居、桥梁等古建，还覆盖滇越铁路沿线遗产、旅顺日俄监狱旧址等多类型的20世纪遗产，甚至围绕某一位建筑师的作品展开。田野考察通过收集到的资料，架构出新的研究体系，奠定坚实的理论基础。

7. 域外视野——去粗取精，吸纳借鉴

域外视野相关内容旨在通过介绍国外优秀建筑遗产，给国内学者以丰富的启迪，打破学界对域外建筑作品研究的局限性。例如第10辑中温玉清（1972—2014）博士所撰写的《柬埔寨吴哥古迹茶胶寺砌石方式初探》一文，通过对千年前庙山建筑的建造工艺和构造细节的研究，探索了吴哥时期的建造特质，丰富了学者对建构的语义与空间结构的关联性的认知。现在读罢此遗作，在感伤的同时，更感慨其遗产价值。

除以上挂一漏万所列的几大内容之外，《中国建筑文化遗产》还涵盖建筑文化活动介绍、建筑摄影、书评荐刊等内容，通过传达业内最新的展览、学术会议动态，将建筑师紧密团结起来，共同书写中国建筑的佳作。最后，笔者想借用梁思成先生对建筑师职业的定义来结束这篇浅显的介绍小文。梁先生认为，建筑师是"文化的记录者，历史之反照镜"。希望吾辈共勉，利用好《中国建筑文化遗产》这一阵地，将中国的建筑遗产长久地记录下去，助力遗产焕发新的生机。

The Recommendations of Top 10 Books Organized and Planned by *China Architectural Heritage* and *Architectural Review*

《中国建筑文化遗产》《建筑评论》组织策划的十大图书推荐

朱有恒*（Zhu Youheng）

* 《中国建筑文化遗产》编委会主任，中国文物学会20世纪建筑遗产委员会办公室副主任。

近十年，《中国建筑文化遗产》编委会、《建筑评论》编辑部联合专家学者组织策划的著作超过 200 本，其中大师院士的作品集居多，还有不少有关当代设计作品的著作，如刘景樑大师主编的《天津滨海文化中心》《天津·国家海洋博物馆》，黄星元大师所著的《清新的建筑：大连华信（国际）软件园》；也包括一批文博管理类著作，如单霁翔会长的"文化遗产·思行文丛"（10 卷本）、"新视野·文化遗产保护论丛"（30 卷本）、"守正创新·思辨文博"（6 卷本）；更有一些为中国 20 世纪建筑遗产奠基的书，如《中国 20 世纪建筑遗产名录（第一卷）》《中国 20 世纪建筑遗产名录（第二卷）》，其中第一卷获中华优秀出版物图书奖（提名奖）。以下是依我之见的推荐图书。

一、马国馨院士系列论著

主要选择马院士的 3 本"论稿"著作。《建筑求索论稿》（2009 年 1 月出版）共辑录了马院士关于建筑理论与历史的相关文章 28 篇，他在书中提出，繁荣建筑创作重在有国际视野并提高建筑师的社会地位，这也是马院士一直关注的问题；《环境城市论稿》（2016 年 5 月出版）收录了马院士关于城市规划设计的论文报告 40 篇，涉及对中国高速城市化进程中面临的环境问题的一系列深度思考；正如马总所言，《集外编余论稿》（2019 年 4 月出版）是为与新中国同龄的北京市建筑设计研究院有限公司（简称"北京建院"）成立 70 周年庆典准备的礼物，虽然马院士谦逊地将书稿题为"编余"字样，但该书无论从学术价值、历史价值乃至设计文化价值上看都堪称贡献级成果，是马院士为行业、为北京建院开创的又一建筑文化工程。

《建筑求索论稿》　　《环境城市论稿》　　《集外编余论稿》

二、《中国建筑文化遗产年度报告（ 2002—2012 ）》

该书梳理了开展中国建筑文化遗产保护十年的历程与命题，总结了十年的贡献与成果，回溯了十年的探求与思索，预言了之后的理想与动议，通过"总述篇""理念篇""实例篇""传媒篇""人物篇""事件篇"等 6 个部分，书写 21 世纪中国建筑文化遗产保护第一个十年的"史记"。

三、《中国 20 世纪建筑遗产大典（北京卷）》

《中国建筑文化遗产年度报告（ 2002—2012 ）》　　《中国20世纪建筑遗产大典（北京卷）》

在共计 198 项的第一批、第二批中国 20 世纪建筑遗产项目中，位于北京的项目有 50 项之多。该书对这 50 项北京建筑进行了集中的梳理与展示，从地域文脉的角度阐述了在波澜壮阔的 20 世纪建筑设计行业在北京这片土地上所结下的累累硕果。人民大会堂、民族文化宫、北京工人体育场、石景山钢铁厂等优秀遗产项目均在列。

四、《中国建筑历程 1978—2018》

该书是第一本记录国内建筑界与文博界改革开放 40 年的"史书"。全书分为作品、城市与人物 3 个篇章。改革开放 40 年，中国城市的建筑形式不断发展，其中有规划变迁的建筑形式，但更多的是与环境共生而形成的丰富的现当代建筑形式，特别是不少城市中崛起的"新城"所形成的新建筑形式，在建筑科技与文化、历史与人文诸方面引起人们对城市现状与未来的新思考。因此，《中国建筑历程 1978—2018》选取了改革开放 40 年中的典型建筑作品 100 个、城市 4 座、人物 20 余位，进行了走访和品评。

五、《田野新考察报告（第七卷）》

自 2006 年始，北京建院《建筑创作》杂志社与中国文物研究所文物保护传统技术与工艺工作室联合组成了旨在保护、研究建筑历史文化遗产的一个非官方学术组织，名为"建筑文化考察组"。该考察组成立初期便已踏访了 8 个省 40 个县、市的约 250 处古建筑遗构、遗址，后又将视野放宽，考察了包括日本、澳大利亚等地的项目，并陆续将考察报告汇集成册，至今已完成 7 卷。对于特色突出的第七卷，主编金磊在前言中对该书的价值与内容做了归纳，他指出 2019 年 4 月末至 5 月上旬，应国际古迹遗址理事会 20 世纪遗产科学委员会秘书长、前主席谢尔丹·伯克（Sheridan Burke），澳大利亚国际现代建筑文献组织秘书长、国际建筑师协会（简称"国际建协"）原主席路易斯·考克斯（Louise Cox）等专家，澳大利亚遗产联盟（Heritage Alliance）及南澳大学西校区艺术与建筑设计学院等机构的邀请，团队先后造访了新西兰与澳大利亚的多个城市，不仅与 20 余位建筑遗产领域的专家交流研讨，还介绍了中国 20 世纪建筑遗产的研究与进展，并主要结合新西兰奥克兰和澳大利亚阿德莱德、墨尔本、堪培拉、悉尼的城市规划与典型建筑遗产做了深度考察交流。

六、北京市建筑设计研究院有限公司七十周年院庆系列

一是《五十年代"八大总"》。该书主要讲述了在北京建院的沃土上成长起来的 8 位大师，使当代人更好地感悟大师精神从而薪火相传。该书以"生平""评述""作品"三段式结构，用令人信服的事例，展现永不褪色的北京建院老一辈大师的学风与品格。高扬其精神，传承其思想，挖掘"八大总"精神的当代价值。

二是《北京市建筑设计研究院有限公司纪念集——七十年纪事与述往》。该书以时间为轴线，以人物为纽带，以事件为要素，通过不同视角的 70 篇文章，记录了北京市建筑设计研究院有限公司 70 年来的风雨历

《中国建筑历程1978—2018》

《田野新考察报告》第七卷

《五十年代"八大总"》

《北京市建筑设计研究院有限公司
纪念集——七十年纪事与述往》

程。这里有 20 世纪 50 年代"八大总"于建院初期的作品,有特殊历史条件下"十大建筑"项目背后的故事,也有北京建院为行业耕耘不辍所贡献的无数个第一。

七、"中国 20 世纪建筑遗产项目·文化系列"丛书

该丛书遴选了中国 20 世纪建筑遗产中极具代表性的优秀建筑,从建筑背后的人与事入手,以讲故事的方式将 20 世纪代表性建筑的诞生与演变娓娓道来。丛书结合代表性建筑建成时代的历史背景,将一个个单独的项目串联起来,绘就还原 20 世纪建筑历史的恢宏篇章。该丛书为中国 20 世纪建筑遗产的传播发挥了重要作用。

八、《建筑师的童年》《建筑师的自白》《建筑师的大学》《建筑师的家园》

"建筑师"系列书籍由金磊策划主持,由《建筑评论》编辑部执行编辑。该系列书籍聚焦新中国成立以来建筑师行业的状况与发展,从多位一线建筑师、建筑专家及高校研究者的视角,回顾其成长经历、求学历程以

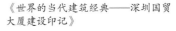

《洞庭湖畔的建筑传奇——岳阳湖滨大学的前世今生》　　《悠远的祁红——文化池州的"茶"故事》　　《世界的当代建筑经典——深圳国贸大厦建设印记》　　《奏响瑰丽丝路的乐章——走进新疆人民剧场》

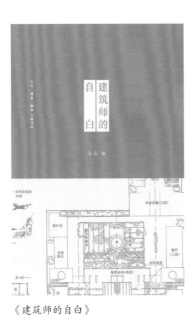

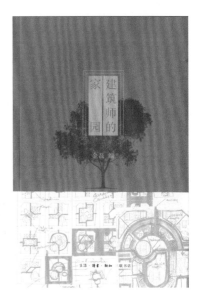

《建筑师的童年》　　《建筑师的自白》　　《建筑师的大学》　　《建筑师的家园》

及从业点滴,通过展示每一位作者的真实笔触,勾勒出了建筑师在当今社会中的"群体形象"。

九、《建筑论谈》

该书从清华大学建筑学教授曾昭奋先生 300 余篇文论中精心挑选出 88 篇,由"评论""杂谈""青年建筑师""读书·编书·写书""《世界建筑》·世界建筑"5 个篇章组成,堪称建筑界评论书籍之典范。书中既有作者对建筑事业的前瞻,亦有他冷眼看行业的敏锐,他的责任、担当、情怀、胆略均在字里行间展露无遗。

十、《深圳北理莫斯科大学》

深圳北理莫斯科大学作为在中俄两国领导人共同关心和指导下设立的第一所中俄两国合作共建的大学,由深圳市人民政府、莫斯科国立罗蒙诺索夫大学和北京理工大学三方合办。该书从参与该校建筑设计的设计师视角出发,详述了自 2014 年决定合作办校以来的校园设计、建设历程;同时,结合中俄两国建筑历史、文化与当代建筑设计理念,诠释了中外合作办学的高校校园及建筑设计的技术创新与文化追求。

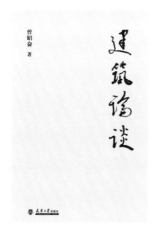
《建筑论谈》

2022 年 8 月 5 日,中国文物学会会长、故宫博物院前院长单霁翔新著《故宫的声音》发布会在北京东城文化发展研究院举行

《深圳北理莫斯科大学》

2021 年 4 月 22 日,"世界读书日纪念活动暨《中国建筑图书评介(第二卷)》座谈会"与会专家合影

Memories of Events Related to Heritage

遗产事件回忆点滴

李 沉*（Li Chen）

对于中国 20 世纪建筑遗产的保护,国家有关部门、组织及个人很早就开展了相关工作。梁思成先生在 1944 年完成的《中国建筑史》"第八章 结尾——清末及民国以后之建筑"中,以通论的形式论及 20 世纪民国建筑。

1958 年 10 月至 1961 年 10 月,当时的建筑工程部建筑科学研究院主持完成《中国建筑史》编辑工作。

1961 年国务院公布的第一批全国重点文物保护单位名单中包括的黄花岗七十二烈士墓、武昌起义军政府旧址、北京大学红楼等在中国 20 世纪历史发展中非常著名的建筑有近 30 项,不过当时它们以革命遗址及革命纪念建筑物的名义出现,更多强调的是其具有的政治属性,没有突出其建筑功能和意义。

1985 年 8 月,中国近代建筑史研究座谈会在北京举行。

1986 年 10 月,中国近代建筑史研究讨论会在北京举行。

……

上述工作涉及 20 世纪建筑遗产的内容,但没有明确提出 20 世纪建筑遗产的概念。2004 年 8 月,中国建筑学会建筑师分会向国际建协等学术机构提交了一份 20 世纪中国建筑遗产的清单,涉及燕京大学、上海外滩建筑群、重庆人民大礼堂、北京电报大楼等 22 处现代建筑。

2008 年 4 月,在无锡召开的中国文化遗产保护无锡论坛通过了《20 世纪遗产保护无锡建议》,同时国家文物局发布了《关于加强 20 世纪遗产保护工作的通知》,明确提出中国 20 世纪遗产保护的概念。

在此前后,一系列相关学术活动有条不紊地进行。2006 年 3 月中国首届文化遗产日活动前夕,建筑文化考察组组织了第一次田野考察活动——重走梁思成古建之路四川行,并形成了《田野新考察报告（第一卷）》（2007 年 6 月出版）,该书追忆先辈建筑师的学术贡献,记录了重走梁思成古建之路四川行活动。此后,《中山纪念建筑》《抗战纪念建筑》《辛亥革命纪念建筑》等学术专著出版,《人民日报》海外版以及《光明日报》《中国建设报》《建筑时报》《建筑创作》等媒体也刊登文章,宣传 20 世纪建筑成果及建筑师的贡献……

（1）2011 年 8 月 8 日,在天津举行"《中国建筑文化遗产》首发暨《20 世纪中国建筑遗产大典（天津卷）》启动仪式"。

（2）2011 年 12 月 3 日,在南京举行"事件沉淀遗产——《辛亥革命纪念建筑》首发式暨中国近现代建筑保护发展论坛"。

（3）2012 年 7 月 6 日—7 日,在天津大学举行"首届中国 20 世纪建筑遗产保护与利用研讨会"。

* 《中国建筑文化遗产》副总编辑,中国文物学会20世纪建筑遗产委员会副秘书长。

北京大学红楼

颇具祈年殿风韵的重庆人民大礼堂

《认同与保护20世纪建筑遗产》（载《人民日报》 2018年10月14日第7版国际副刊）

（4）2012 年 9 月 28 日，在北京中国建筑文化中心举行"建筑方针 60 年的当代意义研讨会"。

（5）2013 年 8 月 16 日，在重庆举行"文化重庆·地域特色"论坛之二——重庆建筑特色研究。

（6）2013 年 11 月 26 日—28 日，举办"中国营造学社'抗日战争 & 云南岁月'——重访刘敦桢先生等前辈云南建筑考察之路"活动。

（7）2014 年 4 月 29 日，在北京故宫博物院举行中国文物学会 20 世纪建筑遗产委员会成立大会。

（8）2016 年 6 月 18 日—21 日，在黄山举行"重走刘敦桢古建之路徽州行暨第三届'建筑师与文学艺术家交流会'"。

（9）2016 年 9 月 29 日，在北京故宫博物院召开"致敬百年建筑经典：首届中国 20 世纪建筑遗产项目发布暨中国 20 世纪建筑思想学术研讨会"。会议公布了首批中国 20 世纪建筑遗产名录，推出《中国 20 世纪建筑遗产名录（第一卷）》图书。

（10）2017 年 12 月 2 日，在安徽池州市举办了第二批中国 20 世纪建筑遗产项目发布会，共有 100 项入选的中国 20 世纪建筑遗产向社会公布。

（11）2018 年 3 月 29 日，在北京举行"笃实践履 改革图新 以建筑与文博的名义纪念改革：我们与城市建设的四十年（北京论坛）"，以此拉开改革开放 40 年系列论坛的序幕。

（12）2018 年 5 月 17 日，在福建泉州召开中国建筑学会年会之际，举办了"致敬中国建筑经典：中国 20 世纪建筑遗产名录展"，同时举办了学术研讨会。

（13）2018 年 11 月 24 日，在南京东南大学举行了"致敬百年建筑经典——第三批中国 20 世纪建筑遗产项目公布"学术活动。

（14）2018 年 12 月 18 日，《中国 20 世纪建筑遗产大典（北京卷）》首发暨学术研讨会在北京故宫博物院举行。

（15）2019 年 12 月 3 日，"致敬百年建筑经典——第四批中国 20 世纪建筑遗产项目公布暨新中国 70 年建筑遗产传承创新研讨会"在北京市建筑设计研究院举行。

（16）2020 年 10 月 3 日，在辽宁省锦州市义县奉国寺举行了"守望千年奉国寺·辽代建筑遗产保护研讨暨第五批中国 20 世纪建筑遗产项目公布推介"学术活动。

（17）2021 年 9 月，在北京市建筑设计研究院举办了"致敬百年经典——中国第一代建筑师的北京实践"展览及学术研讨会。

（18）2021 年 11 月，《中国 20 世纪建筑遗产名录（第二卷）》正式出版。

（19）2022 年 7 月 18 日，举行"20 世纪与当代遗产：事件 + 建筑 + 人"建筑师茶座。

（20）2022 年 8 月 26 日，"第六批中国 20 世纪建筑遗产项目推介公布暨建筑遗产传承与创新研讨会"在第四批中国 20 世纪建筑遗产项目地——洪山宾馆隆重举行。

2009年5月27日，"《中山纪念建筑》首发暨中国近现代建筑遗产保护论坛"

《辛亥革命纪念建筑》首发式嘉宾合影

首届中国20世纪建筑遗产保护与利用研讨会在天津召开

2014年4月29日，中国文物学会20世纪建筑遗产委员会成立大会嘉宾合影

2018年5月17日，"致敬中国建筑经典：中国20世纪建筑遗产名录展"

2022年7月18日，"20世纪与当代遗产：事件+建筑+人"建筑师茶座嘉宾合影

The Present and the Future
—Summary of Representative Academic Activities of *China Architectural Heritage* in the Past Ten Years

凝固当下 昭示未来
——《中国建筑文化遗产》十载代表性学术活动综述

苗 淼*（Miao Miao）

2011年8月8日，在时任国家文物局局长的单霁翔等近百位来自全国的专家学者的注目下，《中国建筑文化遗产》首发仪式举行。如今，《中国建筑文化遗产》走过十年的发展之路，迎来了第30辑的"小结"时刻。当我们以此为时间原点回望来路，认真梳理每一辑的内容时，不难发现它始终伴随着时代的演进，忠于在建筑、城市、艺术、设计等多领域的深度传播，尽己所能地全面记录国内外重大建筑设计新项目、城市更新、世界遗产保护等的前沿进展与发展趋势。即便2020年暴发新冠肺炎疫情，经历坎坷，也从未停止前行。正如金磊主编在第一辑《新的开端》中所说："我们在传播当代最新城市、建筑、艺术、设计文化思潮的背景下，特别关注被视为珍宝的中国建筑，因为它们是历史的证人、科学的里程碑、艺术的不朽杰作……它担负学术与启蒙双重传播职责，因此要努力办成城市建筑界、文博界的科学而前卫的交叉类学术重镇。"2014年，在中国文物学会、中国建筑学会联合支持下，国内首个20世纪建筑遗产保护利用领域的学术团体——中国文物学会20世纪建筑遗产委员会成立，《中国建筑文化遗产》更是将重点对准联合国教科文组织世界遗产委员会关注的20世纪建筑遗产方向。

十年来，《中国建筑文化遗产》以丰富专业的内容获得了业界专家乃至社会公众的认可，每一位作者与读者都如智库一般以其认知与视野为我们源源不断地供给着资源。为了在最短的时间内，最大限度地收集、碰撞、传播来自建筑界、文博界学人们的智慧真知，十年间我们与设计机构、学术团体、高校、地方政府等单位联合举办了建筑师茶座、论坛、展览、学术考察等活动，其中有规模千人、覆盖广泛的高峰论坛，也有"小会议、大媒体"的建筑师茶座及学术座谈；有在近千年建筑遗产前举行的创意特展，也有穿行在乡村田野间的记忆挖掘。

*《中国建筑文化遗产》副总编辑，中国文物学会20世纪建筑遗产委员会执行副秘书长、办公室主任。

一、20世纪建筑遗产保护与利用

自2016年起，在中国文物学会、中国建筑学会指导下，我们在北京、安徽池州、江苏南京等多地举办了中国20世纪建筑遗产公布会议，向社会推介了5批共597项中国20世纪建筑经典项目，向世人展示了属于现当代城市的宝贵记忆。第五届公布活动与辽宁省锦州市义县奉国寺千年大典相结合，展开了古今建筑遗产的跨时空对话。2012年7月，举办了"首届中国20世纪建筑遗产保护与利用研讨会"，发布了《中国20世纪建筑遗产保护·天津共识》。会议广泛探讨了国内外20世纪建筑遗产保护的最新理念，交流了各城市在20世纪建筑遗产保护上的成功经验，研究了面向新时代中国建筑遗产保护的规划、设计、技术、工艺等诸方面的策略及做法，提出了具有指导意义的有关近现代建筑遗产保护的技术与管理思路。本次研讨会在中国近现代建筑遗产保护领域里具有里程碑式的意义。

"致敬百年建筑经典：首届中国20世纪建筑遗产项目发布及中国20世纪建筑思想学术研讨会"嘉宾合影

二、传承百年建筑先师精神的"重走"行动

"重走"不仅可以追寻到不该忘记的传统,还可以发现对传承建筑文化有现实意义的明珠般的创新点。2014年2月26日,值中国古建研究开山人朱启钤(1872—1964)辞世50周年之际,我们组成的建筑文化考察组重走了中国营造学社当年在北京的创建之路,朱启钤故居及朱启钤倡言下建成的已有百年的中山公园,让考察组成员感受到了"大道行思,取则行远"的意涵。2016年6月19日,在安徽省黄山市徽州区的西溪南镇举行了"敬畏自然 守护遗产 大家眼中的西溪南——重走刘敦桢古建之路徽州行暨第三届建筑师与文学艺术家交流会",这是一次真情与史实交融、建筑与文学互渗的记忆与启蒙之旅。2018年4月21日,在江西省婺源市举办了"重走洪青之路婺源行"活动,追溯洪青成长之路,深入作为中国传统建筑文化典型代表的婺源,亲身领略中国建筑文化的魅力,增强建筑师的文化自信。

三、思辨城市更新与建筑评论

2014年9月17日,中华人民共和国成立65周年之际,在北京举办了"反思与品评——新中国65周年建筑的人和事"建筑师茶座,此次茶座与2009年2月27日我们策划主办的"回归建筑创作的客观立场——建筑中国60年繁荣创作历程剖析"几乎是同一命题。陈志华教授评价此茶座为学风扎实的会议。2016年3月11日,在北京举办了"辨方正位,斯复淳风——回应《若干意见》"建筑师新年论坛,来自全国各地的40余位院士、大师、总建筑师等共聚一堂,道出了对中国城市建设及建筑评论发展有益的新声。金磊在主持词中提出,建筑创作与建筑评论密不可分,好的评论者与建筑师一样要一次次从思想认知上的困惑中走出来,要在把握时代脉搏中不断创造出可洞穿时代迷雾的有智识的思想。

2014年2月26日,在赵堂子胡同朱启钤故居前合影

2014年11月1日,河北省20世纪建筑文化遗产考察活动

2014年9月17日,"反思与品评——新中国65周年建筑的人和事"建筑师茶座嘉宾合影(前排左五马国馨院士,左六陈志华教授)

2016年6月19日,"重走刘敦桢古建之路,徽州行"

2018年4月21日,"重走洪青之路婺源行"

2016年3月11日,"辨方正位 斯复淳风——回应《若干意见》"建筑师新春论坛嘉宾合影

四、坚持城市与建筑的"阅读"

多年来,我们始终坚持举办世界读书日的年度交流活动,在阅读可带来历史文化之美、思辨之美及素质提升的认知下,从未忘记编书与阅读的学习之旅。我们举办了以下有代表性的主题活动。2015 年 4 月 23 日是联合国教科文组织设立世界读书日 20 周年。我们于 4 月 21 日举办了"建筑阅读:良智传播 + 精品出版"茶座,成立了"中国建筑阅读会"——一个新学术团体宣告诞生。"互联网 +"与"图书馆 +"不仅成就了建筑阅读,也必将为 20 世纪建筑遗产的保护与传承创新播下思想的种子。在新冠肺炎疫情突发的 2020 年,在第 25 个世界读书日来临之际,我们以线上形式举行了"感知战疫的阅读文化力量——2020 年'4·23'联合国世界读书日微信通讯茶座",强调阅读给我们的抗疫力量。与会专家们交流了疫情防控期间的跨国界思考、建筑学的专业引荐以及艺术设计的先锋观点。2022 年 4 月 15 日,我们举办了"走近中国 20 世纪遗产的建筑巨匠"读书沙龙活动,以有学术尊严和精神魅力的 20 世纪中国一介城市建筑大师为对象,由中国工程院院士马国馨、散文作家、华南圭孙女华新民,梁思成、林徽因外孙女于葵 3 人做主旨解读。在长达 4 个多小时的沙龙交流中,线上与线下的各界书友学到的最多的是如何标识职业精神,体会到学者最可贵的率真品质与风骨,并共享 20 世纪建筑遗产"人和事"的历史的宏大叙事与传播价值之道。

2015年4月21日,"建筑阅读:良智传播+精品出版"茶座

2022年4月15日,举行"走近中国20世纪遗产的建筑巨匠"读书沙龙活动

2018年3月29日,在北京举行"以建筑与文博的名义纪念改革:我们与城市建设的四十年"学术论坛

2018年6月26日,在深圳举行"以建筑设计的名义纪念改革开放:我们与城市建设的四十年·深圳广州双城论坛"嘉宾合影

2021年5月21日,"深圳改革开放建筑遗产与文化城市建设研讨会"与会嘉宾合影

五、聚焦改革开放建设成就

2018 年是中国改革开放 40 周年,我们举办的"我们与城市建设的四十年"系列活动相继在北京、石家庄、深圳举行。2018 年 3 月 29 日,在刚落成的北京嘉德艺术中心举办了"以建筑与文博的名义纪念改革:我们与城市建设的四十年"学术论坛,其意义是通过对 40 年改革开放中建筑与文博领域的事件的回望,展现建筑师与文博专家的改革精神与跨界思辨。2018 年 4 月 13 日,在石家庄举办的第二场改革论坛凝聚着媒体的力量。论坛嘉宾交流了建筑师与媒体人的改革新思。2018 年 6 月 26 日,在已故建筑改革家陈世民设计的深圳蛇口南海酒店举办了"以建筑设计的名义纪念改革开放:我们与城市建设的四十年·深圳广州双城论坛",它是在改革开放最前沿举办的先锋论坛。2021 年 5 月 21 日,"深圳改革开放建筑遗产与文化城市建设研讨会"在被誉为"深圳改革开放纪念碑"的标志性建筑——深圳国贸大厦召开。该会议的价值不仅在于得到了中国建筑学会、中国文物学会两大国家级学术机构的鼎力支持,还在于深圳市委、市政府及相关机构与中国文物学会 20 世纪建筑遗产委员会的联合主办,更在于单霁翔会长的创新性提议。本次会议选择在建党百年纪念日前夕举办,是为贯彻中共中央党史学习教育中学习改革开放史的要求,通过研讨并展示深圳改革开放创造的建设与文化成就向建党百年献礼。

六、挖掘 20 世纪遗产背后的"人和事"

2021 年 9 月，作为 2021 年北京国际设计周"北京城市建筑双年展"的重要板块，我们在中国建筑学会、中国文物学会学术指导下举办了"致敬百年经典——中国第一代建筑师的北京实践"系列学术活动。9 月 16 日先期组织专家对欧美同学会（贝寿同作品）、原真光电影院——现为中国儿童艺术剧院（沈理源作品）、北京体育馆（杨锡镠作品）等项目展开了学术考察。9 月 26 日，研讨沙龙及"致敬百年经典——中国第一代建筑师的北京实践"展览在北京市建筑设计研究院同时举行，该展览还于 10 月 21 日在北京建筑大学报告厅前厅展出，同时推出线上观展平台。会议研讨沙龙在回望中国第一代建筑师的北京实践的同时，讨论并梳理了 20 世纪中外可比对的技术创新史、作品类型史、理念发展史等，给当代设计以有营养的启示与文化思考。2022 年是爱国老人、中国建筑学研究的开创与组织者朱启钤（1872—1964）诞辰 150 周年。2 月 26 日是朱启钤辞世 58 周年纪念日，我们于 2 月 25 日举办了"朱启钤与北京城市建设——北京中轴线建筑文化传播研究与历史贡献者回望学术沙龙"。与会专家认为，北京作为"双奥之城"，其最为宝贵的是"活态"与人文标记，要实现中央一再提及的中华优秀传统文化创造性转化与创新性发展，需要"见物"，更要"见人""见生活"。2022 年 7 月 18 日，我们举办了"20 世纪与当代遗产：事件＋建筑＋人"建筑师茶座，从历史与文化的视角看，20 世纪是个理念快速迭代的时代，是一个需要在反省中记录的时代。1999 年世界建筑师大会《北京宪章》宣称：20 世纪以其独特的方式载入了建筑的史册，但不少地区的"建设性破坏"始料未及。20 世纪与当代城市建筑有丰富的各类大事件，它们围绕国内外城市与建筑活动及重要人物展开。所以，就"20 世纪与当代遗产：事件＋建筑＋人"做主题沙龙活动富有积极意义。

值作为《中国建筑文化遗产》"典藏版"的第 30 辑出版之际，做出以上简短的十年活动综述小结，以期折射出《中国建筑文化遗产》的思想成长之途，其中汇聚了所有曾给予我们支持的同人们的智慧与关爱。"三十而立"再出发，《中国建筑文化遗产》将持续发掘、研判城市更新与建筑创作的热点，传承、发扬建筑先贤治学精神与创作思想，发出富有担当的中国建筑遗产传播媒介的时代之声。

"致敬百年经典：中国第一代建筑师的北京实践"展览及学术研讨会嘉宾合影

嘉宾参观"致敬百年经典：中国第一代建筑师的北京实践"展览

2021年9月16日，欧美同学会考察专家合影

2022年2月25日，"朱启钤与北京城市建设——北京中轴线建筑文化传播研究与历史贡献者回望学术沙龙"

A Preliminary Study on the Characteristics of Architectural Wood Carving of the Ming Dynasty in Dongyang

东阳明代建筑木雕时代特征初探[*]

彭金荣[*]　周学鹰^{**}（Peng Jinrong，Zhou Xueying）

摘要： 本文以东阳明代建筑木雕为研究对象。东阳留存着相对丰富的明代木构建筑遗存，是研究东阳地区木雕技艺难得的材料。本文在已有的、较为成熟的东阳木雕技艺研究的基础上，通过实地调研选取9座明代木构建筑，从大木构架及小木作装修出发，详细分析每座建筑的雕刻位置与雕刻内容，同时探讨雕刻用材、雕刻工具及雕刻技法，据此归纳东阳明代木雕技艺特色。研究表明，明代东阳木雕整体的时代差异较小，呈现出素面、简洁的时代特色。

关键词： 东阳木雕；古建筑鉴定；文物学；建筑考古；建筑史

Abstract: This paper takes the architectural wood carving of the Ming Dynasty in Dongyang as the research object. During this period, Dongyang has a relatively rich remnant of wooden architecture, which is an extremely rare material for studying the wood carving techniques in Dongyang area. According to this, on the basis of the more mature Dongyang wood carving technology research, this paper selects 10 Ming Dynasty wood structure buildings through field investigation, starts from the large wooden frame and small wood decoration, analyzes the carving position and carving content of each building in detail, and discusses the carving materials, carving tools and carving techniques at the same time, according to which the characteristics of wood carving technology of the Ming Dynasty in Dongyang are summarized. Studies have shown that the difference of Dongyang wood carving as a whole in the Ming Dynasty is small, showing the characteristics of the era of plain surface and simplicity.

Keywords: Dongyang wood carving；Identification of ancient buildings；Heritage Studies；architectural archaeology；history of architecture

* 本论文得到了江苏省社科基金资助（基金号：18LSB002）。

*南京大学历史学院考古文物系硕士。
** 南京大学历史学院教授、博导，东方建筑研究所所长。

① 东阳民居以三间头为基本单元，在此基础上灵活衍变出五、七、九、十一、十三、十八间头，其中以十三间头为典型模式。参见，詹斯曼、马晓：《清代东阳民居木构技艺研究》，天津大学出版社，2020，第7~8页。

目前，由于更早的时期的木构建筑已无存，明代建筑木雕已是东阳木雕中重要的遗留品类。本文在东阳现存明代木构遗存中，依据现有明清年表分期，在各期内选取保存相对完好的建筑实例进行分析，以期找出共有规律，归纳明代建筑木雕技艺特色。

明代建筑遗存判定以木构架为主，进深方向以榀作为基本单位，由柱、梁、枋、栱等基本构件组成梁架，每两榀由楣楸、桁条等构件联结成间，以间构成建筑布局的基础单位①。因此，本文选取明代建筑实例，以间为基础单位，对其各建筑构件的具体雕刻情况进行综合分析。

一、明代木构建筑举要及其分期

（一）早期

明代早期木构建筑以光裕堂[1]为实例。

柱子分为两类（图1、图2）：一类是落地柱，按形状分为圆柱和方柱，按位置分为前/后大步、前/后小步及栋柱，皆是仿木构砖柱，柱身素面，不做任何雕刻；一类是骑栋，方柱，柱身下端做成鲫鱼嘴[2]与榫口，其中插置在大梁、二梁卯口上的柱身素面，插置在楣楸上的柱身下端以浅浮雕雕刻出两道蜿蜒的细须，线条灵动简练，外观上呈现出似动物面部的神态。

梁按梁身弧度可分为两类（图3）。一类是断面呈矩形的直梁，表面不做雕饰，素面光洁。一类是月梁，具体分为两种：大梁，梁背断面平直、近似矩形，仅在梁底与梁垫组合，形成微微起拱的弧度；二梁，梁背两肩略做卷杀，梁底与梁垫组合出弧线曲度。梁下两端雕刻同种纹饰，以寥寥几笔阴刻出卷草样式，以浅浮雕雕刻出似弯月的形状，线条简单却灵活秀气。

桁条断面分为圆形与方形两种，皆素面无纹（图3）。工字栱造型对称（图4），边线位置雕刻成三瓣卷杀，形成线条流畅的外观。

梁上替木雕刻成卷云样式（图5），构件端部卷杀，上承金桁。插翼雕刻出两卷草（图6），插置在骑栋两侧，线条简洁，弯曲感强。雀替分为两种：一种是两层样式（图7），上下两层横木基本为素面，仅做端部卷杀，以莲瓣小斗作为间隔；另一种是扇面雕刻出卷草的样式，同时线刻出边界（图8）。

光裕堂现存的牛腿、琴枋、花篮栱等均为清代后加的，不属于本文研究范围，故不展开。门、窗等小木作装修均已无存，故亦略过。

由以上分析可知，光裕堂建筑木雕的雕刻位置主要在骑栋、插翼、月梁、梁垫、雀替、工字栱及替木等。雕刻内容以卷云、卷草为主，还出现了莲瓣样式，线条简洁有力。其余大木构件均为素面无纹。

（二）中期

明代中期建筑以肃雍堂、惇叙堂、理和堂、肇庆堂、集庆堂为实例。

1. 肃雍堂

柱子为落地柱，皆为圆柱（图9）。柱身漆以黑色，不做任何雕刻纹饰，同时柱身呈梭形，上下收分呈现出优美线条；柱顶平杀，上接海棠形的斗口（图10）。

由梁身弧度可知，梁皆为月梁（图11）：两肩略有卷杀，整体呈现出向下微弧的线形；梁底两侧与梁垫组合呈现出优美的弧度；雕刻图案均呈细长弯月形状。

穿插枋、金枋以及桁条均施彩绘，无雕刻纹饰。平板枋、椽子亦无彩绘与雕刻纹饰。垂莲枋则镂空雕刻出卷草，样式简单。

斗栱均线刻出线脚边界，层次清晰。其中，工字栱端部做出线脚（图12），坐斗雕刻成方形和四瓣海棠形两类（图13、图14）。

堂屋平板枋上置一斗六升重栱造四朵（图15），大房间及其东缝、西缝各置三朵，每组斗栱均内出丁字栱和云头，置一单翘单上昂，呈弧形上伸，昂端承一斗三升加方木连机以承托金桁，斗下插一冲天销并雕刻成一朵莲蓬。

枫栱出于昂尾下部与丁字栱斗口位置，雕刻样式丰富（图16）。其中堂屋昂尾处雕刻出两朵盛放的粉色牡丹，大房间处则是粉色莲花及小莲蓬；其余枫栱则镂空雕刻出桃形、如意、团龙等样式。

图1 仿木构砖柱、骑栋　　图2 骑栋

图3 梁　　图4 栱

图5 卷云纹　图6 插翼（卷草）

图7 雀替1　图8 雀替2

---

[1] 光裕堂照片由东阳市三贤楼古建园林工程有限公司楼望峰工程师提供。
[2] 侯洪德、侯肖琪：《图解〈营造法原〉做法》，中国建筑工业出版社，2014，第66页。

图9 梭柱　图10 柱顶柱斗结合处

图11-1 月梁-大梁　图11-2 月梁-抹角梁

图11-3 月梁-过步梁

图12 前檐工字　图13 方形坐斗　图14 海棠形坐斗　图15-1 月梁-堂屋四朵　图15-2 月梁-抹角梁转角各跨一朵　图15-3 月梁　图15-4 月梁卷草纹丁字栱、莲蓬头

图16-1 枫栱整理图-粉色牡丹1　图16-2 枫栱整理图-粉色牡丹2　图16-3 枫栱整理图-莲花、莲蓬及叶子纹理　图16-4 枫栱整理图-莲花、莲蓬　图16-5 枫栱整理图-镂空雕，桃形轮廓　图16-6 枫栱整理图-桃形轮廓，龙头及卷云龙身　图16-7 枫栱整理图-镂空雕，如意外轮廓

图16-8 枫栱整理图-如意外轮廓，阴刻细枝线条　图16-9 枫栱整理图-镂空雕，圆形卷草轮廓　图16-10 枫栱整理图-圆形轮廓，龙头龙身　图17 S形斜撑　图18 壶瓶斜撑　图19-1 多层雀替整理图-素面斗栱（一层）　图19-2 多层雀替整理图-两层雀替　图19-3 多层雀替整理图-三层雀替

    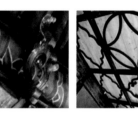 

图20 卷草纹样　图21 何仙姑、琴盒纹样　图22-1 卷草插翼1　图22-2 卷草插翼2　图22-3 卷草插翼3　图23 平棋天花（肃雍后堂）　图24 方格纹格眼（穿堂）

丁字栱均中空透雕出卷草样式，同时线刻线脚。

肃雍堂牛腿现存两种样式，均分为三层，构件从下往上依次为：垫木（底部第一层）、斜撑（第二层）、枋木（第三层）。

S形斜撑（图17），下为扇形垫木且内部为浅浮雕枝叶，上为艺术造型枋木且内部雕刻出花草，同时雕出卷草样式的杆头。

壶瓶斜撑（图18），下为卷云样式垫木，上为方形枋木且内部以浅浮雕雕出卷云纹样，斜撑与枋木间以小斗自然过渡。

雀替有两种样式：一种是多层结构，一种是扇形。

多层样式有三类（图19）：一是仅一层，为线刻出边界的素面横栱；二是两层，下层为横栱伸出一卷草，以小斗上承波纹形边框替木，正面雕刻拐子龙纹样，底面雕刻卷草龙纹样；三是三层，顶层为替木，仅在端部雕刻卷草，其余部位为素面，下两层均为横栱伸出一卷草，各层以方形小斗过渡。

扇形仅雕刻出卷草纹样（图20），虽还有一种八仙元素的纹样（图21），但认为此为清代后加的，故不归入本文研究范围。

插翼均雕刻成卷草样式，中部透空雕，仅留卷圈，边界卷杀，构件丰满柔和（图22）。

小木作装修如门、窗、平棋等的样式均简洁大方，显示出朴实无华的时代风格。其中，肃雍后堂为大方格素面平棋并镂空雕刻出海棠纹及外为圆形内置菱形的天花（图23）。穿堂为六扇格子门，西雪轩与东雪轩为四扇格子门，格眼为方格样式（图24）。

由以上分析可知，肃雍堂建筑木雕的雕刻位置主要在垂莲柱、垂莲枋、月梁、梁垫、斗栱（柱斗、上昂、丁字栱、枫栱）、牛腿、雀替、插翼等梁架构件以及平棋天花等小木作装修上。

雕刻的主体内容有各类卷草、卷云及其变式纹样，牡丹、莲花、莲蓬、桃形等具体植物，三脚细龙与草龙、拐子龙等变形龙纹，还有如意等吉祥纹饰以及以直棂条为基础的窗芯样式。

2. 惇叙堂

柱子皆为落地圆柱（图25），以木材的自然生长曲线为天然收分，柱身不做任何雕刻纹饰。

梁可分为两类：一类是月梁，一类是象鼻梁。

月梁具体分为圆作和扁作两种。圆作即断面形状整体呈现出弧度，梁端两侧拱起近似琴面弧度，浮雕出细须线条（图26）。扁作即断面形状近似瘦长矩形，可细分为两种：一是梁肩端部卷杀，屈曲斜置，一端置于斗栱上，一端插置于柱中（图27）；二是梁背相对平直，仅在两端略有拱起弧度，呈现出微弧线形，并以浅浮雕雕刻出细须线条（图28）。

象鼻梁因形似象鼻而得名。一头置于阶沿柱斗栱上，一头置于过步梁梁背斗栱上，因此在结构上起着连接两柱的作用。梁身主体为素面，仅梁端与鼻头处行雕，梁端处各以浅浮雕雕出一道弯曲的细线，鼻头卷杀出卷草样式并线刻出轮廓边界（图29）。

牛腿构件整体雕刻风格朴素大方。从结构看可细分为三层，从下往上依次为（图30）：第一层底部为垫木，端部卷杀成三瓣弧面，线刻线脚，中间雕刻出一道简单的弯曲线条；第二层为变形S形纹，以一道连续曲线作为外边框并向外端雕刻卷草样式，框内素面；第三层为横向素面枋木，仅在端部做出卷杀弧面。第二层与第三层之间以肥厚叶片做过渡。

斗栱构件中一斗六升及坐斗均为素面（图31、图32），斗垫雕刻出卷草样式（图33）。插翼按雕刻内容分两类：一类是卷杀成云头样式，仅在中间浮雕出一卷草作为点缀（图32）；另一类是以深浮雕雕成卷草轮廓，细刻卷曲的线脚边界，整体轮廓卷曲自然（图33）。枫栱的雕刻样式则较丰富，具体雕刻内容分为三种样式（图33、图34）：一是圆框中镂空雕刻出细龙，二是灵芝卷草，三是松叶与枫叶。

雀替分多层与扇形两种样式。其中，多层样式又可细分为一层与两层。

一层样式又分两种：一种是素面，以丁头栱为基本组合（图35）；二种是仅端部雕刻成弧面轮廓的垫木，轮廓内以浅浮雕雕出细线条（图36）。

两层样式均由斗栱与替木两部分组成，可细分为两类：一类是替木底部形成波浪卷曲弧度，雕刻简单的卷草作为点缀，下由素面丁头栱承托（图37）；另一类是矩形替木，端头卷杀，底部雕刻">>>>"纹样（类于《营造法式》中记载的"蝉肚"之简化），正面雕刻连续卷草，底部以素面丁头栱承托，仅线刻出线脚轮廓（图38）。

扇形三面均施以雕刻，正反两面以卷草示意龙身、龙脚（图39），立面则直接雕刻出细龙（图40）。

由以上分析可知，惇叙堂建筑木雕的雕刻位置主要在琴面月梁、象鼻梁、牛腿、枫栱、插翼、梁垫、雀替等木构件上，有早期丁头栱及蝉肚样式。雕刻内容体现出对几何线条的灵活运用，有规矩的直线线条，也有水浪般自然卷曲的弧形线条，形成不同构件的线脚轮廓；动物类雕刻以细龙为主，植物类雕刻体现出对卷草样式的不同应用，有以卷草作为雕刻中心的，也有仅将其作为点缀边框的，还有松叶、枫叶等具体品类。

3.理和堂①

柱分为三种：一是圆柱，柱身素面，未雕纹样（图41）；二是骑栋，下端做出鹰嘴样式插置在大梁与二梁的卯口上，柱身线刻两道线条（图42）；三是垂莲柱，柱身素面，仅在柱头以浅浮雕雕刻出仰莲瓣与覆莲瓣，中间以莲叶做分隔（图43）。

梁依断面形状可分为直梁、扁作月梁与虾背梁等。直梁断面矩形，梁身素面，不做任何雕刻纹饰（图44）；扁作月梁断面近似矩形，梁背平直，肩部略有弧度，与梁垫组合成自然的圆弧曲线，梁身亦无雕饰（图44）。过步梁雕刻成卷形虾背样式，故也称虾背梁（亦称猫耳梁），特别之处是中间蜷曲处雕刻出龙头样式，梁身以浅浮雕雕出蜿蜒细线（图45）。

插翼均呈现出龙的形象（图46）：一类直白地镂空雕刻出张口龙头与蜷曲龙身；另一类则整体雕刻成卷草样式，但形似龙身。

栱整体雕刻成对称的卷草造型，中间镂空雕刻出牡丹花样式（图47）。

雀替分为两类（图48）：一类为两层横栱样式，底部薄浮雕一道细线，以丁头栱承接，栱端卷杀，线刻边界，再以方形小斗承接桁条；另一类是扇面轮廓，具体雕刻出卷草、卷花、灵芝及蝙蝠等样式。

外檐残存一根雕刻内容完整的替木，主题为龙与蝙蝠，龙头面对蝙蝠，龙身细长，有灵芝围绕，带三脚，鳞片清楚（图49）。

牛腿构件因无实物存在，故不讨论。虽有部分桁条底部行雕，但从内容上看属于清代后加的，故此部分内容在此处不做具体鉴定分析。

综合以上分析可知，理和堂建筑木雕的雕刻位置主要在柱（骑栋、垂莲柱）、虾背梁、插翼、栱、梁垫、丁头栱及替木上；雕刻内容为卷花、卷草、莲花、牡丹花及灵芝等植物，龙和蝙蝠两种动物，除此之外，还有直线、曲线等几何线条。

图25 圆柱 图26 琴面月梁 图27 扁作月梁 图28 扁作月梁、素面穿插枋

图29 象鼻梁 图30 牛腿 图31 一斗六升 图32 坐斗、插翼

图33 枫栱、坐斗 图34 枫栱 图35 斗栱梁垫 图36 弧面梁垫

图37 弧面替木 图38 矩形替木 图39 扇形正面 图40 扇形立面

① 理和堂照片由东阳市三贤楼古建园林工程有限公司楼望峰工程师提供。

图41 山缝梁架（圆柱） 图42 骑栋 图43-1 垂莲柱整理图1 图43-2 垂莲柱整理图2

图43-3 垂莲柱整理图3 图43-4 垂莲柱整理图4 图44 直梁、扁作月梁 图45 山缝虾背梁

图46-1 插翼-草龙工1 图46-2 插翼-草龙工2 图46-3 插翼 图47 栱

图48-1 雀替整理图1 图48-2 雀替整理图2 图48-3 雀替整理图3 图48-4 雀替整理图4

图49 替木

4. 肇庆堂

柱子按断面形状可分为圆柱和方柱（图50、图51），柱身均无任何雕刻纹饰，其中圆柱柱身呈现出自然的收分曲线。

梁均为扁作月梁，可细分为两类：一类屈曲斜置，单步梁，梁肩卷杀（图52）；另一类梁背相对平直，仅在两端呈现出微弧线形，与梁垫一起组合形成拱形弧度（图53）。二者均在两侧梁底以浅浮雕雕刻出一道弯曲细线，素雅秀丽。

穿插枋、楣楸、桁条、椽子及斗栱均为素面无雕饰（图54、图55）。

插翼分两类（图56）：一类以素面斗栱承托云头，云头线刻出卷草样式或弧线边界；另一类则整块雕刻成卷草与叶片。

雀替分三类（图57）：第一类是丁头栱造型，栱身不做雕饰，分两层，下层为横栱，以小斗上接替木，端部卷杀；第二类也是丁头栱样式，但替木雕刻成卷草或花卉枝叶，两层或三层，均是丁头栱样式；第三类则是简单的一层扇面，雕刻成卷草或花卉。

雀替替木雕刻内容丰富，具体有两大类：第一类以花卉、卷草的自然形态为外轮廓；第二类则以几何线条为外轮廓，在轮廓内具体行雕。

第一类依据雕刻内容还可再细分为两种：一种，雕刻内容以花卉为主题，以枝叶为背景，细致雕刻出花蕊与叶片的纹理；另一种，雕刻内容则以卷草为主题，并以此为基础变换组合。

前者有的以连枝牡丹为雕刻重点，表现出花瓣、花苞及枝干根茎的特色；有的以茎叶为依托，雕刻出两朵五瓣的海棠花；有的雕刻出莲花与肥润的莲叶；有的以连枝藤叶为联结，枝叶上间隔雕刻出五朵盛放的菊花等（图58）。

第二类依轮廓可细分为两种（图59）：一种以折线组成菱形图案，菱形框架内雕刻出海棠、牡丹、莲花、菊花等不同样式，其余空间均上下各雕刻出半朵花卉，整体线条简洁明朗；另一种以曲线组成连续圆弧，弧内以四条弧线组成近似菱形的图案，形成类似于"孔方兄"的造型，在中间雕刻出小花。

门窗样式简洁，均无雕刻纹饰，仅以直棂条组合或拼合成方格眼样式，素雅大方（图60）。

综合以上分析可知，肇庆堂建筑木雕的雕刻位置主要在月梁、插翼、梁垫以及雀替替木上，雕刻内容以牡丹、莲花、海棠、菊花等花卉为重点，以卷草、花叶为基础进行多种组合，有单枝卷草样式，有连续展开形成连绵不断的卷曲线条的样式，还有表现枝叶舒展的不同样式。

图50 圆柱

图51 方柱

图52 屈曲斜置的扁作月梁

图53 梁背平直的扁作月梁

图54 桁条

图55 一斗六升

图56-1 插翼整理图1

图56-2 插翼整理图2

图56-3 插翼整理图3

图57-1a 雀替整理图1

图57-1b 雀替整理图1

图57-2 雀替整理图2

图57-3 雀替整理图3

图57-4 雀替整理图4

图57-5 雀替整理图5

图58-1 第一类替木整理图1

图58-2 第一类替木整理图2　　图58-3 第一类替木整理图3

图58-4 第一类替木整理图4

图58-5 第一类替木整理图5

图58-6 第一类替木整理图6

图59-1 第二类替木整理图1

图59-2 第二类替木整理图2

图60-1 门窗整理图1

图60-2 门窗整理图2

图60-3 门窗整理图3　　图60-4 门窗整理图4

5. 集庆堂

因历经火灾,故集庆堂现存建筑多为当代重修重建的。其中东五台选用原有材料进行重修,门窗样式较完整地体现出明代特色,故在此简要分析。

门窗具体可细分为板门隔扇窗、隔扇门窗、隔扇门三类。其中,板门隔扇窗即两侧各一素面板门;门上设漏窗,窗芯上部由相同的直棂条拼接成方格眼样式,下部拼合成步步锦样式;中间为四扇隔扇窗,窗芯为步步锦样式;窗外设一窗栏,主要用于遮挡室内,栏上以圆雕雕刻出数朵灵芝,板上镂空雕刻出卷草、灵芝(图61)。

隔扇门窗即隔扇门居中,两侧各设一板壁及漏窗。隔扇门天头雕刻出缠枝牡丹样式,腰环板雕刻回形外框,框内以浅浮雕雕刻出两个石榴及枝叶(图62)。

隔扇门用八扇进行满堂装修(图63),各扇均无雕刻纹饰,形制相同,格眼为方格纹。楼上窗的窗芯也为格眼样式(图64)。

综合以上分析可知,集庆堂门窗样式简洁,雕刻位置在挡窗栏板及隔扇门腰环板上,雕刻纹饰仅有卷草、灵芝、牡丹三种要素。

(三)晚期

明代晚期建筑以大门厅、开泰堂为实例。

1. 大门厅[1]

柱子均为素面圆柱,柱头卷杀,桁、枋置于墙体中,施明代彩绘,不做雕饰(图65、图66)。

梁分为两类:一类是直梁,梁身施彩绘,不做雕饰;另一类是月梁,仅在梁肩两端雕刻出弯细曲线,形如月眉,并施有彩绘。(图67、图68)

插翼亦分为两类:一类是简单的云头样式,端部卷杀(图69);另一类雕刻成卷草样式,线刻出边界(图70)。

雀替分三种(图71):第一种是一层的,雕刻成卷草样式;第二种分为两层,底部为丁头栱,承接雕刻成卷草样式的替木;第三种是三层的,两层相同样式的丁头栱承接第三层替木,替木仅端部卷杀。

综合以上分析可知,大门厅建筑木雕的雕刻位置主要在柱头、月梁、插翼、梁垫上。雕刻内容为简单的几何线条与卷草纹样。

2. 开泰堂[2]

圆柱、直梁、枋及桁条均施彩绘,无任何雕刻纹饰(图72至图75)。雕刻仅体现在前檐斜撑上,整体结构分为三层,底层为弧形垫木,立面雕刻出卷草样式;中间为壶形斜撑,端部伸出一卷草,上承彩绘横木。

二、明代建筑木雕技艺特色初探

通过对以上明代木构建筑实例的综合分析,本文以雕刻位置与雕刻内容为核心,逐一归纳出东阳地区明代建筑木雕的时代特点;同时,总结出雕刻用材、雕刻工具与雕刻技法的特色,以做鉴定要点。

(一)雕刻位置

综合前文分析可知,明代建筑木雕整体上较简单,时代差异性较小,呈现出素面、简洁的时代特色。雕刻位置见表1。

承重构件(大木作)中,骑栋与月梁仅在端部做简单雕刻。单步梁即象鼻梁与虾背梁虽只在两座建筑中出现,但雕刻造型独特,体现出一定的雕刻技艺水平。此外,其余构件如长柱、直梁、枋、桁、椽及斗栱(一斗六升)等均不做雕刻纹饰。

图61-1 板门隔扇窗1　图61-2 板门隔扇窗2　图61-3 板门隔扇窗3

图61-4 板门隔扇窗4　图61-5 板门隔扇窗5　图61-6 板门隔扇窗6

图62-1 隔扇门窗1　图62-2 隔扇门窗2　图62-3 隔扇门窗3

图63 隔扇门　图64 槛窗　图65 大门厅

图66 彩绘梁架　图67 直梁、月梁　图68 过步梁

图69 云头式插翼　图70 卷草式插翼　图71-1 雀替整理图1

图71-2 雀替整理图2　图71-3 雀替整理图3　图72 柱

图73 梁架　图74 过步梁　图75 斜撑

① 大门厅照片参见,东岘文化:《[村落文化]紫薇山·古建筑古迹》,访问日期2019年1月21。
② 开泰堂照片参见,东阳发布:《东阳这6处"国保"单位,你打卡过几个》,https://m.thepaper.cn/baijiahao_4722366。

装饰构件则是此时建筑雕刻的重点,雕刻样式相对丰富。其中,栱类如工字栱、枫栱及丁头栱造型变化多样,尤其是丁头栱、蝉肚等部分体现出明代早期特征;插翼、雀替、替木则雕刻艺术水平高。

斜撑、平棋与门窗样式朴素简单,体现出简洁的时代特色。

门窗样式大体有板门、隔扇门与漏窗、隔扇窗的组合(图76)。

(二)雕刻内容

综合前文分析可知,明代建筑木雕的雕刻内容可分为四大类:植物纹、动物纹、几何纹及其他纹饰(表2)。

第一类植物纹,为雕刻重点。其中,卷草纹应用最广泛,以其为基础,雕刻出各式变形样式,有单枝卷草、连续卷草、缠枝卷草。有的以卷草象征龙的身体,有的以卷草作为背景衬托其他主题雕刻纹饰。

具体涉及的花卉纹饰有莲花、海棠、牡丹、菊花四种。重点雕刻花瓣及花蕊,

表1 雕刻位置统计表

雕刻位置	长柱	短柱	月梁	直梁	单步梁	枋	桁	椽	斗栱	插翼	梁垫/雀替	替木	斜撑/牛腿	门窗	平棋
光裕堂		✓骑栋	✓						✓工字栱	✓	✓				
肃雍堂		✓骑栋	✓大梁二梁过步梁抹角梁						✓坐斗工字栱枫栱丁字栱	✓	✓	✓		✓	✓
惇叙堂		✓骑栋			✓象鼻梁										
理和堂		✓骑栋			✓虾背梁					✓		✓			
肇庆堂			✓大梁二梁过步梁						✓工字栱	✓	✓	✓		✓	
集庆堂														✓	
大门厅			✓大梁二梁过步梁							✓	✓				
开泰堂													✓		

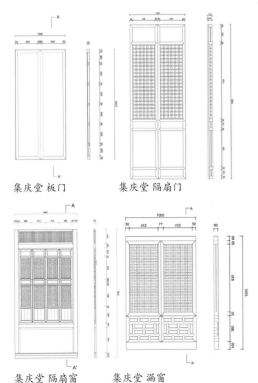

集庆堂 板门 　　集庆堂 隔扇门

集庆堂 隔扇窗 　　集庆堂 漏窗

图76 门窗样式

部分还涉及枝叶和茎秆,形象生动。此外,还有很多普通的卷花,仅示意出花卉即可。

叶子除莲叶、枫叶、松叶、牡丹叶子外,还有一部分不知品种的枝叶,一般作为衬托的装饰或仅用于层次过渡。

灵芝既作为单独的雕刻主题,也作为衬托纹饰出现,应用较广泛。

第二类动物纹,仅出现龙与蝙蝠两种纹饰。其中,以龙作为重点内容,雕刻形式丰富多样:有具象的三脚细龙,雕刻出龙头、龙脚、龙身;有以卷草示意龙身,仅雕刻出龙头的草龙;还有龙脚和龙尾采用转角处理的拐子龙。此外,还有雕刻出龙头,其余龙身部分直接省略的情况。蝙蝠仅出现一只,写实具象。

第三类几何纹,最常见。有以几根弧线或圆线组合成的某种样式,如弯细的曲线似弯月、S形、壶瓶形、波浪形等,还有以各种直线拼合而成的菱形、方格形、步步锦、">>>>"(蝉肚纹)、回形等。

第四类则是某种有立面形状的图案。其实也可归入第三类,但为更好地凸显其线形,故单列出来,如卷云、如意、桃形等。

(三)雕刻用材

从时间维度上看,因建筑使用时间长久,故早、中、晚三期建筑木雕变化并不太显著。具体差异表现在木材使用位置上,如肃雍堂、肇庆堂等,起主要承重作用的大木多为樟木、楠木等名贵木材;起装饰作用的一般为松木及椴木,具体依据实际功能需求而选择。同时,存在后期拆补前期木材(如樟木等大木)继续使用的情况。有彩绘装饰需求者,如肃雍堂、开泰堂等,均选择颜色较浅的木材如红木、椴木等,以便后续上彩。

与清代鼎盛时期东阳木雕选材对比可知,明代在木材选择上已基本定型。

（四）雕刻工具

从雕刻内容及线条看,明代雕刻工具以平刀、圆刀及雕刀为主。从少量透空雕作品（门窗格眼、格心）看,至迟在明晚期已应用锯花机器（铜丝锯）,降低锯切及镂空的时间成本。

（五）雕刻技法

雕刻技法以浮雕为主。其中,明代薄浮雕、浅浮雕技艺占据主流,深浮雕、高浮雕应用较少,透空雕等镂空技艺则在明晚期随着工具的革新应用相对较广泛。整体而言,雕刻技法呈现出的更多的是一种继承发展的关系,晚期在早期基础上进一步革新以求进步,故具有时代共通性。

三、小结

本文对现存东阳明代建筑实例的木雕进行详细分析,归纳总结出雕刻位置与雕刻内容的时代特色;在此基础上,对雕刻用材、雕刻工具及雕刻技法进行探讨,得出以下几点认识。

（1）雕刻位置以装饰构件与连接构件为主。前者有垂莲柱、垂莲枋、枫栱等,后者有插翼、雀替、工字栱、丁头栱等,其余承重构件除骑栋、月梁在端部简单雕刻外,均无雕刻。

（2）雕刻内容简单,样式简洁,线条简练。可细分为植物纹、动物纹、几何纹及其他纹饰四类。其中,以卷草为基础,雕刻出各种变形植物、动物、几何纹样。此外,雕刻内容基本为单体形象,少有组合关系。

（3）雕刻用材各时期变化小,仅体现在随位置不同而选用不同材质的木材上。

（4）雕刻工具的变化体现在晚期,出现了锯花机器。

（5）雕刻技法体现出早、晚期的区别。晚期在前期技法基础上,出现锯空雕技术,使得木板挖地的深浅与层次体现出时代差异。

参考文献

[1] 周鲁兵,张咸镇,冯文土.东阳木雕技艺 [M].杭州:浙江科学技术出版社,1984.

[2] 华德韩.东阳文史资料选集第 17 辑东阳木雕 [M].杭州:浙江摄影出版社,2000.

[3] 王仲奋.东方住宅明珠 浙江东阳民居 [M].天津:天津大学出版社,2008.

[4] 詹斯曼,马晓.清代东阳民居木构技艺研究 [M].天津:天津大学出版社,2020.

[5] 侯洪德,侯肖琪.图解《营造法原》做法 [M].北京:中国建筑工业出版社,2014.

表2 雕刻内容统计表

雕刻内容	植物纹	动物纹	几何纹	其它
光裕堂	卷草 莲花	无	弯细曲线（似弯月） 三瓣卷杀	卷云
肃雍堂	海棠 莲瓣 莲蓬 莲花 卷草 牡丹 枝叶	三脚细龙 团龙 草龙 拐子龙	弯细曲线（似弯月） S形 壶瓶形 波浪纹 圆弧 菱形 方格形	如意桃形
惇叙堂	卷草 松叶 枫叶 灵芝 叶片	细龙 草龙	细须线条 S形 ">>>>" 弧面	无
理和堂	莲瓣 卷草 卷花 牡丹 灵芝	草龙 龙头 蝙蝠 三脚细龙	回形 圆弧	无
肇庆堂	卷草（单枝、缠枝）卷花（单枝、缠枝）花卉 叶片 连枝牡丹 海棠花叶 莲瓣莲叶 连枝菊花	无	弯细曲线（似弯月） 菱形 弧形 方格形	无
集庆堂	卷草 灵芝 缠枝牡丹 石榴	无	方格形 圆弧 步步锦	无
大门厅	卷草	无	弯细曲线（似弯月） 弧线 直线	无
开泰堂	卷草	无	壶瓶形	无

Courtyards of Chinese Traditional Ceremonial Buildings

— Research on the system of Inner and Outer Courtyards, the Central Axis of the Courtyard and Architectural Axis , and the Orientation of the Courtyard

中国传统礼制性建筑的院落

——内院外院制度、院落的中轴线与建筑轴线、院落的朝向等问题研究

邢 鹏[*]（Xing Peng）

摘要：本文依据对明清时期传统礼制性建筑群中的围墙与"三座门"位置的考察，归纳出一般化礼制性建筑群的布局及其中所采用的内院外院制度，院落的中轴线与建筑轴线，建筑物的方向与院落的朝向，院落的布局及其所反映的思想观念等问题；同时，对处于建筑群围墙之外的院落附属物的类别、使用情况与文化内涵等进行了归纳总结。本文通过一系列的总结归纳明确了传统礼制性建筑群的礼器属性。

关键词："三座门"；内院外院制度；院落中轴线与建筑轴线；建筑物的方向与院落的朝向；牌楼；戏台

Abstract: This paper investigates the location of the surrounding walls and the "three gates" in the traditional ceremonial buildings in the Ming and Qing Dynasties, summarizes the layout of general ceremonial buildings, analyses the system of inner and outer courtyards, the central axis of the courtyard and architectural axis , and the orientation of the courtyard and the ideas reflected by them. It also summarizes the types, use and cultural connotation of appendages to the courtyard outside the enclosure of the building group as well as the ritual attributes of traditional ceremonial buildings.

Keywords: Three gates; The system of inner and outer courtyards; The central axis of the courtyard and architectural axis; Building direction and courtyard orientation; Archway; Stage

中国明清时期的官式建筑群以用于政务活动和祭祀活动的礼制性建筑群为主，以用于其他功能的建筑群为辅。前者包括皇宫（北京紫禁城）、官署（如北京国子监等）、坛庙（如北京的天坛、地坛、日坛、月坛、太社稷坛、太庙、历代帝王庙等）、陵寝（如北京明十三陵）及宗教建筑群（寺观）等。后者包括苑囿（如颐和园等）等。

根据对明清礼制性建筑群的考察，笔者发现这些建筑群的营建是以院落为基本单元的，通过串联、并联及嵌套等组合方式形成多种空间样式。笔者将其归纳总结为院落的文化传统，包括三项内容：内院外院制度，院落的中轴线与建筑轴线，院落的朝向。同时，建筑群的研究范围不应仅局限于建筑群的院落围墙之内，也应覆盖院落围墙之外的一些从属于该建筑群的单体建筑物（如牌楼或牌坊、戏台、照壁等）及其相关附属物（如下马碑等）。下文逐一详述。

* 首都博物馆副研究员。

一、明清时期一般化的礼制性建筑群

明清时期一般化的礼制性建筑群既包括院落围墙之内的建筑物，也包括院落围墙之外的附属物。

（一）院落及其内的建筑物

在古代建筑群的各个组成空间内，围墙是用来区分不同功能空间的，而门是用来联系不同功能空间的。因此，考察建筑群中的门和围墙有助于理解古人对建筑群中各功能区域的划分及它们的联系。

通常，明清时期一般化的礼制性建筑群被门和围墙分为内院和外院两部分（图1a）。其中，居于内院且处于整个建筑群中轴线上的建筑物是整个建筑群的核心建筑物，其功能是整个建筑群的核心功能。当一座单体建筑物无法满足使用者的全部需要时，常在内院沿中轴线纵向设置多座核心建筑物（殿宇）用以划分出不同功能区域来分别满足需要，但这些单体建筑物之间不再设置围墙和门形建筑物（图1b）。由此可以认为，其是单座核心建筑物院落的衍生，即内院空间虽被中轴线上的多座单体建筑物分割为多进院落，但它们同属于内院的范畴中。内院两厢的建筑物为次要建筑物；内院的庭院因需供人们举行礼制活动而较宽阔。外院两厢的建筑物多为进行准备工作时所使用的，故庭院相对较狭窄。内院与外院之间以正门[①]为界；外院与建筑群之外空间以外门[②]为界。正门的地位高于外门。

区分内院、外院的意义在于：以往人们对建筑群的认识仅是简单地以中轴线上的建筑物将整个建筑群分为若干进，并没有注意到"三座门"及围墙的作用，是故无法从理论上阐述建筑群中的不同功能分区。

根据考察经验及前述明清时期一般化的礼制性建筑群格局规律，礼制性建筑群中的核心建筑一般位于内院偏后的位置，而留出足够宽敞的庭院供人们举行礼制活动时使用。

（二）院落围墙之外的附属物

1. 牌楼与牌坊

笔者在《试述牌楼的功用、文化内涵及其演化过程——从"景德街"牌楼谈起》[③]一文中已详述了牌楼的建筑文化内涵，其中多座牌楼组合的情况也体现了院落向空中发展并逐渐缩小范围的理念。

2. 照壁

照壁是传统建筑群所特有的用于遮挡他人视线的墙壁，根据所处位置其可以分为在街门内的内照壁和在街门外的外照壁。

传统礼制性建筑群的照壁多为外照壁，根据其材质又可分为砖刻照壁、琉璃照壁等，其常见样式有一字形和雁翅（八字）形两种，后者如北京国子监孔庙照壁等。

另有一种位于大门的东西两侧，与大门槽口成120度或135度夹角，平面呈八字形，称作"反八字照壁"或"撇山照壁"。做这种反八字照壁时，大门要向里退一些，在门前形成一个小空间，其可作为进出大门的缓冲之地，如北京国子监的集贤门（图2）。

3. 戏台

通过对山西、陕西、河北、天津、甘肃等地的古建筑调查，笔者还

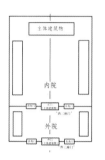

a. 一座核心建筑物　　b. 多座核心建筑物

图1 明清时期礼制性建筑群之院落基本样式示意（红线表示建筑群的中轴线）

① 正门即"内三座门"，也称"仪门"；在王府和孔庙、太庙等处因陈设列戟而又有"戟门"之名。
② 外门即"外三座门"，又称"街门"。
③ 邢鹏：《试述牌楼的功用、文化内涵及其演化过程——从"景德街"牌楼谈起》，载《中国建筑文化遗产23》，天津大学出版社，2019，第220页。

a. 集贤门历史照片（"三座门"，即主体建筑物及两旁各一座对开式木质栅栏角门）

b. 集贤门全景（"三座门"，即主体建筑物及两旁各一座对开式铁质角门）

c. 主体建筑物（集贤门）
图2 北京国子监建筑群的街门

a. 院外

b. 院内

图3 山西洪洞县广胜寺下寺水神庙的戏台

① 李卫伟：《北京地区寺观建筑前导空间处理模式分析》，载 陈晓苏主编《北京文博·文丛（2011.第3辑）》，北京燕山出版社，2011，第74、77、78页。
② 邢鹏：《中国传统礼制性建筑上的门——门的方向与使用制度研究》，载 祁国庆主编《北京文博·文丛（2014.第4辑）》，北京燕山出版社，2014，第29页。

发现在寺观等宗教建筑前常设置有一座戏台。这种现象在北京地区官式建筑群遗存中较少见，但在乡村寺观中多见①。戏台均面向寺观建筑群的山门。

虽然李卫伟也注意到了戏台的方向，但其认为"戏台一般用于村民娱乐和集会"的观点是不准确、不全面的。根据戏剧发展史的知识，戏剧、舞蹈诞生之初的功用都是"娱神"，即以之使神灵愉悦而满足供奉（或祈祷）者的要求。戏台的建造面向寺观，恰是为了将戏剧表演给寺观内的主要神灵，也反映出戏剧的最原始功能。

有些寺观的戏台则兼具了一些其他建筑的功能，如山西洪洞县广胜寺下寺水神庙的戏台（图3），从院外看其是进入该寺的街门，而从院内看则是戏台——以建筑物的中柱为界，中柱以外的门道两侧各塑一尊武将形象的坐姿神像，中柱以内的空间被分割为上下两部分，下部是门道，上部是戏台。

有些戏台营建的位置距离寺观略远，因而常在调查活动中为人们所忽视，如天津天后宫院落外的戏台（图4）。

4. 下马碑

下马碑是昔日皇家设立的、有关交通规则的谕令碑，是一种彰显封建等级礼仪的标志。在北京地区，如紫禁城的东华门（图5a）与西华门外和阙左门（图5b）与阙右门外，明十三陵的大红门两侧（图5c），明清国子监的孔庙街门两侧（图5d）等处，均有设置。其上通常书"官员人等至此下马"字样，以示对在位的皇帝、故去的祖先和圣贤之恭敬。

牌楼（坊）、戏台、照壁与下马碑等均是礼制性建筑群的附属物，其各自都有丰富的文化内涵和样式传统，是研究礼制性建筑群中院落组成等内容不可或缺的部分。

二、院落的文化传统

（一）内院外院制度

传统建筑群中外院（祭坛建筑群中称为外坛）的院落相对比较狭窄，功能上属于礼制活动的准备性空间，供人们开展各种准备工作。其又依建筑群性质和功能的不同而有所不同：宫殿和衙署等实用性建筑群的外院中通常设置低等级公务人员的办公用房，并供进入该院落者整理仪容等；在坛庙等祭祀性建筑群的外院中则通常设置供祭祀者进行斋戒活动和更换服装的场所（斋宫、具服殿），以及为制作牺牲（即奉献给神灵的贡品）而进行准备工作的场所和房间，如开展清洗工作的场所（井亭）、开展加工工作的场所（宰牲亭、神厨）、用于平时存储盛放牺牲的器皿的场所（神库）等。外门的等级通常较低，其建筑形式有采用三门制度②者，称"外三座门"，亦有不采用者。

图4 天津天后宫院落外的戏台

a. 北京紫禁城东华门外北侧（南立面）

b. 北京紫禁城阙左门外东侧（西立面，付莹摄）

c. 明十三陵大红门外东侧（北立面）

d. 北京国子监孔庙先师门外东侧（南立面）

图5 北京地区处于不同建筑群的下马碑

内院（祭坛建筑群中称为内坛）才是正式进行礼制活动的空间,建筑规模较宏大。正门的等级通常较高,多采用三门制度,称"内三座门"。以往,"外三座门"与"内三座门"常被人以进入建筑群的顺序而习惯性地称为"大门"和"二门"。

古建筑专家张驭寰先生也曾谈到了"二门"的问题,其文章[1]可做参考:

"二门,寺院中的二门,佛经叫'不二门'。在规模比较大的寺院才有,三门之内有廊院或三门之内房屋殿阁很多,再开一道门,曰二门。这与古代礼制有密切关联,二门者礼门也,这是对二门的规定。合院中有二门,这也是礼制,同时也是为了安全,还有内外之别,家人与仆人之区别,家人在二门内,仆人休息住二门之外。例如北京四合院住宅的垂花门,实质上就是二门的意义。"

常见的礼制性建筑群都采用了这种内院外院制度。以下举例说明。

1. 宫城与皇城

以明清北京城的宫城与皇城为例。

1）紫禁城

紫禁城的正门是太和门。以太和门为界,其南至午门为外院,其北为内院（今太和殿两侧的红墙为清代砌筑,明代营建时是没有的）。

太和门,建于明永乐年间,初称"奉天门",后改称"皇极门",清代叫"太和门"。它堪称我国古代规格最高的门。正中的太和门主体建筑为黄琉璃瓦重檐歇山顶,等级很高。太和门主体建筑的左右各设一门,在明代被称为"东角门"与"西角门"[2],两门于清顺治二年（1645年）改为现名:东为昭德门,西为贞度门。三者均为屋宇式大门,它们共同构成紫禁城这一区域的正门（图6a）。

太和门—午门的院落即紫禁城的外院,太和门—顺贞门（顺贞门在神武门内）的空间构成紫禁城的内院,其中内院又可从南至北分为外朝、内廷和御花园三大部分。外朝指的是太和殿、中和殿与保和殿。内廷是从乾清门至坤宁门之间的院落。在紫禁城（图6b）的内院中唯有内廷最为独特:它是明朝初年营建紫禁城时中轴线上唯一被四面围合且在中轴线上南北两侧皆设门的空间（图6c）。御花园中钦安殿院落修建时间是明嘉靖年间[3],故不能反映永乐年间营建紫禁城的初衷）。

午门是紫禁城的外门,其平面呈凹字形。从名字看"午"就是正南,所以紫禁城的南门叫"午门"。午门分上下两部分,下为城台,上为门楼。门楼为重檐庑殿顶。城台正面正中开三门——凹字形内角的两侧各有一座掖门[4],从设计理念上看这是设计者对三门制度的一点小小的变通。与紫禁城的内院相比,太和门—午门的院落是相对窄小的外院。

2）皇城

天安门（明代称"承天门",图7）和端门（图8）分别是皇城的外门和正门。端门的"端"字本义即"正",顾名思义,端门即皇城正门。这两座建筑物都在墩台正门开三组共五个门洞。天安门—端门的院落即

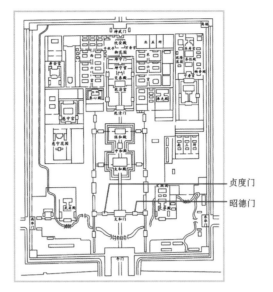

a. 北京紫禁城太和门及昭德门、贞度门的位置

b. 俯视北京紫禁城（图片采自网络,https://tieba.baidu.com/p/4853787701?red_tag=3415878860）

c. 紫禁城的内廷（乾清门—坤宁门）院落（"视觉中国"授权使用）

图6 北京紫禁城

① 张驭寰:《佛教寺塔》,宗教文化出版社,2007,第22~25页。
② (1)于倬云:《紫禁城宫殿》,生活·读书·新知三联书店,2006,第23页:"三大殿工程也于嘉靖四十一年（1562年）竣工。嘉靖皇帝由于害怕再遭雷火,除命令建雷神庙外,并更名奉天殿曰皇极殿,华盖殿曰中极殿,谨身殿曰建极殿,文楼曰文昭阁,武楼曰武成阁,左顺门曰会极门,右顺门曰归极门,东角门曰弘政门,西角门曰宣治门。"(2)孟凡人:《明代宫廷建筑史》,紫禁城出版社,2010,第211~214页的内容为"奉天门的形制"。其中213~214页记载:"奉天门两侧庑的中间,分开东西角门。……两座角门不同于一般角门……形成殿前三门之制。"
③ 常欣:《紫禁城钦安殿建造年代刍议》,载《故宫博物院院刊（2002.4）》,故宫出版社,2002,第87页记载:"另一座则位于紫禁城中路的御花园内,建于嘉靖朝,即今'天一门'内所存钦安殿——由于世宗将永乐朝所建钦安殿改名玄极宝殿而重建钦安殿。"
④ 即左掖门和右掖门,其上分别有白石质地的横向匾额说明其名称。从中可见,其与午门正面的三座门洞在礼制及观念上都并非属于同一建筑物。即午门正面的三座门洞是一组"三座门"中的中央主体部分,左掖门和右掖门即"三座门"中的东角门与西角门。

皇城的外院,端门—地安门的院落是皇城的内院;与皇城的内院相比,端门—天安门的院落是相对窄小的(图9)。

2. 坛庙

以明清北京城中最重要的坛庙太庙与天坛为例,前者祭祀祖先神,后者祭祀自然神。

1)太庙

太庙(图10)是明清两代皇帝祭奠祖先的场所,始建于明永乐十八年(1420年)。太庙建筑群以位于西南方向的街门(西向,黄色琉璃瓦单层檐歇山顶、面阔五间、进深二间。该门现从内部被一分为二,靠近天安门一端门的甬道的外部被作为商店使用,不能贯通至太庙)为皇帝从紫禁城进入太庙的通道,以戟门为正门,以琉璃门为外门[①]。以戟门—琉璃门的空间为外院,外院相对窄小,其中设神厨、井亭等准备性设施。戟门以北为内院,是正式祭祀祖先神的场所。

2)天坛

天坛建筑群中最重要的两个小型建筑物是圜丘坛与祈谷坛。

圜丘坛(图11)又称"祭天台""拜天台""祭台",是一座露天的三层圆形石坛,为皇帝冬至"祭天"和孟夏"常雩"的场所。始建于明嘉靖九年(1530年);清乾隆十四年(1749年)扩建改造,其中一项内容是"将棂星门由原来的十二座(内外两道,各为'正南三,东西北各一')改为二十四座……四面共有二十四座棂星门"[②]。圜丘坛有外方内圆的两道坛墙。内坛墙的南门是圜丘坛这组小型建筑群的正门。内外坛墙之间为外院,现存有望灯、燔柴炉、燎炉、瘗坎等辅助性设施;内坛门以内(北侧)为内院。

祈谷坛建筑群(图12)包括祈年殿及其东西配殿、祈年门等,它是天坛建筑群中最重要的一组建筑群。祈年门是这组小型建筑群的正门,其北为内院;祈谷坛南砖门与祈年门之间为外院。

图7 天安门

图8 端门

图9 北京皇城("视觉中国"授权使用)

① 南门乃是民国时期将太庙作为公园时才开辟的,现为太庙主要游人入口。
② 李云龙:《天坛》(祭天文化系列丛书),朝华出版社,1998年,第35页。

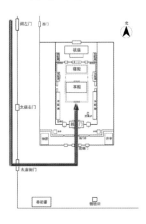

图10 皇帝拜谒太庙的路线与行礼方向(蓝色箭头所示,吕玮莎制图)

图11 圜丘坛建筑群("视觉中国"授权使用)

图12 祈谷坛建筑群("视觉中国"授权使用)

3. 陵寝

整体考察北京明十三陵（图13），可将兆域（陵区范围）看作一个巨大的院落：大红门之外以石牌坊为兆域前导空间的标志物及入口，石牌坊—大红门的空间为兆域的前导空间。兆域以大红门（图14）为外门，以龙凤门（又称"棂星门"，图15）为正门，以三壁合围的天寿山为"围墙"。其中，大红门—龙凤门的空间为兆域外院，在贯穿兆域外院的总神道上设置有神功圣德碑亭、华表、石像生等附属于陵园的等级较低的仪仗性陈列设施。龙凤门—天寿山的空间为兆域内院，兆域内院之中有一条朝宗河，其作用是使皇家建筑背山面水，兆域内院之中最重要的建筑群就是分布在山前的各帝陵陵园。

而单独考察各帝陵陵园，其作为独立的小型建筑群也是采用内院外院制度的。如长陵陵园（图16①）按功能设计成前后两部分，前部是祭祀区，后部是墓葬区。祭祀区以祾恩殿为正殿，以祾恩门为正门，以陵门为外门；陵门—祾恩门的空间为陵园的外院，祾恩门—祾恩殿的空间为陵园的内院。墓葬区以祾恩殿后围墙上所设之门（内红门）为外门，以棂星门（二柱门）为正门，以方城明楼及宝顶为地表的核心建筑，宝顶之下即地下宫殿。

4. 官署

目前，北京地区现存的古代中央级官署衙门仅有明清时期的北京国子监（图17②）。国子监在明代以彝伦堂为最重要的建筑，而从清乾隆朝之后以新营建的辟雍殿为最重要的建筑。因此，考察国子监的营建思想应以明代时的建筑为主。从北京国子监的外门（集贤门）、正门（太学门）的位置来看，其也存在着内院外院制度。

a. 明十三陵示意（图片来自首都博物馆"回望大明——走近万历朝"展览）

b. 20世纪纸本彩印《明十三陵全图》（首都博物馆藏，藏品号31.2.0653）

图13 明十三陵

① 采自网络：《他自嘲不如梁思成，却用画笔完成了梁先生一辈子的心愿——让中国人能够了解中国建筑》，https://www.sohu.com/a/160345259_201454。
② 采自：《中国历史博物馆馆刊》1999年第1期，图版叁。

图14 明十三陵大红门（南立面）

图15 明十三陵龙凤门（南立面）

图16 长陵陵园建筑示意（底图："视觉中国"授权）

图17 乾隆国子监全图

图18 1937—1938年修葺孔庙之记事刻石（先师门西山墙外立面北侧下角的修缮题记）

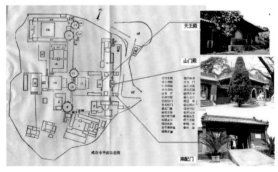

图19 戒台寺平面图及南配门、山门殿和天王殿图像

需要指出的是：现被称为"北京孔庙"的建筑群在明清时期是国子监的一部分，不仅文献中有"持敬门以入庙"的记载，而且孔庙街门并没有采用三门制度也是明证。由于清末以来废除科举考试并关闭太学而保留孔庙祭孔，此后一些民众才认为其是独立的建筑群，这种错误认识至今影响较大，而且短期内难以纠正。

孔庙建筑群是国子监建筑群中的一部分。对于孔庙建筑群的布局，一直到民国时期，人们的思想仍然存在着将其分为内院和外院的认识。如镶嵌在孔庙先师门西墙北侧外皮的1937—1938年修葺孔庙之记事刻石（图18）上的记载仍沿用此概念："孔庙大成殿、大成门、先师门及内外院碑亭十四座，修缮工程于中华民国二十六年七月十三日开工，二十七年十二月二十九日完工。"（笔者句读）

5. 宗教建筑（以佛寺为例）

"寺"，本是中国古代办公衙署的称呼，如大理寺等，后成为对佛教庙宇的专称。汉地佛教建筑直接吸收了汉族官署的建筑形式和制度，包括内院外院制度。

明清时期汉地佛教寺庙的殿堂设置一般以释迦佛殿[1]为寺内的核心建筑；而以山门殿为外门（街门），内供哼哈二将雕像；以天王殿为正门，内供四大天王像以及大肚弥勒佛像、弥勒佛像背后反向站立的身着将军装束的韦陀像。天王殿后即释迦佛殿。由于天王殿通常是"内三座门"的主体部分，故天王殿以内是寺院的内院，天王殿—山门殿的空间是寺院的外院。所谓天王殿和山门殿都是信众对安置有神像的屋宇的尊称。

例如北京门头沟戒台寺的主体建筑是坐西朝东的（辽代契丹族崇拜太阳的习俗使然），其位于山坡上，因地势所限，在山门殿前的南北两侧加盖了两座建筑物，南侧的即为南配门。山门殿、天王殿（图19）均为三门形式，天王殿—山门殿的院落相对窄小，由山门殿、天王殿与大雄宝殿之间的位置关系可知，其是存在内院外院制度的。

通过上述对宫殿、坛庙、陵寝、官署和宗教建筑等礼制性建筑的归纳总结，可以确定古人在营造建筑群的院落时采用内院外院制度是出于礼制的需要：外院为人们提供一个整理仪容、变换心境以及进行相关准备工作的空间；内院供人们举行礼制活动。

（二）院落的中轴线与建筑轴线

建筑轴线不同于中轴线。在中国古代宫殿、坛庙和寺观等建筑群中，往往有一条贯穿整个建筑群的中轴线。而建筑轴线指根据人们的精神因素产生的制度规定，这些规定决定了建筑群内各主要建筑之间的顺序关系。它所要表现的是建筑群的礼制性方向。它可能与中轴线重合，是一条直线，即显性体现；也可能不与中轴线重合，而是折线，即隐性体现；并且可能需要先通过认识建筑群内各建筑之间的相互关系后，才能感悟到其存在。

将大型建筑群内各组小型建筑群中的核心建筑物、小型建筑群的"三座门"（三门）和大型建筑群的"三座门"，按顺序通过当时的道路联系起来，即可得出建筑群的整体朝向，即建筑轴线。

例如，北半球的人们多将门窗开设在房屋等建筑物的南墙上，这是受日照采光因素影响而形成的生活习惯。而契丹族崇拜太阳，他们一般把房屋建造成坐西朝东的形式，宫殿、寺庙等建筑群的中轴线也是东西向的，如北京西郊的大觉寺（辽代称"清水院"）和门头沟区的万寿禅寺（俗称为"戒台寺"）都始建于辽代，所以其各自的中轴线都是东西向的，主要建筑殿堂也都是朝东开门（即东向）的，这可以算是建筑轴线的显性体现。而通过考察北京国子监孔庙（图20）的各门、道路，可得出其有两条建筑轴线的结论[1]，其中"大成殿—大成门—（持敬门）—图20中的A点（A点即集贤门—太学门与持敬门—退省门两条直线的相交点）"这一主线（折线）就是国子监孔庙的建筑方向，是西向的，其与"先师门—大成门—大成殿"这条建筑群中轴线（即图20中的粉线）不完全重

① 因尊称释迦牟尼为"大雄"，且赞叹佛法及殿宇内装修豪华而又常称之为大雄宝殿。

合,这就是建筑轴线的隐性体现。

（三）院落的朝向

根据礼制的需要,礼制性建筑的院落(即建筑群)是有朝向的,可以根据三门制度和建筑轴线等因素将其确定下来,总体来看有简单情况与复杂情况之分。

当一座建筑群可以只根据三门制度的使用情况来确定其院落朝向时即为简单情况,即建筑群内所有使用三门制度的建筑物前后以直线排列,如圜丘坛建筑群、祈谷坛建筑群和国子监的太学建筑群等。

当一座建筑群需要将三门制度与建筑轴线结合才能判断院落朝向时即为复杂情况,即建筑群内所有使用三门制度的建筑物前后不以直线排列、而以折线排列。如明清皇城内的太庙建筑群、社稷坛建筑群及明清国子监的孔庙建筑群等。

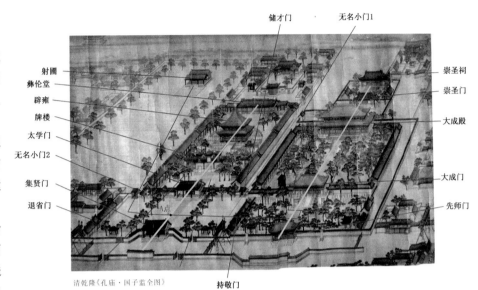

图20 北京国子监孔庙的建筑轴线与中轴线
蓝线: 太学生进入国子监太学、孔庙及射圃的路线
绿线: 太学生进入崇圣祠的路线
粉线: 国子监建筑群中太学建筑群的中轴线、孔庙建筑群及
崇圣祠建筑群的中轴线

为更好地解释建筑轴线呈现折线的情况,下文以北京国子监建筑群为例进行说明。需要指出的是明初营建的北京国子监是以太学生为主要使用者,而以祭酒为次要使用者的。因此,进入国子监建筑群及其中各小型建筑群的道路,均以太学生所走道路为准。图20中粉色实线分别表示国子监内的太学建筑群[②]、孔庙建筑群[③]和崇圣祠建筑群[④]的中轴线,其中后两者是重合的;蓝色实线表示进入太学建筑群、孔庙建筑群和射圃建筑群的道路,绿色实线表示进入崇圣祠建筑群的道路。反向观察蓝线与绿线,其即表示这些建筑群的建筑轴线是折线。

大型建筑群内各小型建筑群的朝向是通过各小建筑群中的核心建筑物与各小建筑群中"三门"的连线指向大型建筑群的中轴线的方向来判断的。以北京国子监建筑群作为大型建筑群为例,其中的孔庙建筑群、崇圣祠建筑群和射圃建筑群的"朝向"分别是"大成殿—大成门—持敬门—A点"、"崇圣祠殿—崇圣门—无名小门1—储才门—A点"、"射圃建筑群院落中的房屋—无名小门2—A点"。由此可知孔庙建筑群和崇圣祠建筑群的朝向都是西向,射圃建筑群的朝向是东向。

（四）院落的礼器属性

通过上述分析可知,中国古代礼制性建筑群是在传统思想指导下而营建的礼器。这些礼制性建筑群院落的内院与外院、院落的中轴线与建筑轴线、院落的朝向、院落的附属物等都是其礼器属性的反映。

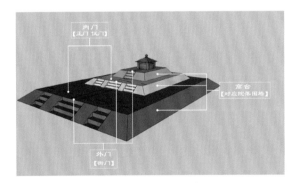

图21 传统建筑群中平面的院落嵌套所表现的空间理念示意
（吕玮莎制图）

三、对礼制性建筑群的认识

通过前述分析,笔者认为明清时期礼制性建筑群是以院落为基本单元的。为了表现核心建筑是神圣与崇高的[⑤],而采用不同规模的院落层层嵌套的结构,并以此在平面上表现向上方空间延伸的观念(图21)。这样做的优点在于:既表现了核心建筑的神圣与崇高,又不必通过垒筑金字塔形的多层高台来实现,从而节省了巨大的人力和物资。

（一）皇家宫殿

这一点在沈阳故宫(图22)建筑群中有较为明显的表现:寝宫区建立在以凤凰楼为门户的正方形高台之上,四周围绕围墙与更道墙,形成向上空发展的趋势。

① 邢鹏:《从历史遗迹看北京国子监孔庙历史上的两次大型修缮工程》,载张展主编《北京文博2007.2》,北京燕山出版社,2007。
② 太学建筑群是以辟雍和彝伦堂为核心建筑物,南至太学门、北至彝伦堂,两侧包括彝伦堂前东、西六堂的院落。
③ 孔庙建筑群是以大成殿为核心建筑物,南至先师门、北至大成殿北侧院墙,两侧包括大成殿前东、西配殿的内外两进院落。
④ 崇圣祠建筑群是以崇圣祠殿为核心建筑物,南至大成殿北侧围墙、北至崇圣祠殿,两侧包括崇圣祠殿前东、西殿,并包括无名小门1的院落。
⑤ 包括思想、人物或神灵等多方面的神圣和崇高。

（二）汉地佛教寺院

明清以来，汉地佛教寺院多采用"山门—天王殿—释迦佛殿（大雄宝殿）"模式的殿堂格局（图23）。这种殿堂布局模式是佛教对传统院落格局的重新解释与改造使用。

笔者考察发现天王殿在汉地佛寺院建筑群中只是"内三座门"的主体部分，并非真正意义上独立的殿宇。所谓天王殿应是佛教界采用了传统礼制性建筑群的格局并将四天王像安置在"内三座门"的主体建筑中之后，不了解建筑文化传统及佛教常识的信众出于对神像的尊敬而将"门"尊称为"殿"，并在该建筑物正面檐下悬挂"天王殿"匾额才最终形成的。至于殿内的大肚弥勒佛像与韦陀站像，进入殿内的时间则更是晚于四天王像。日久，在"内三座门"的主体建筑物内设置四天王像、大肚弥勒佛像和韦陀站像的情况，便成了各寺院在该建筑物内设置神像的标准配置。

当"内三座门"之主体建筑物演变成天王殿后，佛教以传统院落表现其宇宙观。由此，一座沿平面展开院落的汉地佛教寺院被赋予了象征须弥山（一个小世界之中心）的意义（图24）：以建筑群的内院象征须弥山之山巅上的"忉利天"（又称"三十三天"）；以核心建筑物（主佛殿）象征忉利天的"善法堂"；以"内三座门"（天王殿）象征须弥山半山腰之"四天王天"；以"外三座门"（即山门，又称"三解脱门"）象征须

a. 平面示意（黄色方框表示高台，吕玮莎制图）　　　b. 鸟瞰照片（底图："视觉中国"授权使用）

c. 凤凰楼及其下高台

图22 沈阳故宫

图23 明清时期汉地佛教寺院的平面示意

弥山根基部位;以进入佛寺参礼佛像的道路象征攀登须弥山之路及思想上学佛问道之路。这是明代嘉靖、万历朝以来佛教发展趋向世俗化的结果。

四、总结

综上,对于传统官式建筑群中的院落,应做如是观。

首先,作为体现礼制思想的建筑物的组合,官式建筑的院落是集中反映某一种具体思想观念的建筑群,因此其是礼制思想的具体表现,是国家的"礼器"。

其次,官式建筑群院落的礼制性表现在以下几方面。

(1)采用内外两层"三座门"的形式,将院落整体划分为外院和内院两大部分,其中内院可再根据功能需要分为一进至若干进不等的院落。

(2)两层"三座门"分别被称为正门(在内)和街门(在外),其又因院落的整体用途而有不同的名称,如正门在坛庙、王府等处又被称为"戟门"或"仪门"等,街门在孔庙或陵寝等处又常被称为"棂星门"等。各种具体的名称则又根据建筑群的不同而有所区别,如正门在孔庙中被称为"大成门",在佛寺中被尊称为"天王殿"。

(3)院落中处于最核心地位的殿宇,一般处于内院偏后的建筑轴线上。

(4)因为单体建筑物在建筑群中是通过道路和围墙来表现其组合关系的,而单体建筑物自身又存在建筑方向(因采光、保温等需要而开设的正门的方向)和建筑朝向(在人们的观念中其与其他建筑物的关系和方向性)的区别,故而院落也是具有方向性与朝向性的,其分别表现为院落的中轴线与建筑轴线。

(5)院落是一个建筑群,但一个建筑群内的建筑物并不一定都被包含于院落的围墙之内。院落围墙之外的牌楼、照壁、戏台、下马碑等附属物也都是院落的重要组成部分,也都是为了强调和展现院落的礼制性。

(6)院落围墙内外的一组相关建筑物,通过其各自所在的位置,使平面展开的、层层嵌套的院落在人们的观念中呈现为一个多层覆斗形金字塔式的理想空间,而这才是礼制性院落最主要的功能。

最后,宗教场所等对传统礼制性院落的使用是进行了一定改造的,改造是为了满足其宗教活动的需要,是在结合了传统文化的基础上而进行的。通过改造,建筑物被赋予了一定的宗教含义,以更好地为其宗教活动服务。

以上内容为笔者浅见,还望方家斧正。

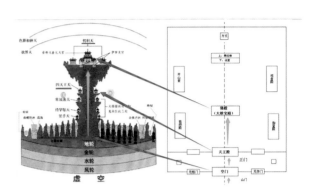

图24:汉地佛教寺院的象征意义示意①
对应关系(紫色箭头):1.大雄宝殿象征"忉利天"
2.天王殿象征"四天王天"
3.山门象征须弥山脚
在寺院中前行的道路(蓝色箭头),象征攀登须弥山前往忉利天听佛讲法的道路

---

① 左图的底图采自:史蕴编著《图解〈法华经〉》,山东美术出版社,2008,第151页。

Literature Review on Chinese Ancestral temples
中国古代民间祠堂研究综述

李 雪*（Li Xue）

摘要：本文简要梳理了中国民间祠堂的发展脉络，阐述了祠堂建筑的建构特征，并从祠堂形成与发展、建筑形态、祠堂与宗族文化及区域社会发展、生态发展机制四个方面综述了民间祠堂现有研究成果与问题，力求一窥祠堂发展与研究面貌，为未来祠堂建设与研究提供参考。

关键词：民间祠堂；建筑形态；乡土聚落；区域治理

Abstract: This paper briefly outlines the development of Chinese ancestral temples, describes the architectural features of it, and reviews the existing research results and problems of ancestral temples from four aspects: formation and development of ancestral temples, architectural forms, ancestral temples and clan culture and regional social development, and ecological development mechanism, in an attempt to get a glimpse of the research of ancestral temples and provide reference for future construction and research of ancestral temples.

Keywords: Ancestral temples; Architectural forms; Rural settlements; Regional governance

　　本文意将祠堂的多种类型，如祭祀先祖的宗族祠堂、祭祀名贤忠烈的专祠、行祠及庶母祠等视为整体，统称为"民间祠堂"，以探究民间对先贤名士等的个人礼祀与祖先崇拜观念关联下的民间祠堂思想与形制的统一性。不少学者，如常建华、章毅、林济等都意识到此类专祠正是宗族祠堂的原型。民间祠堂强调祠堂建造的民间性，部分由官方政府敕建的祠堂不在本文综述范围。

一、从先秦宗庙到庶民祠堂的演变

1. 先秦宗庙制度

《礼记·曲礼》："君子将营宫室，宗庙为先，厩库次之，居室为后。"

《礼记·王制》："天子七庙，三昭三穆，与太祖之庙而七。诸侯五庙，二昭二穆，与太祖之庙而五。大夫三庙，一昭一穆，与太祖之庙而三。士一庙。庶人祭于寝。"

　　先秦宗庙礼制对后世祠堂产生重要影响的主要是周礼规定的"昭穆制"以及"前庙后寝"的建筑形制。所谓"昭穆制"就是以太祖之庙为中心，将祖先依次按照左昭右穆的顺序排列。"三昭三穆"，即自高祖之祖至父的六世祖先的宗庙，三世在昭，三世在穆，"以别父子远近长幼亲疏之序而无乱也"。唐宋以来的神主龛位也基本按照左昭右穆的形式布于堂室之内。岐山凤雏先周宗庙遗址反映了当时宗庙的具体规模与形制，整栋建筑严格按照中轴线依次展开，在视死如生的祭祀观念下，"前门—中堂—后寝"的空间序列也受到古代宫殿"前朝后市"的影响。明清以来，庶民祠堂繁荣发展，无论是北方还是徽州、岭南的祠堂的建设基本遵循"门—堂—寝"之制，我们也从中看到了拥有共同祭祀行为目的的建筑形制的一脉相承。

* 中国艺术研究院博士研究生。

2. 宋元品官家庙

美术史论家巫鸿认为从东周到东汉，祖先崇拜的重心已经从宗庙转移到陵墓[1]。殷墟妇好墓墓顶就建有一座面阔三间、进深两间的"四阿重屋"享堂。冯尔康认为，此时的墓祠祭祀是子孙对特定个人的礼敬，同后世祠堂不同。

宋代，新安朱熹《家礼》对民间祠堂的规定，基本代表了宋元时期祠堂规制。《家礼》云："君子将营宫室，先立祠堂于正寝之东。""祠堂之制，三间，外为中门，中门外为两阶，皆三级，东曰阼阶，西曰西阶。阶下随地广狭以屋覆之，令可容家众叙立。"还记载"为四龛以奉先世神主"[2]。朱子口中的祠堂更像是一个三开间的小型祠堂，冯尔康先生指出当时品官士庶祭祀，"庙址设在私宅内的左面，或建于住宅外侧。如秦桧在临安设祖庙于私宅中门的左面……"[3]古代以左为尊，对应建筑方位的东向，将家庙设于此，显示出对祖先神灵的尊重，也符合"左祖右社"的古礼。但朱子提倡祭祀的神主是高、曾、祖、考四代近世祖先，而非始祖、支祖及以下的祖先，这种祠堂虽称谓上已有近制，但从祭祀神主、建筑规模来说仅是针对士大夫人群的"家祠"，而非宗族共建彰显族权族威的"宗祠"或"支祠"。

3. 明清庶民祠堂

以地方宗族势力为主导的氏族祠堂在明嘉靖、万历年间兴起一波又一波建造热潮。从史料记载来看，徽州府祠堂数量从弘治《徽州府志·宫室》记载的 15 座增加至嘉靖《徽州府志》卷二一《宫室》记载的 213 座。万历《祁门县志》记载的祁门宗祠数量也从嘉靖年间的 31 座变为 56 座。从数量的增长上可窥见祠堂建设之盛况。出现这种建造热潮，一方面是由于祭祖礼制的改革。明嘉靖十五年（1536 年），礼部尚书夏言上《请定功臣配享及臣民得祭始祖立家庙》奏议和嘉靖帝的"推恩令"，允许臣民冬至日祭祀始祖、先祖，极大地响应了黎民百姓的祭祖需求，"累世簪缨"的大宗族开始大规模建造祠堂。另一方面，世家大族的建造热情同明中后期商品经济的繁荣分不开。许多宗族子弟"弃农经商""弃儒服贾"，宗族势力出现分化现象，为巩固宗族权威势力，壮大宗族组织，祠堂建设应运而生，形成"厅祠林立""祠宇相望"的社会文化现象。

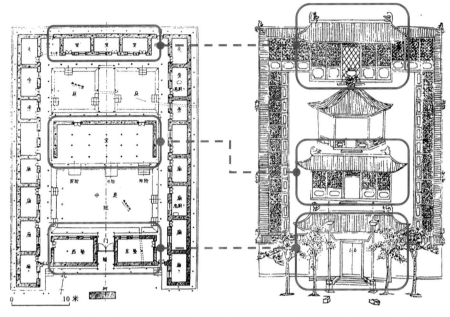

左图为岐山凤雏先周宗庙遗址，右图为《定阳张氏族谱》中的山西介休道光张氏祠堂图，从其中可以看出祠堂与古代宗庙的相似之处（图片来源：作者自绘）

祠堂之图（图片来源：朱子《家礼》）

二、民间祠堂的建构特征

"前门—中堂—后寝"的空间序列在全国许多祠堂中一直被沿用，不同地区仅在细节上有差异。祠堂第一进为大门，是首个空间序列。门常与左右两侧廊步相连，围合成天井。第二个空间序列是享堂，也称"拜殿"或"拜厅"，是人们举行祭祖仪式、处理本族事务的主要场所。最后一个空间序列是寝殿，是安放祖先牌位的庄严场所。寝殿最庄严隆重，体量最大。

建筑形制上，祠堂衔接着官式建筑和民间住宅。封建礼制规定，"庶民房舍不得过三间五架"，色彩被规定为黑白素色，（梁柱构架）不得使用斗栱。祠堂与民宅在建造规模、平面形制、梁架结构以及造型装饰上有相似性，但因为许多地方祠堂常是"舍宅为祠"，二者又有区别，祠堂具有官式建筑的诸多特点。宗族势力强大的，祠堂开间多为五间、七间甚至十一

① 巫鸿：《从"庙"至"墓"——中国古代宗教美术发展中的一个关键问题》，载巫鸿著，郑岩、王睿编，郑岩等译《礼仪中的美术》，生活·读书·新知三联书店，2016，第549-566 页。
② 吾妻重二：《朱熹〈家礼〉实证研究》，华东师范大学出版社，2011，第256页。
③ 冯尔康：《中国古代的宗族和祠堂》，商务印书馆，2013，第56页。

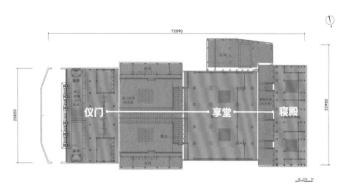

呈坎罗东舒祠平面形制（图片来源：作者绘制）

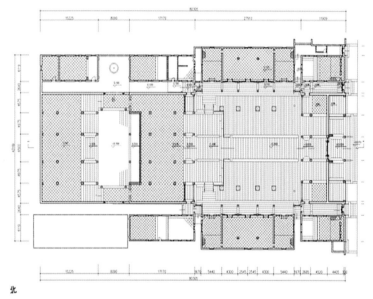

北

广东乐从沙滘陈氏大宗祠（三路三进五开间）（图片来源：阮思勤《顺德碧江尊明祠修复研究》，华南理工大学硕士学位论文，2007）

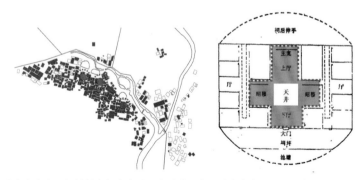

左图为湖南永兴板梁村宗祠分布图，右图为两堂两横式客家围屋的祠堂，这显示出祠堂在村落和住宅中都占据显要位置（图片来源：作者自绘）

建德新叶村崇仁堂梁架结构（图片来源：作者拍摄）

间，也常见三进、四进甚至多进的空间序列，建筑规模更宏大。作为乡土聚落的公共建筑，祠堂还会结合书院、牌坊、广场、水塘等其他公共建筑，共同构成聚落的"中心"与"高潮"[①]。奉祀世代、昭穆制度、宾主之序、祭祀仪式等都会在空间形态上反映出来，形成祠堂固定的空间形制。

建筑形态上，祠堂连接着村落的公共空间与私密空间。祠堂常位于村落格局中最核心的位置，是村落结构的重要节点，成为住宅在方位和尺度上的引导者。传统认为村落缺少公共生活和公共空间的观点是片面的，其忽略了祠堂这一特殊建筑类型在聚落中具有的场所性。在徽州，祠前多建有照壁、祠坦（广场），还有水塘、桥等，形成祠前广场，扩大了祠堂的空间规模。龙川胡氏宗祠、呈坎罗东舒祠均是如此。这里恰恰是最具场所性的生活空间，村民在这里洗衣、洗菜、交换信息，还有许多沿街设立的商店，阡陌交通，鸡犬相闻，一派繁荣生动的乡村景象。

营造技艺上，祠堂往往集一房、一族甚至多族的力量建造，财力雄厚的宗族建造祠堂会使用更考究的材料与工艺，涉及更多工种，建造过程的仪式色彩更强烈。在建筑装饰上，祠堂内有精美的建筑构件，有大量的石雕、砖雕、木雕，布局之妙，艺术之精，内涵之广，堪称民间建筑精粹。

---

① 单德启：《安徽民居》，中国建筑工业出版社，2009。

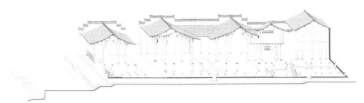

建德新叶村崇仁堂剖轴测图（图片来源：李秋香主编、陈志华撰文《宗祠》，生活·读书·新知三联书店，2006）

宏村承志堂木雕（图片来源：网络）

广东陈家祠砖雕（图片来源：孙大章主编《中国古建筑大系：礼制建筑》，中国建筑工业出版社，2004）

三、祠堂研究分类综述

目前民间祠堂的研究领域可分为两大类：一类是将祠堂作为乡土建筑或传统村落的一部分，在探讨民居与聚落时兼而论述；另一类是部分文化学家、历史学家将其视为农村社会宗族文化的一部分，在阐述宗族制度变迁及区域相关问题时兼而论述。这两类研究都将祠堂视为附属物，没有将其作为主体研究对象切入研究要点。

从研究内容来说，目前关于祠堂的研究可以分为以下几类。

1. 祠堂形成与发展

古建筑保护与研究专家柳肃认为祠堂起源很早，当时即使没有独立的祠堂建筑，但祖先崇拜的原始观念早已在农耕文明时代发展起来[1]。有学者指出宗庙和祠堂存在一定的历史关联。孙大章认为，古代宗庙由"一庙一主"到东汉时期"同堂异室"的简化设置，在一定程度上影响了家庙形制[2]。还有学者认为，祠堂同汉代墓祠也有渊源。常建华认为，祠祭祖先始盛于汉代的墓祠[3]，从东汉起"墓旁立庙祭祖，祖先的功能有渐渐移至家内的倾向"[4]。冯尔康则表明，墓祠是专为特定的个人建造的，子孙祭扫也只是对个人的礼敬，同后世群祀祠堂不同[5]。对后世庶民祠堂产生重要影响的当推朱熹的《家礼》。日本学者牧野巽指出《家礼》继承了程颐庙制，明以后官僚民众的祖先祭祀与家庙制度都是以《家礼》祠堂制度为标准的[6]。井上彻则认为，明朝在以《家礼》祠堂制度为准绳的同时，也摒弃了支撑朱子祠堂制度的宗法原理[7]。科大卫也指出《明集礼》是明初关于祠祭的重要礼仪规定，虽记载的祠堂制度同朱熹提倡的庶人祭祖不同，但建筑形制却有一脉相承之意[8]。明清以后，随着资本主义的萌芽以及夏言上疏和嘉靖帝"推恩令"的颁布，宗族祠堂始盛。常建华指出，"议大礼"的推恩令允许庶民祭祀始祖，为宗祠的普及化提供了契机[9]。冯尔康表明，明代祭祖礼制的改革，祭祖权下移，官民皆可祭祀始祖，虽仍违礼逾制，但政府采取默认态度，使得宗祠普遍化[10]。

福建永定承启楼中心祖堂（图片来源：网络）

① 巫纪光、柳肃：《中国建筑艺术全集第11卷：会馆建筑·祠堂建筑》，中国建筑工业出版社，2003。

② 孙大章主编《中国古建筑大系：礼制建筑》，中国建筑工业出版社，2004。

③ 常建华撰、中华文化通志编委会编《中华文化通志031：宗族志》，上海人民出版社，2010。

④ 甘怀真：《唐代家庙礼制研究》，商务印书馆（台北），1991。

⑤ 冯尔康：《中国古代的宗族和祠堂》，商务印书馆，2013。

⑥ 牧野巽：《宗祠与其发展（上）》，载《牧野巽著作集·第二卷·中国家族研究（下）》，御茶水书房，1980。

⑦ 井上彻：《中国的宗族与国家礼制——从宗法主义角度所作的分析》，钱杭译，上海书店出版社，2008。

⑧ 科大卫：《祠堂与家庙——从宋末到明中叶宗族礼仪的演变》，《历史人类学学刊》2003年第1卷第2期。

⑨ 常建华：《明代宗族祠庙祭祖礼制及其演变》，《南开学报（哲学社会科学版）》2001年第3期，第60~67页。

⑩ 冯尔康等：《中国宗族史》，上海人民出版社，2009。

杭州西湖钱王祠铜献殿与寝殿（五王殿）（图片来源：作者拍摄）

山西襄汾丁村丁氏宗祠纵剖面（图片来源：李秋香主编、陈志华撰文《宗祠》，生活·读书·新知三联书店，2006）

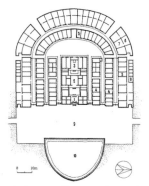

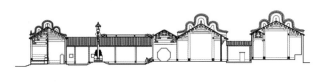

广东梅县白马村围垅屋中心祖堂（图片来源：孙大章《中国民居研究》，中国建筑工业出版社，2004）　　广东番禺南村光大堂剖立面（图片来源：华南理工大学东方建筑文化研究所）

① 恩斯特·伯施曼：《遗失在西方的中国史 中国祠堂》，贾金明译，重庆出版社，2020。
② 萧默主编《中国建筑艺术史（下）》，文物出版社，1999。
③ 陈志华、李秋香：《中国乡土建筑初探》，清华大学出版社，2012。
④ 李秋香主编、陈志华撰文《宗祠》，生活·读书·新知三联书店，2006。
⑤ 张力智：《儒学影响下的浙江西部乡土建筑》，清华大学博士学位论文，2014。
⑥ 冯江：《明清广州府的开垦、聚族而居与宗族祠堂的衍变研究》，华南理工大学博士学位论文，2010。
⑦ 王葆华：《民间宗祠文化价值流失及应对研究》，《人民论坛·学术前沿》2020年第2期，第84~87页。
⑧ 薛林平：《浙江传统祠堂戏场建筑研究》，《华中建筑》2008年第6期，第114~124页。
⑨ 陈凌广：《浙西祠堂门楼的建筑装饰艺术》，《文艺研究》2008年第6期，第137~139页。
⑩ 赖瑛、郭焕宇：《珠江三角洲地区祠堂建筑审美属性分析》，《艺术百家》2008年第2期，第29~36页。
⑪ 莫里斯·弗里德曼：《中国东南的宗族组织》，刘晓春译，上海人民出版社，2000。
⑫ 冯尔康：《中国古代的宗族和祠堂》，商务印书馆，2013。
⑬ 叶显恩：《明清徽州农村社会与佃仆制》，安徽人民出版社，1983。

2. 祠堂建筑形态研究

祠堂建筑形态研究是指对祠堂建筑实体的研究，包括对平面布局、结构方式、建筑材料、空间装饰与色彩等的研究。恩斯特·伯施曼将祠堂建筑研究限定在"纯粹艺术形式"的描绘①。陈志华、李秋香、楼庆西等的"中华遗产·乡土建筑"系列丛书以散落乡间的聚落展开个案研究，重点展开村落与祠堂建筑风貌、祠堂文化功能等的实体研究。萧默认为，祠堂以享堂为中心，是民俗文化的载体，前有层层空间引导，后以高起的楼阁结束，序列完整，布局严谨②。乡土建筑学家陈志华指出，祠堂核心部分的形制是从住宅演化而来的，主体部分基本按照"门屋—拜殿/享堂—寝室"的布局设置③，不仅如此，作为总祠的大宗祠对聚落布局还产生了影响，点明了聚落发展同祠堂这一公共建筑的结构演变的深刻关系④。

也有不少学者针对区域祠堂展开研究。张力智认为浙江西部祠堂建筑形制是在不同区域儒学脉络相互交织、影响的条件下产生的⑤。冯江将广府祠堂放在岭南区域经济开发的历史背景下，对广府祠堂的构成元素、基本范式展开论述⑥。王葆华总结和整合了河洛地区民间宗祠的现状，总结出在合理利用其物质空间与功能空间的同时，挖掘其本身固有精神文化与凝聚力的重要意义⑦。

还有不少学者对祠堂戏台、门楼等精巧装饰构件展开研究。薛林平认为祠堂戏台承担了祭祖演剧的功能，重点分析了江浙地区祠堂戏台的构造（台基、梁架）与装饰（藻井、隔扇）⑧。陈凌广从浙西祠堂门口的装饰艺术出发，认为祠堂门楼是整个建筑的重心所在⑨。赖瑛等从珠江三角洲地区的祠堂出发展开研究，分析了祠堂独特的建筑构件——镬耳山墙、蚝壳墙、正脊、柱础等⑩。

3. 祠堂与宗族文化及区域社会发展

将祠堂视为宗族社会发展的重要表征也是一个重要观点，相关研究涉及祠堂的祭祖礼制、祠堂族长族权、祠堂同区域社会治理等。

从祭祖礼制来讲，莫里斯·弗里德曼指出祭祖仪式一般由男人主持，女性不直接参与，且在家庭和祠堂两个不同场合祭祀先祖，男女角色、灵牌、奉祀世代、祭祀观念都有区别⑪。冯尔康指出祠堂祭祖仪礼为时祭，一年时祭四次，以清明、冬至两日最为隆重，此外还有科举功名、升官晋爵等特殊祠祭⑫。叶显恩认为祠堂有一套管理结构，祭祀仪式、祠产、族谱等都在族长管辖之下，还设有守祠的佃仆⑬。林济强调祠堂的功能配享、捐资立主和大小宗并举制度都同缙绅富商等精英在宗族共同体中的核心地位有很大关系[1]。也有一些学者关注朱子理学对祠堂的影响与意义,如方利山、解光宇等。

在祠堂族长族权方面,林耀华认为建造祠堂原是为祭祀祖宗而感恩报本的,而时过境迁,祠堂已演化为族人交际场合、族老政治舞台以及乡规族训展演之地[2],成为宗族宗教、社会、政治和经济中心。左云鹏也认为祠堂是族权和神权的结合体,祠堂族长族权是地主绅士统治族众的有力工具[3]。王葆华等人同样表明祠堂祭祖能够凝聚家族力量,族训可对族人形成道德约束,建筑形制能规范人的行为[4]。

在祠堂同区域社会治理方面,许建和等人认为,祠堂实现了从对人的血缘约束向对人的社会道德约束的转化和提升,通过"血缘—伦理—道德"的作用方式实现乡村社会自治[5]。林元城等人指出,祠堂作为建立和维系乡村社会关系的物质实体,对地方感的塑造具有显著作用[6]。

4. 祠堂生态发展机制研究

尽管部分宗族意识强的区域有恢复祭祀传统之势,但不可否认承载浓厚乡情乡思的祠堂仍被边缘到历史主流之外。王沪宁在《当代中国村落家族文化》中指出,村落家族文化在经历了社会体制变革、经济社会发展的多重影响后,不可避免地正在消解,唯有做到革故鼎新、审时度势才能顺应社会物质和精神文化的发展。陈壁生借用"城市祠堂"的概念,重新定位祠堂发展方向(文保单位、宗亲会等),以实例列举祠堂祭祀作为城市生活的重要一环已经从传统宗法制过渡到现代家族制[7]。陈凌广等人关注祠堂与乡村公共空间的关系,基于当下乡村公共文化空间缺失导致的乡村活力下降的现象,提出了作为载体的祠堂的设计方法[8]。田军、须颖从祠堂的原生祭祀性和次生公共性出发探讨了祠堂对传统村落环境产生的影响,认为祠堂应作为当代公共空间的新生载体,重新在当代乡民生活中发挥重要作用[9]。

四、现有研究存在的问题分析

不可否认,目前祠堂研究处于尴尬境地,面临边缘化现状。在既有民间祠堂的研究中,我们发现两个问题。一方面,一部分研究成果过分追求宏大叙事风格,试图编撰系统的"教科书",内容涵盖祠堂起源、发展、类型、结构、装饰、祭祀仪式等方方面面,研究方

呈坎罗东舒祠宝纶阁(图片来源:孙大章主编《中国古建筑大系:礼制建筑》,中国建筑工业出版社,2004)

成都武侯祠过殿(图片来源:孙大章主编《中国古建筑大系:礼制建筑》,中国建筑工业出版社,2004)

永康市厚吴村吴仪庭公祠及水塘(图片来源:李秋香主编、陈志华撰文《宗祠》,生活·读书·新知三联书店,2006)

山西临县寺反底杨家家庙正立面(图片来源:李秋香主编、陈志华撰文《宗祠》,生活·读书·新知三联书店,2006)

① 林济:《明代徽州宗族精英与祠堂制度的形成》,《安徽史学》2012第6期,第90~97页。
② 林耀华:《义序的宗族研究》,生活·读书·新知三联书店,2000。
③ 左云鹏:《祠堂族长族权的形成及其作用试说》,《历史研究》1964年第Z1期,第97~116页
④ 王葆华、赵珂珂:《敦亲睦族——祠堂教化的社会功能及文化研究》,《建筑与文化》2018年第3期,第107~109页。
⑤ 许建和、侯倩倩、欧阳国辉:《明清时期乡村祠堂的社会功能与治理方式》,《中外建筑》2021年第9期,第135~140页。
⑥ 林元城、杨忍、赖秋萍、王敏:《地方感的塑造与乡村治理:潮汕宗祠案例》,《热带地理》2020年第40卷第4期,第732~743页。
⑦ 陈壁生:《礼在古今之间——"城市祠堂"祭祀的复兴》,《开放时代》2014年第6期,第99~110页,第7页。
⑧ 陈凌广、陈子坤:《祠堂载体设计之道:乡村公共文化空间活化更新设计的案例透析》,《未来传播》2020年第27卷第4期,第91~98页,第138页。
⑨ 田军、须颖:《祠堂与居住的关系研究》,《建筑师》2004年第3期,第82~86页。

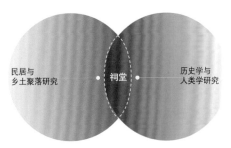

祠堂应重点研究的领域图解（图片来源：作者绘制）

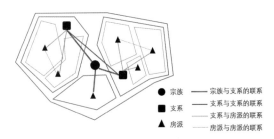

宗族组织结构构成村落基本格局（图片来源：作者绘制）

① 藤井明：《聚落探访》，宁晶译，中国建筑工业出版社，2003。
② 沈纲：《山西民间宗祠建筑艺术研究》，《艺术科技》，2019年第32卷第7期，第1~3页，第5页。

法局限于单一的文献分析，缺少具体的实证研究，忽视了田野调查在祠堂研究中的重要性。另一方面，祠堂研究中不乏区域的、个案的、具体事件的研究，其中也有一些学者打破学科壁垒，采取多学科整合的研究方法。但宏观来看，这些研究成果仍缺少"回到历史现场"的学术自觉，主要局限于对地方性资料的发现与整理，关注某些过去较少为人注意的"地方性知识"描述，甚至将祠堂文化特性归纳为某些简洁易记的文字，用若干文字符号表述祠堂建筑特性，将祠堂这一丰富的文化载体裁剪成支离破碎的片段，忽视了祠堂背后深刻的社会、文化和人的活动的"机制"。

五、祠堂研究的发展趋势

1. 加强定量研究，使用新兴研究手段

中国祠堂绝非古代社会形态的产物，不可随意抛弃，它背后具有的契合人类心理的深刻内涵在当今仍然发挥着重要作用。若要使祠堂保持旺盛生命力和发展力，必须建立起完善的数据库，加强对祠堂建筑本体的定量研究，从建筑空间形态、建造尺度、营造技艺、匠系等角度深入挖掘，使用新兴研究手段。近些年，虽然有GIS（地理信息系统）、空间句法、数学理论（拓扑、群等理论）等新兴研究手段应用于传统建筑之上，但民间祠堂研究对这些手段的应用仍少之又少。中国民间祠堂丰富的建筑尺度和空间形态需要众多学者扩大研究视域、丰富研究方法。

2. 关注祠堂与聚落生成的关系

"聚落绝不是自然形成的，也不可能是通过预定协调的诱导而出现的。在聚落内部有社会制度，在家族里有家族制度。"[①]可以说，是宗族这一血缘综合体、权力综合体的演进与发展构成了村落整体结构，勾勒出村落轮廓。一般来说，祠堂在村落中的位置为：村落之外（以建德新叶村西山祠堂为例），村落中心（以兰溪诸葛村大公堂为例），村落入口区域（以建德芝堰村衍德堂为例）[②]。村落之外的宗祠一般是总祠，用于同一宗族祭祀共同的祖先。当房派不断壮大，就会脱离总祠，另建支祠。各支祠又成为局部地块的空间核心，各支派住宅以其为中心分设两侧，形成组团。组团与组团之间的边界就成为村落的主街道。明晰祠堂与祠堂之间的演化关系，需要关注祠堂在聚落生成过程中的重要节点位置（祠堂与村落水塘、牌坊等），挖掘其作为聚落的祭祀中心、伦理教化中心对族民产生的凝聚力和统摄力。

3. 重视以祠堂为载体的乡村社会治理的研究

祠堂是族人祭奠祖先、教化族民、举办重要仪式的场所，它背后有一整套完善的权力运行机制和乡村社会治理方法，人们在这种机制下生存、繁衍、交往，获得身份认同感与归属感。在传统社会中，乡村的权力结构以拥有绝对地位和权威的家长和族长为中心，村中的族内纠纷、婚丧礼俗、长辈赡养、分家析产等事件都由族老协调、仲裁、决策。宗族在祠堂定期开展礼仪化、程式化的祭祀活动，增强成员归属感和认同感，加强族内成员交流，凝聚宗族精神力量，巩固乡村社会秩序。以祠堂为载体的权力机制是如何运行的？乡绅士族如何施展权威，规训族人？乡民如何建立联系，寻求庇护？祠堂始终在乡村政治文化运行机制

兰溪诸葛村大公堂仪门（图片来源：作者拍摄）

成都武侯祠昭烈殿撑栱（图片来源：孙大章主编《中国古建筑大系：礼制建筑》，中国建筑工业出版社，2004）

中扮演着重要的中介作用，这都值得学者关注。

4. 加强南北祠堂的比较研究

比较研究能帮助我们认识祠堂本质，把握祠堂发展的普遍规律。目前，关于祠堂比较研究的论著凤毛麟角。祠堂建设南方盛而丽，北方则少而陋。历史上，南北宗族发展差异巨大，宗族属性、祭祖礼制、祠堂建设与规模都有较大不同。学者应多关注不同地区祠堂发展建设的联系与区别。比如对于山西祠堂与岭南祠堂，徽州祠堂与江浙祠堂，既要跨越大区域研究差异，也要小范围寻找共性。一方面，加强外在平行比较，即关注祠堂建筑类型、形制、营造技艺、装饰方法上的差异；另一方面，还应透过外在表象加深内在影响比较，寻找祠堂文化内涵、宗族属性、区域儒学发展差异。将祠堂置于区域文化发展的背景中，挖掘祠堂的建造逻辑与内在运行机制，进而发现区域历史的内在脉络。

苏州贝家祠堂门厅外檐（图片来源：孙大章主编《中国古建筑大系：礼制建筑》，中国建筑工业出版社，2004）

祠堂是一个复杂的、具互动性的、长期历史演进的"结晶"和"缩影"。具有鲜明地域性的祠堂全息地反映了多重社会文化叠合演变的时间历程。许多关于乡村问题的研究都离不开祠堂这一物质或非物质文化的载体。学者应以祠堂为基点发掘历史内在脉络，深化区域社会制度、文化研究，跳出传统建筑历史研究的功能主义窠臼，建构祠堂的术语体系，加强叙述的逻辑性与系统性。

Discovery and Study of House-Shaped Wooden Outer Coffin in the Tomb of Shedi Huiluo

厍狄回洛墓屋形木椁的发现与研究*

厍狄回洛墓木椁研究课题组*（Shedi Huiluo Tomb Wooden Outer Coffin Research Group）

摘要：山西寿阳厍狄回洛墓出土的屋形木椁对探讨我国古代墓葬与建筑具有重要的意义和价值。但因多方面因素的影响，该木椁的发掘资料长期未被学界充分认识。文章通过梳理厍狄回洛墓木椁的发现与研究过程，一方面提醒研究者关注长期被学界忽视的研究资料，另一方面归纳、分析已有研究中形成的复原认识，以期推动关于该木椁的研究走向深入。

关键词：厍狄回洛墓；木椁；复原；研究综述

Abstract: The house-shaped wooden outer coffin unearthed from the Shedi Huiluo Tomb in Shouyang, Shanxi Province is of great significance and value to the observation of ancient tombs and architecture. However, due to the influence of various factors, the excavation data of this wooden outer coffin have not been fully understood for a long time. By sorting out the discovery and research process of the wooden outer coffin, this paper reminds researchers to pay attention to the research materials that have been neglected for a long time. On the other hand, the paper summarizes and analyzes the restoration understanding formed in the existing research, in order to promote the research of this wooden outer coffin to go in-depth.

Keywords: Shedi Huiluo Tomb; Wooden outer coffin; Restoration; Research review

* 本文为山西博物院科研项目《山西博物院藏库狄迴洛墓木椁建筑构件研究》（项目编号：Sxbwy-fw-2021-039）阶段性成果。

* 项目负责人：安瑞军；项目成员：李思洋、海青、秦剑、何乐君、王晓丽、张瑜等；执笔：何乐君、安瑞军、李思洋。

① 关于该墓墓主的称谓，目前的公开出版物中多用"厍狄回洛"。但该墓墓志中记为"库狄迴洛"，发掘简报表述与墓志一致。另有学者考证"厍狄回洛"是中华书局点校《魏书》时将"库狄"改为"厍狄"的结果，本应与墓志保持一致用"库狄"（参见，吴超：《厍狄还是库狄》，载魏坚、武燕主编《北魏六镇学术研讨会论文集》，内蒙古人民出版社，2014，第225~231页）。为避免引起歧义和方便检索，本文除引用相关文献时做区分，其他一律采用目前惯用的"厍狄回洛"。

② 王克林：《北齐库狄迴洛墓》，《考古学报》1979年第3期。为求行文简洁，下文在引用简报中内容时不再另行注明。

一、发现

1973年4月至8月，山西省文物工作委员会在山西寿阳县贾家庄发掘了一座北齐纪年大墓。根据墓中出土墓志可知，这是北齐定州刺史、太尉公、顺阳王厍狄回洛①与其妻斛律夫人、妾尉氏的合葬墓，下葬时间为河清元年（562年）十二月。通过清理，在该墓中不仅发现了绚丽的壁画，还出土了包括金器、玉器、玛瑙器、镏金铜器、铁器、釉陶器、陶器、骨器、漆器及陶俑、动物模型等在内的随葬器物三百多件。尤为难得的是，在墓中还发现了一座木构屋形椁，尽管已倒塌腐朽，但地栿、柱础、八角倚柱、斗栱、驼峰等部分木构件及其大致分布情形仍可辨识，为研究我国古代建筑，尤其是地面木构建筑实例不存的唐以前建筑的发展情况提供了重要实物资料。

该墓的发掘资料以《北齐库狄迴洛墓》（以下称"简报"）为题刊发于《考古学报》1979年第3期。简报在描述完墓葬结构后，单列"葬具"一节介绍墓室内发现的木椁和木棺，并附有木椁构件实测图（图1）及部分构件实物照片（图2）。其中关于木椁的介绍，先总述了木椁结构：平面为长方形，面宽和进深均为三间，采用木构斗栱；之后按前檐、两山、后檐等部位分述出土的木构件和木质装饰；最后介绍椁室东面发现的四件石柱础②。

根据简报，该墓的墓室券顶塌陷，木椁被压毁，各部分木构件多脱节且相互倾压；同时，由于腐朽严重，木构件形制保存清晰者极少。如此的保存状况无疑为木椁各木构件的辨识和清理带来困难，因此简报指出，"对于椁室的建筑形式，难以作出详尽的说明和进一步复原"。实际上，给发掘和认识带来挑战的不仅是木椁较为严重的塌毁与糟朽状况，还有另外两方面的因素。其一是经验不足，由于该木椁是当时我国发现的最早的一座木构屋宇建筑，也是当时所见的唯一木构屋形椁，因此，可供参考的资料的缺乏在一定程度上影响了现场发掘工作和后续资料披露。其二是发掘条件的限制，该墓的发掘正值"文革"时期，各项文化事业均受到不同程度的影响，因此，墓葬的发掘工作亦缺乏良好的环境与条件。

墓葬现场发掘工作与后期资料披露中的若干不足在简报中亦有所反映。

（1）简报虽然指出了各木构件的大致出土位置，但并未在墓葬平面图中标出；加上文中披露的木椁倒塌堆积的整体或局部照片太少，一定程度上影响了读者对各木构件的出土位置、出土状态和分布情形的直观判断。

（2）简报对木椁木构件的描述似乎可以更加明确。例如，介绍插檐板时，指出其"位于前檐两根残八角倚柱间的栿头上。在板面中部两际的上端，各出一栿头"，"栿头"一词，所指不明；又如，文中将"驼峰"称为"驼峰形斗"，可能会引起对该木构件功能和使用位置的误解等。

（3）部分木构件尺寸披露不够精确或有误。例如，介绍半栱时，称其"为泥道栱之一半，通高14.2（厘米）、宽14.2 厘米。"实际上，这里的尺寸并非单指半栱的尺寸，而是包括了栱上散斗。另外，描述栌斗斗底卯口尺寸时，文中指出其"直径和深度各为2.6 厘米"。然而，通过文中图六（图1）可知，该卯口与驼峰顶部卯口大小相仿，而后者口径1.4 厘米、深1.5 厘米，则栌斗斗底卯口直径应不足2.6 厘米。

（4）部分木构件未披露实测图。例如，简报中公布的角梁、彩绘木柱础、木椽子、钩状木构件、墨彩木构件以及木雕贴金尤首（应为"龙首"之误）等，均只有文字说明而无实测图。

二、研究

（一）早期的专题研究

虽然库狄回洛墓木椁的保存状况欠佳，发掘工作与简报的资料披露亦不免存在瑕疵，但瑕不掩瑜，木椁发现的价值与意义不容忽视。因此，在简报发表的两年后，孟凡兴等人发表了后续研究成果——《北齐库狄迴洛墓出土木构建筑复原的初探》（以下简称《复原初探》），作为主要发掘者和简报撰写者的王克林亦参与其中。该论文主要分为四个部分：首先是对库狄回洛墓出土木椁构件的介绍（图3、图4），其次是对木椁构件的分析，再次是基于分析的木椁复原，最后是就涉及的相关问题进行讨论[①]。

与简报相比，该文对木椁构件的介绍更加丰富、详细和准确（图5、图6）。文中不仅新披露了阑额、枋材等木构件，而且补充了简报中部分木构件缺少的配图，如木柱础、木椽子、钩状木构件、角梁头等。另外，对同类构件因尺寸、细部差异而可进一步细分者，如驼峰、人字栱、散斗等，亦做分类并附图。尤为难得的是，文中绘制的木构件图颇为详细，不仅标注了整体和细部尺寸，而且在必要处以大样图表现。

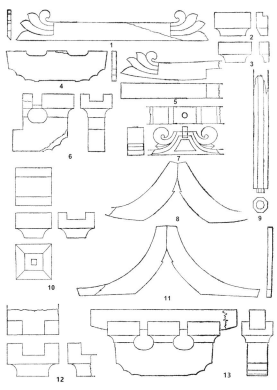

1.贴耳雀替 2.贴耳栌斗 3.贴耳散斗 4.贴耳泥道栱 5.雀替 6.半栱 7.驼峰形斗 8.补间人字栱 9.八角形倚柱 10.栌斗 11.贴耳人字栱 12.十字形转角栌斗 13.一斗三升泥道栱

图1 简报中披露的库狄回洛墓木椁构件实测图
（王克林《北齐库狄迴洛墓》，《考古学报》1979年第3期，图六）

① 孟凡兴、王克林、陈国莹：《北齐库狄迴洛墓出土木构建筑复原的初探》，中国建筑历史学会论文，1981。

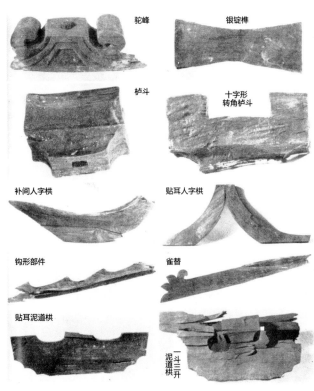

驼峰　　银锭榫
栌斗　　十字形转角栌斗
补间人字栱　　贴耳人字栱
钩形部件　　雀替
贴耳泥道栱　　一斗三升泥道栱

图2 简报中披露的部分木椁构件实物照片
（王克林《北齐库狄迴洛墓》，《考古学报》1979年第3期，图版叁）

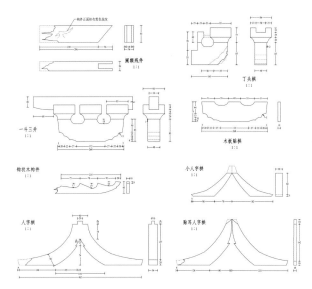

图3 《复原初探》中披露的木樗构件实测图（一）①

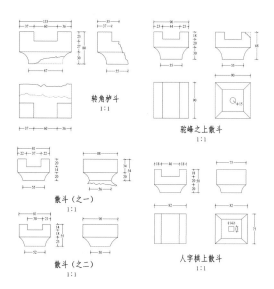

图4 《复原初探》中披露的木樗构件实测图（二）

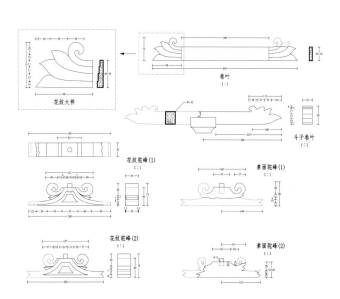

图5 《复原初探》中披露的木樗构件实测图（三）

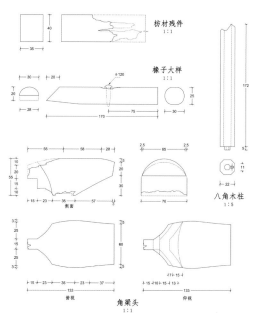

图6 《复原初探》中披露的木樗构件实测图（四）

① 由于并非正式的公开出版物，《复原初探》披露的木樗构件实测图中，部分不甚清晰，个别标注有误，本文依据《复原初探》中的实测图进行了重新绘制，并更正了错误的标注。

在对木构件进行分析时，《复原初探》给出了如下重要信息：

（1）发现于墓室东部的四件青石柱础和出土于木樗东侧地栿上的两件木柱础均与木樗结构无关；

（2）人字栱旁发现的类似雀替的构件并非雀替，而是斗子卷叶，起替木的作用；

（3）出土的散斗，可根据规格和出土位置做区分，即斗底有方形卯口的与人字栱组合，斗底有圆形卯口的与驼峰组合；

（4）钩状木构件是施用于翼角起翘部分的构件，类似后世的升头木；

（5）绘有墨彩且一端带卯口的残木构件为阑额，施于柱头之间起连接作用。

基于上述分析，《复原初探》将木樗复原为面阔、进深均三间，立柱坐于地栿之上，阑额施于柱头之间，翼角略微起翘的单檐庑殿顶建筑。其柱头斗栱用一斗三升，补间用人字栱（心间两朵，梢间一朵）。内部梁架则是四椽栿置于前后柱头，上施驼峰承平梁，平梁上再立人字栱、散斗承脊檩（图7）。

在文章的结尾部分，作者主要就钩状木构件可能涉及的建筑翼角变化、出土的人字栱与隋唐时期人字栱的对比，斗欹和栱瓣颧度的演变等进行了初步讨论。

就我们目前所知，《复原初探》是简报发表后第一篇针对库狄回洛墓木樟进行专题研究的论文。文中对木樟构件的介绍与分析，虽亦有疏漏[①]，但一定程度上弥补了简报在资料披露方面的欠缺，并且深化了读者对木樟外观、结构、尺寸等方面的认识；文中的相关复原研究和讨论，也为木樟形制与面貌的进一步辨析，以至彼时木构建筑发展状况更加深入的探讨提供了有益的思路和启发。然而，遗憾的是，该论文并未公开发表，以致学界鲜有注意。后续如傅嘉年等先生的研究多主要基于简报披露的材料，并未吸纳《复原初探》的新见内容与分析，较为可惜。

（二）建筑史学的关注

傅先生从建筑史学角度对库狄回洛墓木樟的研究主要见于《中国古代建筑史·第二卷·三国、两晋、南北朝、隋唐、五代建筑》（以下简称《中国古代建筑史·第二卷》）及《中国科学技术史·建筑卷》，其关于库狄回洛墓木樟的介绍、分析和讨论主要体现在以下几个方面。

（1）资料披露。与简报一样，《中国古代建筑史·第二卷》中也有库狄回洛墓木樟构件实测图（以下简称"傅图"，图8），通过与简报中图六（图1）对比可知，傅图增加了4个（种）木构件的实测图，分别是②散斗、⑦壶门牙子（即简报中的"钩状木构件"）、⑮贴耳散斗和⑰角柱础（即简报中的"彩绘木柱础"）。同时，傅图中的叉手与简报图六（图1）中的叉手（即图1中的"补间人字栱"）略有不同：前者增加了叉手的断面图，且叉手顶端带有凸榫；而后者叉手顶端无榫。另外，傅图中附比例尺，本来应较简报图六（图1）仅标明比例（原文图名后附比例1/5）的做法更加准确，不过，傅图中的比例尺应有误，给测量图中各构件尺寸带来不便。除了木构件实测图的补充外，书中还以表格的形式披露了主要木构件的尺寸。通过与简报中披露的木构件尺寸比对，可以发现两份数据略有出入，互为补充。例如，泥道栱数据，傅氏所测数据为高82.5毫米、宽52毫米、长252毫米，简报中所载的为高82毫米、宽52毫米、长253毫米；又如，栌斗数据，傅氏披露了顶面长宽（93毫米）、高（62毫米）、耳（16毫米）、平（22毫米）、欹（24毫米）、底面长宽（66毫米）等数据，而简报则披露了斗口宽度（49毫米）和欹颧（5毫米）等数据。

《中国科学技术史·建筑卷》中关于库狄回洛墓木樟的文字介绍基本同于《中国古代建筑史·第二卷》，仅附图略有区别[②]。前者第254页插图5-50（图9）虽然注明图片来源于后者第316页图2-11-33（即前文所提的"傅图"——图8），但两者并非同一张图。图5-50属于速写图，无比例尺，不仅图中构件与图2-11-33中的有所不同（其披露的角梁构件不见于图2-11-33，亦不见于简报图六），而且构件名称亦有出入（图2-11-33中所称的"令栱替木"在图5-50中称"杷头栱"）。

（2）形制分析与外观复原。傅先生在《中国古代建筑史·第二卷》中通过对木樟倒塌堆积和木构件的分析认为，该木樟反映的构架体系属于

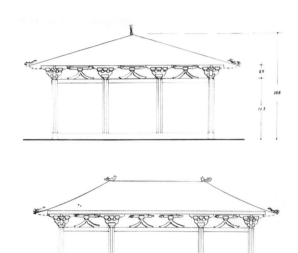

图7 《复原初探》中的木樟复原方案（上，正视图；下，侧视图）

（孟凡兴、王克林、陈国莹《北齐库狄迎洛墓出土木构建筑复原的初探》，中国建筑历史学会论文，1981年）

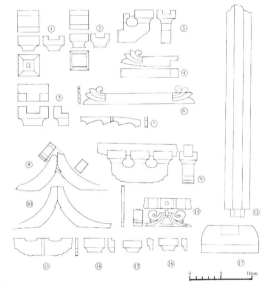

①栌斗 ②散斗 ③半栱 ④"雀替"状构件 ⑤角栌斗 ⑥贴耳"雀替"
⑦壶门牙子 ⑧叉手 ⑨令栱替木 ⑩驼峰 ⑪角柱
⑫贴耳泥道栱 ⑬贴耳栌斗 ⑭贴耳栌斗 ⑮贴耳散斗 ⑯贴耳散斗 ⑰角柱础

图8 《中国古代建筑史·第二卷》中披露的木樟构件实测图（傅嘉年主编《中国古代建筑史·第二卷·三国、两晋、南北朝、隋唐、五代建筑》，中国建筑工业出版社，2009，第316页，图2-11-33）

① 例如，介绍彩绘木柱础时，误将其边长记为2.5厘米，实际应为25厘米，木构件实测图中部分尺寸标注有误等。

② 傅嘉年：《中国科学技术史·建筑卷》，科学出版社，2008，第253~256页。

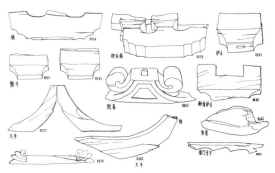

图9《中国科学技术史·建筑卷》中披露的木椁构件速写图
（傅熹年《中国科学技术史·建筑卷》，科学出版社，
2008，第254页，图5-50）

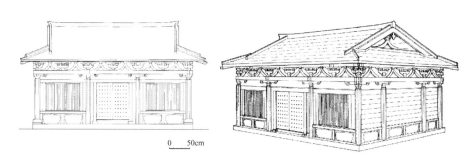

0   50cm

图10 傅熹年先生的木椁复原方案（左，立面图；右，透视图）
（傅熹年主编《中国古代建筑史·第二卷·三国、两晋、南北朝、隋唐、五代建筑》，中国建筑工业
出版社，2009，第315页，图2-11-31、图2-11-32）

① 傅熹年主编《中国古代建筑史·第二卷·三国、两晋、南北朝、隋唐、五代建筑》，中国建筑工业出版社，2009，第315页。

② 傅熹年主编《中国古代建筑史·第二卷·三国、两晋、南北朝、隋唐、五代建筑》，中国建筑工业出版社，2009，第305页，图2-11-22。

③ 我们注意到有研究在讨论南京独龙阜出土的南朝石塔构件时，针对石构件上表现的直棂窗形象，援引库狄回洛墓简报指出"山西寿阳发现的北齐河清元年（562年）库狄回洛墓木椁也作三开间形式，其正面两侧间同样有直棂窗"（参见贺云翱：《南京独龙阜东出土南朝石塔构件的初步研究》，《华夏考古》2010年第4期）。简报确实指出，根据残存木构地栿位置和八角倚柱（尤其是清理时发现后檐四根排列整齐向南倾斜的八角倚柱）、斗栱、木柱础等构件的分布与保存情况判断，该木椁面阔三间，进深三间，但文中并未交代木椁正面两侧间设有直棂窗。实际上，前文已指出，木椁出土时多数构件腐朽酥散成粉末状，不仅难以观察到屋身的完整外观，亦给复原带来了极大的困难。而我们推测，该研究所提到的木椁"正面两侧间同样有直棂窗"很可能是受傅熹年先生复原图的影响，因为在傅先生的复原方案中，木椁正面心间设板门，两次间置直棂窗。

④ 傅熹年主编《中国古代建筑史·第二卷·三国、两晋、南北朝、隋唐、五代建筑》，中国建筑工业出版社，2009，第317页。

⑤ 项隆元：《〈营造法式〉与江南建筑》，浙江大学出版社，2009，第77页。

⑥ 傅熹年：《对唐代在建筑设计中使用模数问题的探讨》，载《傅熹年建筑史论文选》，百花文艺出版社，2009，第262~263页。

第Ⅲ型，和太原天龙山石窟第16窟北齐仿木构窟檐相同①。此处，我们注意到一个小问题：傅先生在该书中分析、归纳两晋南北朝时期木构架发展序列（第Ⅰ～Ⅴ型）时，将天龙山第16窟仿木构窟檐排在第Ⅱ型②；但在后文中又将构架与之相同的库狄回洛墓木椁认定为第Ⅲ型，前后似乎矛盾。实际上，简报在披露库狄回洛墓相关资料时即指出其出土木椁的前檐与天龙山石窟北齐仿木构窟檐形式相似。那么，天龙山石窟第16窟北齐仿木构窟檐和库狄回洛墓木椁表现的这类构架到底应属于第Ⅱ型还是第Ⅲ型？我们认为，按照傅熹年先生的划分原则，应该属于第Ⅲ型。

在明确构架类型的基础上，傅先生结合墓中其他遗迹和出土遗物复原了木椁外观。其中，木椁的屋顶虽已朽败，但在其西南和东南角均出土了一根残木构件，位于西南角的一根还带有墨书"西南"二字，简报认为这两根木构件是角梁。据此，书中指出该木椁的屋顶应不是悬山顶。同时，参照隋唐时期的屋形石椁（隋李静训墓、唐李寿墓出土石椁），其将库狄回洛墓木椁复原为歇山顶（图10）。

在木椁原状不存、糟朽严重的情况下，傅熹年先生的复原研究无疑为我们了解库狄回洛墓木椁的外观与结构提供了直观形象。但应指出的是，该复原方案是在木构件保存状况不佳的情况下完成的，并非无懈可击（下文指出，近年有研究认为傅先生的复原方案在台基做法、斗栱配置以及外观形象上仍有可商榷之处），更非木椁原状本身③。我们也观察到，傅先生的复原图中，透视图与立面图有不匹配之处：如柱础见于立面图角柱之下而不见于透视图中（图10）。

（3）尺度讨论。由于地面木构建筑实例的缺乏，我国唐以前建筑设计中是否采用模数的问题长期困扰学界，而库狄回洛墓出土的木椁构件则为这一问题的进一步探讨提供了难得的资料和契机。傅熹年先生在《中国古代建筑史·第二卷》中通过对木椁各构件尺寸的分析、拟合，认为"构件中已表现出材的断面与材高比和唐宋基本相同，并以15分为材高……'以材为祖'的模数制设计方法在这时已基本上形成，并出现了以材高1/15为分模数的萌芽"④。不过，有研究指出，该木椁近似模型而非实际建筑，且糟朽严重，故而仅据此难以明确断定南北朝时木构建筑已采用"材、栔、分（读如份）"为基础的模数制⑤。实际上，傅先生本人也认识到该木椁"近于模型，不是实际建筑物，其高度又因柱子朽断已无从考察，故仅据此椁尚不能具体了解北朝后期实际建筑中运用模数控制设计发展到什么程度"⑥。

如前所述，从傅先生论著中所引的参考文献以及论述的内容我们了解到，其并未吸纳

1981 年《复原初探》中补充的信息。此后,大多数研究者或依据简报,或引傅先生论著,《复原初探》中补充披露的资料因其未公开发表而长期未被注意和重视。直到2015 年南京大学王欣然撰写本科毕业论文《山西寿阳县北齐库狄迴洛墓木椁复原及探讨》,在文中综合了简报与《复原初探》披露的资料信息,对木椁进行了复原讨论,并提出了复原方案①(图 11)。虽然限于篇幅要求,该论文未对木椁各木构件做详细分析,其中的复原方案亦可进一步探讨,但却是目前我们所见对库狄回洛墓出土木椁构件信息的较全面掌握。

(三)近年来的复原探讨

最近,有研究围绕库狄回洛墓木椁展开了新的讨论与复原②。该研究首先就木椁的尺度展开分析,不同于傅熹年先生在分析尺度时采用分值折算,其提出木椁设计时采用整尺控制的可能性,并以此为思路对木椁平、立面尺度进行了推算。之后,其展开对木椁的复原研究。不过在复原之前,作者首先就简报中披露的相关信息进行了再释,并就傅熹年先生的复原方案进行讨论。例如:①简报称椁室"东西长 3.82(米),南北宽 3.04 米",其认为这是木椁下面基座的尺寸;②对于简报中披露的于人字栱之旁发现的一种类似雀替的部件,其认为是壶门残片,并认为该构件不应像傅熹年先生复原的那样位于窗下障水板位置,而是用于台基的壶门装饰;③简报中披露的角梁,作者认为是平槫所出的断头等。在此基础上,作者复原了木椁结构和外观,并重建了复原后的三维模型(图12)。最后,作者还对库狄回洛墓木椁所展现的建筑技术进行了源流推测。

在傅熹年先生的早期研究的基础上,该复原工作对木椁外观、内部梁架结构等均有涉及,并且以三维模型的方式呈现复原方案,更加形象、具体。不过,其认为简报中披露的"在塌落的人字栱之旁发现一种类似雀替部件"是壶门残片,可能有误。因为从简报公布的该构件的尺寸(长 50.1 厘米、两端宽 7.7 厘米、厚 0.9 厘米)来看,恰好与简报图六中的贴耳雀替相吻合。而简报所载的"其他有关木构件和木质装饰"中的"钩状木构件",无论从形态还是尺寸上看均与傅图中的⑦壶门牙子相仿。因此,有理由认为,发现于人字栱旁的类似雀替的构件就是简报所称的贴耳雀替,而非壶门残片。同时,虽然该研究并未注明相关引用文献,但根据文中内容我们推测其并未参考《复原初探》中补充的信息,否则就不会在看到角梁的实测线图后还认为其是平槫所出的断头,也不会无视《复原初探》中认为人字栱旁类似雀替的构件是替木的观点,而将其判断为壶门残片。

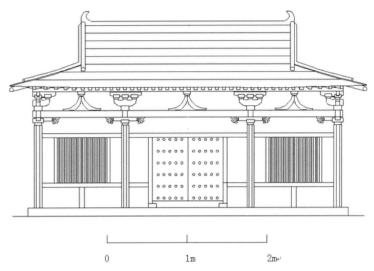

图11 王欣然的复原方案
(王欣然:《山西寿阳县北齐库狄迴洛墓木椁复原及探讨》,本科毕业论文,南京大学,2015,第40页,图3-2-4)

图12 《库狄·迴洛墓北齐木椁再论(一)》中的复原方案
(《库狄·迴洛墓北齐木椁再论(一)》,"绿云古建园林"公众号,2021年1月17日)

① 王欣然:《山西寿阳县北齐库狄迴洛墓木椁复原及探讨》,本科毕业论文,南京大学,2015。
② 该研究未见于公开出版物,而是分两期发布于"绿云古建园林"公众号上。一篇题为《辉煌序章,库狄·迴洛墓北齐木椁再论(一)》,发布于2021年1月17;另一篇为《库狄·迴洛墓北齐木椁复原(二)》,发布于 2021年1月24日。

此外，库狄回洛墓木椁资料公布后，不少研究者都注意到其在研究南北朝时期考古和建筑等方面的重要价值。有学者即指出其是北朝时期（尤其是北齐时期）难得的屋宇形葬具实例[1]，或谓之"明器式"建筑[2]。木椁的部分构件或构造为建筑史研究提供了新的材料。例如，木椁东西两山出土的木制驼峰，被认为是我国发现的最早的驼峰实物[3]；扣搭连接的地栿及其上开卯口以承木柱的做法忠实表现了当时房屋地栿构造的形式，亦直观地说明了此时木构建筑技术的发展[4]。不过，这些研究多是将库狄回洛墓木椁作为资料使用，并未以木椁本身为研究主体进行更具针对性的分析和讨论。

三、复原认识

库狄回洛墓出土的木椁是我国早期木构建筑研究中难得的实物资料，但由于发现时木椁已塌毁严重、原貌不存，因此对其进行复原研究是一项有意义且有挑战性的工作。根据上文梳理，截至目前，我们至少见到过四份复原方案（图7、图10、图11、图12），下面拟就关于该木椁的建筑复原研究，从构架、构造和构件三个层次略作分析，以深化相关认识。

（一）构架

四份复原方案对构架的认识可划分为两类：一类是《复原初探》中的方案，将阑额列于柱头之间，柱顶上施柱头铺作（一斗三升承替木），柱间的阑额上施补间铺作（人字栱），对应的是傅熹年先生划分的南北朝时期木构架类型中的第 V 型；而其他三份复原方案则都是柱列承托阑额，阑额与其上的斗栱形成纵架，斗栱虽与柱子对位，但尚未形成柱头铺作，对应的是第 III 型。

根据傅熹年先生的研究，南北朝时期木构架的发展趋势是从纵架到横架，木构逐渐独立，稳定性不断增强。在此过程中，第 III 型木构架见于北魏迁都洛阳前夕，第 V 型始见于北魏末东魏初，即 534 年左右。前者虽早于后者，但两者共存了相当长一段时间，直到北朝末乃至隋初才出现第 V 型木构架一统的趋势。如此，则 562 年下葬的库狄回洛，其木构架在理论上存在第 III 型和第 V 型两种可能。以傅熹年先生复原方案为代表的方案之所以将库狄回洛墓木椁的构架复原为第 III 型，主要是认为木椁与天龙山北齐石窟仿木构窟檐存在相似性，而后者的构架类型属于第 III 型。《复原初探》虽也注意到这点，但因为发现阑额端头有窄细卯口，并认为该卯口是为插入柱头而设的，因而将其木构架复原为第 V 型。

（二）构造

四份复原方案在木构件搭交节点的构造上存在颇多分歧，以下按照从台基到屋身再到屋顶的顺序略作归纳。

（1）《复原初探》和王欣然均认为木椁的立柱直接插入地栿中，即木椁东侧地栿上的两件木柱础均与木椁结构无关；图12的复原图中，四角角柱插入柱础内，同时山面和檐面地栿交于柱础中；傅熹年先生的复原颇令人困惑，其复原立面图角柱之下设柱础，但复原透视图却无。

（2）柱头位置。对构架认识的不同导致了复原方案中立柱与阑额以及阑额上斗栱构造的差异。《复原初探》中阑额位于柱头之间，柱头上直接承坐斗栱，形成柱头铺作；而在其他三份复原方案中，阑额位于柱头之上，且柱头与阑额之间以栌斗、雀替组合衔接。

（3）补间位置。图7中前后檐明间用两朵人字栱，梢间用一朵，山面各间则均用一朵人字栱；图10和图12的复原方案相同，前后檐各间为一斗三升和两朵人字栱组合，山面仅施一朵人字栱；而图11的复原方案则各间仅一朵人字栱。此外，图10和图11复原的补间铺作上不设替木，图12的复原方案带短小替木，而《复原初探》中认为补间铺作中用卷叶替木。

（4）转角位置。《复原初探》中采用十字相交外侧出跳的构造。而其他三份复原方案

① 巫鸿：《"华化"与"复古"——房形椁的启示》，《南京艺术学院学报（美术与设计版）》2005年第2期；孙博：《国博石堂的年代、匠作传统和归属》，载巫鸿、朱青生、郑岩主编《古代墓葬美术研究（第四辑）》，2017，第135~154页。
② 周学鹰、马晓、李思洋：《中华图像文化史·建筑图像卷（上）》，中国摄影出版社，2017，324页。
③ 贾洪波：《中国古代建筑》，南开大学出版社，2010，第53页。
④ 张十庆：《从地栿做法看中国古代木构技术的特色》，《建筑史学刊》2021年第1期。

均采用斗栱十字相交,外侧垂直砍斫不出跳的方案。

（5）屋顶。《复原初探》中采用的屋顶形式为庑殿顶,且翼角部位缓缓起翘;其他三份则复原为歇山顶,翼角部位虽有起翘,但不如前者明显。

（三）构件

四份复原方案对木椁部分木构件功能、位置等的认识亦有差异,略述如下。

（1）钩状木构件。《复原初探》和王欣然认为其是屋顶翼角起翘部分的构件,在结构上类似于晚期木构翼角部位的升头木;傅熹年和发表于"绿云古建园林"公众号上的文章则认为其是壸门装饰,但前者认为是施用于窗下障水板位置的壸门牙子,而后者则认为是用于台基的壸门装修。

（2）人字栱旁发现的类雀替构件。《复原初探》否认其为雀替,而认为是置于补间人字栱之上的斗子卷叶,起替木作用;其他三家则均认为是雀替,施用于柱头之上、阑额之下。

（3）角梁残件。仅发表于"绿云古建园林"公众号上的文章提出质疑,认为该构件并非角梁,而是平槫交点外的出头部分,因为要避让椽子和望板,因而砍斫为斜面;其他三种复原方案均肯定其为角梁。

（4）斗。库狄回洛墓中出土了多种斗类构件,总体上可分为两类:一类是贴耳做法,用于前、后檐;另一类是具有结构作用的真实斗构件。四份复原方案对前者的认识基本一致,但对后者中的"栌斗"（简报用语）构件存在分歧。《复原初探》认为"栌斗"下带方形卯口者用于人字栱上,带圆形卯口者用于驼峰上;傅熹年认为该"栌斗"是平柱栌斗,与角栌斗相对,位于同一水平位置;王欣然从傅熹年看法;发表于"绿云古建园林"公众号上的文章则认为该"栌斗"并非平柱栌斗,而是阑额上一斗三升扶壁栱下的大斗。

四、结语

库狄回洛墓出土的屋形木椁是北朝考古发现的重要实物资料,对研究我国古代墓葬与建筑均有重要的意义和价值。但因为多方面因素的限制,该木椁的发掘与资料披露略有瑕疵,加之发掘者参与的后续专题研究所披露的资料与信息未公开发表而长期被学界忽视,影响了该木椁研究价值的发挥和我们对该木椁的认识。

库狄回洛墓木椁出土时已塌毁严重,保存状况欠佳,因而复原是认识其原来面貌和发挥其研究价值的重要途径。目前,关于库狄回洛墓木椁的复原方案已有至少四例,它们在构架、构造和构件三个层面均有或多或少的差异或分歧,而歧见产生的原因或来自主观认识,或源于掌握的客观材料。本文即通过梳理库狄回洛墓木椁的发现与研究过程,一方面提醒研究者关注长期被学界忽视的研究资料——《北齐库狄迴洛墓出土木构建筑复原的初探》中披露的有关木椁的信息,另一方面归纳、分析已有研究中形成的复原认识,以期对该木椁的进一步研究有所助益。

A Preliminary Study on the Creation of the Artistic Conception of Guyi Garden in Shanghai

上海古猗园意境营造初探

孙 佳 *（Sun Jia）

* 古猗园基建文保科副科长、经济师。

摘要：江南古典园林在世界造园史上独树一帜，具有重要的地位，折射出各个朝代的人文精神。其中，文人园林因融入其中的文学修养、独有的造园手法和细腻优雅的意境深入人心。位于千年古镇银南翔的古猗园，始建于明嘉靖年间。本文以上海五大名园之一的古猗园为研究对象，旨在探讨古典文人园林的意境营造和景观表达。

关键词：古典园林；上海古猗园；意境；营造

Abstract: Classical gardens in the south of lower reaches of the Yangtze River are unique, and have an important position in the world history of gardening. They reflect the culture of the dynasties during which they were built. Among them, literati gardens were especially popular because of their association with the literati culture and their unique gardening techniques and artistic conception that emphasizes cultured elegance. Located in Yinnanxiang, an ancient town that is more than one thousand years old, Guyi Garden was built during the reign of Emperor Jiajing of the Ming Dynasty. By studying Guyi Garden, one of the five most famous gardens in Shanghai, this paper tries to explore the artistic conception and landscape expression of classical literati gardens.

Keywords: Classical gardens；Guyi Garden in Shanghai；Artistic conception；Geate

引 言

　　唐代刘禹锡在《董氏武陵集纪》中写到"境生于象外"，其表现出一种含蓄的美学追求。对在《人间词话》中所使用的"意境"或"境界"，王国维的解释是情景交融。古典园林的造园艺术，在审美上的最大特点便体现在意境上，以追求自然精神境界为最终和最高目的，从而达到"虽由人作，宛自天开"的审美旨趣。山水意境，只有被诗情画意的情绪和自然的乃至生活的理想、哲理所掌控，方能真正实现价值。本文对古猗园意境的营造进行初探，拟为园林管理者今后的工作提供一些思考和借鉴。

一、建园背景

　　明清两代的嘉定是文气极重的地方，大批缙绅、文人、朝臣集于此地，莳花种竹，构筑园林，造园活动蔚为兴盛，曾先后出现

古猗园之秋色

过礼部尚书徐学谟的归有园等多座具有相当规模的私家园林。古猗园由嘉靖初期徽籍乡绅闵尚廉创建,初名"借园"。万历后期,闵士籍改建借园,将其更名为"猗园"。崇祯初年,猗园被转让给书画家、"嘉定四先生"之一的李流芳,旋即又被转给其侄子、戏曲家、贡生李宜之。许多文献表明,1520年以后,投入园艺美学实践的人越来越多。明代后期,随着城市的发展,人化自然的程度越来越高,自然山水地貌的范围日益缩小。园林发展恰巧反映了当时人们对远离城市生活的一种心理和精神上的追求和向往,即一种隐逸为高、处之泰然的思想境界。

古猗园之水榭

二、意境营造

古典园林的意境营造主要有三个步骤。

（一）主题设置

古典园林描绘的是一种描写自然的时空艺术,既是空间的艺术,也是时间的艺术。古猗园由竹刻大家朱稚征(号"三松")精心设计,他较全面地继承了其父朱缨的雕刻技艺和恬静自信的艺人风范,擅长竹刻、书画、叠石,亦工造园,将其雕刻手法与造园技艺通过"神仙妙术"来展现,其细腻丰富的创作手法,集自然之精粹,将山石、水池、植物、小品等元素融入园林。洞庭山人叶锦早期旅居南翔,经商致富,乾隆十一年(1746年)从李姓人家处购得猗园,扩充修葺,因其自幼能诗,通琴画,在造园思想中,融入了隐逸的意境,不论是造景还是布局都体现出其喜好和审美。各处建筑物之命名亦与周围环境相贴切,颇能诱发人们之意境联想[1]。逸野堂是园中主厅,清代沈元禄在《古猗园记》中称其"奠一园之体势者,莫如堂",堂曰逸野,堂前栽盘槐一对,右立奇峰异石,左为假山水池,堂内悬挂明代著名书法家董其昌所题"华岩墨海"匾额,表明建筑该堂是为了反映当时一些士大夫和文人墨客寄情山水、悠闲雅逸、以隐逸为高的思想情趣。

1. 追求画意

中国画以线为造型基础,画意之美往往通过优美曲折的和谐线条进行过渡和表达,这一特点在古猗园中得到体现。站在南厅前向戏鹅池望去,近处的鸢飞鱼跃轩与较远处的逸野堂的建筑轮廓起伏舒卷。小松岗驳岸与山石皴擦明快的线、水流蜿蜒舒朗的线、植物枝干苍劲环绕的线,无不勾勒出寄情山水的绘画艺术之美。

2. 秉持天人合一的自然观

隐士们往往亦儒、亦道、亦释,是"天人合一"的自然观和以自然美为核心的美学观的发扬光大者[2]。古猗园重在让游人享受其间的清幽、宁静和自然无为的掇山理水之法。在这样的哲学思想的影响下,园林营造遵循着源于自然并高于自然的造园理念。受到古代作画的影响,古猗园园主注重格局的修饰,通过合适的缩放比例,让人们感受到真实自然的建筑山水风光。

（二）实景元素

石令人古,水令人远,园林水石,最不可无[3]。古猗园的亭台楼阁多临水而建,与水景、山石配合,体现出"亭台到处皆临水,屋宇虽多不碍山"的意境。山水是天与地相连接的纽带。山主静,质地坚硬而厚重;水主动,婉约而柔和。这既是对自然的提炼,又是对"既雕既琢,复归于补"的哲学思想的体现。

1. 山石

道家虚静观是古典园林的意境得以营造的内核,在虚涵景致、静以生势的辩证中,在空间转换、步移景异的变换中,寓以无中生有、象外生意的哲思[4]。古典园林更多地强调自然山水园的创作,山与水是不可分割的整体,水体与周围山体、地形相互穿插、渗透与融汇。"无形为阳,有形为阴,故水为阳,山为阴。"古猗园不可竹居东湖,山水相依,山环水抱,一阴一阳,一高一低。湖石堆砌的假山矗立在水池中,犹如一盆放在巨大水盘中的山水盆景。蜿蜒的假山将园林空间划分成水景和竹景两部分,使园景有分有合、互相穿插,以使风景更为丰富、更具意境。以假山为障景和对景,使假山前的湖中水景与湖对岸的瘦影碎月轩、曲桥等建筑若隐若现;

① 周维权:《中国古典园林史》,清华大学出版社,2008。
② 周维权:《中国古典园林史》,清华大学出版社,2008。
③ 文震亨撰《长物志》,胡天寿译注,重庆出版社,2017。
④ 倪琪:《园林文化》,中国经济出版社,2013。

古猗园之叠山与理水

从瘦影碎月轩前平台望去，重峦叠嶂，山崖景峻，湖面碧波荡漾，景深倍增，尤有"水低白云近，天高青山远"之意趣。沿绝壁走，假山中的清流倾泻流淌，幽深的洞穴格外引人注意。若受此意，沿着崎岖的磴道拾级而上，仿佛步入深山之中，登上山顶，顿有豁然开朗之感。山后清幽竹林一片，有"空山不见人，但闻人语响，返景入深林，复照青苔上"之感，反映出环境的虚空冷寂。

2. 理水

如果说山是构成园林的骨架，那么水就是整个园林活的灵魂。有水则全园生动。在利用自然之水造园时，也要像园林叠山艺术一样，秉承"外师造化，中得心源"的美学理论。古猗园的亭台楼阁多临水而建，与水景配合，体现出"亭台到处皆临水，屋宇虽多不碍山"的意境。

（1）鸳鸯湖。湖面为聚合式水体，是较开阔的静水面，空间相对较大，是园中的主景。其四周环列建筑亭廊，从而形成一种内聚、向心的格局。由于水面聚合保持了水的完整性，所以从视觉上给人一种宽敞的感觉，扩大了有限空间。鸳鸯湖中间为九曲桥，四周点缀南厅、曲香廊、茗轩等建筑回廊，在实景中营造虚无缥缈的虚境。

（2）曲折水系。曲是曲径通幽。模拟大自然水系曲折蜿蜒的水岸线，以形成狭长形的水面形态，多弯曲折，有曲径通幽、源远流长之感，各空间之间采用实隔或虚隔的方式保持相互联系，形成一种隐约迷离的意境。曲折水系虽不能成为主景，但却有助于营造自然情趣。古猗园自清代后期、民国至新中国成立后的历次修复和扩展，都注重挖河理水，以水为主相映园景。四大景区内的水流与外隔绝，但在百亩之园中，则是千米长的溪流盘桓而过。时开时合、忽收忽放的节奏变化增强了水面深邃幽藏的感觉，水域既相互独立，又相互关联，水无尽，意无穷，给人平静如水的遐想空间。古猗园不系舟位于戏鹅池岸边，名字出自《庄子·列御寇》中的典故："巧者劳而知者忧，无能者无所求。饱食而敖游，泛若不系之舟，虚而敖游者也。"水系蜿蜒至戏鹅池，由窄至宽，豁然开朗，恰好与不系舟之意境完美结合。

（三）意境深化

如何通过眼前的景象，暗示更深广的优美境界？游览过程中的步移景异，包含了时间的因素，随着视点的运行，界面的不断更替（包括动态的和静态的效果），相应的游览速度（包括停歇）节奏快慢的处理，会产生不同的园林意境，给游览者带来多层次的体验。深秋时节，游客置身于景象之中，循序游览，所到之处尽显赤橙黄绿。古猗园十分注重融于周围环境的美，也注重与更加广阔的大自然的亲和关系，色彩叠加协调，四季更迭，每个季节都会带给人不同的绝妙感受。这一审美享受的时间，也是天时渲染景象的时间，园林景象所产生的"象外之象、景外之景"的意境，其深刻性不仅在于景象空间的变化，也在于四季、晨昏、风雨、晴晦的季象与时态的渲染。

三、结语——景象与园居的统一

园林既是具有实用性的艺术，又兼具生活起居功能。这个统一性正是园林的实质所在，通俗地说，就是园林享受不同于看画，它是在游乐甚至是生活起居中去享受的，它所提供的美感不仅仅是视觉上的，还是听觉、嗅觉、触觉上的，甚至是整个身心的舒适。逸野堂前的古盘槐、缺角亭前的红枫、茗轩前的桂花、梅花厅周围的梅花……随之而形成的是对所见、所闻、所感、所触之物象产生的一种欣赏、共鸣、感悟。计成在论述借景时指出，"物情所逼，目寄心期，似意在笔先"，也说明了物情相交、触目生情的必然过程。在这一观赏、审美的过程中，观赏者的审美理想，对自然景物的认知得以触发并与环境交融，产生出别样的审美感受；而这种感受似乎是"意在笔先"的、得自于眼前景物又超乎于其上和其外的一种化境的体验，因而这种化境及其体验是难以描述的。

景象与园居相统一的古猗园

Campus Planning and Construction of Jinan University in Guangzhou in 1958-1970

1958—1970年广州暨南大学校园规划与建设

安涤枫* 彭长歆**（An Difeng，Peng Changxin）

摘要：作为中国第一所由政府创办的华侨学府，暨南大学于 1958 年在广州重建，是新中国成立初期广州地区大学规划的典型代表。在时代变迁作用于校园建设的影响下，暨南大学同时具备新建大学和华侨学府的双重属性。本文通过文献考证和历史图像互证的方法，研究暨南大学校园的建设历程，还原校园的用地范围、规划模式、分区发展及建筑风格，为广州城区的大学建设发展保留重要历史样本。

关键词：中国现代建筑史；新中国成立初期；校园规划；暨南大学

Abstract: Jinan University rebuilt in 1958 as the fist government-founded institution of higher learing for overseas Chinese in China. It is a typical representative of university planning in Guangzhou during the early period of the People's Republic of China. Under the influence of the changes of the times on campus construction, Jinan University is a both new university and overseas Chinese University. Through the methods of literature research and historical image mutual verification, this paper studies the construction process of Jinan University. To restore the land use scope, planning mode, zoning development and architectural style, the research retains important historical samples for the construction and development of Guangzhou University.

Keywords: History of Chinese modern architecture; The early period of the People's Republic of China; Campus planning; Jinan University

前言

  暨南大学老校区是新中国成立初期广州地区高等学校建设的典型代表。暨南大学以服务华侨为宗旨，其前身为 20 世纪初创办的暨南学堂，后逐步发展为我国华侨教育的最高学府，但在 20 世纪 70 年代曾短暂停办。得益于新中国华侨教育的发展，1958 年暨南大学在广州重建，并选址广州石牌东地区开展校区建设。不同于近代广州建立的大学校园，如岭南大学、中山大学等，暨南大学的校园规划设计者适应新中国成立初期高等教育方针的发展要求，在规划布局上采用了一种新的空间组织方式，校园建筑设计也极富时代特色，校园空间因此呈现出特有的风貌，成为一代又一代暨南学子的集体记忆。鉴于其特有的历史价值、科技价值及建筑艺术价值等，2014 年以来，暨南大学办公楼旧址、广州华侨学生补习学校石牌旧址、暨南大学化学楼建筑先后被列入广州市历史建筑名单；2020 年，"暨南大学早期建筑"被中国文物学会 20 世纪建筑遗产委员会公布为第五批 20 世纪建筑遗产。在普遍重视文化遗产保护的当下，暨南大学为我们保留了一份新中国成立初期广州大学校园的样本，为广州历史文化名城增添了新的内涵。

  本文是有关暨南大学广州石牌东校区校园空间史的研究。借助有限的历史地图与照片，本文分析了校园空间格局的形成与历史演进，并对新中国成立初期暨南大学的校园建筑设计进行了探讨。

* 华南理工大学建筑学院硕士研究生。
** 华南理工大学建筑学院、亚热带建筑科学国家重点实验室教授、博士生导师。

一、历史沿革

1. 华侨教育与国立暨南大学

华侨教育的历史悠久,最早可以追溯到晚清时期。受国门开启、废除海禁等一系列措施的影响,晚清政府对侨民原本概不予闻的态度有所改变,也逐渐重视面向华侨的教育,先后向南洋(指东南亚一带)派遣官员推进中华文化宣传,设立学堂。进入 20 世纪,由于海外华侨学堂师资不足,多数侨民有送子弟回国读书的愿望,中国政府的政策由原本在海外开展华侨教育的方向转向接侨生返国接受高等教育。因为首批侨生归国后被安置在南京,1906 年,专门服务侨生教育的暨南学堂于南京成立,由郑洪年和陈伯陶负责教育。由于学生主要来自南洋,陈伯陶因而题名"暨南学堂","暨南"一词取自《尚书•禹贡》:"朔南暨声教,讫于四海。"至此,暨南学堂开启了中国百年华侨教育的历程。

因多次战事影响,国立暨南大学的发展受阻。暨南学堂由于武昌起义爆发而停办,1918 年后复校更名为"国立暨南学校"。进入 20 世纪 20 年代,为谋求长远发展,学校由南京整体迁入上海真如新校址,并改组升格为"国立暨南大学"。受到日军进犯上海的影响,暨南大学在上海租界、苏州和广州设立分校,坚持办学。抗日战争时期,学校又整体搬迁至福建建阳。1946 年学校回迁上海,在经历抗日战争与解放战争之后,国立暨南大学师生规模大幅减少,校舍满目疮痍,难以继续办学。1949 年上海解放后,国立暨南大学的院系师生被上海市军事管制委员会并入其他高校,学校正式停办。

2. 广州暨南大学重建

新中国成立后,得益于国内形势日趋稳定,国际影响逐渐扩大,投身建设新中国的华侨学生日益增多,华侨教育事业在新中国成立初期重新起动。仅 1949 年底至 1952 年,广东接待港澳学生以及来自印尼、泰国、印度、菲律宾、老挝、柬埔寨、毛里求斯等 10 多个国家和地区的华侨学生就达到 6000 余人,其中投考各地的高等学校者约占 28.4%。以当时中国的高校规模来说,难以集中容纳如此规模的学生,不得不采取分散接待升学的方法,由各地高校承担侨教任务。与此同时,人民政府出台了一系列措施照顾华侨、培育栋梁。1951 年,教育部制定了《关于照顾归国华侨学生(包括港澳学生)入学的暂行办法》,规定录取侨生时给予帮助和照顾;同年9 月,在石牌的南方大学(现华南师范大学)设立华侨学院,专门培养来自海外的参与新中国建设事业的华侨青年干部。1953 年,中央人民政府华侨事务委员会(以下简称"中侨委")联合教育部提出《长期收容处理华侨学生工作方针与方案》,指出把培养侨生纳入教育规划;同年秋季,中侨委在广州设立第二所"归国华侨学生中等补习学校"(以下简称"华侨补校"),以便统一办理华侨学生的接待和升学事务。1957 年在广东省政协一届三次会议上,提出了在广州创办一所专门招收华侨、港澳学生的华侨大学的建议。1958 年,学校于广州重建,并重新取名"暨南大学"。

暨南大学择址广州重建是因为这里具备良好的条件。作为中国的南大门,广州面向海外,区位便捷。归国侨生大部分来自东南亚,通过香港入境到内地升学,将校址设于广州可以方便、统一地接待入境的新侨生,为发展华侨教育提供了优越的区位条件。另外,广州华侨补校拥有稳定的华侨生源。因该时期回国华侨学生的水平参差不齐,需要通过补习才能进入高校接受高等教育,未能及时分配升学的侨生多留在广州华侨补校过渡,避免了其往返奔波的劳累。据统计,1956 年广州华侨补校的学生达到五六千人,为暨南大学提供了稳定的生源。不同于原国立暨南大学,广州暨南大学以侨立校,特色鲜明,在很短的时间内名扬海内外,得到了广大侨胞的大力支持。

二、校园规划建设与发展

1. 校园选址

在早期规划中,暨南大学未计划将华侨补校纳入校园范围,由于两者的关系密切,新校园选址在紧邻华侨补校和华侨招待所的石牌东一带。暨南大学在描绘未来的蓝图时指出,"学校总面积约为 45 万平方公尺(注:1 公尺 =1 米,1 平方公尺 =1 平方米,以下同),东西距离 750 公尺,南北距离 600 公尺。地处广州东郊石牌风

图1 20世纪50年代暨南大学校园规划模型

图2 广州暨南大学总平面规划复原图（作者自绘）

图3 1956年华侨补校正门（上），1959年暨
南大学正门（下）

景区，校园与华南师范学院和广东行政学院为邻，东接铁路支线，西接石牌村镇，南向黄埔
大道，北近广州华侨补校及南大路"。经测量计算，校园南北 600 米之内的区域覆盖黄埔大
道到华侨补校以南的地区。根据 20 世纪 50 年代学校总体规划模型（图 1），建筑群中央部
分为教学大楼，右上角为教工住宅区，左上角为学生宿舍。在校园规划方案上，图片的文字
描述与规划方案的模型照片完全吻合，证明在早期的校园规划中并没有将华侨补校纳入考
虑范围。根据以此为依据绘制的广州暨南大学总平面规划复原图（图 2），可以看到校园主
入口设于南侧今黄埔大道上，而华侨补校的主入口则面向北侧，在今中山大道上。

　　虽然在校园早期规划范围中并未包括华侨补校，但不同时期的历史地图显示，暨南大
学校园的发展由北至南，实际上是在华侨补校的基础上扩建的，这主要迫于开学的急切性。
拟建大学于 1957 年秋季决定，1958 年秋季拟定开学，短短一年的时间给学校筹备工作带来
巨大的压力，新校园的建设更不可能在短时间内完成，只能先使用华侨补校作为过渡。另
外，将华侨补校划归暨南大学领导，也方便迅速腾出校舍。筹办暨南大学虽以华侨补校为
基础，但华侨补校属于中侨委管理，腾出校舍安置学生等问题都需要上报请示，这些都严重
影响了暨南大学的开学招生。后广东省委决定，将广州华侨补校与暨南大学合并，划归暨
南大学领导，成为附属中学，仍挂原名。因有华侨补校的加入，暨南大学的校园规模也由原
来的 45 hm² 扩展为 60 hm²。与此同时，华侨补校的校门牌坊也成为暨南大学的北大门（图
3）。

　　2. 校园规划

　　暨南大学的规划方案由广东省建筑设计研究院黄远强负责设计。黄远强任广东省建
筑设计研究院（以下简称"广东省建院"）副总建筑师，毕业于重庆大学工学院建筑系，受夏
昌世老师的影响，是广东省建院早期代表人物之一。在校园规划上，以东石牌村居民点为
中心做一条南北主轴线，两边约四分之一处配以两条副轴线，东面副轴线恰与广州华侨补
校的主轴线相接。教学行政区是主要的中心，放在主轴线的中央，成为校区的中心地带；学
生宿舍在其西北，教工住宅区在其东北，体育活动区在其西南；校办工厂区则布置在东南面
的小山岗上，这一带是主要的绿化区，东石牌村居民点转移之后，原居民点作为生活服务
区，与校办工厂区构成一个整体。这与校园规划模型（图 1）是相吻合的。校园采用以功能
为主导的高效集中布局，中轴线以教育主体建筑为主，建设教学大楼、礼堂和图书馆等设

施,教学区作为中心区辐射全校,学生区与教工区中间有服务区作为分隔,展现出新中国成立初期基于功能进行宏观分区的大学空间组织方式。

通过对比 1955 年和 1978 年暨南大学的历史地图(图 4),再结合前文暨南大学的规划方案,新校园实际建设与规划存在较大差异。其主要的差异集中在中轴线上未能实现礼堂功能,西南角的运动活动区未能建成,生活服务区的校园广场前移,建筑形态存在四个方面的差异。以下论述其原因,建筑形态差异于后文分析。

基于礼堂建筑优先性考量,学校在满足基建需求后仍旧没有建设礼堂,中轴线上只建设了教学大楼和图书馆,可能基于以下原因。华侨补校的划入填补了礼堂建设空白。华侨补校在 1955 年建设大礼堂,"学校开办之初先建礼堂……据说当时在广州数第二,第一是中山纪念堂……礼堂有两千多个座位"。华侨补校礼堂的规模在当时广州的高校中位于前列,广州五所高校均无大礼堂,华南师范学院(1982 年更名为"华南师范大学")还以大草棚作为礼堂。暨南大学拥有能容纳两千人规模的礼堂,无须再建礼堂,避免建筑功能重复造成资金浪费。另外,校园基建资源紧张。新校园建设处于 20 世纪 50 年代末,建设资金和建筑材料都相当紧缺,校园建设以实用为重,不建礼堂所省下的资金可以投入教学楼和住宅楼等急需建筑的建设,以确保学校能正常运行。

受土地收购影响,校园西南角的运动活动区未能建成。按照暨南大学的规划,1978 年地图(图 4)中校园西边空地本应建设运动活动区和学生宿舍区,但在学校发展多年后此地仍为空地,可能有以下原因。首先,华侨补校的划入满足了暨南大学对运动区的需求。华侨补校本身的基建规划中指出,"在填平的山沟上建一座大礼堂,未填平部分则留作运动场,南边山坡则略为铲平之后建了座教学大楼、实验室及靠东南面的四座男女宿舍、学生饭堂和一座室内体操馆"。由于运动场并不是首要的功能区,华侨补校的纳入已经使暨南大学具备了运动场和部分学生宿舍,其只需要建设少量学生宿舍作为过渡,先满足预期招生需求,待以后扩招再建设,所以留出大片空地待学校发展之用。其次,可能由于学校前期缺乏建设资金,后期缺乏征地资金。从历史地图可以看出(图 4),暨南大学西侧与石牌村之间一直是大片的农田,征地的难度并不高,推测是建校初期由于资金紧张,学校欲先满足基建需求,待以后资金充裕再开发此处。直至 20 世纪 90 年代,暨南大学仍然计划在此征地扩建,但至今一直未能成功。

校园广场建设受东石牌村搬迁的影响,原本位于生活服务区的校园广场被前移。原先规划的校园中心广场位于校园主体建筑之后,但在 1978 年的历史地图中显示为无序建设。因为校园用地原属东石牌村,村民 70 多户以冼氏为主,村中有清代所建两祠一庙。东石牌村的体量影响了村集体的搬迁,村民的安置需要时间和资金,以至于其在大学成立的 7 年后才开始搬迁至中立堂(现朝阳北大街)一带。同时,受 20 世纪 70 年代暨南大学停办影响,生活服务区的原本规划被严重破坏,进入无序建设时期。另外,教学大楼与图书馆之间预留了大广场,这是因为没有建设礼堂所导致的,不过正好满足了校园需求。东石牌村的搬迁影响了规划中的校园广场的建设,直至 20 世纪 70 年代暨南大学停办。

暨南大学(图 5)的建设正处于新中国建设时期,受民族意识增强和爱国热情高涨的影响,校园规划呈现出新时代特有的风貌,也是在建设资源紧张的情况下形成的最优化结果。社会主义建设要求转变旧有的高等教育理念,以教学主楼等为代表的集体教育设施在高等院校中首次被提到重要位置,接替近代大学中图书馆、礼堂等纪念式建筑在校园中轴线上的位置。教学大楼结合前面绿化广场和两侧的学院楼,重塑校园主门之后的空间秩序。校园空间结构也基于功能宏观分区进行设计,高度集中的教学研究区和宿舍生活区形成分隔,有别于近代大学中学院制的单元管理模式,同样契合新中国成立初期的生活空间模式。暨南大学校园规划成为现代大学空间组织方式的典型代表。

图4 暨南大学历史地图——1955年(左)、1978年(右)

图5 1966年暨南大学全景图

3. 校园扩张

校园的多次扩张影响了校园边界的成形。暨南大学校园边界从建成至 1970 年期间产生了巨大的改变,西北侧边界形成不规则的锯齿状,校园范围由最初规划的 45 万平方米发展到最终的 75 万平方米,这是暨南大学分别在 20 世纪 50 年代末、60 年代中和 60 年代末进行多次扩张所造成的(图 6)。在 20 世纪 50 年代末,华侨补校划入暨南大学,成为校园的第一次扩张。为腾出校舍,华侨补校搬至西边的华侨招待所。向东石牌村征地形成暨南大学的第二次扩张,"1964 年秋,暨南大学扩大校舍,经有关部门批准,继续征用属东石牌村(石牌大队第十三、十四生产队)的几十亩①农田、鱼塘,以及社员所有房屋的土地"。至此,暨南大学和华侨补校再次紧邻。到 20 世纪 60 年代中后期,华侨补校纳入校园范围,成为学校的第三次扩张,"到 1965 年,由于暨南大学发展的需要,中侨委和省侨委又决定把华侨补校搬迁到沙河瘦狗岭原地质学校继续办学",暨南大学保持华侨招待所原本不规则的用地边界,至此校园边界最终成形。

① 1亩=666.7平方米。

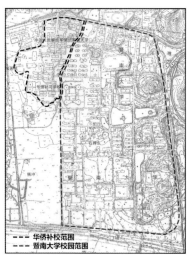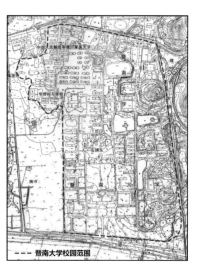

图6 暨南大学校园扩张变化(从左至右:规划时期、50年代末、60年代中、60年代末)

图7 20世纪60年代初学生入学初期修建教学楼前道路留影

同时,学校通过在校园内挖掘人工湖加强新老校区的联系。受当时华侨补校南边大量农田影响,经北门进入的车辆无法通过狭窄的田路,于是全体师生在华侨补校原址的南边挖掘人工湖,用挖掘余土修筑校园道路(图 7),建成南北大道连通南北校区。因人工湖后东西两边形似"日""月"两字,故取名"明湖"。另外,人工湖也将老校区的学生宿舍与南侧新建教工住宅区联系在一起,成为完整的校园生活区,并改善了校园的整体环境。

从 20 世纪 50 年代末至 70 年代,暨南大学校园不断向西北方向扩展。这主要是由于规划之初就没有留有空地供未来发展之用。随着教学规模的扩大,原有教师住宅无法满足需要,以至于多次征地扩建。至 1970 年,校园用地及功能分区基本稳定(图 8)。

三、建筑风格特征和技术应用

1. 现代校园的建筑特征

校园建筑布局早期受苏联式样建筑影响,后逐渐融入地域主义的气候调适策略。新中国成立后,校园建筑领域形成向苏联学习的模式,以莫斯科大学为范本的华东师范大学和哈尔滨工程大学的主体建筑以"工"字布局。到 20 世纪 50 年代末期,中苏关系破裂,国内对建筑设计模式有所反思和转变。广州地区受到当时华南工学院亚热带地域建筑研究思

图8 暨南大学功能分区变化

潮的影响,校园建筑布局逐渐脱离早期苏联模式,规划设计转向探索地域气候特征。从暨南大学早期总平面图规划复原图(图2)中可以看到,建筑布局仍是以"工"和"口"字形为代表的苏联式大尺度设计,明显不适应岭南建筑对通风的需求。但从后来校园建成情况来看(图3、图6、图9),建筑布局明显不同于规划情况,教学主体建筑多数以"U"字形布局,不再形成封闭式的内院,建筑单边面宽远大于进深;宿舍类建筑采用以"一"字形为主的南向联排布局,单体建筑面宽大于进深。这种面宽大、进深小的建筑布局有利于通风,更适应岭南潮湿炎热的气候特征,明显区别于苏联厚重的连体式宿舍布局。

20世纪60年代后,校园新建建筑转向融合了现代主义理念的岭南现代建筑风格。华侨补校和暨南大学的建筑同由1952年成立的广东省建筑设计研究院负责设计。新时期校园建筑的风格正处在探索阶段,体现在1955年建成的广州华侨补校的建筑上(图10),如教学大楼采用中国固有式大屋顶设计,礼堂采用柱廊式折中设计,办公楼采用通过遮阳板适应地域特性的民族风格。进入20世纪60年代,设计风格逐渐稳定,新校区建成校舍已经摒弃了中国固有式大屋顶风格,转向功能实用的现代主义风格,形成平屋顶样式,造型简洁、经济合理,没有装饰或者少量装饰。多数建筑利用大面开窗配合阳台和外廊,形成以利于通风遮阳等为特征、适应地域特性的现代主义风格。化学楼为适应岭南气候,外墙有横向和竖向的混凝土遮阳板,造型大方,富有韵律感,在2019年入选广州市第六批历史建筑名单。暨南大学办公楼旧址建筑和广州华侨学生补习学校石牌旧址建筑也分别在2014年、2016年入选广州市历史建筑名单,它们同属20世纪60年代建筑,展现出中国在现代教育建筑上的经验累积和风格转型。

图9 20世纪80年代暨南大学校园建筑(左为校园鸟瞰图,右上为理工楼,右下为化学楼)

图10 1955年华侨补校建筑(左上为办公楼,左下为教学楼,右为礼堂)

图11 暨南大学学生饭堂

为彰显侨校特色,生活类建筑探索民族风格的营造。暨南大学会定期举办舞会,促进各国侨生之间和各所高校之间的交流。学生饭堂具备大空间条件和早期多功能厅属性,可以作为文化活动场所,晚上还可作为舞厅,成为众多学子记忆中的重要场所。"有一段时间大兴舞会,原来上头传来要选拔通晓各种语言的侨生进外交学院,据说跳舞是选拔的必备项目,于是每逢周末,未待日薄西山,四个'蒙古包'便齐刷刷弦乐轰鸣,未到黑幕降临,'蒙古包'里已可见舞影婆娑。"饭堂是校园内最具有文化特色的建筑(图11),参考当时华南农学院的"红满堂"设计,采用四个类似蒙古包的外形设计,通过连廊形成建筑群,坐落于学生宿舍附近,饭堂平面呈圆形。为提供大跨度的结构,饭堂使用砖拱结构撑起顶棚,令中间无立柱;北侧建筑采用类似券柱式的弧形外墙,将结构和装饰整合为一体;南侧建筑稍大,用柱壁撑起形成二层露台,通过两层开窗增加室内的采光,建筑整体简洁大方。这类似蒙古包的建筑使用当时昙花一现的新型砖砌薄壳结构,展现了生活类校园建筑对民族风格的探索。

2. 砖砌薄壳结构的应用

砖砌薄壳结构诞生于新中国成立初期,是在水泥、钢筋和木材供应赶不上基建需求的情况下,寻找替换材料发展出的新型结构。该结构最早由以蔡益铣为代表的华南工学院在1956年进行实验和深化,用砖壳结构代替普通钢筋混凝土和木结构的楼面和天面,而且始终未涉及来自苏联技术转移的双曲砖拱技术类型,以强调自主创新的有意识选择。由于砖壳结构不但具有一般钢筋混凝土薄壳的优点,而且在节约材料和降低造价方面都较一般的结构有独特的优越性,适用于居住用房、公共用房、厂房、仓库等各种类型的建筑。砖砌薄壳技术被逐步推广至广东省各基建单位使用,后来这种类型的屋面结构被称为"广东壳"。

暨南大学重建时期是砖砌薄壳技术的黄金年代。据统计,到1960年一共有500多栋使用砖壳结构的建筑,总建筑面积在100000平方米以上。其中,暨南大学在1958年7月建成全国第一栋天面、楼面全部用球面砖壳的三层住宅(图12),学生饭堂也是继华南农学院"红满堂"砖壳建筑成功后的延续之作。暨南大学的重建时期正好赶上砖砌薄壳技术的发展时期,校园内建筑也成为先行示范成果,住宅和饭堂的构造技术展示出七种砖砌薄壳技术中的两种,在验证技术的同时探索新时代建筑风格。

四、结语

1. 新型高校的规划方式

新中国成立初期高等教育方针的施行形成了以政府为主导的办学建设实践。总结近代大学校园设计的经验，校址选择更具有主导性，校园布局更具有高效性。新中国成立初期校园规划以功能集中分区为主导，促成主轴线以教学大楼为主的主体建筑空间新秩序，形成新型大学空间组织方式。

2. 探索新时代的建筑特色

暨南大学不同于国内其他高校，主要服务于语言生疏、对环境陌生的归国侨生，为展现新中国的时代特色，其校园建筑也力求风格和技术上的创新。教学类建筑采用适应岭南气候的现代化风格设计，生活类建筑探索新型砖砌薄壳技术以形成民族风格。暨南大学为新中国成立初期广州校园建设历史留下了重要样本。

图12 1965年暨南大学校园鸟瞰图（中间南北大道左侧为球面砖壳住宅，俗称"老六栋"）

注：地图资料来源于《1955年广州市航空影像地图册》和《1978年广州市历史影像图集》。

参考文献

[1] 张晓辉,夏泉.暨南大学史(1906—2016)[M].广州:暨南大学出版社,2016:7.

[2] 李修宏,周鹤鸣.广东高等教育(1949—1986)[M].广州:广东高等教育出版社,1988:51.

[3] 张泉林.当代中国华侨教育[M].广州:广东高等教育出版社,1989:15-17.

[4] 新型的大学灿烂的远景// 暨南大学—庆祝建国十周年暨建校一周年[Z].广州:暨南大学,1959:27.

[5] 夏泉等.百年暨南[M].广州:暨南大学出版社,2006:58-61.

[6] 广东省立中山图书馆.广东百年图录:下册[M].广州:广东教育出版社,2002:512-608.

[7] 张树人.校园趣事三则[M]// 陈丹,贺娟萍,刘莉.甲子心迹:暨南大学华文学院广州华侨学生补习学校建院/校60周年纪念特刊.广州:暨南大学华文学院,2013:34.

[8] 符国柱.广州补校校舍基建变化简忆// 陈丹,贺娟萍,刘莉.甲子心迹:暨南大学华文学院广州华侨学生补习学校建院/校60周年纪念特刊[M].广州:暨南大学华文学院,2013:13.

[9] 广州市天河区石牌村民委员会.石牌村志[M].广州:广东人民出版社,2003:206.

[10] 徐元昭.回望历史再奔前程// 陈丹,贺娟萍,刘莉.甲子心迹:暨南大学华文学院广州华侨学生补习学校建院/校60周年纪念特刊[M].广州:暨南大学华文学院,2013:6.

[11] 张泉林.奇达同志在暨南大学重建初期[M]// 欧初,张德昌,张茵林.常有四海心:梁奇达纪念文集.广州:暨南大学出版社,2004:156.

[12] 何宝玮.广东省高等学校建筑图集[M].广州:广东高等教育出版社,1991:21-22.

[13] 广东省建筑设计院研究院.金色岁月:广东省建筑设计研究院五十年史料专辑[M],内部发行,2002:5.

[14] 蔡锦桂.不是山形是船形:暨大生活散记[M]// 草根岁月.北京:中国文联出版社,2006:236.

[15] 夏珩,贺茜子,王鹏,等."广东壳":节约"三材"与薄壳技术的历史乌托邦[J].建筑师,2021(6):58-68.

[16] 蔡益铣,罗崧发,姚肇宁,等.广东省砖砌薄壳的建筑实践[J].土木工程学报,1960(5):11-24.

[17] 广东省建筑设计院.广东砖薄壳的设计及施工情况介绍[Z].广州:基建设计馆,1960:2.

Recalling My Mentor Liu Hongdian
追忆恩师刘鸿典

陈荣华*（Chen Ronghua）

摘要：笔者以坚定学习建筑学的意志，投入刘师门下。在本文中，笔者结合历史大潮的时与势，追述了刘师作为执业建筑师和建筑教育家的成就与艰困，感恩先生的教诲。

关键词：刘鸿典；建筑师；教育家；成就

Abstract: With a firm will to learn architecture, the author was taught by Mr. Liu. In this paper, the author combines the time and trend of the historical tide, recalling Mr. Liu's achievements and difficulties as a practicing architect and architectural educator, and was thankful Mr. Liu's teaching.

Keywords: Liu Hongdian; Architect; Educator; Achievement

　　我对刘鸿典先生的情感完全源自感恩和好奇。尽管刘先生没有直接教过我，但他对我的影响却伴随我终生，而且这种情感越来越浓。

　　说是追忆，不如说是浅述。仅凭与刘先生有限的几次接触，拜读刘先生的几部作品，不可能深入先生的真实世界与内心，同时对先生简历和作品的解读也难免带有主观的成分，所以肤浅和错漏就在所难免。但出于对先生的敬慕和感激，还是决定把它写出来。恰逢班长若良兄说要编辑出版《建筑六二纪念集》，更觉得有必要抓紧完成，以就正于同窗学友，更好地怀念我们共同的恩师。

一、在校时与先生结缘

（一）坚定学习建筑学的志向

　　我从小喜欢画画，但却没有受过正规的训练，其实也没有这方面的天赋。小学我读的是丹岩小学，那时我比老师画得还好，因为那时的农村小学并没有专职的绘画老师。上初中时，虽然学校里有了毕业于西南美术专科学校（现为四川美术学院）的钟覆履老师，但因美术课不是主科，课时很少，所以直到18岁之前，我都没有见过正规的素描、水彩画、油画和雕塑，只是受"小人书"即连环画的启发，画些侠客、军官之类的形象。高一时碰上"大跃进"，我被调去以书画的形式做些宣传工作，绘画水平有点提高。但钟老师仍然对我产生了重要的影响。初中毕业前，钟老师建议我报考美院附中，我不愿意，所以婉拒了钟老师的好意。但钟老师进一步指点我，说已经毕业的女生傅竺萍，其父是一位小有名气的画家，由于家学濡染，她也喜画画，后来上了重庆建筑工程学院（现为重庆大学）的建筑专业，很是得心应手。由此我知道了建筑专业也需要有美术基础，又是工科，于是坚定了将来报考建筑专业的决心。后来因各种原因，1961年我高中毕业后报考的是西安冶金学院（以下简称"西冶"，现为西安建筑科技大学）而非重庆建筑工程学院。事实证明，我的选择是正确的。

* 重庆市设计院原总建筑师，重庆市首届勘察设计大师。

（二）投入先生门下

虽然考入了西冶，但我却被分配到工民建6104班，虽然不大情愿，但也没有办法，尤其是看到建筑系馆走廊上展出的学生作业，是那么精美，很是失落。好在工民建也是学院的王牌专业，我学起来没觉得有压力，慢慢地就忘了自己的初衷。第一学年结束后，我突然发现同班的焦冀曾同学在奋发努力地画着素描，再一看韩礼成、苏超辉也在画画，追问之下，才知道他们已经或准备转学建筑学，这让我大吃一惊，于是我赶紧找来纸笔，画了三幅：一幅是《钢铁是怎样炼成的》中的主角保尔·柯察金素描画像；一幅是丰子恺的水彩头像；还有一幅是静物素描写生。等到暑假结束开学时，我拿着这三幅画及在工民建一学年的成绩单，直接找到建筑系主任刘鸿典先生，说我本来是报考建筑专业的，却被分到工民建，这是一个错误，应该改过来！刘主任看我说得这么直白，笑了，但却说："国家是按计划招生的，这是社会主义的优越性。"这令我大为紧张，争辩说："我不是学工民建的料，留在那里是浪费国家的资财。"而刘主任对于我能否转学，却始终不置可否，不过还是把我的画和成绩单留了下来。我在忐忑不安中继续在工民建上了半个月的课，才收到通知，于是我转入建筑六二班，成了建筑系的新生，也算是投到刘鸿典先生的门下，就此我一生的命运发生了改变，所以我特别感谢刘主任。

我们之所以能够转学建筑学，其实有一个大背景。一是1960年建筑学专业招生取消美术加试后，其负面影响已显现出来。二是经过三年严重困难时期，国家提出了"调整、巩固、充实、提高"的方针。在科学教育方面也有些举措，如制定了《1956—1967年科学技术发展远景规划》，着力提高学校教学水平，并有恢复学衔制的打算，等等。这让学校看到了希望，也想借此机会重振学风，于是决定让有主动学习建筑学意愿的学生转入建筑学专业，而不愿学习建筑学的学生也可转入他们想学的专业。这显然是个明智的抉择，对此，作为系主任的刘鸿典先生无疑起了决定性的作用，因为他作为建筑教育家和曾经的执业建筑师，深知建筑学专业需要的素养。1962级本来招生就少，质量较高，加上这次调整，建筑六二班成为当时系里乃至学校最受瞩目的班级。不仅如此，系里还强调进一步加强"三基训练"（"三基"即基础知识、基本理论、基本技能）。建筑六二班有幸成为"三基训练"试点班，而担任"三基训练"领导小组组长的正是刘鸿典先生指定的民用建筑设计教研组组长、高校通用教材《民用建筑设计原理》的作者黄民生副教授。我们当时可能没有觉察，因着这次试点建设，相关课程的设置都有所加强，自己的能力也随之提升，以至我在施工单位待了17年后"逃"到设计院工作，所做的第二个工程便是重庆市人民大礼堂的扩建工程（四星级仿古建筑旅游宾馆），那时还能够应付自如，这不能不说是得益于"三基训练"。正应了那句"不识庐山真面目，只缘身在此山中"，现在想来，感慨良多。

（三）感受先生的魅力与温暖

刘鸿典，当时全院仅有的5位二级教授（是仅次于学科泰斗的级别，在全国不多见）之一，我对先生的崇拜之情油然而生（图1）。早听说先生的水彩画很棒，但却无缘见识，后来终于有了一次机会。起因是沈元恺教授设计的西安报话大楼即将建成，在竣工典礼上需要一幅大型彩色效果图，或许是出于对刘先生的尊重，遂请刘先生执笔。大约是"七一"前的两天，我们正在上设计课，突然有同学悄悄告诉我："刘先生要动笔了！"我赶紧跑出去。只见刘先生的画板前已围拢了六七个人。画稿上已有一层淡淡的底色，已经开始画天空了。蔚蓝的天空上飘着白云，云朵的底部被夕阳的余晖染得金黄；渐渐地，接近地面的天空也变成了暖色；地面将就底色，只是在柏油马路上铺上一层紫灰色，在尽头处，消失在与天相接的视平线上。趁着底色未干，远景和中景的物体也被渲染出来。紧接着便是分出主体建筑的阴阳面，暗面和阴影用湿画法画出深浅与冷暖。"暗部是最丰富的地方，因为其光源来自天空、地面与墙面，甚至是周围的景物，相互影响，相辅相成。但它永远强不过亮部，因为那里的细部更加清晰、更加精致！"刘先生望着画面说。一切是那样自然、流畅、生动，整体效果已明显地呈现出来。水分饱满、色彩亮丽、调性统一，具有极强的阳光感、空气感与空间感，即使是最暗处，水彩纸上那特有的纹理也清晰可见。一气呵成、不留斧凿痕，与我们平时画渲染图时一遍又一遍地叠加，大不相同，真可谓大家风范。至于门窗、线脚等细部要等这一遍干透后再来深入刻画。可惜我要赶回去上课，没能看到最终的成品，实乃憾事。

我恒切盼望着到高年级时能够得到先生的亲自指点，然而一直未曾如愿。只是有一次，刘先生到教室视察，在我的图板前停了一会，似乎流露出满意的目光，政治指导员吴遄珍介绍说："陈荣华，好学生。"这让我感到些许的安慰。因1964年开展了"社会主义教育运动"，大家给我提了三条意见：一是骄傲，二是不像中农出

图1 刘鸿典晚年像（图片来源：刘鸿典《刘鸿典学术文集》，科学出版社，2020）

身,三是资产阶级思想严重。这让我产生了极大的心理压力。我们有一期的课题设计是宽银幕立体声电影院。起初我的方案得到指导教师刘宝仲的赞许,但到后来却成了"资产阶级唯美主义"的典型,差点被判不及格。最后闹到系里,由刘先生裁决,给了个 4 分。

二、离校后再识先生

1968 年 12 月,我们终于毕业,走向社会接受工农兵的再教育。我在辗转于重庆、河南、四川三地的冶金、石油施工单位 17 年之后,终于借"五不要"①契机"逃"至重庆市设计院,做了一名建筑设计的新兵。由于业务荒废已久,不得不从头再来,开始关注建筑学的发展和母校的情况。除之前在《建筑学报》上看过刘先生在 1959 年由建工部部长刘秀峰主持召开的"上海建筑艺术座谈会"上"关于建筑艺术的几个基本问题"的发言和《关于住宅西晒问题的探讨》的论文之外,20 世纪 80 年代中期,我又在《建筑师》杂志"新中国著名建筑师"栏目中看到对刘鸿典先生的介绍,其中还刊发了先生的若干作品,大多是他所做工程项目的效果图,其中包括民国时期的上海市立图书馆。后来,在网上看到科学出版社出版了《刘鸿典学术文集》,我便买了一本;加上我为撰写《三个著名建筑及其设计师》(其中就有上海市立图书馆和刘鸿典)查阅了许多资料,刘先生的形象在我心里逐渐丰满起来,对他取得的成就也愈发了解了。但由于《三个著名建筑及其设计师》的主题所限,对先生的感恩之情意犹未尽,便开始写作本文。

(一)先生生平

刘鸿典(1905—1995),辽宁宽甸人,东北大学建筑系毕业,获学士学位。中国第二代建筑师代表人物之一,著名建筑教育家、书法家。1949 年以前,主要在上海执行建筑师业务;1950 年受聘担任东北工学院(原东北大学,以下简称"东工")建筑系二级教授、建筑设计教研室主任兼建校委员会副主任、系建校设计室主任、系学术委员会主任、校学术委员会副主任。1956 年,全国高等学校院系调整时,东北工学院与西北工学院、青岛工学院、苏南工业专科学校的土木建筑类学科合并成立西安建筑工程学院(即今西安建筑科技大学),刘先生任系主任、院、系学术委员会副主任、主任,直至 1966 年"文化大革命"开始。多年来,其致力于教学改革及研究生培养。历任中国建筑学会理事,国家建委科学研究审查委员会委员,中国圆明园学会学术顾问,陕西省土木建筑学会副理事长,陕西省、西安市建筑学会副理事长等职。

(二)作为执业建筑师的成就

刘鸿典师从梁思成、林徽因、童寯、陈植、蔡方荫等,是中国"建筑四杰"的直系传人(图 2)。他早年执行建筑师业务,是中国早期极少没有留洋经历的"国产"著名建筑师,也是《建筑师》杂志第 9 期介绍的首批 5 位"新中国著名建筑师"之一。两院院士吴良镛先生曾称,张镈、刘鸿典是梁思成在东北大学培养的两位大师。只不过张镈大师一直坚持在建筑创作第一线,其水平与成果在同龄人中无出其右;而刘鸿典先生在 1949 年之后则主要致力于建筑教育,在他所在的领域,也取得了骄人的成就。刘鸿典 1932 年大学毕业之后(图 3)任上海市市中心区域建设委员会建筑师办事处技术员;1936 年取得开业建筑师证书;1939 年至 1941 年先后任上海交通银行总行、浙江商业银行总行建筑师;1941

① "五不要"指20世纪80年代重庆引进人才政策:不要档案、不要户口、不要粮油供应关系、不要单位调动手续、不要党团组织关系。

图2 东北大学建筑系师生合影(图片来源:栋梁——梁思成诞辰一百二十周年文献展)
前排:左一蔡方荫、左二童寯、左四陈植、左五梁思成、右一张公甫
二排:左三刘国恩、左四郭毓麟、右二张镈
三排:右二刘鸿典、右三刘致平、左五石麟炳
四排:左二唐璞、左三费康、左五曾子泉、左六林宣

图3 刘鸿典毕业照

年至 1945 年创办上海宗美建筑专科学校,自任校长兼营建筑师业务;1947 至 1949 年在上海同郭毓麟、张剑霄创办"鼎川营造工程司",从事建筑设计及营造。其主要作品有民国时期的上海市立图书馆、上海市游泳池、美琪大戏院、虹口中国医院、淮海中路上方花园风格各异的独立住宅、其他私人住宅以及南通、福州、杭州等地的交通银行等;1949 年后则主持过东工的校园规划设计,以及东工四大学馆之首冶金学馆、教师住宅、学生宿舍,东工长春分院教学楼,淮南矿区火力发电厂等的设计。纵观刘鸿典先生的经历与成就,我们发现了一个有趣的规律:无论是作为执业建筑师,还是建筑教育家,他走过的路呈现为一条"U"形的曲线,从下文中可以窥见其原因。

1. 见习上海市政府大楼的设计与建造

刘先生大学毕业的时候,恰逢在中国人的主导下建设"大上海"的高潮,他有幸参与其中。1929 年,当时的南京国民政府为打破上海公共租界与上海法租界垄断城市中心的局面,计划以江湾为市中心区,建设市政道路、管网、市政府大楼、图书馆、博物馆、体育场和其他公共设施,启动"大上海计划",建造"新上海"。同年,上海特别市政府制定《大上海计划》;8 月 12 日成立"上海市市中心区域建设委员会",聘请董大酉为顾问;8 月 28 日,董大酉筹建新市府及五局办公房,共征地 8 万平方米。建筑为中国式,各局相对集中又各自分立。1930 年市府批准聘他为主任建筑师,征集新市府设计图案。董大酉邀请叶誉、茂飞、柏款士三位中外专家作为评委,从 46 份中外建筑设计师应征稿件中评出赵深、赵孙明的合作设计图案为第一名。该设计图案为中华民族建筑式样、庭院式布局,外观堂皇,极为雄伟。后吸收第二、三名的设计方案的部分优势,综合加工形成实施方案。担任评委的美国建筑师茂飞在其中起了很大的作用。茂飞具有探索中国古典复兴建筑模式的丰富经验,曾留下了北京燕京大学、南京金陵女子大学、长沙雅礼大学等经典作品,并主持过广州市政中枢和南京"国都都市计划",是把北京紫禁城宫殿建筑视作"中国固有之形式"的代表,提倡在建筑设计和都市计划中发扬中国传统文化,是建构中国建筑国家主义 – 民族主义论述的第一人。他的主张在一批具有强烈爱国主义和民族主义的中国建筑师中产生了共鸣,这些建筑师成为在中国现代化转型初期探索民族建筑现代化或现代建筑民族化的中坚力量,董大酉就是其中的杰出代表人物之一。

董大酉(1899—1973),生于浙江杭州,1922 年从清华学校毕业后赴美留学,先后就读于明尼苏达大学和哥伦比亚大学,获硕士学位(图 4)。1928 年,他学成归国,在上海庄俊建筑师事务所上班,同年加入中国建筑师学会。1929 年,董大酉被推选为中国建筑师学会会长。1930 年,他在上海创办董大酉建筑师事务所。1949 年前主要主导"大上海计划"及上海市市中心区域公共建筑设计,1949 年后任国营西北建筑公司(西北建筑设计研究院前身)总工程师。受过现代建筑教育的董大酉没有一味追求西方风格,也没有完全采用中式传统建筑方法,而是在民族风貌外表下,设计了钢筋混凝土结构的现代建筑,内部设施亦力求现代化,电梯、卫生与消防设备等一应俱全,可以说是中西合璧。对于"大上海计划"中由董大酉主持设计的一系列建筑,梁思成在其所著的《中国建筑史》评论,这些建筑"能呈现雄伟之气概",是董大酉将"西方建筑技术精华与中国建筑传统风格相融合"的思想结晶。这一批驰名中外的重要建筑,1990 年被上海市政府公布为市级文物保护单位。上海市政府大楼 1931 年 6 月动工,1933 年 10 月正式落成(图 5)。其间,刘鸿典作为上海市市中心区域建设委员会建筑师办事处的技术员,亲历其事,但非主要设计人员。

2. 首秀上海市立图书馆

1933 年 11 月 9 日,上海市政府发行公债,筹资建设上海市立图书馆、博物馆、体育场三大工程。按照"大上海计划",图书馆与博物馆东西相对,与上海市政府大楼呈三角鼎立之势。上海市政府大楼采用庑殿与歇山屋顶相贯,呈现出皇家宫殿的特征,而图书馆和博物馆则模仿北京钟鼓楼,这是主持人董大酉的创作意图,而刘鸿典被选为主要助手。

上海市政府大楼虽然雄伟气派,但众多功能被硬塞进宫殿式的大屋顶下的屋身中,造成了使用上的诸多问题。鉴于这一经验教训,刘鸿典提出的图书馆设计方案既忠实地贯彻了董大酉的创作意图,又避免了上海市政府大楼的缺点,最终由董大酉审定实施。从现存的上海市立图书馆手绘鸟瞰图看,其建筑形态是"中国固有式"与现代风格的结合,具有当

图4 董大酉肖像(图片来源:百度百科)

图5 民国时期的上海市政府大楼(图片来源:百度)

图6 上海市立图书馆手绘鸟瞰图（图片来源：石剑峰，《民国上海市图书馆将改建为杨浦图书馆，最快2017年开放》，澎湃新闻，https://www.thepaper.cn/newsDetail_forward_1253650）

图7 上海市立图书馆建筑外景（图片来源：禾庐《民国上海市图书馆》）

时流行的装饰派新艺术运动的特征，严谨而不拘泥，并蓄而加以包容，是布扎构图控制的典范（图6）。图书馆的总图布置和体量组合呈三纵两横的格局，严谨对称，秩序井然，主体突出，整体和谐；中间围合出两个矩形庭院，而伸出去的八只"胳膊"，又将周边的花园揽入怀中，建筑与环境、室内与室外相互交融、相得益彰，汲取了中国传统建筑与园林的营造智慧。位于中轴的一纵，宽且高，是图书馆的核心空间和视觉焦点，稍稍突出于前门楼，其体量分割与组合恰到好处。其屋顶平台高出周边一层，以汉白玉望柱栏杆加以围合，望柱地栿下挑出石雕螭首，令人想起故宫宫殿的台座。平台中间是重檐歇山屋顶的殿阁，其形制仿北京鼓楼，但琉璃瓦改为黄色，檐下斗栱施以青绿彩绘，栱眼及檐柱则为红黄二色，对比鲜明而又亮丽清新，颇有皇家气派。图书馆正中主入口为精美的石雕栱门，两侧配以八角形窗。栱门上方的二层挑出阳台，兼具雨棚作用，阳台同样围以汉白玉望柱栏杆，其挑梁则取雀替状。底层外墙勒脚部位做成须弥座，其束腰部分有精美的浮雕纹饰，转角部分采用良渚玉琮神兽，足见设计者对中国文化的追求。整幢建筑的外墙以略带黄色的白色假石镶砌，开竖向直条窗。除"鼓楼"外，其余屋面均为平顶，女儿墙亦很简洁，仅饰以源于斗栱抽象图案的平面浮雕，须弥座勒脚则拉通整个建筑。总体外观大气简洁，庄重典雅，而于细微之处见精神，文化品位极高（图7）。图书馆和与之相对的博物馆被称为"中国近代史上的双子星座"。

如果说图书馆的外观以现代简约见长，内部装修则具有浓郁的传统风格，同时又有所创新。一楼和二楼的大堂正面是六扇透空的青铜孔雀门，两扇一组，各有一只孔雀相向而立，门扇上方的横格则是一只开屏的孔雀。透过空灵的孔雀门，可以看到大红立柱、彩绘梁枋和天花，极为华美。其纹饰为旋子彩画，花锦枋心与空心枋心交替出现，藻井天花板的中心是"喜"字，四角为蝙蝠造型，寓意福喜双至，青蓝金黄，色彩富丽。灯具造型亦与之相配，颇为得宜。二楼屋面上，还设有玻璃天窗，加强自然采光，别有意趣（图8）。当年，图书馆还被国际媒体誉为"远东殆无其匹"，在中国建筑史上占有重要的地位。然而图书馆于1935年建成主体部分，但开放不足一年就因抗日战争而关闭了。1949年后，由同济中学使用，后闲置了15年之久。2018年，由同济大学团队精心修缮，并按原设计手稿增建了当年

图8 上海市立图书馆内景（图片来源：禾庐《民国上海图书馆》）

未完成的两翼，还原了其当年辉煌鼎盛的风貌，现为上海杨浦区图书馆新馆（图9），与原上海市政府大楼、博物馆一道成为"网红"打卡地。

末了，我们再回过头来欣赏大师的手稿。在一张并不太大的硫酸纸上，大师仅用简练的铅笔线条，就将图书馆的形体空间、建筑细部、光影关系表现得淋漓尽致且尺寸精准。尤其是对于歇山屋面的表现，寥寥几笔，就将琉璃瓦反向曲面逼真地呈现出来，光感、质感生动逼真，让人不得不佩服大师的专业素养和艺术造诣。图书馆说是模仿北京鼓楼，其实是再创造，与后者还是有很大不同的，在美学上又有很大的提高（图10）。此后，刘鸿典又协助董大酉设计完成了上海市运动场中的游泳池（图11）。

3. 上海美琪大戏院

1941年，刘鸿典又与范文照建筑师事务所合作，设计完成了美琪大戏院。美琪大戏院位于上海市江宁路66号，处在江宁路和奉贤路的转角地段，是一栋具有钢筋混凝土框架结构、装饰艺术派风格的剧场建筑。其占地面积约为3347平方米，建筑总面积约为9434.18平方米。1989年其被列为上海市文物保护单位。美琪大戏院的造型简洁肃正，仅在檐口处点缀有装饰图案。大门上方外挑的雨篷对建筑立面的整体做了水平分割，保证了入口处有舒适的尺度。同时，上半部的垂直条形长窗凹凸明显、线脚丰富、中心突出，加上两翼大块平面的使用，使整座建筑显得庄重而典雅。顶端中国式的纹样也为这座建筑增添了一些传统元素。建筑内部的平面布局功能明确，空间富于变化，转换自然流畅。门厅呈圆形，高二层，竖直条形长窗使空间更显高宽明亮。门厅两翼连接有宽敞的观众休息厅及穿堂，观众通过右翼穿堂尽端的弧形楼梯可直达回廊式布局的二楼休息厅。门、窗饰有几何形图案，大楼梯、地坪图案、天花、墙面均采用以曲线为主调的装饰，具有装饰艺术派风格；观众厅内部声、光、暖及视线效果俱佳。经过保护修缮，美琪大戏院至今仍然是上海最受欢迎的剧院之一，许多艺术家包括梅兰芳大师等都曾在这里演出，这里的上座率很高。（图12）

4. 上海上方花园

浙江兴业银行购得原属英商犹太人沙发的私家花园用地后，以英国建筑师事务所马海洋行的名义，新建74幢3层高的花园里弄住宅，取名"沙发花园"。园内住宅类型多样，有独立式、两户联立式、多户联立式等。建筑形体活泼多样，细节丰富，大多为西班牙式建筑，砖木结构，栅门、窗栅、阳台栏杆均由铸铁按设计精制而成，室内宽敞明亮、功能合理，生活设施一应俱全。另有少量现代式建筑，为老上海中产阶层的理想家园。园内住户多为高级知识分子、银行洋行经理、律师会计师和工商业主。我国著名出版家、声名赫赫的进步文人张元济也居住其内，并将园名改为"上方花园"。"上方"二字取自旧诗"月在上方诸品静，心持半偈万事空"的意境。上方花园现为被上海列入保护名录的优秀历史建筑。（图13、图14）

由于1949年前建筑师事务所的作品，都以老板的名义署名，上面4个作品若非刘师留有设计手稿，且为当时同人认可，他的业绩就会被湮没，这也是促使我撰写《三个著名建筑及其建筑师》的原因。可惜刘师的

图9 左为民国时期建成部分，右为2018年同济大学团队按原设计手稿修缮并完善两翼后的整体鸟瞰图（图片来源：禾庐《民国上海图书馆》）

图10 左上为上海市立图书馆设计手稿局部，左下为上海市立图书馆建成局部，右为北京鼓楼现照（图片来源：禾庐《民国上海图书馆》）

图11 上海市游泳池，"大上海计划"建筑照片（图片来源：《一组珍贵的大上海计划建筑照片》，今日头条）

图12 上海美琪大戏院内外景（图片来源："上海住房城乡建设管理"公众号，《打开阅读建筑新方式！今天，美琪大戏院80岁了！》，https://mp.weixin.qq.com/s/F4lniaPLN-FSXHWJmg-D4g）

图13 上方花园建筑选例及局部鸟瞰

图14 上方花园 黑白照为张元济故居

设计手稿以及书画作品大多在"文革"中散失,以至《刘鸿典学术文集》因缺少了这些内容而略显不足。需要说明的是,上方花园的图片仅为在网上可以查到的且多为在售住宅的图片,不一定具有代表性,亦非最佳图片。刘师在上海、南通、杭州、福州等地的其他作品因本人无法查找,在此从略。

5. 东工校园规划

清代和民国时期的上海,便已是国际大都市,成为世界冒险家的乐园,但上海早期的近现代建筑的设计为外国建筑师所垄断。直至20世纪20年代末至30年代初,才有一批留学归来的中国建筑师试图打破这种局面。这批人不仅握有留洋硕士的金字招牌,业务精湛,而且家世一般也较为显赫,与政府官员、上层人士有着千丝万缕的联系,因此揽活较易,成绩显著。但即便如此,真正在建筑史上叫得响的重要名号也不过十来个而已。像刘鸿典这样出身于辽宁破落地主家庭、12岁才开始读小学的贫寒人士,要在竞争激烈的十里洋场站稳脚跟实属不易。然而刘师却以自己卓越的才干在上海创造了他作为执业建筑师的第一个高峰,在中国近代建筑史上留下了不可忽视的一笔。不过17年间他留下的建筑并不多,可见其执业之艰难。所以新中国成立之初,他就欣然接受了东工的聘请,接过恩师梁思成先生的衣钵,从事建筑教育,"为人民祖国而设计"成就了他作为执业建筑师的第二个高峰。

1949年,北平和平解放。当时迁驻北平的东北大学(以下简称"东大")师生更是欢欣鼓舞,一是"反内战、反内迁"的学生运动取得了胜利,二是东大复校又可以返回沈阳上课了。1949年东大迁回沈阳,开始在铁西区,叫沈阳工学院,其中文理学院迁往吉林长春,后成为东北师范大学。因为东大原校址(张学良任校长时期在沈阳北陵的校园)被东北行政委员会占用,学校只好另选校址,于沈阳南湖重新建校。1950年易名东北工学院(冶金部重点高校),设冶金、采矿、机电、建筑四个系。建校规模宏大,学院成立了建校委员会,建筑系成立了建校设计室,刘鸿典分别担任副主任、主任。

建校的首要工作便是校园规划,这是由先生主持的。有记者评论东工的校园规划主题鲜明、分区合理、道路顺畅、管线简捷、形象宏伟、景观丰富、环境优美,是名副其实的"花园校区"。

教学区无疑是校园建设的重中之重。从建筑实景和东工师生的叙述来看,冶金学馆、机电学馆位于教学区中轴线的南北两端,中间是中庭花园;而建筑学馆和采矿学馆则位于中庭两侧,东西相对。为了强化教学区的向心力和整体感,中轴线上的两馆采用对称体形,东西两馆采用"L"形非对称体形,其拐角部分是处理重点。这样就从规划上大致决定了各个学馆的造型与特点,显示出刘师把控全局、创造教学区总体艺术效果的卓越能力。在此基础上,刘先生还亲自完成了学生宿舍、教师住宅等建筑的设计与监造。

6. 东工四大学馆之一的冶金学馆的设计

冶金学馆的占地面积为1900余平方米,是最早动工的一个,1952年建成,由刘师亲自设计。其平面成"工"字形,建筑3~5层高低错落,主从有序。各部墙面以宽窄相间的窗间墙做竖向划分,具有很强的韵律感和节奏感。中间最高部分的上方以突出墙面的5块锥形石板收头,以强化建筑高耸的态势。而该建筑最为显著的特点是以两级宽大的梯道直通二层由3个拱门构成的门廊,极大地增强了建筑的气势,但入口和梯道对来自正面和东西两侧的三方来人进入一层及二层都有极好的关照,在注重形象创造的同时,体现出以人为本、注重实效的理念。整个建筑简洁大气,但窗槛墙、女儿墙和门廊顶部都有精美的细节处理,似乎具有装饰派艺术风格的印记,这与刘师在上海的经历有关。在冶金学馆入口处理上,我们似乎可以看到上海市政府大楼的影子。总体而言,全楼构图严谨、特色鲜明、尺度比例适宜、庄重典雅凝重,是刘师在新中国成立初期的代表作品。(图15)

其余三大学馆,虽非刘师设计,但贯彻了刘师的规划意图。

按照建成顺序,建筑学馆是第二个,也是建筑系乃至全校师生最为关注的一个,由黄民生副教授主持设计。他忠实地贯彻了刘鸿典的规划意图,采用"L"形的不对称体形,拐角部分较四层主体高出两层,并在面对中庭一侧的体部屋顶设置了架空廊架。整个建筑是中国传统建筑神韵与现代风格的完美结合,建成之后在社会上引起很好的反响,报纸电台曾做过相关报道(图16)。

第三个是机电学馆,由王耀副教授主持设计,标准层也呈"工"字形,采用三段式中轴对称的经典构图。(图17)。

最后一个是采矿学馆,由刚刚毕业留校的侯继尧设计,他提交的方案符合刘鸿典的规划意图,因与建筑学馆东西相对,整个形体及细节处理与之相似而又有变通(图18)。侯继尧的方案得到刘鸿典的鼎力推荐和支持,最终,采矿学馆的全部施工设计图作为毕业设计课题,由侯带领1955级的6名学生完成。

此外,刘鸿典还设计了东工的大门,四根门柱既现代又有古风,受到人们的推崇和喜爱,许多师生都会在此拍照留念(图19)。

值得注意的是建筑学馆、机电学馆和采矿学馆虽然用了一些中国传统建筑的装饰符号,但与20世纪三四十年代直至新中国成立初期在全国一度流行的"中国固有式"或"现代式中国建筑"又有所不同,有人称之为"中国的新古典主义",其美学呈现更趋向于现代。1956年,四大学馆及其他校园建筑全部建成投入使用,但设计它们的建筑系师生却未能享受自己的成果而奉命南迁,成为西安建筑工程学院建筑系的主体。2013年,东北工学院建筑群被公布为沈阳市文物保护单位,这是刘鸿典与其伙伴们留在东北的最重要的一组大型建筑。

以上列举的刘师的代表作品,无论是20世纪三四十年代的,还是20世纪50年代的,放在当年的时代背景去审视,都称得上出彩和杰出,而且具有共同的特点:以人为本、适用为上,整体简洁、细节丰富,风格多样、因事制宜,随机应变、与时俱进。这些特点的形成,源于刘师扎实的基本功和强烈的创新欲。他在上海长达17年的历练和新中国成立之后"为人民祖国而设计"的热忱,使他的上述作品具有较高的历史价值、艺术价值和社会文化价值,从而受到后人的珍视和保护,并且继续持久地发挥着它们独特的作用。

图15 东工冶金学馆建成实景及局部

图16 东工建筑学馆建成实景及细部　　　　　　图17 东工机电学馆建成实景、门廊及细部

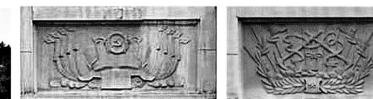  

图18 东工采矿学馆建成实景、门廊及细部　　图19 东工大门门柱

（三）作为建筑教育家的风采

在建筑教育方面，刘鸿典继承了梁思成"理工与人文结合""又博又精"的理念，强调"三基训练"，提倡"知行合一"，积极带领师生参加社会实践和工程实践，为学校建筑教育打下了坚实的基础。

1. 教育成就掠影

在刘鸿典的门生中，涌现出了不少杰出的专家学者，20 世纪 50 年代毕业的有赵立瀛先生——西安建筑科技大学教授，全国最早的建筑历史与理论三个博士授予点之一的创建者，"中国民族建筑事业终身成就奖"获得者；聂兰生（女）先生——天津大学首批女博导之一，著作等身，誉满全国；侯继尧先生——西安建筑科技大学教授，早在大三时即已获得"建国纪念塔"全国设计竞赛唯一金奖，为中国生土建筑研究的先驱者；刘永德先生——西安建筑科技大学教授，"陕西省杰出建筑师"，"长安新八景"创意提出者，虽年近九十，仍笔耕不辍，著作等身。（图 20）20 世纪 60 年代毕业的有王小东先生——新疆建筑设计研究院院长，中国工程院院士，全国工程勘察设计大师。20 世纪 80 年代毕业的有常青先生——同济大学教授，中国科学院院士；刘纯翰先生——甘肃省建筑设计院总建筑师，全国工程勘察设计大师；等等。刘师可谓桃李满天下，许多弟子成为业界和学界的翘楚（图 21）。

2. "知行合一"的实践

事实上，在 1941—1945 年，刘鸿典就在上海创办了宗美建筑专科学校，同时在兼营建筑师业务的过程中以师带徒的方法，培养了不少人才。如新中国成立初期被高薪聘请到重庆市设计院的龚达麟，在 1950—1952 年就承担了重庆市劳动人民文化宫的总体规划和主体建筑的设计。该建筑被载入中国现代建筑史册，是重庆市、渝中区两级文物保护单位，成为中国 20 世纪建筑文化遗产。龚达麟受恩师教导，手上功夫十分了得，至今龚的后人还保有刘师赠送给他的水彩画作。

1950 年，刘鸿典到东北工学院任教后，更将他"知行合一"的教育思想发挥到极致。1951 年上学期 19 名学生在接受短暂的训练后即停课参加建校活动，半年以后复学，直到毕业。据刘鸿典的得意门生侯继尧回忆，他日夜跟随刘师，"看到一个大型建筑从构思草图、方案推敲到平立剖面、装饰纹样和节点详图以及设计说明书等全部过程，需要一百多张手绘图纸才能付诸实施，而且还要负责监造，处理施工过程中遇到的问题。这对一个立志要学好建筑学的学生来说，是一个千载难逢的机会"。不只是侯继尧，建校初期，所有学生都参与了建校工程的设计工作，主要是在老师指导下绘制施工图，他们也得以见识了整个设计过程。学生们在工程实践中强化了对基本理论、基本知识的理解，掌握了基本技能，成长很快。不仅如此，1953 年暑假，刘鸿典还带领师生参加"建国纪念塔"全国设计竞赛，并取得了优异的成绩。竞赛章程规定，设一等奖一名（金奖）、二等奖两名（银奖）、三等奖两名（铜奖），东工建筑系共有 5 人获奖，其中侯继尧获得金奖，王耀副教授获得铜奖。一名在读的大三学生一举夺冠，且铜奖也被同校老师收入囊中，对此，校内外都很轰动，媒体纷纷报道，学院共青团组织和沈阳市政府双双召开表彰大会，颁发奖金，并设宴庆贺。一时间东工建筑系风光无限。这一时期东工建筑系的毕业生素质很高，后来大多成为高校和建筑设计行业的翘楚，成就显著。

刘鸿典提倡的"知行合一"的传统，一直延续到西安建筑科技大学。不过南迁之后，由于各种原因，学生"真题真做"的机会就比较少了。就我个人所知，大型工程只有沈元恺教授设计的西安报话大楼，现为西安市优秀历史建筑（图 22）。我于 1963 年暑假参加了该大楼的竣工图绘制，这次宝贵的经历让我收获巨大，受益多多。而改革开放之后，师生参加国内国际设计竞赛达到高潮，使西安建筑科技大学成为全球获得国际建协组织的国际大学生建筑设计竞赛奖项最多的学校，并两次获得最高奖项——联合国科教文组织奖。在 2020

图20 左为赵立瀛获奖照，中为聂兰生先生学生时期（在东工大门前），右为刘永德先生近照

图21 笔者与恩师们的合影（右一赵立瀛，中林宣，左二刘宝仲，左一陈荣华）

年软科中国大学建筑学学科排名中，清华大学与西安建筑科技大学分列第一、第二名（图 23）。

3. 兼顾理工学科与人文教育

关于教育我们体会最深的是刘师非常重视工程技术课程。如把高等数学、三门力学（理论力学、材料力学、结构力学）、三门结构（砖木结构、钢筋混凝土结构、钢结构）列为必修课程，跨越 4 个学年。相比其他学校，如此的课程设置分量是较重的，而且还有建筑物理的热工学、光学和声学。但就我个人经验而言，要做一个勇士创新且对设计得心应手的建筑师，这些课程的学习还是非常必要的，现在有人提出“工程建筑学”，对此“三基”也是必不可少的。在人文方面，刘师国学基础很好，精通书画，还著有《诗词格律》，与林宣先生（林徽因堂弟，同为东北大学毕业生）一起为研究生讲解古汉语，以便阅读古代文献。但在 1957 年后，人文学科的课程仅剩下中外建筑史和美术课。课外则安排了张拟赞老师的音乐讲座（图 24）。

其实建筑学非常需要人文学科的滋养。建筑与规划的根本目的是为人类创造生存与生活的美好环境，实现诗意的栖居，其本身就是人类文明和文化的载体。从某种意义上说，建筑与规划是人类学、文化学、社会学、经济学的空间化和物质化。但在那时“抓‘纲’治校”的大环境下这些人文课程的安排，不是刘师所能左右的。

图22 西安报话大楼实景

中国最好学科排名 2020　　0813 建筑学

排名层次	2020排名	2019排名	学校名称	总分
前2名	1	1	清华大学	1078
	2	4	西安建筑科技大学	835
前5%	3	2	东南大学	719
前10%	4	3	同济大学	716
	5	8	华南理工大学	484
	6	5	天津大学	421
	7	7	哈尔滨工业大学	346

图23 2020年软科中国大学建筑学学科排名

三、值得尊崇的典范

1957 年反右斗争后，刘师的爱徒侯继尧和其他才华横溢的青年教师被划为右派分子，这使他陷入了低沉期。可以想象，如果侯继尧以及刘师自己能像聂兰生在天津大学那样相对宽松的环境中将会取得怎样的成就。尽管他在 1955 年就取得了硕士研究生的授予权，但实际招生极少，学术研究也几乎停滞，只能把心思用在教学、行政上，当然也带毕业班，为青年教师开设提高课。好在刘师为学校建筑教育体系打下了坚实的基础，使建筑学科的教学质量始终处在全国的前列。无论是 20 世纪 50 年代、60 年代到 80 年代，还是 20 世纪 90 年代，他的门生中都涌现出了不少杰出人物，许多人成为建筑行业的佼佼者。他的关门弟子李正康（后来成为甘肃省建筑设计研究院院长）代表甘肃校友赠送的刘鸿典先生的塑像被安放在西安建筑科技大学建筑学院的大门口，成为新老学生追忆膜拜的偶像（图 25）。从刘师当选中国建筑学第一届理事和第五届理事的时间节点看，就可以知道刘师走过了一段怎样的“U”形的艰辛旅程，所幸历史是公正的，刘师在他晚年的时候终得正名，并被作为中国建筑师第二代代表人物之一和著名的建筑教育家而载入史册。作为他的门生，我们永远怀念他！

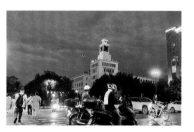

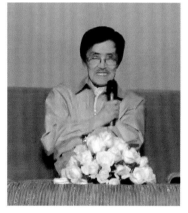

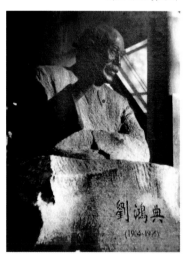

图24 张拟赞老师

图25 刘鸿典塑像

A Short Trip, a Lifelong Memory
—In Commemoration of Mr. Chen Zhihua (Part 1)

短暂的旅行，终身的怀念——纪念陈志华先生（上）

韩林飞*（Han Linfei）

图1 陈志华先生生前照片（李玉祥摄）

2022 年 1 月 21 日，虽然前一天睡得很晚，但一大早就醒了，起来翻朋友圈，看到与陈先生全集出版信息有关的文章下有一个祈福的表情，我略有不祥之感，这段时间几位清华老先生的先后离世令晚辈们唏嘘悲伤不已，莫非陈先生也离开了我们……我不敢多想。我知道先生住进医院两年多了，因那会正处于新冠肺炎疫情防控期间不能去探望，我深感遗憾。记得 2018 年初通过电话给先生拜年，他还如平常一样忧国忧民，感伤他一生钟爱的古村落事业，关心我对苏联前卫建筑历史的探索，夸奖我对勒·柯布西耶与莫·金兹堡的比较研究，虽然语句不如从前那么流畅……

到了中午，陈志华先生（图1）于 1 月 20 日晚 19 时在北京去世的消息刷屏了。当晚，不怎么失眠的我失眠了，莫名其妙地焦虑，走到书架前鬼使神差般地拿起的正是陈先生所著的《北窗集》和所译的《风格与时代》，于是我又翻了一遍。先生睿智的思想、直爽通达的话语，使我平静了下来……3 点 40 分终于静下来睡觉了……这也许是冥冥之中陈先生对后生最后的指导吧。

第一次与陈先生见面是在清华大学（简称"清华"）主楼的走廊里，那时陈先生正与汪坦先生大声谈论着德里达的解构主义，旁边本校的同学告诉我这就是大名鼎鼎的《外国建筑史》的作者陈志华先生，这让我对陈先生更加敬佩了，两位先生的形象也更加高大了。那时清华建筑的先生们如群星般璀璨，照得我们这些刚入学的研究生心生敬仰、佩服不已。20 世纪 90 年代初，清华建筑的硕士研究生很少，博士研究生更少，老师们一年只招一个硕士研究生，甚至一些老师某些年份还不招研究生，我们 1991 级建筑专业的所有研究生加上留学生也不过 28 人。第一次见陈先生我只是远远地看着，心生敬仰，与陈先生真正近距离交流是在 1998 年秋天。那时我正在莫斯科留学，其间有机会陪同《世界建筑》杂志社俄罗斯专辑代表团访问俄罗斯，陈先生便是代表团成员之一，我们在莫斯科、圣彼得堡等城市，一起度过了难忘的 15 天。短暂的旅行，让我终生难忘。

一、大师探访的足迹、对先师理念的灼见：访梅尔尼科夫故居

1998 年 8 月 30 日，在莫斯科留学的我迎来了《世界建筑》杂志社俄罗斯专辑代表团。代表团成员、令我尊敬的陈志华先生率先走出了行李提取厅，身材挺拔的先生目光炯炯，略显严肃，注视着谢列蔑契娃机场大厅顶棚上一个个古铜色的桶状装饰物。学生见到老师总是有些胆怯的，况且还是心目中的严师，一贯以批判现实问题著称的泰斗。陈先生以其一贯的风格，见我也没有寒暄，直接问我明天的行程。我简单地向先生汇报了第二天的行程，当陈先生听到第二天下午直接去梅尔尼科夫住宅，建筑师梅尔尼科夫的儿子将接受我们的采访时，先生露出了孩童般会心的一笑。印象中一直严谨的先生发自内心的惬意的微笑，彻底消除了我对严师的僵化印象，陈先生平易近人的笑容拉近了我们的距离。

*北京交通大学教授、博导。

第二天下午，我们坐地铁来到了阿尔巴特大街克里弗尔巴斯基小巷，苏联建筑大师梅尔尼科夫的住宅所在地。在去时的路上，地铁上一如既往的嘈杂，在铁轨的隆隆声中，陈先生站在我身边向我如数家珍般地讲着梅尔尼科夫的贡献。我知道先生在 20 世纪 80 年代初深入研究了苏联前卫建筑的理论与作品，但他从俄罗斯历史与文化的进程中形成的对苏联先锋派建筑与艺术的真知灼见，令我至今记忆犹新，特别是他对许多先锋建筑师和其作品的分析，透彻而深入，在之后的参观中他见到一些作品就能直接说出建筑师的名字和简历，甚至可以说出许多关于他们的奇闻逸事，这令同行的我们惊叹不已，非常佩服陈先生的记忆力。非常可贵的是，陈先生撰写的《外国建筑史》及《俄罗斯建筑史》的教材巨著更是学界的传奇，当时，从未出过国的陈先生坐穿图书馆的冷板凳，遍阅群书，从历史长河中深入分析东西方建筑的发展，建立起令人叹服的历史观、价值观，客观准确地评价了 20 世纪 20 年代充满激情、蓬勃发展的苏联前卫建筑，为研究苏联社会主义城市与建筑的历史做出了卓越的贡献。

进入这个由两幢圆柱体建筑相交构成的梅尔尼科夫住宅后，陈先生以一贯的严厉目光上下审视着这座别致的、窗户为蜂窝状的住宅的室内空间布局。在整个参观过程中，陈先生没有说一句话，神情略显严肃。采访开始了，小梅尔尼科夫也是神情严肃，两位不同国家的老人有关于类似经历的记忆，虽第一次见面，但曾经的境遇使他们彼此心照不宣。小梅尔尼科夫开始讲述父亲的故事，语气平缓，客厅里非常安静，只能听到热水壶烧水发出的"咕嘟咕嘟"的响声。当听到 20 世纪 30 年代在斯大林教条主义专制下，建筑师失去了创作的自由，梅尔尼科夫被当作典型批判，停止工作时，陈先生眉头紧蹙，拳头攥了起来，双拳杵在桌面上，为这位创造者的遭遇感到愤愤不平。当听到为节省砖材，施工时蜂窝状结构是完全空置的，并且不作为窗户的可以在施工后填充施工的建筑废料，以满足经济及运输的需求时，陈先生大为赞叹这种形式与功能的完美结合。陈先生真诚地评价道："梅尔尼科夫以独特的空间处理方式在 20 世纪 20 年代的俄罗斯建筑史甚至是世界现代建筑史上展现了真正的才华，他所做的设计，不仅在外形上是破格创新的，在功能上、经济上、构造上、材料使用上，也令人耳目一新。"这些坦诚的、没有一丝恭维的话语使小梅尔尼科夫感动不已，他说道："你们中国人真是了不起，这位老同志竟如此了解我的父亲。"他说出了"同志"这个让我们略感生疏的词语，我们大家会心地笑了起来。

小梅尔尼科夫开始为大家倒茶，每人一杯加糖的俄罗斯红茶，色浓而味甜，中俄双方的同行们逐渐放松下来，采访与谈话慢慢地随和起来，如同老朋友见面一般，气氛融洽了许多。不像是杂志采访，更像是拉起了家常，小梅尔尼科夫也轻松了许多，他和我们说起了梅尔尼科夫被停止工作，被以莫须有的原因停发护照，不被允许出国办个人作品展览。但天才的创造终究是扼杀不了的。1968 年莫斯科建筑学院同意梅尔尼科夫免答辩，授予他博士学位；1995 年为了纪念梅尔尼科夫诞辰一百周年，在建筑师之家（又名苏联建筑师俱乐部，舒舍夫设计，面积近万平方米）举办了梅尔尼科夫的回顾展。陈先生忧郁地说，希望有一天我们中国也能为那些在"文革"期间受到不公正待遇的学者出版作品、办展览。这就是陈先生的真心话，他时时为中国学术界的繁荣与发展而操心。

回想起小梅尔尼科夫同志态度的转变，我深深地为陈先生深厚的学术功力所折服，正是陈先生对梅尔尼科夫深入的研究，在世界现代建筑史起源阶段对苏联先锋建筑的透彻认知，拉近了我们与小梅尔尼科夫的距离，使其与我们一起座谈了两个多小时，甚至破例允许我们与他合影，留下了珍贵的记忆（图 2、图 3 ）。《世界建筑》俄罗斯专辑很快地在 1999 年出版，其中就有陈先生的一篇文章《梅尔尼科夫住宅访问记》。2000 年，我专程把这本专辑送给了小梅尔尼科夫，特意把陈先生的文章口译给他听，老人听完非常欣慰。他告诉我一个事情，过去有一个日本杂志的人员在梅尔尼科夫住宅上上下下拍了不少照片，令他生厌，从此他不再允许采访者拍照。

图2 访梅尔尼科夫住宅（左起冯金良、韩林飞、小梅尔尼科夫、陈志华、王毅，摄影王路）

图3 访梅尔尼科夫住宅（左起王路、韩林飞、小梅尔尼科夫、陈志华、王毅，摄影 冯金良）

二、两位淡泊名利的师长，书写保护的中俄篇章：陈志华先生与普鲁金院士的交流

1998 年秋天的这次访问，我们到莫斯科后，还拜访了普鲁金院士（图 4 ）。而要说陈志华先生与普鲁金院士的交流，我们还要从 1997 年普鲁金院士访问清华大学说起。

图4 普鲁金院士与《世界建筑》杂志
（冯金良摄）

图5 普鲁金院士与吴良镛先生谈话（罗森摄）

　　1997年6月，俄罗斯建筑遗产科学院的普鲁金院士（图5）访问了清华大学，在建筑学院新院馆举办了学术讲座，这是多年以来俄罗斯学者第一次来清华大学开展建筑学术交流，吸引了许多听众，吴良镛院士、陈志华先生、罗森先生、秦佑国先生、张复合先生、吕丹先生等都来到了报告厅。普鲁金院士详细介绍了从苏联建立后就开始的古建筑修复与保护工作，特别讲解了他主持的红场上的瓦西里·伯拉仁诺夫教堂的修复，该教堂已经成为俄罗斯的象征，他主持的新耶路撒冷修道院的修复也吸引了国际社会的关注，成为联合国教科文组织资助修复的对象。最后他介绍了莫斯科金环古镇上的苏兹达里和弗拉基米尔古村落的修复实践，引起了陈先生的关注。会后，陈先生专门与普鲁金院士单独谈了十来分钟古村落修复的一些问题，可惜因有晚宴，没有深谈。院领导和诸位先生们请陈先生一起参加晚宴，陈先生婉拒了，我知道对于这样的场合，陈先生向来是敬而远之的。但他详细询问了普鲁金院士在近春园住宿的房间，约好第二天下午再聊。这两位来自不同国家的师长一见如故，需要时间长谈，会后简短的谈话显然是不够的，他们爽快地约好了会谈的时间。

　　第二天下午，陈先生带着他在台湾出版的几本关于古村落保护的著作与普鲁金院士聊了一个下午。陈先生带去的书让普鲁金院士大为欣赏，他称赞保护这些村落正是保护中国乡村的灵魂，不仅是保护那些美丽的木建筑，更是保护村落中活生生的文化与生活。他说陈先生是真正的专家。我也告诉普鲁金院士陈先生是中国研究俄罗斯建筑最早的专家，没有之一，翻译过三部有关俄罗斯建筑史的著作。陈先生曾是20世纪50年代苏联专家阿谢普科夫的助手，阿谢普科夫也是普鲁金院士的老师，当时他在莫斯科建筑学院城市与建筑历史教研室任教时，曾教授过普鲁金院士欧洲古典柱式。学者之间这样的传承关系更拉近了两位师长的距离。普鲁金院士让我一页一页地给他简单口译了陈先生著作的内容，不时露出赞许的神情，看到一些精美细致的测绘图时他会发出啧啧的惊赞声。陈先生在一旁一再说着自己研究工作的不足，甚至是失望，一直叹惜研究、抢救的速度比不上拆除的速度。普鲁金院士不解的是为什么当地村民不能珍惜如此珍贵的艺术品。各种原因陈先生没有多说，甚至请我不要翻译一些令人神伤的缘由。民族自尊一直是陈先生品格的力量。最后，普鲁金院士站起来庄重地与陈先生握手，两只大手相握却并无话语。我分明看到陈先生目光中泛起了红圈，这是两位真正学者的相互激励。很快陈先生镇静下来，说道："保护事业不仅是中国和俄罗斯的希望，更是世界文化延续的重任。"

　　一个下午的时光很快过去了。当夕阳照耀在仲夏明亮的窗前时，陈先生真诚地邀请普鲁金院士和我一起在近春园吃了北京烤鸭，并且喝了一大杯啤酒。那次晚餐让我真正体会到了高手交流并相互欣赏的真正原因，那就是对所钟爱的事业的真诚情感，是一生真正投入的爱。聚会结束后，望着陈先生远去的身影消失在盛夏荷塘旁的路上，普鲁金院士再次和我说，你的这位老师是一位真正的学者，并且他给我留了一个作业，将陈先生的简历和作品目录翻译成俄文，在他回国前交给他，以便作为俄罗斯修复科学院院长的他联合其他院士一起将陈先生推荐为俄罗斯修复科学院外籍院士。

　　晚上回到家，我兴奋地在电话中将此消息告诉陈先生，陈先生表示感谢，并说接受这个院士头衔，因为他不需要填表、自述，更不需要书写自吹自擂的申请材料。这就是陈先生的学术自信，不喜欢甚至痛恨相互吹捧，正是不齿于阿谀奉承的学者品格，令后学们仰望高山，敬佩不已。顺便提一句，通话的最后，陈先生还向我询问了普鲁金院士第二天的行程，我告诉他我们去颐和园、圆明园参观，陈先生特意嘱咐我说，颐和园后湖两岸的买卖街就不要看了，那个苏州街是重建的假古董，要看的话也要说明这个假古董建设的年代，告诉他这种重建并不是明智之举！电话那头陈先生的话语有些急切，我知道他向来反对假古董。陈先生就是这样一位旗帜鲜明的学者，坚守自己的主张，反对一切形式主义和伪科学。

　　陈先生与俄罗斯修复科学院的故事还没有结束。1997年底，在俄罗斯修复科学院院士增选大会上，普鲁金院士庄重地宣布吸收陈志华先生为外籍院士，中国驻俄罗斯大使馆的文化参赞代表中国学者接收了院士证书，并且专门以使馆的内部邮件将其寄回了北京。可惜的是，陈志华先生派一位研究生骑自行车取回时，证书在冬日北京傍晚的夜色中从自行车筐中滑落了……同学非常焦急，但陈先生并没有责怪他。几天后，又有一位同学打电话给在莫斯科的我，问能否补办一份，我又把电话打回北京，询问陈先生的意见。陈先生告诉我身外之物不必勉强。第二天，我急忙找到普鲁金院长，说出了急切恳求的愿望，但这种国家证书是不可能补办的，非常遗憾。这也许是冥冥之中，上苍对陈先生淡泊名利、不屑虚名的肯定，也许是陈先生淡泊名利气场的作用吧。多年来,陈先生从来没有提过这个院士的事,更没有拿着这个名头做什么,这就是我所知道的陈志华先生的事,先生是一位真正淡泊名利的学者……敬重他!怀念他!他是我永远的榜样!

1998 年秋天,《世界建筑》杂志社俄罗斯专辑代表团在参观了 1991 年成立的俄罗斯第一个、也是世界第一个修复科学院(图 6),仔细了解了学科设置、教学体系、科研项目后,陈先生深刻地指出,由未经正规训练的人员,包括建筑师在内,来负责修复文物建筑的弊端已经十分凸出。所以,把文物修复建设成独立的学科,使修复工作者接受专门的教育十分必要,不仅要有文物建筑修复专业,也需要建立其他各类文物的修复专业。陈先生更关心中国的文物遗产的修复教育,当 2002 年他得知同济大学成立了中国第一个历史建筑保护工程专业时非常高兴。当 2012 年国家批准 4 所高校成立该专业时,他也表明应该鼓励多种形式的遗产保护与修复专业的建立,中国如此之大,历史如此悠久,文物遗产如此丰富,应建设更多的保护与修复人员的培养机构,满足国家的迫切需求。先生看到别的国家的成就时,总是忧国忧民思考着本土的迫切需求,正是这拳拳的爱国之心,展现出一个老知识分子的民族感情啊!

图6 普鲁金院士与《世界建筑》杂志社俄罗斯专辑代表团在俄罗斯修复科学院(冯金良摄)

图7 什维德科夫斯基教授(左三)向代表团介绍莫斯科建筑学院教学情况(冯金良摄)

三、中苏建筑教育的渊源,陈志华先生倾心的事业:访莫斯科建筑学院

20 世纪 50 年代清华大学的教育变革与苏联的教育体系有着密切的联系,清华建筑教育也受到苏联建筑教育的影响,清华的教师中有许多留苏的学者,如朱畅中、汪国瑜、李德耀、刘鸿滨等一批大名鼎鼎的先生。在 20 世纪 50 年代还有为数不多的援华苏联建筑专家,如阿谢普科夫教授。他曾在清华工作,陈志华先生作为他的翻译与他一起工作了几年。阿谢普科夫教授是莫斯科建筑学院城市与建筑历史教研室的专家,对清华建筑教育产生了一定的影响,如陈先生在《北窗杂记》中所述,在建筑课程中设置"古建筑测绘"就是受到了他的影响。因为有了这层关系,陈志华先生一行到莫斯科建筑学院访问时,首先拜访了城市与建筑历史教研室。

该教研室在三楼,面积有 500 多平方米,除了教研室主任的小办公室外,其他空间都摆放着各个历史时期的著名建筑的手工模型,墙上也挂满了代表性建筑的水墨渲染图及学生的各种各样的历史题材研究的图表或各种各样的构图作业,墙上还有教研室各个时期主持人的照片及学术成就简介。教研室层高很高,足有 5 米多,优秀学生的作品把室内填充得满满当当,人与人面对面相遇时都要侧身避让,然而体态壮硕的俄罗斯老师身手也很灵活,相互避让时也并不显得笨拙。室内各种柱式柱头的模型与渲染图非常引人注目,不仅研究制作得精细,巨大尺度更让人感到震撼,使这个教研室很有建筑历史上古典皇家贵族建筑的华丽味道。教研室主任是年轻的什维德科夫斯基教授(图 7),当年他还不到 40 岁,是吕富珣老师和我的博士导师,他的父亲老什维德科夫斯基教授是朱畅中先生的博士导师。因为这样的世代相传,年轻的什维德科夫斯基教授对中国朋友分外热情,详细地介绍着教研室的各个珍藏。他英文、法文、意大利文都非常棒,可以用英文背诵莎士比亚的诗,因此他用英文讲解,省去了找翻译的中间环节,大家交流起来非常顺畅。

参观结束后,大家围坐在教研室铺着传统俄罗斯麻丝桌布的巨大评图桌前,在茶点咖啡的陪伴下,开始听什维德科夫斯基教授的讲解。莫斯科建筑学院实行五年制和四加二制的教学体制,五年制获得学士学位,四加二制获得硕士学位,无论五年制,还是四加二制,学院每年均设有建筑与城市历史课,不仅要求学生学习历史理论,还要对其进行许多历史题材的构图训练,城市设计图形及历史建筑的细部研究贯穿教学的始终。学院为一、二年级的学生安排了人类史、科技史、俄罗斯国家史、世界历史课程,甚至还有自然史等课程,每个年级每个学期至少安排 64 个学时的历史理论课,这一点让陈先生有无限的感慨,他说这种历史教学课不仅是专业知识的训练,更是专业素质的教育及建筑师人文精神的培养。

在谈到硕士研究生与博士研究生的教学问题时,什维德科夫斯基教授介绍了莫斯科建筑学院城市与建筑历史教研室培养博士研究生的一些经验,强调建筑史与理论专业的博士研究生应具有正确的历史观、价值观,并且要具有历史研究的整体观,从人类整体历史的发展进程中研究各个阶段建筑发展的变化与特征,这样的研究才能站得住、留得久。陈先生非常同意这个观点。他说,这不仅是建筑的历史教育内容,更是历史研究的基础,也是研究者应具备的最起码的素质。在理论研究中研究不同的哲学观点非常重要,这些哲学观点都有漫长的历史发展历程,前后的渊源关系错综复杂,研究起来非常不容易,弄不好,难免会隔靴搔痒,甚至弄错原意。陈先生很关注俄罗斯同行在教学中如何处理这些问题。什维德科夫斯基教授回答："在我们的教研室有专门请来的莫斯科大学哲学系的教授,还专门为博士研究生设置了有关世界哲学史和俄罗斯哲学史发展的课程。这样可以补充学生的相关知识。"谈到俄罗斯哲学史,陈先生问:"苏联时代一切均以辩证唯物主义为全部历史研究的基本出发点,对其他哲学观点讨论得较少,现在还是这种情况吗?"什维德科夫斯基教授略有所思,回答说:"1956 年以后,苏共二十大明确了科学发展的人道主义哲学甚至东正教神学等哲学的地位,人与科学、人与自然、人与人工创造的问题重新得到了思考。新的哲学史观向多元化方向发展,今天的俄罗斯虽然自由了,却变得有点没了方向,这也许是受'新思维'的影响。"

随后,大家又聊了些博士研究生培养数量、质量以及一些具体的培养方式的问题。陈先生对俄罗斯博士研究生开题及毕业答辩和论文摘要的写作方法大为赞赏,他说:"二三十页的论文摘要非常好,简明扼要地说明了论文写作的目的、研究的问题、研究方法的逻辑、对前人研究的概述与总结,突出论文的贡献。这样的摘要更准确、更直接,更能表明实质,是干货,可以避免整篇论文读起来费力、抓不住重点的问题。"

当时还谈到了俄罗斯面临的经济困难的形势对教育的影响以及外语教学等问题。陈先生对莫斯科建筑学院主要还靠中老年教师承担主要教学任务,而年轻教师越来越少、教师队伍青黄不接表示担心。陈先生还认为研究建筑历史的学者应该具备较高的外语水平,甚至应多懂几门外语,应具备更高的阅读哲学理论文章的能力,这一点与俄罗斯学者的观点一致。陈先生非常佩服年轻的什维德科夫斯基教授精通英文、法文、意大利文。当他得知历史教研室的教师一般都懂法文和意大利文,莫斯科建筑学院自己的外语教研室开展多种外语教学时,更是羡慕不已。

最后,什维德科夫斯基教授饱含深情地告诉我们,他的父亲是朱畅中先生的博士导师,朱先生在他出生时赠送的中国老虎枕,他还一直保留着。陈先生也告诉什维德科夫斯基教授,朱畅中先生是他建筑学的启蒙老师,教过他"建筑设计初步"和"投影几何",带过他建筑设计,并且参与过中国国徽的设计。思念故人,回忆曾经的友谊,中俄两国的同志都非常感慨,这就是莫斯科建筑学院与清华大学建筑系的渊源、友谊与传承。陈先生拍了拍我,我知道这个动作的意义,学术传承要靠我们这一代。我永远铭记着陈先生那殷切的希望!

四、首都的过去与现在,陈先生的城市发展观:同游莫斯科

1998 年,我们在莫斯科足足停留了一周(图8、图9),将这个俄罗斯的首都城市上上下下、左左右右都看了一遍,陈先生和大家都大呼过瘾。莫斯科巨大的森林绿地、天然的街头绿化、随处可见的长满了各种野花的草地等存在于城市中,原生态的自然景观给大家留下了深刻的印象,特别是一些原始的楔形绿地,置身其中可以随时随处闻到泥土草蕊的芬芳。陈先生笑眯眯地说,这就是我们年轻时听过的一首歌中的歌词:"我们的祖国多么辽阔广大,它有无数田野和森林"(注:20 世纪 30 年代苏联电影插曲《祖国进行曲》)。这是城市中的森林,是莫斯科这个首都城市中和城市边缘的森林,就是我们学生时代听说过的七块从城外楔进市区的城市原生态绿地,叫"绿楔"。百闻不如一见,我才知道这些城市绿地是不折不扣的森林。听说夏天市民经常去林子里采些蘑菇。陈先生说他非常羡慕莫斯科市民有原始的生态环境福利,这也是我们下了飞机就感到空气非常清新、环境非常宜人的原因。陈先生观察细致,思考深刻,对国内大城市花费许多资金、人力去培育绿篱、花坛,但生态效益和景观效益不佳,以及小里小气、没有一点大气派的城市园林提出了尖锐的批评。陈先生对城市环境问题的深刻认识,时刻体现着一个心系国家的老派清华人的情怀。

我们本次出访住在外交使团的公寓里。当时正好一个国内大公司的朋友们回国度假,空出了两套公寓,我们便幸运地享受了外交使团的待遇。所谓外交公寓只不过是莫斯科住宅区中的几幢高层住宅,和当地的居民住宅并无两样,从楼上望去,楼下大片的森林在初秋泛起了金黄色的叶浪,淡蓝色的天空下,深沉得如同安详的长者。一天早上,我早早来到厨房,发现陈先生已经坐在窗前望着对面的森林沉思。炉台上是先生已经烧好的一大锅大米白粥。我们就着先生们带来的咸萝卜干吃得畅快,让吃烦了西餐早点的我感受到了家乡悠悠的饭香。吃完饭,趁着其他的几位老师还没有洗漱完毕的空当,我陪陈先生在楼下散步。楼下不远处的幼儿园和小学门口陆陆续续迎来了欢乐的孩童,行色匆匆的上班族也快步走在通向地铁的小区路上,住宅楼门

图8 陈志华先生(左二)等在莫斯科大学的合影(冯金良摄)

前已有老人坐在那里晒太阳。小区内车很少，没有围墙，一幢住宅楼和各种设施悠闲地立在绿色的原野上，一处天然小水塘的远处水面泛着天空的蓝光，近处则是金黄色树叶婆娑的倒影，一派安详宁静的风光。陈先生掏出地铁图问我，这个小区在郊区吗？我找到小区位置，告诉他我们住在莫斯科西南区，地铁放射线的西南站，离中心区约十来千米。陈先生自言自语，竟然说出了"小区"这个词的俄文，先生的记忆力果然超群。上学时就知道先生外语能力卓越，精通英文、俄文、法文，没想到40年后他还能记得青年时学过的俄文，可见陈先生年轻时在学习俄文上下了多大功夫。看着我惊讶而又佩服的神情，陈先生笑着告诉我，有一次他在意大利和一群西方建筑师闲聊，问他们认为世界上哪个城市最美，有7位到过莫斯科的同行异口同声地说莫斯科最美，原因是有些城市有世界闻名的最美的建筑物，但绝大多数居民的生活环境并不好，至于那些伟大的建筑杰作，居民也不是天天都能见到。而莫斯科居民日常生活的环境自然而纯朴，他们的居住区、学校、工厂、街道、绿地普遍都透露着质朴的自然之美，这就比仅仅拥有几个不朽的建筑纪念物的城市美多了。陈先生一直认为现代建筑只有到了真正的社会主义社会才能充分成熟，莫斯科普通居民的居住环境就是例证之一（图10）。

图9 陈志华先生（中）等在莫斯科的留影（韩林飞摄）

图10 我们居住的公寓周围的森林（韩林飞摄）

在参观红场时我们看到了喀山圣母教堂，陈先生准确地说出这座教堂建于17世纪，毁于20世纪30年代，现在这座教堂是1996年重新建造的。先生翻译过《俄罗斯建筑史》，这使得他对俄罗斯传统建筑了如指掌，他也一直关注着俄罗斯的建筑活动。我们知道陈先生历来反对建假古董，他认真地看了教堂门厅墙上的说明后，认为此建筑的历史照片及不同时代的测绘图真实地说明了这个教堂的变迁，这种对重建的诚实态度可以避免假古董对人们形成误导。在救世主大教堂重建的大厅中同样有对建筑历史的说明，并且有一个小型的展览，说明在此地发生的种种故事。1930年，为了建苏维埃宫，当时的苏联领导人下令拆毁大教堂，大教堂重建的地段就是曾经想要建造苏维埃宫的地点。陈先生为苏维埃宫的设计在20世纪30年代沉重地打击了苏联前卫建筑的创新而扼腕惋惜，但他说这些历史建筑重建后所形成的城市设计效果，恢复了历史过程中莫斯科的规划形式，再现了城市构图中的广场，对莫斯科河岸的全景展现都具有积极的意义，这些论述很出乎我的意料，原来假古董也可以有这样的城市设计作用。陈先生说需要真实地表明重建与修复的区别，重建不可无中生有，要真正地体现被毁坏而重建的遗物的价值，对于现存遗产一定要修旧如旧，尊重历史遗产的真正价值。

在莫斯科期间，我们还看了《消息报》总部、纳康芬住宅、梅尔尼科夫设计的车库等多个20世纪二三十年代的苏联先锋派建筑作品，对于前卫建筑的历史价值，陈先生有着自己独特的看法，只可惜他在此方面的研究文章没有被翻译成英文。在盎格鲁-撒克逊人主导的英文研究体系中，如果西方人可以看到他的论文，我敢肯定陈先生的文章一定会让他们大吃一惊，佩服得五体投地。因为我所读到的英文、法文、德文的论文中关于苏联前卫建筑的研究都没有陈先生认识得全面、深刻，都没有陈先生这样的系统观、历史观和价值观，我甚至认为陈先生在此方面研究的深度和广度在某些方面超过了俄罗斯学者的水平。例如他认为苏联前卫建筑师有超崇高的社会理想、责任心和历史使命感，他们通过对建筑与艺术的革新使自己投身于新社会的实践，在这些行动中建立起明确的原则，获得了丰富的经验，放射出永恒的光芒。陈先生深刻地指出，20世纪20年代许多苏俄建筑师的命运是带有悲剧性的，悲剧之所以成为悲剧，是因为他们追求崇高，而历史却愚弄了他们。但悲剧总是崇高的，它挑战平庸和卑俗。在莫斯科时的某次晚饭后的聊天中，陈先生似乎捶胸顿足般地指出我国当前的现代建筑实践如同闹剧一般，夸张、随意、搞笑、无原则……先生当时近乎失态的神情深深地印在我的头脑中，那是他怒其不争、恨铁不成钢的真情啊！（待续）

Protective Reuse of Chongqing Historic Sites of the War of Resistance Against Japan

—A Case Study of Beibei District of Chongqing

重庆抗战遗址的保护性再利用

——以重庆市北碚区为例

陆韵羽[*] 杨新茹[**] 莫 骄[***] （Lu Yunyu, Yang Xinru, Mo Jiao）

摘要：随着重庆地区城市化的加快，抗战遗址不断受到城市发展的影响，保护工作越来越紧迫，亟须探索新的再利用的方式。重庆抗战遗址具有极高的历史价值、文物价值和现实意义，它的保护与利用是重庆文化遗产保护的重点。重庆抗战遗址总量大、涉及面广，且保护进程远远落后于重庆城市化的进程。因此，总结重庆抗战文化遗址保护的经验和教训，结合当前城市发展的状况和新时代的要求，探索抗战遗址保护利用的新机制是一个十分紧迫的课题。北碚，作为重庆抗战遗址分布较多、抗战文化资源丰富的区域，其抗战遗址的保护与利用格外具有参考价值。

关键词：抗战遗址；保护性再利用；北碚

Abstract: The accelerating pace of urbanization in Chongqing has affected the historic sites of the War of Resistance against Japan in the city. It is increasingly urgent to conserve them, and to find a way of more efficient reuse. The conservation and utilization of these historical sites which have extremely high historical value, cultural relic value and practical significance is the priority in the city's cultural heritage conservation work. Chongqing has a large number of such historic sites which are scattered across the city, but their conservation process lags far behind the urbanization process of the city. Therefore, it is important and of pressing need to summarize Chongqing's lessons and good practices in conserving the historic sites of the War of Resistance against Japan and establish a new mechanism for the protection and utilization of similar historic heritage places in light of the city's current status and the demands of the new era. Beibei district is home to many historic sites of the War of Resistance against Japan and rich cultural resources. Its conservation and reuse of them is particularly reference value.

Keywords: Historic sites of the War of Resistance against Japan; Protective reuse; Beibei

* 成都古迹遗址保护协会文博馆员。
** 四川省文物考古研究院文博馆员。
*** 重庆市北碚区博物馆馆长。

一、重庆北碚抗战遗址概况

抗日战争时期，是中国近代发展史上的一个最重要的历史时期，是中华民族由衰败走向振兴的一个重要转折期。重庆作为当时中国战时首都与国民政府陪都，是以周恩来为首的中共中央南方局所在地，亦是第二次国共合作和抗日民族统一战线的重要舞台，也是世界反法西斯战争远东指挥中心，同美国的华盛顿、英国的伦敦、苏联的莫斯科一起被列为世界反法西斯战争的四大历史文化名城，为人类和平做出了杰出的贡献。历史没有忘记重庆这座光荣的城市。1986 年，重庆被列入第二批国家历史文化名城名单。而这个称谓背后的物质支撑，就是遍布于重庆境内的众多抗战遗址。

抗战遗址作为重庆历史文化遗产中十分重要的一个组成部分,是重庆城市历史发展的一个十分特殊和重要历史阶段的见证;作为物质文化遗产记录了这座城市承载的中华民族不屈精神的历史片段,是重庆走向世界、走向未来的重要名片。

随着抗战形势的发展,国民政府迁都重庆,北碚成为陪都重庆的重要迁建区。北碚,位于重庆的西北部,因早期卢作孚与卢子英的经营打下了良好的基础,使其在抗日战争开始以后,能够大量容纳外来人口与各类机构,在特殊的条件下也能正常运转。

以政府机构为例,重庆大轰炸开始以后,为躲避日机对重庆的无差别轰炸,国民政府各院、部、局多迁至郊区和迁建区。当年来北碚的国民政府中央部级以上的单位有13个,下属中央局处级单位有30多个,目前仍保存较为完整的遗址就有38处。

二、重庆北碚抗战遗址的资源特点

重庆抗战遗址是指从1937年11月国民政府发布《国民政府移驻重庆宣言》迁都重庆到1946年5月发布"还都令"还都南京的8年半期间,所有与抗日战争相关的、本体或遗迹尚存的重要历史事件发生地和重要机构旧址,重要历史人物及其活动纪念地,名人故居,宗教建筑,名人墓及烈士墓,工业建筑及构筑物,金融商贸建筑,水利设施及构筑物,文化教育建筑及附属物,医疗卫生建筑,军事建筑及设施,使领馆建筑,交通桥梁建筑,以及其他具有典型风格的代表性民居建筑或构筑物。这些都被归入抗战遗址的范畴。

就重庆北碚而言,结合第三次全国文物普查的数据,北碚共有抗战遗址56处,其中18处在城市发展中消失,目前尚存38处,包括全国重点文物保护单位3个13处,市级文物保护单位9处,区级文物保护单位9处,未定级文物点7处。

从北碚现存抗战遗址的性质来看,北碚的抗战遗址包括军政机构旧址、文化教育机构旧址、名人故居、科研机构旧址、重要纪念地、工业建筑及其构筑物、商贸建筑等7个大类,其中军政机构旧址12处,占总数的32%;文化教育机构旧址8处,占总数的21%;名人故居7处,占总数的18%;科研机构旧址6处,占总数的16%;重要纪念地2处,占总数的5%;工业建筑及其构筑物、商贸建筑共3处,占总数的8%。

综上所述,北碚的抗战遗址类别齐全,从政治、经济、文化、科教等方面全景式地反映了抗战时期的社会生活。

三、重庆北碚抗战遗址的价值

北碚抗战遗址的价值是多方面的,包括历史价值、文化价值、建筑价值、旅游价值等。而将这些不同方面的价值的内涵与北碚的自然人文环境结合在一起,更具特点。

首先,抗战遗址最为引人注目的是其历史价值。它与中国人民抗日战争这一伟大的历史事件联系在一起。北碚作为陪都重庆的重要迁建区,自然留下了大量的历史印记,以被列为全国重点文物保护单位的13处遗址为例,其中有12处为文化教育机构、科研机构旧址。这种情况并不是偶然的。考察北碚在抗战时期的历史,可发现其在科技、教育、文化、旅游方面最富有价值和代表性。当时,大量的科研单位、大专院校、行政机关迁入北碚,一时间文人学者蜂拥而至,使北碚很快成为战时陪都的科教文卫高地,被称为"陪都的陪都"。在当时条件十分艰苦的环境下,北碚仍然产生了多个"中国第一":第一座中国地形浮雕在这里制成;中国第一座恐龙骨架在这里组装;中国抗战大后方第一个滑翔机场、中国第一座高山滑翔台在这里建成;中国第一部国产火车头在这里制造;中国第一个电影专科学校和抗战期间中国唯一的地震台在这里建立;抗日战争时期国统区唯一的志愿兵运动也是在这里展开的;等等。

这些在艰苦卓绝的条件下取得的辉煌成就,是北碚不可磨灭的历史印记,也是北碚走向全国、走向世界的一张响亮名片。

其次,从文化价值方面考察,抗日战争时期居住在北碚的文化名流甚多,大师级人物甚繁。据北碚区文史资料载,从抗战时期至今在北碚居住过的并在全国享有声誉的文化科技教育界人士达千人以上,堪称大师及一流的作家、诗人、艺术家者近百人。粗略地列述:文学家有老舍、梁实秋、林语堂等;教育家有梁漱溟、晏阳初、陶行知、黄炎培等;剧作家有曹禺、洪深等;电影艺术家有史东山、冯四知等;史学家有顾颉刚、翦伯赞等;新闻学家有陈望道、韦素园等;书画家有于右任、陈树人等;还有佛学家、舞蹈家、翻译家、辞典学家、美术史学家、文学批评家……

抗战时期,在北碚编辑出版的期刊达 51 种,报纸有 4 种,各种书籍近 500 种,其中中长篇小说有 11 部,短篇小说、散文、诗歌集有 53 部,文化专著有 23 部,如老舍的《四世同堂》、路翎的《财主的儿女们》、老舍的《张自忠》、梁实秋的《雅舍小品》、梁漱溟的《中国文化要义》,不一而足。在北碚创作发表多幕剧和独幕剧 43 个,电影 10 部,此外,顾毓琇还在北温泉主持制定了《中华民国礼制》。

而目前尚存的部分抗战遗址便是抗战文化历史的重要反映,如北碚老舍旧居(现已被开辟为四世同堂纪念馆)、梁实秋旧居、北温泉竹楼等。

最后,从建筑价值来看,由于大量外来文化的涌入,折中主义建筑、复古主义建筑、巴洛克式建筑、哥特式建筑等不同风格的建筑都在此出现。这使得北碚的抗战时期建筑遗址呈现出丰富多样的特点,具有重要的建筑学价值和景观价值,成为重庆城市发展史、建筑史重要而辉煌的一页。

四、重庆市北碚区抗战遗址的空间分布分析

北碚抗战遗址的分布极有特点,可以概括为"一山""一坝""一场""一镇"四大片区。"一山"为缙云山及北温泉;"一坝"为北碚及夏坝;"一场"为原歇马场,今重庆市北碚区歇马镇境内;"一镇"为金刚碑古镇,今属北温泉街道金刚村。其中,缙云山北温泉片区分布有 9 处,北碚—东阳夏坝片区有 14 处,歇马片区有 5 处,金刚碑片区有 3 处,另有 7 处散布于区内其他区域。

1. 缙云山北温泉片区

该片区包括以全国重点文物保护单位——世界佛学苑汉藏教理院旧址、嘉陵江三峡乡村建设旧址群之北温泉抗战遗址群(馨室、数帆楼、农庄、竹楼、柏林楼),市级文物保护单位——抗战时期荣誉军人自治实验区旧址(美龄堂)、中国词典馆暨军政部陆军制药研究所旧址等为核心的抗战遗址。

2. 北碚—东阳夏坝片区

该片区包括以全国重点文物保护单位——中国西部科学院旧址(惠宇楼、地磁测点、卢作孚旧居、地质楼)、嘉陵江三峡乡村建设旧址群之北碚旧址群(江巴璧合特组峡防团务局暨文昌宫旧址、清凉亭、红楼),市级文物保护单位——平民公园、北碚老舍旧居、梁实秋故居、抗战时期复旦大学重庆旧址(登辉堂、孙寒冰墓)、中国科学社生物研究所旧址等为核心的 14 处抗战遗址。

3. 歇马片区

该片区抗战遗址以全国重点文物保护单位——嘉陵江乡村建设旧址群之中国乡村建设学院旧址暨晏阳初旧居为核心。此外,该片区还散布着国民政府"四大部"(行政法院、司法行政部、最高法院、最高法院检察署)等未定级但极为重要的抗战遗址。

4. 金刚碑片区

该片区抗战遗址以全国重点文物保护单位——嘉陵江三峡乡村建设旧址群之梁漱溟旧居以及金刚碑古街为核心,还包括区级文物保护单位——国民政府主计处统计局旧址、国立国术体育师范专科学校暨滑翔机修造所旧址等抗战遗址。

基于抗战遗址本身的空间分布,将上述重点遗址划归为不同的抗战遗址片区,并通过对核心遗址内涵的研究和提炼,我们可以以点、线、面三位一体相结合的规划结构对抗战遗址进行保护与利用,形成主体明确、架构清晰的抗战遗址保护性再利用体系。

五、抗战遗址保护性再利用的思考

过去,我国文化遗产保护中存在的普遍问题在重庆市抗战遗址保护实践中也存在,如城镇化进程中的不当举措对文化遗产的破坏,早期对文化遗产价值的认识不足造成的保护性破坏,整体保护利用规划的缺乏,限于现实条件造成的保护利用数量少、类型单一、范围窄,专门的机构、人才和经费的缺乏,对抗战历史、抗战文化与抗战遗址内涵的深刻理解和研究的缺乏等,不一而足。这些大部分是时代造成的局限,也是过去我国文化遗产保护面临的普遍问题。

经过近年来的努力,我们的抗战遗址保护工作取得了巨大的进步和成就。但同时也应当看到,我们的抗战遗址保护形势依然严峻,目前已修缮与利用的保存状况较好的抗战遗址仅占全区抗战遗址的 40%,不足一半。在已经得到保护与利用的部分抗战遗址中也存在一些无意识造成的保护性破坏。

从过往的保护模式和经验来看,抗战遗址的保护与利用有以下几个特点。

(1)停留在"点"的保护上。以重庆市北碚区为例,2007 年至今,北碚区成功地对一批抗战遗址进行了保护和修缮,并对过去已经辟为纪念馆的抗战遗址进行了提档升级。但局限之处在于,这些遗址、纪念馆分布于北碚区境内的各处,相互之间的距离较远,单个纪念馆的容积不高,缺乏协调联系。

(2)保护与利用模式都离不开大众的参与。以北碚老舍旧居的保护历程来看,社会各界的持续关注与支持对其保护与利用产生了极大的影响。在其文物本体出现险情时,社会各界给予了极大的关注,各类媒体报道和呼吁,各级人大代表提出建议,政协委员相继提案,要求对其进行保护与修缮,这些都推动了文物保护工作的顺利开展,尤其是老舍之子舒乙先生的一再呼吁,产生了极大的社会效应。

(3)名人故居、纪念地与纪念馆的矛盾。目前国内名人故居的现状大致有几种:一是挂牌并变身纪念馆;二是挂牌保护,并以用代养,成为政府部门或事业单位的办公地点,或是供商业机构使用;三是挂牌保护,但仍是民宅;四是未挂牌的民宅。

相比之下,成立纪念馆的名人故居是幸运的。无论展陈状况如何,纪念馆总是会着力表现名人的生平行迹与思想。在展陈实践中,有条件的纪念馆可以在故居文物本体之外另建专门的纪念馆展厅用于陈展,而故居文物本体则恢复历史原状,如广安邓小平故居。但是在城市中的名人故居大多没有这样的条件,由于空间的局限性,一般会将展陈设置在故居内部,或者采取部分复原的模式表现名人当时在此生活的场景,这种展陈方式虽不能说是错误的,但毕竟与文物保护中"修旧如旧",最大限度保持文物原真性的原则相悖。

六、结语

重庆北碚抗战遗址群全面展现了抗战时期的社会面貌,彰显了重庆作为抗战时期的陪都的文化史迹,也展现了北碚作为一座被称为"陪都的陪都"的城市精神魅力,使重庆的文化记忆得以传续。同时,这些抗战遗址作为北碚抗战文化与乡村建设的载体,记录了民国时期北碚的文化传统,是北碚城市记忆的守护者,也是先辈们留给后代的一笔弥足珍贵的文化遗产,受到了社会各界的关注和保护。

而北碚抗战遗址的保护与利用,如片区规划、连线打造等措施也为同类城市抗战遗址的保护与利用带来了一些启示。

Pondering about the Modernity of Chinese Modern Architecture in the 20th Century from the Level of Cultural Philosophy

20世纪中国现代建筑现代性的文化哲学思考

崔 勇[*]（Cui Yong）

摘要： 本文试图从文化哲学层面对 20 世纪中国现代建筑予以理性思考，并就建筑的民主与科学、中学为体西学为用、建筑的科学精神与人文精神的关系、建筑的物质文明与精神文明、生态文明等方面的问题进行分析，从而说明 20 世纪中国现代建筑自身发展的根本问题依然是人的现代化问题，这是世纪的经验教训。

关键词： 20 世纪中国现代建筑现代性；文化哲学思考；建筑的现代性与人的现代性

Abstract: This article attempts in the cultural philosophy stratification plane to rationally ponder the 20th century Chinese modern architecture, and on the democracy and science of architecture, the Chinese learning for the body and the western learning for uses, the relationship between scientific spirit and humanities spirit aspect in the architecture, the material civilization and spiritual civilization and ecology civilization of the architecture carries on the analysis, thus explains the basic question of the 20th century Chinese modern architecture own development still is person's modernized question, this is the century experience lesson.

Keywords: Modernity of Chinese modern architecture in the 20th century; Culture philosophy ponder; Modernity of architecture and person

清华大学建筑学院陈志华教授在其翻译的柯布西耶的名著《走向新建筑》的译者按语中说："现代建筑的基本精神是民主和科学，《走向新建筑》就是建筑中民主和科学的宣言。"[①]

长期以来，中国的建筑学术界一直比较单一地从建筑的构造、技术及功能的角度考虑建筑，很少从文化哲学的层面来思考建筑的本质问题及其本质属性。殊不知，文化哲学的意义之于建筑的工程技术理性意义同样重要。建筑是文化与历史的双重载体，也是对文化与历史本质进行直观反思的物质显现。因此，建筑批评家弗兰姆普敦将他关于 20 世纪西方现代建筑的思考结晶命名为《现代建筑：一部批判的历史》，以显示科学与民主精神[②]。我这里所指称的 20 世纪中国现代建筑现代性的文化哲学思考即是面对建筑文化现象的理性思考，它的目的是从文化哲学的角度对建筑现代性及相关问题进行理性思考，这是本文讨论的要旨。

什么是文化哲学？对于这个概念，人们历来有两种惯常的理解：一种理解是把文化哲学看作文化学的元理论，也就是说对文化研究做超越于文化学系统本身的概念、范畴、体系的更加高一层次的理论解释，或者说是对文化学的基本概念进行更加深入、系统的概括研究；另外一种理解是把文化哲学看作哲学的一种形态，诸如存在论哲学、认识论哲学、分析哲学、实证哲学、语言哲学、自然哲学、精神哲学等，在这种意义上，文化哲学是对哲学文化的提炼，或者说这种哲学能比其他倾向或其他流派的哲学就世界和精神方面的问题更多地说出其本原。事实上，哲学作为一种对多样的世界进行探究、体现人类智慧的学问，它的内容绝不应局限于本原、知识、逻辑等框架内，哲学也绝不应只满足于使自己成为一门科学，哲学应该面对整个人类文化，或者说哲学本身应该成为一种文化历史形态，因此可以明确地将文化哲学理解成对文化形态的理性思考。

与文化哲学的界定一样，因解说的角度不同，对"现代性"一词的界定也是莫衷一是，以至有学者干脆提出

* 中国艺术研究院建筑艺术研究所研究员、博士生导师。

① 勒·柯布西耶：《走向新建筑》，陈志华译，天津科学技术出版社，1998。
② 肯尼思·弗兰姆普敦：《现代建筑：一部批判的历史》，原山等译，中国建筑工业出版社，1988。

"多元的现代性"之说来总括①。为便于本文分析,这里我采取众多解说中的一种作为解析 20 世纪中国现代建筑现代性的思路,并从文化哲学层面进行思考。事实上,中国的现代性问题有一个从西方到东方的传布与扩张过程。近代以来,中国作为一个国际性的、现代化的后发型国家,在积重难返、极其艰难的现代化发展与变化历程中,不时会被现代性问题所困扰。自 1840 年鸦片战争之后,随着中国的国门被西方列强的坚船利炮所打开,面对一个全新的世界,中国被动卷入现代化进程的大潮中。时至今日,中国已经义无反顾地走上了现代化征程。回顾中国百年来的现代化历程,反思现代性变得尤为迫切。现代性问题日趋成为学术界关注的重大问题,现代性作为一个关键词频繁地出现在越来越多的论著和文献中,现代性正在进入理论界的视野,以至人们不得不予以文化哲学思考。

人民大会堂

在我看来,从中国问题出发来讨论西方现代性问题就是寻找一个类似的有力的对手,寻找一个从外部来反观自身的参照系。因为道理很简单,中国自鸦片战争以来,就已经不可避免地被卷入了世界现代化和民族国家兴起的历史潮流中。一方面是中国的发展和境况与整个世界格局的变迁息息相关,另一方面中国本土的现代性问题绝对不可能在一个闭关锁国的孤立语境中得到解决。所以对西方现代性问题的解析将为我们思考中国本土的现代性问题提供重要的参考。现代性问题说到底不仅是一种客观的社会文化实践,同时也是主体对这种实践的主观理解和解释,两者彼此关联。更进一步地说,实际情境还体现为某种研究关联域的建立和区分意识强化。关联域提示我们避免在强调中国现代性问题的特殊性时,把研究的视野逐渐地封闭起来,忽略了现代化作为一个全球化过程与不同社会和文化之间的互动和关联。建立互动的关联域有助于在讨论中国问题时将研究视野放在更加广阔的背景中。于是,入乎其内并出乎其外的文化视界融合不但是可能的,而且也是必要的。可以断言,离开了国际背景和国内外互动的考察,对中国现代性问题的思考便是片面的。这里西方现代性理论作为一种理论资源不可或缺,所以历史的转变是我们思考中国现代性问题的基本出发点。需要强调的是,有必要对西方现代性理论的复杂性予以把握。以往的经验教训表明,西学潮流一浪又一浪地涌进中国学术界,常常是既没有为建构中国理论提供稳定的积淀性的理论资源,也没有为深入理解这些理论提供可能。原因在于我们没有深入地研究这些理论,特别是忽略了这些理论自身的复杂性和差异性。表面化的理解和简单套用不但增强了其局限性,而且强化了只追求皮相研究的浅薄学风。现代性的本性就是它自身的反思性。如果我们运用现有西方现代性理论来解释中国问题,忽视对这些理论的反思质疑,进而遮蔽了中国现代性所隐藏的问题,无疑是背离了现代性的反思品格。20 世纪的中国现代建筑与世界现代建筑若即若离的发展历程也已证明,中国建筑的发展与变化无论如何是无法回避现代性的,并且其已物化为实在的命运②。

国家大剧院模型

国家奥林匹克体育中心

就全球范围来说,现代化是 18 世纪工业革命之后人类社会从传统农业社会向现代工业社会转变的历史进程。现代化不仅仅限于经济领域内生产力的进步和生产方式的更新,而且包括社会的政治发展和文化发展,是一个多层次的向现代化工业文明转变的过程。作为物质载体的建筑是现代化最明显的例证,建筑的物质与精神向度是现代化的标志。在此之前,中国在古代虽然和欧美国家及比邻日本有过不同程度的接触,但这种接触从来没有深入到足以影响中国特有文化以及科学技术格物致知的传统格调的程度。因此,中国文化依然保持着明显的从未间断的自发性与延续性特质。美籍华人人类学家、考古学家张光直将这样的一种自发性与延续性文化形态称之为连续性的文明③。一旦资本主义开拓世界市场,把一切民族都卷入资本主义文明之后,中国将面临一个严峻的现实,即必须在短时间内有计划、有效果地学习和移植先进国家的成果,将中国投入世界各国民族现代化的行列之中,否则中国只能沦为资本主义列强的殖民地和附属国。这是世界资本主义发展在鸦片战争之后摆在中国面前的一个重大课题,也使中国不可避免地加入现代化的世界潮流中。从文化哲学的层面思考这些问题,在顺应这样的历史潮流的过程中,百年来,中国的现代建筑实践和效果可以从三个层面概括:现代化的科学技术与物质发展层面、现代化的政治经济文化理论与社会制度层面、现代化的审美文化心理层面,三个层面的现代化趋势归根结底依然是人的现代化意识与意志问题,而人的现代化意识与意志又表现为人类掌握世界的方式、人的科学与民主精神、人的审美与文化心理。

广州中山纪念堂

就人类掌握世界的方式而言,其终极的目的实际上是人的本质力量的对象化或自然的人化问题。马克思在《〈政治经济学批判〉导言》中提出人类掌握世界的 4 种方式,即理论的、艺术的、宗教的和实践 - 精神的。人对世界的掌握方式集中反映了人与世界的总体关系。它应该包括三大基本关系和方式类别:第一类是实践关

① 吴冠军:《多元的现代性——从 9·11 灾难到汪晖"中国现代性"论说》,上海三联书店,2002。
② 赵汀阳主编《现代性与中国》,广东教育出版社,2000。
③ 张光直:《中国青铜时代》,生活·读书·新知三联书店,1999,第488页。

上海浦东陆家嘴新貌

宁波博物馆（作者拍摄）

齐康设计的武夷山庄（作者拍摄）

崔愷设计的北京丰泽园饭店（图片来源：崔愷编著《工程报告》，中国建筑工业出版社，2002）

系和掌握方式；第二类是精神关系和掌握方式；第三类是实践 - 精神关系和掌握方式。实践方式主要是指人类的物质实践方式；精神方式主要指理论方式；实践 - 精神方式既不是单纯的实践方式，也不是单纯的精神方式，而是综合了实践方式和精神方式的实用理性的掌握世界的方式。其中，实践方式是人类掌握世界的最基本的方式，是另两类方式的基础；精神方式是实践方式的派生物；实践 - 精神方式是实践方式与精神方式之间的中介桥梁。三者相互联结、有机整合、高度统一为人类掌握世界的一种方式、方法的动态系统。如果我们从整体上全面掌握了马克思关于人类掌握世界的方式的多层次的深刻内涵，就可以很自然地把建筑艺术的掌握方式理解为一种介于人类物质实践与思维认识、感性活动与理性活动之间且综合了实践活动的感性、具体、物质性及科学认识的理性、抽象、精神性特点的独立的掌握世界的方式。这种掌握世界的方式就是马克思提出的艺术生产的方式与艺术认识的方式的高度和谐统一，也可以说是艺术思维方式、艺术认识方式与艺术生产方式的高度统一。它的本质特点在于感性与理性、形象与抽象、情感与理智、物质与精神、实践与认识的高度统一。它的内在统一性即人类通过艺术思维艺术地认识和反映世界，并在此基础上进行艺术生产，从而艺术地改造世界。总而言之，人对世界的艺术掌握方式集中反映了人对世界的审美认知，艺术掌握方式即是人艺术地认识和改造世界的方式。①

就 20 世纪中国现代审美与文化心理的特点而言（人类的审美与文化心理发展变化相对），古典审美意识衰落，现代审美意识兴起，崇高代替优美而成为主要的审美心理②。优美与崇高分属两个不同的时代，分别代表不同时代的审美心理。优美代表古代的审美心理，强调"把主体与客体、人与自然、个性与社会、必然与自由等构成美的诸元素和谐、均衡、稳定、有序地组成一个统一体"。而崇高代表现代的审美心理，"是主体与客体、人与自然、个性与社会、必然与自由等元素处于不和谐、不均衡、不稳定、无序的状态，是在它们尖锐的矛盾冲突中求平衡，在不和谐中求和谐，不自由中趋向于自由的获得"③。进入 20 世纪之后，受国人迫切求变的文化心理的驱使，古代文化艺术那种对和谐完美、精雕细琢的追求遂被一种清新有力的风格所取代。这种风格变化正是从古典和谐美向现代崇高美的变化。但是我们应该看到，20 世纪中国出现的崇高与西方的崇高有鲜明的区别。西方的崇高侧重于人与自然关系的崇高，而中国 20 世纪出现的崇高侧重的是人与社会的关系。和谐与宁静的审美理想被批判、被打破了，中国人主要面对的不是用自然科学去战胜的大自然，而是一浪一浪迎面而来的社会政治文化的压力以及国家前途命运的牵制。中国人在跨越 19 世纪门槛进入 20 世纪的时候，他所要面对的关乎生死存亡的挑战主要不是来自自然而是来自社会的，救亡与图存成为民族历史与文化生死与共的时代主旋律，赋有悲剧或悲情审美特质。因此中国在 20 世纪所追求的是在社会激烈矛盾冲突中升华起来的悲壮美，这与中国美学传统中侧重社会伦理的善的精神贯穿一气。所以中国 20 世纪产生的崇高侧重强调人与社会的关系，是有浓厚的伦理色彩的崇高。这样的崇高具有两个显著的特点：一是它的社会历史具有悲剧性；二是它的时代具有悲壮性④。因此如果把握了 20 世纪中国审美大潮发展中的悲剧性和悲壮性特点，我们也就能清晰地透视出其崇高发展的脉络。

科学与民主的问题是自新文化运动发起差不多一个世纪以来一直在讨论但始终没有得以解决的问题，实际上也是中国社会现代化追求并努力实现现代思维的问题。

进入 20 世纪，先进的国人忧心忡忡，焦虑苦思：洋务运动失败了，戊戌变法失败了，辛亥革命也失败了，西方的物质文明、君主立宪制度和民主共和国的方案都不能挽救中国的历史命运。中国将往何处去？一股探索光明前途的热望，寻求新的救国真理的热忱油然而生，于是一场新文化运动被蓬勃地开展起来。科学精神与人文精神的冲突是贯穿整个 20 世纪的文化主题，尤其是 20 世纪后期世界文化发展的现实说明，只要人类文化实践还在向未来延伸，科学与人文的矛盾冲突就必然会继续存在。20 世纪对于中国人来说是一个悲喜交集的世纪。在这个世纪中，我们经历了一次又一次的苦难与悲欢，产生过一次又一次失败的困惑与彷徨，然而中国人仍然在这种磨难中朝着现代化的文化曙光艰难地前行。中国文化已经汇入世界文化的发展格局，改革开放已经成为一种不可逆转的历史性潮流。在这样一种历史背景下，中西方文化的冲突与融合注定是 20 世纪的中国必然面对的历史主题。西方文明的输入，引起了中国社会尤其是思想文化界的强烈震荡，我们应如何看待西方文化与东方文化？中国文化的出路在哪里？这是自鸦片战争以来至今仍然引起国人关注并试图予以解决的问题。而这一问题最实质的释疑解惑即是民族文化传统与现代化的关系问题。洋务运动的体用之争、

① 邢煦寰：《艺术掌握论》，中国青年出版社，1996，第8页。
② 封孝伦：《二十世纪中国美学》，东北师范大学出版社，1997，第8页。
③ 周来祥：《论中国古典美学》，齐鲁书社，1987，第56页。
④ 封孝伦：《二十世纪中国美学》，东北师范大学出版社，1997，第126~341页。

五四后期的科玄论战,实际上都是传统文化与现代化问题的不同表现形式。而自 20 世纪 80 年代以来的两次文化热,更是直接地将传统文化与现代化的关系问题提了出来。

中国国家图书馆

综观自鸦片战争以来一个半世纪的文化流变,我们可以看到,如何克服民族文化危机以建立新的社会文化发展规范,这一价值取向构成了传统文化与现代化悖论的核心内容,而且自始至终存在三种主张、三种选择,且从形式上看似乎形成了某种三足鼎立之势。第一种主张和选择是自由主义的全盘西化论,第二种主张和选择是保守主义的中国传统文化复归论,第三种主张和选择是中国特色的社会主义的综合创新论。20 世纪以来的中国现代化实践历程已经证明,只有走中国特色的社会主义的综合创新之路,中华文明才能真正走向现代化,而其他两种主张和选择无疑具有很大的片面性。从表面上看,儒学复兴和全盘西化水火不容,但是在这背后隐藏的是基本一致的思路,一元化的文化观,它们在本质上都属于一种单一的文化模式,这两种文化选择实际上是在现代中国中西文化激烈冲突这种特殊历史条件下所产生的两种逆态反映,二者的局限之处乃是在于各自的文化思维及其所偏爱的文化观念。从文化哲学的角度看,不同文化形态之间的差异不仅有地域性质和生存空间方面的,而且还有发展水平和时代物质方面的。在人类文化的总体发展中,其内部各方面、各地域、各国度之间的发展水平不可能是完全平衡、整齐划一的,而是存在着文化发展中所持有的某种时代性差异的。今天发达国家与发展中国家在社会经济和文化发展水平方面的差异,也可以用时间尺度来衡量。相应地,它们之间的文化冲突,实际上是一种不同文化时代之间的冲突,是处于不同发展阶段间的冲突。这里我们之所以从文化的综合创新角度来处理把握传统文化与现代化的关系,从学理上讲是因为人虽然是一种文化的存在,但对于每个人来说都无时无刻不处在传统文化与现代文化的关联之中。任何一种新文化都不可能是无源之水,它必然要在传统文化的母体之中生长出来。从传统文化到现代文化是既对立又统一的文化生长过程。

赵冰玉文化中心

社会现代性问题说到底是人的意识的现代性的问题,没有人的意识的现代化的一切都是虚无,而科学与民主的现代思想意识应该是 20 世纪中国现代建筑现代性问题的核心与根本问题。遗憾的是,对于这样一个核心与根本问题,一个多世纪以来我们并没有很好地予以解决。

批判的武器不能取代武器的批判,中国建筑现代化的过程如何由被动介入转化为自觉自信自立、有意识的现代化的创造性实践理性路径,尚有待建筑同人的实践理性的努力。

香山饭店

好在中国当代杰出的建筑师代表布正伟教授为提出实践理性的"自在生成论"建筑美学所做出的文化哲学思考与探索之于中国现代建筑的实践与理论的价值意义可以弥补历史空白。

布正伟学术代表性著作主要有《现代建筑的结构构思与设计技巧》(天津科学技术出版社,1986 年)、《结构构思论》(机械工业出版社,2006 年)、《自在生成论——走出风格与流派的困惑》(黑龙江科学技术出版社,1999 年)、《当代中国建筑师布正伟》(中国建筑工业出版社,1999 年)、《创作视界论——现代建筑创作平台建构的理论与实践》(机械工业出版社,2005 年)、《建筑美学思维与创作智谋》(天津大学出版社,2017 年)等,它们集中地展示了其建筑美学思想及其特质。

香港会议展览中心

现将布正伟"自在生成论"[①]建筑美学思想的精髓概括为以下几点,以飨读者。

(1)建筑的理论性:"自在生成论"建筑美学思想包含本体论(理性与情感)、艺术论(空间与环境)、文化论(内涵与外延)、方法论(随机与随意)、或然论(必然律与或然律)等思想内容。

(2)建筑的实践性:1962 年至 2015 年半个世纪的建筑作品涵盖城市、建筑群、建筑单体、室内设计。

(3)建筑的文化生态性:建筑是人为环境与自然环境有机结合的自然而然的创作实践理性产物。

(4)建筑的批判性:风格即人,超越风格与流派局限在平庸、中庸中彰显建筑的秉性与个性风格。

(5)建筑的审美性:从车尔尼雪夫斯基的美是生活到康德判断批判到实践理性建筑美学自在生成。

(6)建筑的前瞻性:在布正伟看来,20 世纪建筑学是 19 世纪欧美普遍完成了工业革命之后开始走向全面变革的建筑学,即形式、风格、流派不断衍变的建筑学,其中既有长足的进步与发展,也有相对的扭曲和变态。21 世纪建筑文化的品格特征应当是兼容、开放、创新的。21 世纪将成为东方世界建筑全面复兴的世纪,也将成为西方世界建筑全面反省的世纪。

① 布正伟:《自在生成论——走出风格与流派的困惑》,黑龙江科学技术出版社,1999。

Theory and Practice of Poetic Space Creation
—A Case Study of the Core Scenic Area in Pingwang Town, Suzhou

诗意空间营造理论与实践
——以苏州平望镇核心景区为例

李 易*（Li Yi）

摘要：因诗造境，是中华民族"天人合一"哲思理念的最高表现形式之一。如果将单纯的诗词喻为一维的，将诗与画的结合喻为二维的，那么诗词唯美意境与现实中的公共空间设计与营建的结合则是三维的，如果再进一步将其与音乐、舞蹈、服装、戏剧、餐饮、IP（知识产权）开发、MR（混合现实）沉浸式诗境游览体验等相结合，那么当代的因诗造境则存在向更高的维度去探索各种形式的融合创新的可能。

挥文则"笼天地于形内，挫万物于笔端"①，作画则"尺幅有泰山河岳之势，片纸而有秋水长天之思"②，造园则"纳千顷之汪洋，收四时之烂漫"③。我们将古典园林的设计与营造手法与当代城乡规划、城市设计、景观设计、建筑设计等理念有机结合，正在发展一套具有创新意义的诗意空间营造技术体系，并在不同尺度的城市公共空间的设计中进行了卓有成效的多维度实践。

本文致力于迈出诗意空间营造设计理念和技术体系构建的理论探索与研究的第一步，并期待在不久的未来能够在此基础上逐步建立起诗意空间营造的完整理论体系，并为中国的城市建设和城市更新提供一种更具传统文化审美品格的方法论技术体系。

关键词：因诗造境；诗意空间；城市更新；诗意设计

Abstract: Poetry-inspired space is one of the highest forms of architectural expression of Chinese people's philosophical pursuit of harmony between man and nature. If we say poetry is one-dimensional, and paintings with poems on them are two-dimensional, then public space inspired by artistic conception of poetry is three-dimensional. Immersive experience that integrates music, dance, clothing, drama, catering, IP development, and mixed reality into public space offers another possibility of exploring various forms of integration and innovation to a higher dimension.

Poets can write on virtually anything. Painters can pour their heart out on a piece of paper. Gardens encapsulate natural beauty of every season. We organically combine the design and construction techniques of classical gardens with the concepts of contemporary urban and rural planning, urban design, landscape design, and architectural design, seeking to develop an innovative system of poetic space creation techniques, which have been effectively applied in different dimensions in urban public spaces of different sizes.

This paper is a first step taken in theoretical research on poetic space design concepts and construction techniques, and hopefully to be followed by a complete theoretical system for poetic space creation on this basis in the near future, which will provide a set of methods and techniques of Chinese aesthetic traditions for urban development and renewal in China.

Keywords: Poetry-inspired space; Poetic space; Urban renewal; Poetic design

* 四川美术学院教师。

① 陆机：《文赋》。
② 郑绩：《梦幻居画学简明》，载于安澜编著《画论丛刊（下卷）》，人民美术出版社，1989，第555~556页。
③ 计成：《园冶》，重庆出版集团，2017，第16页。

一、诗意空间营造的历史文化溯源

诗者，天地之心也。诗者，天人之合也。回首五千年浩瀚历史，我中华一族，可谓尽得风流。三代之治，礼乐皇皇大观；汉魏雄风，赋歌穆穆高古；竹林麈尾，淡拂玄远清旨；吴风晋识，相延云间日下。北碑雄健，南帖飘逸。顾陆张吴，荆关董巨。归去来兮，扫三径以俟元亮；黯然魂销，挥彩笔其续江郎。金碧纵横，率李将军之神；水墨氤氲，泅王摩诘之意。截断众流，六龙高标之太白；涵盖乾坤，挥丽万有之少陵。公孙舞剑，顿挫浏漓。白石清婉，疏影暗香。几时有婵娟明月，应如是妩媚青山。千里江山不老，只此青绿；万卷缃帙尽览，何必朱紫。

宗白华在《美学散步》中指出，中国建筑与园林是处理空间的艺术。为了丰富空间的美感，在园林建筑中就要采用布置空间、组织空间、创造空间、扩大空间等各种手法，诸如借景、分景、隔景等，丰富美的感受，创造艺术意境。沈复曾在《浮生六记》中说："大中见小，小中见大，虚中有实，实中有虚，或藏或露，或浅或深，不仅在周回曲折四字。"而清郑板桥则如此描述一个院落："十笏茅斋，一方天井，修竹数竿，石笋数尺，其地无多，其费亦无多也。而风中雨中有声，日中月中有影，诗中酒中有情，闲中闷中有伴，非唯我爱竹石，即竹石亦爱我也。彼千金万金造园亭，或游宦四方，终其身不能归享。而吾辈欲游名山大川，又一时不得即往，何如一室小景，有情有味，历久弥新乎？对此画，构此境，何难敛之则退藏于密，亦复放之可弥六合也。"（《板桥题画竹石》）我们可以看到，这样一个小小的天井，给了郑板桥这位画家多少丰富的感受。空间随着心中意境可敛可放，是流动变化的，是虚灵的。宋代的郭熙论山水画时说："山水有可行者，有可望者，有可游者，有可居者。"（《林泉高致·山水训》）园林中要有建筑，要能够居人，使人获得休息。不仅居人，还必须可游、可望、可行。望最重要，一切美术都是望，都是欣赏。所以可行、可望、可游、可居是园林艺术的基本思想。①

诗意空间营造在古代文人的生活中不乏其例。例如唐代王维亲自参与设计的位于终南山麓的辋川别业，他与好友裴迪各作 20 首五言绝句，分赋孟城坳、华子冈、文杏馆、斤竹岭、鹿砦、木兰柴、茱萸沜、宫槐陌、临湖亭、南垞、欹湖、柳浪、栾家濑、金屑泉、白石滩、北垞、竹里馆、辛夷坞、漆园、椒园等 20 处景观（图1）。

白居易也曾先后主持营建了渭上南园、庐山草堂、忠州东坡园、洛阳履道坊故里园等四座园林。他释、儒、道并修，这在他的园林设计与诗歌创作中均有体现。《中隐》便是他人生态度很好的体现（图2）。

二、古典园林设计与诗词技术体系之比较

古典园林的设计与营造深受山水画技法的影响，而山水画与古典诗词可谓源出一脉，因此园林设计与诗词创作无论在原理还是具体应用手法等诸多方面均表现出极强的关联性和相似性。挥文则"笼天地于形内，挫万物于笔端"，作画则"尺幅有泰山河岳之势，片纸而有秋水长天之思"，造园则"纳千顷之汪洋，收四时之烂漫"。所以钱泳在《履园丛话》中说："造园如作诗文，必使曲折有法，前后呼应。"

计成在《园冶》中指出，园林设计的最高准则为"虽由人作，宛自天开"②，意谓园林虽为人工创造之艺术，但其所造之景必须真实，就如天然造化生成一般，使人为美融入自然，构成大自然的一部分，做到"自成天然之趣，不烦人事之工"③。苏轼则提出，"诗画本一律，天工与清新"（《书鄢陵王主簿所画折枝二首》其一），认为诗与画一样，在自然与清新处融会，正所谓李白诗云"清水出芙蓉，天然去雕饰"（《经乱离后天恩流夜郎忆旧游书怀赠江夏韦太守良宰》）是

① 彭一刚：《中国古典园林分析》，中国建筑工业出版社，1986，第36页。
② 宗白华：《美学散步》，上海人民出版社，1981，第207~211页。

图1 王维的辋川别业（图片来源：张进、侯雅文、董就雄《王维资料汇编》，中华书局，2014）

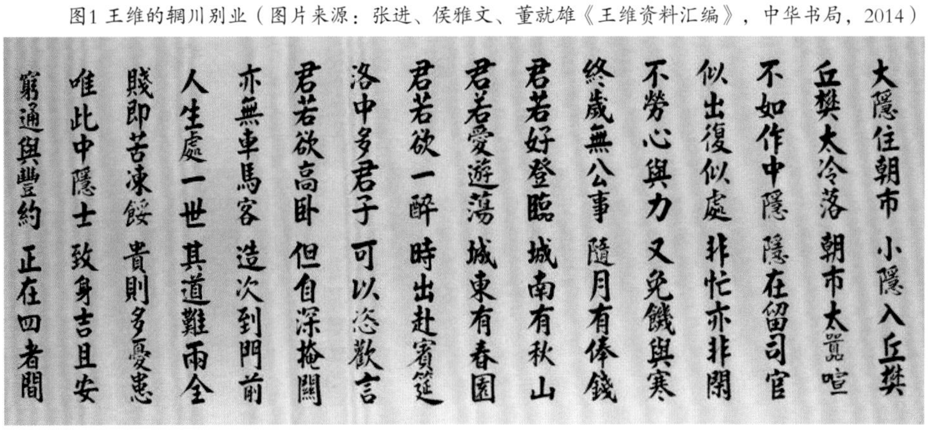

图2 白居易《中隐》

也。而司空图在《二十四诗品·自然》中将"自然"描述为"俯拾即是,不取诸邻。俱道适往,著手成春。如逢花开,如瞻岁新。真与不夺,强得易贫。幽人空山,过雨采苹。薄言情悟,悠悠天钧"[2]。陆游也讲"文章本天成,妙手偶得之"(《文章》)。可见自然天真、宛然天成乃是园林与诗词共同追求的最高目标。

计成认为园林设计艺术体系的核心要旨为"巧于因借,精在体宜"[3],这里的"因"为因地制宜之意,也即陈从周先生在《说园》里讲的"造园有法而无式"[4],这与苏轼讲的"赋诗必此诗,定知非诗人"(《书鄢陵王主簿所画折枝二首》其一)的道理颇有异曲同工之妙。园林设计并无死板的定式,一定要根据实际情况来因势利导、区别对待,绝无一个标准答案可供参考,只是需要遵循一些设计的原理与规律并加以灵活运用。作诗也一样,即使是同样的场景、同样的心情,不同的诗人也会写出不同的作品,唯真实自然而已。而"借"则是"借景",计成说"借景,林园之最要者也"[5],直指借景为园林设计中的重中之重,乃最为关要之所在。这与诗词创作中的"用典"颇为相通。例如拙政园借景北寺塔:从拙政园的东园穿过洞门,在倚虹亭处抬眼一望,便能看到拙政园借景的神来之笔——迎面是舒展的水面,视线掠过曲桥、方亭,远处一座玲珑宝塔露出大半个身段。这巍巍之塔倒映池中,有朦胧的"远",有塔顶的"高",还有倒影的"深",引塔入境,满园皆活(图3)。

而李白在《听蜀僧濬弹琴》中开篇即吟道,"蜀僧抱绿绮,西下峨眉峰",其描述的意象是一位蜀地的僧人,怀抱着天下名琴绿绮,从峨眉峰飘然而下。这里的"绿绮"是西汉时期蜀中名士、辞赋大家司马相如弹的琴,诗人在这里引用"绿绮琴"这个典故,是因为这位从峨眉峰飘然而至的"蜀僧"与绿绮琴的主人司马相如同为蜀人,更重要的是要用这个典故中的司马相如来暗喻这位僧人朋友也怀有同样高雅的情怀和高超的琴技。一引此典,全诗境界竟出。二者相较,拙政园之所借是目中之景,为实;李太白之所借乃心中之景,为虚。

园林的营造讲究疏密有致,所谓"疏可跑马,密不透风",常常将具有明显差异的两个空间安排在一起,借以突出它们各自的特点。这与格律诗平仄相间的规则设定,以及杜甫讲的"清词丽句必为邻"(《戏为六绝句》),林黛玉在《红楼梦》第四十八回"香菱学诗"桥段中讲的以虚对实、以实对虚的作诗之道,尽皆语殊理合。

园林之中建筑无不是中轴对称、中规中矩的,而山石、花木、水泉等却尽皆天真自然,二者形成明显的互补之势。这与格律诗中颔联与颈联对仗,而首联和尾联却自由放开,竟也是如此之神似。

园林设计要求做到有"画意",要让人有"入画"之感。诗词创作是对文字的淬炼,其要求也是带给读者以画面感与力量感,若作品不能引起读者之神思遐想,那便不是一首合格的诗作。

陈从周先生在《说园》中写到"花木重姿态,音乐重旋律,书画重笔意"[6]。中国传统文化都是以含蓄为美、耐听耐看、蕴藉有余味的,这才是好的作品。诗词创作同样非常注重含蓄蕴藉,如果做不到"意在言外""句绝而意不绝",是很难称为好诗的。

① 计成:《园冶》,重庆出版集团,2017,第23页。
② 司空图:《二十四诗品》,浙江古籍出版社,2019,第24页。
③ 计成:《园冶》,重庆出版集团,2017,第2页。
④ 陈从周:《说园》,同济大学出版社,2007,第5页。
⑤ 计成:《园冶》,重庆出版集团,2017,第241页。
⑥ 陈从周:《说园》,同济大学出版社,2007,第9页。

图3 拙政园(图片来源:张笑筝编著"中国文化知识读本"《拙政园》,吉林文史出版社,2010)

陈从周先生以上海豫园九曲桥为例,批评"桥定要九曲"这种死板观念,却直如当今诗词创作中的"老干体",只求合律而意境全无。

园林是由建筑、山、石、水、植被等组成的立体空间,园林中楹联匾额题名的诗性空间则是对人文诗意的凝练。为建成的建筑和园林景观题名及创作楹联,是诗意空间营造的典型表现形式之一。例如《红楼梦》第十七回《大观园试才题对额 荣国府归省庆元宵》中贾宝玉为大观园主要景点题名及创作楹联:沁芳亭(绕堤柳借三篙翠,隔岸花分一脉香)、有凤来仪(宝鼎茶闲烟尚绿,幽窗棋罢指犹凉)、蘅芷清芬(吟成豆蔻才犹艳,睡足荼蘼梦亦香)等等。

三、诗意空间营造的技术路径

因诗造境,是中华民族"天人合一"哲思理念的最高表现形式之一。如果将单纯的诗词喻为一维的,将诗与画的结合喻为二维的,那么将诗词唯美意境与现实中的景观营造结合则是三维的,如果再进一步将其与音乐、舞蹈、戏剧、餐饮等人的活动相结合,那么当代的诗意空间营造则存在向更高的维度去探索各种形式的融合创新的可能。

总体来讲,诗意空间营造的技术路径包括以下五个。

1. 在地文化的系统化梳理和头脑风暴的开展

通过对州府县志,以当地风物、历史文化为主题的书籍文章的详细查阅研读,以及与当地文化主管部门负责人、文化名人、非物质文化遗产传承人等的深度交流,对当地文脉进行充分、系统的梳理与研究;同时,通过与当地政府主管领导、投资方、建设方、主要核心项目运营方负责人等的交流,充分了解各方的观点与诉求;然后,与多学科专业人员组成的设计团队进行头脑风暴。

2. 项目主调性的确定和诗词创作体裁的选择

通过上述工作确定项目的文化调性,并确定诗词创作的体裁。例如,南京江心洲由于有李白曾经在其七律名篇《登金陵凤凰台》中留下过"三山半落青天外,二水中分白鹭洲"的名句,所以在进行诗词创作的时候便也选择了七言律诗这种体裁,并依韵创作,也就是保持与原诗一样,以《平水韵》下平十一尤作为韵脚,向诗仙致敬;随后从原创诗作中提取出了九大美学场景作为诗意空间营造的初步成果。而在重庆酉阳高铁站桃园新城景观规划设计项目中,由于酉阳被认为是陶渊明笔下"桃花源"之所在,而陶渊明在《桃花源记》中开篇即道"晋太元中,武陵人捕鱼为业",点明桃花源这个场景的发生地是在武陵山中,因此在创作的时候便选择了"武陵春"这个词牌,并从中提取出了从高铁站直至桃花源景区的"桃源十二景"。

3. 诗词创作和关于六感体验营造的设想

接下来的诗词作品的创作需要从两个方向同时进行考量:一是常规的文学创作,从正面进行思考;二是从造景的角度进行反向思考。正向路径指从押韵、平仄、对仗、用典和双关等纯文学角度进行创作。反向路径则又一分为二:一是需要以诗词创作的方式为整个项目提炼出艺术精神和文化灵魂,并以此作为整个项目的文化总纲,进而在此基础上以诗人的视角给出关键点位的造景建议;二是设计团队需要综合考量项目的各种因素,给出专业系统化的规划设计方案,指明哪些核心要素需要在诗词作品中被提及和表述,例如项目标语中的核心词汇,主要分区的名称,历史遗迹,代表性原生动植物,主力项目的名称,设计种植的主要乔木、灌木、花卉等,其中最关键的是对于设计团队想要给人留下的关于项目的总体印象,需要在诗词作品中巧妙地予以呈现。当然这两个部分的工作需要交叉进行、互相印证,这样才能达到更好的诗意空间营造效果。

现代景观设计手法中,常常用到"五感设计"这一理念,这五感分别是视觉、听觉、嗅觉、味觉和触觉,分别对应着人体眼、耳、鼻、舌、身这五个感官,这个体系与佛教理论体系中提到的"六根"生"六识",也即"眼耳鼻舌身意"生"色声香味触法"相比有所不同。"五感设计"都是针对人体生理器官的直接感受来进行的设计,这里被遗漏掉的正是最后的这个"意",以及其所对应的"法"。何谓"意"?"意"指的是人对促使产生更高级的精神愉悦的外部物象所具备的感知力与觉悟力,而"法"则是由前五感所捕捉到的客观物象与彼时人的主观意志、情绪碰撞与融合所产生的共鸣与感动,这是一种需要靠"悟"才能获得的审美体验,而悟性和灵性这种东西是因人而异的,这也是当前所流行的设计体系所不愿触碰,也很难触碰的原因之所在。从诗意空间营造技术体系理论构建的角度来考量,本文在此提出更为直观的"诗性"来指代佛教六识中的"法"觉。

苏东坡这样评价王维的作品:味摩诘之诗,诗中有画;观摩诘之画,画中有诗。(《书摩诘蓝田烟雨图》)可见无论是画还是诗,都是需要有悟性、有灵性的人玩味和鉴赏的。园林设计中超越五感的"法"觉,也即"诗性"的营造也是如此,例如苏州留园的闻木樨香轩,在其审美闭环中预留了"嗅"觉和"诗性"两个层级,通过鼻子闻到木樨花的花香,此为第一层,凡嗅觉正常的人皆可体会;可是通过闻到花香获得更高层次的精神愉悦,则需要更高的学养。

所以本文在这里提出"诗意设计"的概念,用以区别当下流行的"五感设计",并将超越五感的第六感命名为"诗性"。在针对某个场景进行本底诗词创作的时候,需要随时把诗意设计,尤其是针对第六感"诗性"的场景设计贯穿始终,以求超越普通设计,获得直击人心、感人至深的艺术效果。此时"诗性"的场景营造虽然属于景观设计的范畴,但其手法与作诗已经非常接近了。唐代诗人王昌龄在《诗格》中说:"夫置意作诗,即须凝心;目击其物,便以心击之,深穿其境。"这个"以心击之"同样也是"诗性"景观的营造法门,只不过其审美过程需要观众的一定的悟性和学养来支撑,如此获得的审美体验也会更加强烈。诗意空间营造与当下的城市设计的最大不同,也是"诗意设计"与"五感设计"的不同,其核心区别在于前者实现了空间营造的审美效果从"悦目"到"悦心"的跃变。

4.N 景的提炼和相关活动的植入

一首优秀的诗词作品本身便可以在读者的头脑中构建出一幅幅或唯美、或壮丽、或清幽、或深情的画面,让人体会深刻并且由衷赞叹。这些画面中的某些元素可以巧妙地通过设计团队的设计,以一种特殊的艺术表达形式予以物化,并在现实中与游客或使用者实现基于"诗性"的融合与互动,如此便自然而然地由诗词本身衍生出这个项目的"N 景"。在这些核心景观节点的诗意空间营造过程中,设计团队还应在某些点位上将人的活动深度植入,例如在江苏启东海上明月项目的公园设计部分,设计团队将《水调歌头·海上明月》中的主景观"心海月影"与另一个大型风动装置"天浪"相结合,通过视频采集虚拟成像技术,让游客的身影可以顺着天梯一步一步走进月亮中去,营造震撼人心的景观艺术效果。

5.诗词衍生品的创作:音乐、戏剧、服装、餐饮、VI(视觉识别系统)、MR 沉浸式诗境游线、周边 IP 的全方位设计

N 景被提炼出来之后,诗意空间营造阶段的工作基本告一段落,接下来根据项目具体情况以及相关政府主管部门需求的不同,设计团队会有选择地探讨对原创诗词进行更多维度呈现的可能。这些可能的具体表现形式为音乐、地方剧、服装定制、诗意餐饮、项目整体 VI 设计、MR 沉浸式诗境体验、周边 IP 开发等。其中,为原创诗词谱曲并邀请当地知名歌手演唱,将有助于诗词所定义的基本文化精神在项目所在地以及互联网上普及与推广,也可以成为当地政府对外进行旅游宣传的有效工具。若当地有地方剧种,则存在进一步将音乐作品进行再创作的可能,也即按照戏剧的唱腔对歌曲进行传统演绎,以达到古典与现代结合的独特艺术效果,并将其作为特色文化内容植入项目的某一个场所中,以营造独特的场所精神。诗词的意境并不仅仅限于景观风物的设计与营建,也可以在景区工作人员的服装设计上予以呈现,同样也可以在歌曲演唱者、戏剧表演者等的服装设计上进行定制。如果当地美食颇有可圈可点之处,则可以考虑将这些美食与诗词中的某些语句、元素进行创新性的融合,推出一些极具文化特色的美食单品,甚至是一桌"诗宴"。项目所在地的整体 VI 设计包括公交站台、路灯、座椅、公厕、人行道铺装、栏杆等城市家具,以及街道的门头、店牌、店招等的设计,这些都可以按照诗词的意境截取出其中的某些意象来进行专门化的设计。如果更进一步,则可以和手机游戏厂商合作,联合开发出线上线下互动的 MR 游戏产品,将本地历史文化中的一些精彩故事、人物与诗词结合,进行虚拟与现实结合的场景打造,使诗词中的诗意场景、现实中的诗意场景和虚拟世界的诗意场景深度融合,给游客带来亦真亦幻的诗境体验。在此基础上,根据实际情况可以考虑将上述体系中的一些核心元素 IP 化,生产成游客愿意购买并留作纪念的礼物。

四、苏州平望镇核心景区诗意空间营造案例分析

1.《望江南·平望》创作

苏州,云落湖滨,冶翰墨园林之文荟;萃婉江南,集文曲梦笔之精华。运河逶迤北上,经嘉兴而入吴江;康乾嘉慕南来,眸顿塘(又名"荻塘")数赋平望。平望,始载于西汉,建镇于洪武,南北塘路,鼎分葭苇,湖光水色,一望皆平,因得其名。平望北倚苏常,南接嘉杭,西揽太湖,东望云间。自古而今,有驿路纵横,车马逸驰,亦有莺湖激滟,帆影烟光。环枢莺湖,古有八景,曰:平波夜月,殊胜晓钟,远帆归浦,驿楼览胜,烂溪野店,荻塘柳影,桑磬渔舍,元真仙迹①。史载颜真卿、张志和、张籍、范成大、汤显祖等风流名士,均流连于此,陶然忘返。近世

①孙中旺、姜雨婷:《平望诗钞》,广陵书社,2016,第4页。

百年,舛败崩颓,泊今溯望,俱已湮沦久矣。抚今追昔,余等欲借全新之规划理念与全新之材料、技术,尝试唐宋诗意之绝地重生,庶几接续千古风雅于今朝也欤?

辛丑孟夏,松友相延,缘随心至,得会于斯。因作《望江南》三首,以遗平望此间人伦风物。

望江南·平望

颓塘雨,明柳黛春山。

洲畔落花轻似梦,圩间翠带碧如烟。

吟赏且凭栏。

凭栏处,汇四水千帆。

高望长空人阵雁,杉云深望树莺舍。

平望正江南。

江南醉,慵酒倚芳园。

僧塔驿桥牵晓梦,月明水镜叠飞泉。

天上也人间。

2.《望江南·平望》解读

平望四河汇集是苏州运河十景之一,颓塘河是四河之一,所以一上来便以此点题:颓塘雨,明柳黛春山。平望一望皆平,其行政辖区内并未有山,然而这里的"春山"却并非实指山峰、山峦或者山丘,而是与"柳黛"一道,同指女子的眉毛,这句的意思是:蒙蒙烟雨中的颓塘河是如此的美丽、温柔而多情,让姑娘们的眉头都舒展了开来。而江南小镇平望的地理地貌,多洲渚圩田,其密布于水网之间,所以便有了次句之"洲畔落花轻似梦,圩间翠带碧如烟"。如此美景当前,禁不住要"吟赏且凭栏"。

平望四河中的另一条是航运繁忙的大运河,所以目光所及,便有"凭栏处,汇四水千帆"之景致。而当我第一次来到这里看到"平望"二字,脑海里便闪现出了山水画的"三远法",并立即将高远、深远和平远,与高望、深望和平望一一对应了起来。抬头高望有长空雁阵,凝眸深望有水杉高林、黄莺啼树,舒目平望却正是这一座惹人怜惜的江南小镇。因有"高望长空人阵雁,杉云深望树莺舍。平望正江南。"

平望镇的核心景区内原来有一座名为"八㤗园"的私家园林,史载当地名酿"八㤗酒"即产于斯,此园于抗战时期毁于日本飞机的轰炸,如今政府计划重建,因此便有了"江南醉,慵酒倚芳园"。而景区最有名的则是曾经作为驿桥的"安德桥"和桥头的小九华寺,斯谓"僧塔驿桥牵晓梦"。本项目的诗意空间营造团队在旁边原殊胜寺(今已湮灭)的原址上,用当代的曝气叠泉技术设计了一处叠水景观,此所谓"月明水镜叠飞泉"。面对这如诗如画的极致美景,最后用一句"天上也人间"总揽作结。

3. 基于《望江南·平望》的因诗造境

经过诗意空间营造团队反复讨论,诗景互映,因诗造境,遂得新"平望八景"(图4),曰:颓塘新渡,驿桥倚梦,殊胜叠泉,水口㴑月,汇水千帆,杉云水森,落梦花畔,翠圩碧烟。

图4至图21均来自 AECOM 设计公司。

因诗造境之法,八景各有所重。

(1)颓塘新渡(图5)。原来的颓塘河的绝大部分已被城市化进程所湮没,现在仅存一小段约200米的河道,设计团队在这段河道靠近市镇的端头处设计了一座渡口,并在石栏石柱石凳上镌刻下千年以来颜真卿、张志和、康熙帝、乾隆帝等文人墨客曾在平望留下的经典诗句,试图通过这种方式唤起当地居民和游客对历史的回望,希望脚步匆匆的当代人可以通过这个渡口被摆渡到时光隧道的另一端。颓塘新渡在功能设置上承担了旅游集散广场的作用,同时也是古镇水上游线的起点。

(2)驿桥倚梦(图6)。石拱造型的安德桥和小九华寺的佛塔是平望古镇的经典标志性景观,取"僧塔驿桥牵晓梦"诗句意象,设计团队在这里设计了一座紧贴水面、平行于安德桥的现代浮桥,同时配以喷雾装

图4 平望四河汇集新八景

图5 颓塘新渡

图6 驿桥倚梦

置以营造亦梦亦真的景观特效,同时浮桥也将为居民和游客创造出前所未有的站在水面上观景的独特视点。在商业功能上,此处还配备了滨水市集,以供人休憩和游赏。

(3)殊胜叠泉(图7)。平望镇历史上曾有一座殊胜寺,后毁于战火。取"月明水镜叠飞泉"诗句后半部分之意象,诗意空间设计团队在其原址处设计了一座曝气叠泉,以此营造出一种当代和历史对望的场景感,并在泉内设计了隐隐约约的钟磬之声,以唤起人们对曾经"殊胜晓钟"的追忆。配合曝气叠泉,设计团队还设计了亲水的绿阶水埠,同时将本地民宿孵茶馆引入叠泉上方的廊桥内。

(4)水口滟月(图8)。设计团队在古镇北口处对原长老桥进行改造的同时,取"月明水镜叠飞泉"诗句前半部分之意象,设计了滟月桥、滟月亭等可以观赏水月倒影的景观。另因此处有关帝庙旧址,因取"滟月"二字谐音,结合关公之青龙偃月刀的概念,设计了偃月广场,还在镇口老榆树边设计了一座亲水戏台,并将猜灯谜这种风行平望本地数百年之民俗引入进来,既保留本土文脉,又使广场上的灯谜灯笼与水月倒影组合在一起,形成一道唯美的诗意景观。

(5)汇水千帆(图9)。取"吟赏且凭栏"诗句意象,在大运河与太浦河交汇处设计了一座挑出河面的观景台,起名曰"且凭栏",本地居民和游客可以在此观赏京杭大运河上船来船往的壮丽景色。

(6)杉云水森(图10)。依托四河之一的市河的水杉树林资源,取"杉云深望树莺含"诗句意象造此景,运用当代水下植栽技术营造出水下森林的奇特景观效果,与水面上的杉树树阵相结合,形成人在踏上水中栈道时,水上水下皆为森林的诗意美景。

(7)落梦花畔(图11)。大运河畔有一座西式灯塔,政府原本计划拆除,但经过设计团队的论证,认为可以通过局部改造后予以保留,并取"洲畔落花轻似梦"诗句意象,在灯塔下方沿大运河的岸线上进行大面积的季相鲜花种植,以此地景艺术来营造"落梦花畔"的诗境体验。

(8)翠圩碧烟(图12)。在古镇北面农田景致最美处,取"圩间翠带碧如烟"诗句意象,打造可游可赏的永续农文旅示范基地。

新"平望八景"之一的"颓塘新渡",已于2021年11月24日建成开放(图13至图20)。

4.基于《望江南·平望》的江南诗宴构想

此外,当地政府还策划了"运河宴",设计团队计划在其基础上推出升级版的"江南诗宴"(图21)。

图7 殊胜叠泉

图8 水口滟月

图9 汇水千帆

图10 杉云水森

图11 落梦花畔

图12 翠圩碧烟

图13 颓塘新渡改造前

图14 颓塘新渡设计方案(一)

图15 颓塘新渡设计方案(二)

图16 颓塘新渡设计方案(三)

图17 颓塘新渡设计方案(四)

图18 颓塘新渡建成后(一)

五、结论与展望

综上所述，诗意空间营造技术体系的构建对于当前中国的城市化进程，尤其是城市更新，具有一定的积极意义。如何将文化深深植入城市的建设运营过程中，如何在当前中国城市更新过程中实现真正的文化引领，诗意空间营造为解决这一系列问题提供了一种可能的技术路径。但是需要指出的是，这一技术路径和技术体系现在尚处于发端阶段，前行的道路上一定会碰到许多可以预测和不可预测的障碍和风险：首先，诗意空间营造需要主创人员及设计团队均具有较高的古典诗词创作能力、传统文化素养和美学素养；其次，需要相关项目的政府部门领导具有相对较高的文化和审美品格；最后，施工过程至关重要，如果施工团队的决策管理人员不能较为深刻地理解项目的文化意涵及"诗意"之所指，建筑及景观的施工质量也有可能无法达到诗意空间营造的预想效果。

图19 頔塘新渡建成后（二）

图20 頔塘新渡建成后（三）

图21 江南诗宴

参考文献

[1] 崔勇 . 建筑文化与审美论集 [M]. 北京:北京时代华文书局,2019.
[2] 陈从周 . 说园 [M]. 上海:同济大学出版社,2007.
[3] 计成 . 园冶 [M]. 重庆:重庆出版集团,2017.
[4] 刘士林 . 中国诗性文化 [M]. 南京:江苏人民出版社,1999.
[5] 莱辛 . 拉奥孔 [M]. 朱光潜,译 . 北京:商务印书馆,2016.
[6] 黑格尔 . 黑格尔美学讲演录 [M]. 上海:上海译文出版社,2020.
[7] 陈志华 . 外国造园艺术 [M]. 郑州:河南科学技术出版社,2001.
[8] 叶朗 . 美学原理 [M]. 北京:北京大学出版社,2009.
[9] 徐复观 . 中国艺术精神 [M]. 桂林:广西师范大学出版社,2007.
[10] 张彦远 . 历代名画记 [M]. 杭州:浙江人民美术出版社,2011.
[11] 袁行霈 . 中国诗歌艺术研究 [M]. 北京:北京大学出版社,1987.
[12] 朱光潜 . 诗论 [M]. 武汉:武汉大学出版社,2009.
[13] 袁行霈,孟二冬,丁放 . 中国诗学通论 [M]. 合肥:安徽教育出版社,1994.
[14] 陆侃如,冯沅君 . 中国诗史 [M]. 天津:百花文艺出版社,1999.
[15] 肖驰 . 中国诗歌美学 [M]. 北京:北京大学出版社,1986.
[16] 彭一刚 . 中国古典园林分析 [M]. 北京:中国建筑工业出版社,1986.
[17] 秦泉 . 道德经 [M]. 北京:外文出版社,2013.
[18] 邓启铜,王磊,张淳 . 庄子 [M]. 南京:东南大学出版社,2015.
[19] 阮青 . 淮南子 [M]. 北京:华夏出版社,2000.
[20] 严羽 . 沧浪诗话 [M]. 南京:凤凰出版社,2009.
[21] 叶燮 . 原诗 [M]. 北京:人民文学出版社,2005.
[22] 钱泳 . 履园丛话 [M]. 上海:中华书局,1979.
[23] 宗白华 . 美学散步 [M]. 上海:上海人民出版社,1981.
[24] 杨鸿勋 . 江南园林论 [M]. 北京:中国建筑工业出版社,2011.
[25] 潘谷西 . 江南理景艺术 [M]. 北京:中国建筑工业出版社,2021.
[26] 曹林娣 . 中国园林艺术论 [M]. 太原:山西教育出版社,2001.
[27] 金学智 . 中国园林美学 [M]. 北京:中国建筑工业出版社,2005.
[28] 周维权 . 中国古典园林史 [M]. 北京:清华大学出版社,2002.
[29] 吴良镛 . 广义建筑学 [M]. 北京:清华大学出版社,2011.
[30] 吴良镛 . 人居环境科学导论 [M]. 北京:中国建筑工业出版社,2001.
[31] 雅克·玛利坦 . 艺术与诗中的创造性直觉 [M]. 克冰,译 . 北京:商务印书馆,2013.
[32] 海德格尔 . 存在与时间 [M]. 陈嘉映,王庆节,译 . 北京:商务印书馆,2017.
[33] 海德格尔 . 诗·语言·思 [M]. 彭富春,译 . 北京:文化艺术出版社,1991.
[34] 让·保罗·萨特 . 存在与虚无 [M]. 陈宣良,等译 . 北京:生活·读书·新知三联书店,2014.
[35] 诺伯舒兹 . 场所精神:迈向建筑现象学 [M]. 施植明,译 . 武汉:华中科技大学出版社,2010.

A Preliminary Study of the Core Element of Cultural Heritage Law

—Cultural Heritage Rights

刍议文化遗产法律的核心要件

——文化遗产权利

黄墨樵*（Huang Moqiao）

摘要：在以权利为本位的现代法律体系中，有关权利的概念的讨论注定是最为核心的命题。作为文化遗产法律体系核心要件的文化遗产权利，它的产生和演进来源于现代以来对公民文化权利的孜孜以求，是文化权利的派生权利。文化遗产权利作为权利束，由享有权、处置权、获益权、传承权四种权利构成。在不同的条件下，个人（公民）、法人与其他组织以及国家都有可能成为该权利的行使主体。它是一种涵盖公权和私权的混合权利。它的有效行使有赖于国家在对其承认、尊重和实现三个层次上的保障。

关键词：文化遗产权利；权利构成；权利主体；权利属性；权利保障

Abstract: The debate over the concept of rights will undoubtedly be at the center topic of any modern legal system that is founded on rights. As the core element of any cultural heritage law, cultural heritage rights originate from citizens' pursuit of cultural rights since modern times. They are derivative from cultural rights. Cultural heritage rights are a bundle of rights: the right to enjoy, the right to dispose, the right to derive profit, and the right to bequeath. These rights may be exercised by individuals (citizens), legal persons and other organizations, or the state, depending on the circumstances. Cultural heritage rights are a combination of public and private rights. Their effective exercise depends on the guarantee provided by the state on three levels: recognition, respect and realization.

Keywords: Cultural heritage rights; Composition of rights; Rights holder; Attributes of the rights; Protection of rights

　　随着以权利为本位的社会主义法律体系的建立，权利的实现成为目的，义务的履行是手段，权利在法律体系中处于核心地位，是法定权利和义务系统的起点。正如王云霞所言，法律能够维护社会公平和正义的关键就在于其明晰了社会各主体之间的权利义务关系。而之所以要以法律保护文化遗产，不仅仅是基于文化遗产是一种珍贵稀缺的文化资源的共识，更是基于不同主体对这种珍贵资源享有不同的权利，同时也承担着相应的权利关系构造的义务。这种构造不仅决定着文化遗产相关行为中各行为方的权益平衡，而且还决定着整个文化遗产法律体系的价值位阶和实践效果。因此，本文旨在基于对文化遗产权利的关切和重视，深入探析文化遗产权利概念的建构过程和要素构成，从而较为系统地掌握这一文化遗产法律的核心要件。

一、文化遗产权利的产生与演进

　　关于文化遗产权利的讨论，需要从有关文化权利的讨论开始，以明确文化权利与文化遗产权利的关系。从实证角度来看，文化遗产活动是文化活动的重要组成部分。例如参观博物馆和美术馆，参观文化遗产地和

* 故宫博物院数字与信息部副研究馆员。

传统村落,考古挖掘;研究、学习、传承传统口头文学和语言、美术、音乐、戏剧、技艺、礼仪、民俗等非物质文化遗产;梳理、分析、提炼文化遗产中的全部或部分组成元素,通过撰写、编著、创意、设计、创作、制作等进行再创造活动。这些活动都属于文化遗产活动实践,同样也属于文化活动。从法律角度来看,对于文化权利与文化遗产权利关系几何,目前学界大致有两种观点。一部分学者将与文化遗产相关的权利置于作为人权的文化权利之下,从文化权利的角度对文化遗产相关权利进行论证。另一部学者则认为文化遗产权利与文化权利都属于人权的子范畴,具有一致性,同时也具有矛盾性。也就是说,在文化权利范畴之外,出现了一个同为人权组成要素的文化遗产权利,与文化权利并列。该观点虽然承认了文化遗产权利与文化权利关系密切,但并不认同文化遗产权利的从属地位,认为其是独立于文化权利之外的权利类型。这种观点忽视了文化权利与文化遗产权利的派生关系,也忽略了文化遗产保护的理论演进与实践发展的过程。文化遗产权利概念的出现无法脱离整个文化权利框架的发展和丰富。因此,笔者赞同第一种观点,认为文化遗产权利应置于文化权利之下。文化遗产权利的派生与文化权利的演进过程息息相关,正是在作为基本权利的文化权利发展到一定程度后,文化遗产权利这一概念才逐渐形成。因此,要了解文化遗产权利需从了解文化权利概念的形成演进开始。

文化权利这一法律概念首次见于1919年的德国《魏玛宪法》。该宪法第118条规定:德国人民,在法律限制的范围内,有用语言、文字、印刷(物)、图书或其他方法,自由发表其意见之权;不得因劳动或雇佣关系,剥夺其此种权利。该条款明确了公民享有意见表达和信息传播之自由权利;相应的权利主体为德国人民,即全体德国公民;权利的法定边界为法律限制的范围内,即如超出法律规定的范围则不受此条款保护,有被剥夺此权利的可能;同时,规定公民处于劳动或雇佣关系中时,仍然拥有该项权利,且不可被剥夺。部分国内学者之所以将此作为文化权利法律概念的源头,可以从以下三方面进行分析。一是该条款将权利主体明确为德国人民,即所有德国公民,具有普遍性,使其具备了基本人权的特质。二是意见表达和信息传播之自由权利主要以语言、文字、印刷(物)、图书等各种文化形态予以实现,说明该权利具有文化形态特性。同时,意见表达和信息传播作为人类思想活动和精神生活的具体呈现方式,本身就具有很强的文化属性。三是该项权利的不可剥夺性。就算公民处于被雇佣的不利位置,依然不会其影响享有该项权利。[①]该条款虽然设立于第一次世界大战结束后,但第二次世界大战后才逐渐进入人们的视野,拥有文化权利特性,因此被认为是文化权利概念的发端。

自《魏玛宪法》以后,文化权利概念的发展停滞,直至第二次世界大战结束,文化权利概念的发展才得以大踏步前进。这里有两方面的原因。一方面由两次世界大战给人类带来的巨大创伤以及对人类基本人权的肆意践踏的现实所致。第二次世界大战后,包括文化权利的基本人权超越了国家的边界,成为国际社会共同关注的权利。人权对确立社会基本价值,确定社会未来走向,作为衡量公共权力合法、合理与否的最终尺度的功能得以逐步明确。另一方面则源于法学界对基本权利的反思与实践,即讨论包括文化权利在内的经济、社会和文化权利,探索将其作为新型权利加入基本权利范畴的理论可能性,并为之开展相关立法实践。随着第二次世界大战硝烟的散去,从废墟中走出来的人类再次携手构筑世界新秩序之时,人权成为人类最为核心和普遍的价值诉求,而人权概念本身也随着人类社会的不断变革,衍生出了新的内涵。《世界人权宣言》的第27条第1款规定,每个人都拥有参加文化生活的自由权、享受艺术的享用权,以及分享科学进步及其成果的收益权。第2款规定,每个人对其创作的科学、文学或艺术作品所产生的物质和精神收益都拥有保护权。《世界人权宣言》是国际人权领域最为重要和核心的法律文件,以上两个条款的出现标志着文化权利成为基本人权的组成要素,逐步在世界范围内得到承认。文化遗产相关活动是人类文化活动的重要组成部分,《世界人权宣言》实际上就规定了:人人都有权参观文化遗产,在保证文化遗产安全完整的前提之下尽可能多地接触文化遗产;都有权走进博物馆、美术馆欣赏文化遗产(艺术品),都有权通过观赏文化遗产,获得精神上的富足,提高自身的文化和艺术修养,在社会活动中获得更多的优势;都有权研究文化遗产,并有权通过研究获得物质上和精神上的收益,并受法律保护;都有权通过对文化遗产的梳理、分析、研究、提取出来的成果进行再创造,并获得物质上和精神上的收益,例如发表学术成果、出版文学作品、拍摄影视剧、创作歌舞、创意设计产品等。同时在法律限制内,以上这些活动和所产生的物质(经济)收益和精神(名誉)收益都将受到法律保护。1948年颁布的《世界人权宣言》以一个统一文本涵括了当今国际社会普遍公认的人权的基本内容。而要实施宣言中所规定的权利,需要制定具体公约。这本来应体现为一个完整的公约,但由于东西方对人权性质的意识分歧,联合国

[①] 需要注意的是,该条款从文本上看,并未针对权利客体进行具体表述,完全可以从公民权利和政治权利角度加以解释。例如条款所指的言论和出版自由指公民对于国家政治相关问题拥有探究讨论、表达己见、著书立说、出版发表之自由权利,是为公民权利和政治权利。由于文本并未做出明确限制,只能推论可以将文化活动作为权利客体之一,即公民在文化艺术领域,拥有自由表达、自由创作、自由公开之权利。只有在文化活动作为权利客体进行解释时,才能称其为首次出现文化权利之标志。

大会最终决定把基本人权分为两类,一类是公民权利和政治权利,一类是经济、社会和文化权利,分别由不同的公约加以规定,即《公民权利和政治权利国际公约》和《经济、社会和文化权利国际公约》(以下简称《经社文权利国际公约》)。《经社文权利国际公约》第 15 条第 1 款至第 3 款又再次重申了《世界人权宣言》中有关文化权利的规定。遗憾的是,经济、社会和文化权利与公民权利和政治权利在之后长达 50 余年的国际人权法律实践过程中,始终没有处于同一发展水平上。经济、社会和文化权利与公民权利和政治权利相比较,在国际人权法律实践中仍然处于落后位置,长期不被看作一种"真正意义上的权利"。针对文化权利的司法保障和救济实践更是落后于针对经济权利和社会权利的司法保障和救济实践。虽然文化权利的实施道路并非坦途,但也要看到事物发展的积极一面。回溯各国法律实践的发展历程,可以发现从第二次世界大战结束以后,文化权利的要旨确实被越来越多的国家所接受,这些国家逐步在国家宪法和国内法体系中对文化权利做出了相应的规定。如今,文化权利已与公民、政治、社会和经济权利一样,成为公民必须享有的、国家政府予以保障的基本人权。例如《日本国宪法》(1946 年)第 25 条第 1 项规定了"全体公民都享有健康且满足最低文化需求的生活的权利"。同时还在第 19、20、21、23、29 条规定了与文化活动相关的各项自由权。又如德国联邦州宪法《巴伐利亚宪法》(1946 年)第 3 条规定:"巴伐利亚是一个法治国、文化国和社会国,它致力于公共福祉。这个国家应当保护生活中自然基础和文化传统。"值得注意的是,该法首次提出了"文化国"概念,为探究国家与文化的关系提供了更多的空间。再如《大韩民国宪法》(1948 年)在"前文"中提到,包括文化在内的各领域,人人机会均等之平等权。接着在第 9 条中规定,"国家要致力于传统文化的继承、发展和民族文化的兴隆",同时第 19、20、21、22、31 条都是与文化活动相关的各项规定。最后如《意大利共和国宪法》(1947 年)第 9 条规定:共和国促进文化、科学研究和技术的发展,同时保护国家的风景名胜、历史和艺术遗产。

进入 21 世纪,随着文化遗产保护理念的不断演进,在世界范围内重视文化多样性和各种文化平等对话日益成为价值共识的情况下,以"文化人权"为理念基础的文化遗产权利的概念破茧而出。2001 年联合国教科文组织大会通过《世界文化多样性宣言》。其中第 7 条专门规定,"每项创作都来源于有关的文化传统,但也在同其他文化传统的交流中得到充分的发展。因此,各种形式的文化遗产都应当作为人类的经历和期望的见证得到保护、开发利用和代代相传,以支持各种创作和建立各种文化之间的真正对话"。2005 年欧洲委员会的《文化遗产社会价值框架公约》被认为是最早承认文化遗产权利的区域性法律文件。该公约在序言中就明确提出了两类文化遗产权利:一是"作为《世界人权宣言》所载,以及《经济、社会及文化权利国际公约》所保障的文化生活参与权利的一个方面,在尊重他人权利和自由的同时,每个人都有权接触自己选择的文化遗产",是为接触权;二是"深信有必要让社会中的每个人都参与到定义和管理文化遗产的持续进程中",是为参与权。其第 4 条则进一步明确:"人人,包括个体和群体意义上的人,都有从文化遗产中获益的权利和为丰富文化遗产作贡献的权利。"而在第 4 条"与文化遗产有关的权利和责任"中规定,"每个人,无论是单独的还是集体的,都有权从文化遗产中受益并为其丰富作出贡献",是为受益权和贡献权。两年后,《关于文化权利的弗里堡宣言》第 3 条指出,"人人都有权以各自不同表达方式,选择和尊重自己的文化身份;人人都有权了解自己的文化以及组成人类共同遗产的多元文化;人人都有权通过教育和信息传播接触文化遗产,文化遗产构成了多元文化的不同表达,是当代和后世的文化资源宝库"。从中可以得出,对于文化遗产,公民拥有自由权、知情权和接触权。

二、文化遗产权利的基本概念

国内学者研究文化遗产权利的成果的公开发表始于 2003 年,首见于莫纪宏的论文中。他认为,文化遗产权利包含两种形态的权利。物质形态的文化遗产权利是指权利主体对以实物形态存在的文化遗产拥有占有、使用、处分的权利,具体表现为占有权、使用权和经营权。精神形态的文化遗产权利是指权利主体对以精神形态存在的文化遗产所享有的权利。这类权利又可分为两类子权利:一类是思想和表达自由权;另一类是知识产权。之后邢鸿飞、杨婧在《文化遗产权利的公益透视》一文中也运用了以上定义。除此之外,他们认为文化遗产权利还包括对文化遗产的保护权和发展权。杨婧在其硕士论文中将文化遗产权利明确定义为权利束,而非单一权利。其认为文化遗产权利有广义和狭义之分。这一区分主要依据权利主体的不同而定。广义上包括了国家、集体和个人三个权利主体层次,而狭义的只针对个人这一权利主体而论。同时,杨婧还继承了之前的研究成果对文化遗产权利的定义,并对精神形态的文化遗产权利中的知识产权进行了细化,包括表明文化遗产来源权、保护文化艺术传统完整权、公开和传播文化艺术传统权、许可商业利用权和文艺创作权等。王云霞其在 2011 年发表的《论文化遗产权》一文中指出,以上学者关于文化遗产权利概念的观点未免过于简单和机械,将权利客体形态等同于权利的形态,存在偷换概念的嫌疑。对于物质文化遗产,权利主体拥有占有、使用、处分的权益,同样拥有针对物质文化遗产的思想和表达自由权利;而对于非物质文化遗产,权利主体不仅可以享有思想和表达自由权利,同时也对其思想和精神产品享有占有、使用和处分的权益。总之,王云霞认为,文化遗产权利是特定主体对其文化遗产的享用、传承与发展的权利。享用权利包括权利主体对文化遗产的接触、欣赏、占有、使用以及有限的处分权利;传承权利包括权利主体对文化遗产的学习、研究、传播权利;发展权利则是权利主体对文化遗产的演绎、创新、改造等权利。但同年,周军在其博士论文中沿用了莫纪宏等学者的观点,认为文化遗产权利根据文化遗产属性的不同分为两种:一是物质形态的文化遗产权利,其中包括文化遗产所有权、使用权、经营权、转让权、抵押权和收益权等;二是精神形态的文化遗产权利,包括表明身份权、保护文化艺术传统完整权、传播权、确定并许可传承权、公布权、文艺创作权和同意转让权等。除以上两种权利类型外,文化遗产权利主体还拥有文化遗产保护权和发展权。2014 年,在王云霞提出的概念定义的基础上,胡姗辰撰文对文化遗产权利的概念进行了补充和限定。她首先针对权利的行使进行了特定化场景设置:特定主体基于特定客体的某种利益或在某种关系中。在优先保护的前提下,特定主体按照自己的意愿依法对特定文化遗产拥有享用、收益、处分以及传承和发展的权利,包含物质和精神形态两方面的多种复合性权能在内。综合前文各家之观点,笔者有如下观点。一是认为文化遗产权利并非单一权利,而是由一系列权利组成的权利束,是一系列权利的集合。相关子权利覆盖了文化遗产活动的整个生命周期。二是认为文化遗产权利具有特殊性。文化遗产属于不可再生的、极其脆弱的公共文化资源。一切文化遗产活动应以保护保存为前提条件。故相关权利行使受客体属性限制,有较大的权利行使限制。因此,在对文化遗产权利概念进行讨论前,需要将这个预设条件纳入考察范畴。三是认为文化遗产权利有四个组成要件,即权利主体拥有文化遗产的享有权、处置权、获益权、传承权。

文化遗产享有权是指权利主体享有接触、拥有、使用文化遗产的权利。接触权主要指任何公民自由进入博物馆、美术馆和符合开放条件的古遗址、古建筑进行参观,通过近距离观看文化遗产,了解并增长文化知识的权利。由于文化遗产的特殊性和保护前提,这里的接触并非实体的触碰,主要表现为有预防措施的近距离观看,例如隔着展柜玻璃欣赏文物藏品,隔着栏杆观看遗址,隔着门窗观看古建筑内部等。拥有权主要指权利主体对文化遗产拥有所有权。目前,世界主要国家文化遗产相关法律都承认个人、法人和其他组织对文化遗产享有所有权,这里所说的文化遗产主要分为非国有不可移动文化遗产(文物)和民间收藏文化遗产(文物)两类。使用权主要指对文化遗产进行利用的权利,主要分为利用文化遗产进行物质创造和精神创造两个方面的权利。在建筑文化遗产中,特别是近现代建筑文化遗产中,有许多遗产目前还处于实际使用状态,例如作为办公区域、展览区域、餐饮区域等,仍然在为所有权主体创造物质财富。与此同时,文化遗产是众多精神创造活动的研究样本和素材源泉,有关文化遗产和将文化遗产作为素材、背景的学术研究、文学艺术、绘画美术、电视电影、戏剧曲艺层出不穷,创造了大量精神财富。

文化遗产处置权是指权利主体享有转让、抵押、经营、拍卖文化遗产以及改变其用途的权利。由于文化遗产的特殊属性,权利主体拥有所有权,并不意味着权利主体能够对文化遗产进行自由处置,权利主体并不能完全行使这种权利,相反会在行使过程中,受到众多严格限制,只能在法律规定的范围内有限行使。

文化遗产获益权是指权利主体凭借文化遗产获取物质上和精神上的收益的权利。在物质上,权利主体通过出让、抵押、经营、拍卖等形式,将所有权转移给其他主体,从而获得经济收益;或是权利主体通过合法使用文化遗产创造经济收益。在精神上,权利主体通过调查、研究文化遗产,依据文化遗产进行再创作,获得学识上和文艺娱乐上的富足,得到艺术审美、文化鉴赏、个人修养方面的进步。

文化遗产传承权是指权利主体享有保护和传播文化遗产的权利,以期使文化遗产得到可持续发展,能够永续传承。任何主体都享有保护文化遗产的权利。基于国家权力的不对称性,国家有权根据每个国家文化遗产事务具体情况,制定符合本国国情的文化遗产政策,确定是中央政府主导,还是地方政府主导;是国家主导,还是民众主导;是行政主导,还是法治主导。任何公民、法人和其他组织都有权通过一定方式参与文化遗产保护事业。权利主体除了享有保护文化遗产的权利外,同时也享有传播文化遗产的权利。文化遗产传播权利可以分为公开权和表达自由权两种。权利主体享有文化遗产公开权,即在保障文化遗产安全的前提下,权利主体通过公布、展示等方式让更多公众了解认识文化遗产,以此增强民众在文化身份上的认同感。同时,权利主体享有文化遗产相关的表达自由权,可以通过著书立说表达自己有关文化遗产的认识和研究观点,推动文化遗产相关信息和认识的广泛传播。

三、文化遗产权利的主体

有关文化遗产权利主体的分析可以从三个层次进行,即个人(公民)、法人和其他组织、国家三个层次。

第一个层次是作为文化遗产权利主体的个人(公民)。几乎所有的文化遗产及文化多样性领域的国际公约和法律文件,已就个人享有的文化遗产权利达成共识,都承认了个人对其国家、民族、团体及其个人所有的文化遗产的权利。《世界人权宣言》第 27 条、《经社文权利国际公约》第 15 条、欧洲委员会《文化遗产社会价值框架公约》中都有相关表述。从文化遗产权利的国内司法实践来看,个人(公民)是文化遗产权利行使的基本单位。人人都享有文化遗产权利,人人都有保护文化遗产的义务。在《中华人民共和国文物保护法》《中华人民共和国非物质文化遗产法》中就有不少条款是有关个人文化遗产权利的规定。前文所述各种文化遗产权利也都是主要以个人(公民)主体为基点进行延展阐述的。

第二个层次是法人和其他组织。使用法人和其他组织的概念是基于民法视野,《中华人民共和国民法典》第五十七条规定,"法人是具有民事权利能力和民事行为能力,依法独立享有民事权利和承担民事义务的组织"。博物馆、图书馆、美术馆、档案馆、群众艺术馆以及独立的考古科学机构、文化研究机构都属于该组织类别。而其他组织可以理解为非法人组织[①]。《中华人民共和国民法典》第一百零二条规定,"非法人组织是不具有法人资格,但是能够依法以自己的名义从事民事活动的组织"。许多与文化遗产保护有关的社会团体都属于该类型组织。在国际法视野中,主要使用"团体"和"群体"概念。《保护非物质文化遗产国际公约》就在"个人"之外,将"群体"和"团体"同样视为非物质文化遗产的权利主体。无论是"法人""其他组织"还是"群体"或"团体",最为显著的特点就是由个体集合而成的人类群组,促使个体与个体之间形成紧密关系的可以是经济、社会、文化、精神信仰、血缘亲情、民族身份、行为方式、饮食习惯等因素的任意一种或多种。值得注意的是,文化遗产的所有权并不能等同于文化遗产权利。在漫漫历史长河中,许多文化遗产的创造者已无从知晓,文化遗产本身已由从属于某人的财产逐渐被视为属于群体或团体的共同财富,逐渐演化成群体和团体精神的凝结,是群体和团体身份的象征。那么群体或团体到底是否能享有有关文化遗产的权利呢?答案是肯定的。

国家作为文化遗产权利主体的第三个层次主要有两方面的适用场景。在国内法中,法律规定十分重要或面积较大、体量较大的文化遗产由于个人、法人和其他组织无力管理,由国家所有,承担保护和管理责任。例如《中华人民共和国文物保护法》第五条就对国家所有的文化遗产种类进行了明确规定。相应地,国家所有的文化遗产,其保护职责和义务由国家承担。在国际法场景中,国家通过签署、加入履行与文化遗产有关的国际公约,以获得国际社会承认的文化遗产权利。例如《保护世界文化和自然遗产公约》第 3 条规定,缔约国有权自行确定和划分本国文化和自然遗产。第 6 条第 1 款规定,尊重缔约国主权以及缔约国对本国文化遗产的所有权前提下,将一国之文化遗产视为世界遗产的一部分。第 7 条规定,缔约国不得以任何直接或间接措施侵害其他缔约国的文化和自然遗产。也就是说缔约国享有保护本国文化和自然遗产的权利,同时也不能损害其他缔约国的文化遗产权利。

① 根据谭启平的研究:"非法人组织"与民事主体意义的"其他组织"内涵相同、外延重叠,在逻辑上属于同一关系。在民事领域,"非法人组织"系对各民事单行法中"其他组织"的默示修改,应基于后法优于前法的原理予以适用;但在经济法、行政法等其他领域,原《中华人民共和国民法总则》的修改不具有规范效力,在依法定权限和程序完成立法语言修改前,这些领域中的"其他组织"将长期存在。参见,谭启平:《论民事主体意义上"非法人组织"与"其他组织"的同质关系》,《四川大学学报(哲学社会科学版)》2017年第4期。

四、文化遗产权利的公权与私权属性

　　文化遗产权利是公权,是私权,还是混合权利? 是否需要独立于公权和私权之外进行特别的权利设置? 对此学界目前还没有统一的认识。部分学者支持文化遗产权利是公权。王云霞认为,文化遗产权利总体上看属于公权,但限于某些场景和条件,仍具有私权的某些属性。同时,也有部分学者支持文化遗产权利是私权的观点。韩小兵是国内较早公开支持"非物质文化遗产权利"是一项含有公共属性的新型民事权利的观点的学者。后来赖继、张舫在论文中再次支持了这一观点。另外,部分学者赞同文化遗产权利属于混合权利的观点。例如邢鸿飞等认为文化遗产权利不仅具有人权及文化权利的根本属性,还兼有所有权和知识产权的性质;不仅具有私权的属性,还兼具公权的属性。周军持同样观点,他认为,文化遗产权利的法律属性决定了其既要保护文化遗产权人的权益,又要维护社会公共利益,以期取得国家和社会公益利益与私人利益之间的平衡。笔者认为,鉴于权利客体——文化遗产的特殊属性,要讨论文化遗产权利的法律属性,需要设定一定的语境以及相应的权利主体对象。例如国家作为文化遗产权利主体时,文化遗产权利无疑是一种公权。站在国家和民族的立场上,保护、合理利用和传承文化遗产,通过公开展示和传播文化遗产,增强全体民众的文化身份认同感,助力全体国民的文化素养和水平的提升,增强全民族的凝聚力。再如个人、法人和其他组织作为文化遗产权利主体时,文化遗产权利的法律属性就要视情况而定。个人、法人和其他组织在不拥有文化遗产所有权的情况下,或拥有文化遗产所有权但不行使相应处置权和获益权时,所享有的文化遗产权利属于混合权利,既有公权属性又含有私权属性。根据文化遗产的公益特性,人人都可以接触、使用文化遗产,以各种方式参与文化遗产事业,为文化遗产保护做出贡献,这是文化遗产权利的公权属性。在使用文化遗产和传承文化遗产过程中,即使不享有文化遗产所有权,也能获得文化遗产所承载的文化资源,通过对文化资源的挖掘、使用和再创造,权利主体完全有可能获取利益。在这种情况下,可以说文化遗产权利也有私权属性,由私法进行保护和调整。在个人、法人和其他组织享有文化遗产所有权的情况下,同时处于有关法律关系调整中,例如处置非国有不可移动文物或民间收藏文物所有权,通过使用和处置文化遗产获利时,所享有的文化遗产权利属于私权。可见,文化遗产权利呈现出一个十分复杂的权利运行框架。这也要求在处理权利主体相关法律关系时,需要更为细致地照顾到各方诉求和利益关切,让公权和私权达到一个相对平衡的状态。

五、文化遗产权利的保障

　　文化权利之所以为"权利",是因为有相应的义务与其对应,光谈权利是毫无意义的。何为义务? 法学上的义务是一个与权利相对应的概念。说某人享有或拥有某利益、主张、资格、权力或自由,是说别人对其享有或拥有之物负有不得侵夺、不得妨碍的义务。若无人承担和履行相应的义务,权利便没有意义。故一项权利的存在,同时也就意味着一种让别人承担和履行相应义务的观念和制度的存在。对于具有宪法效力的基本权利而言,对应的是国家义务。部分学者认为,根据国家义务的不同内容,需将权利分为消极权利和积极权利。如果国家承担消极不作为的义务,如不干涉自由等,相应的权利就是消极权利;如果国家承担的是积极作为的义务,如提供服务等,相应的权利就是积极权利。他们将公民权利和政治权利划为消极权利,而将经济、社会和文化权利视为积极权利,所对应的国家义务即为积极义务。由于国家在履行积极义务时,需要动用大量社会资源作为保障,而履行的速度和成效都涉及和充斥大量的主观判断,是一种"手段与结果"的关系,而非法律上"事实与法律结果"的关系,法律很难对这些履行义务的行为进行清晰而客观的界定。因此,这些学者认为,由积极义务承担的文化权利,包括文化遗产权利,谈不上是真正意义上的权利,国家承担的相应义务也非真正的法律义务。这也是在文化权利行使效力以及相应司法救济方面长期困扰人们的核心问题。

　　对于该论断,笔者认为,权利并不能简单地被划分为消极权利和积极权利,而是具有"消极性"和"积极性"。对一项权利而言,两种性质并存其中。可以换个角度介入,不从横向对权利性质和相应的国家义务进行分割,而尝试从纵向对权利的实现层次和对应义务的履行层次进行划分。每一个层次都会涉及"消极性"和"积极性",只是相应的权重会根据层次的不同,有所倾向。人权法学家阿斯布佐恩·艾德(Asbjorn Eide)等人

为此提供了一个分析框架,那就是对于任何形式的权利而言,其相关义务都有以下三个层次。第一个层次是尊重的义务(the obligation to respect)。"尊重"指的是国家勿以任何方式干涉人们享有权利。第二个层次是保护的义务(the obligation to protect)。"保护"作为国家义务的第二个层面,要求国家及其代理采取行动,一方面确保其本身不侵犯任何人的权利;另一方面防止第三方侵犯他人的权利,保护所有人免受任何形式的歧视、骚扰或取消服务,并保障任何侵权行为的受害者获得公正的法律补救。第三个层次是实现的义务(the obligation to fulfill)。"实现"这一层面的国家义务涉及广泛,不仅包含了"尊重"和"保护"的意思,还要求国家在涉及诸如公共支出、制定政府经济条例、提供基本公共服务和基础设施、税收和实施其他经济再分配措施等的领域,以"履行(便利)"(facilitation)和"提供"(direct provision)的方式来实现个人的经济、社会和文化权利。

科尔德罗在《文化遗产保护要案》中提到,众所周知,国家在认可文化权利的时候表现出来的缄默和迟疑态度很明显,因此颁布具有可执行性的保护文化权利的二级法律将会为国家的义务赋予更多实际的内容。通过立法,可以要求国家保障集体在行使文化权利时符合共同的目标;同时也要求国家承担尊重文化自由的义务,尊重集体的文化财产(文化遗产),尊重集体和个人与这些文化财产(文化遗产)的联系。这样的法律也是许多国家的宪法和很多国际公约所要求的。这也印证了许多国家的宪法并不涉及文化权利,更没有提及其中的文化遗产权利,或者对相关规定仅进行了较为笼统的表述,而将大量实际的规范表述下放至专门法律中,专门对国家对公民文化权利的保障义务以及公民文化权利的具体行使进行规定。同时,他也谈道:"在我们司法体系中认可这一种权利,其实就是要求国家履行三方面的义务:尊重、保护和通过司法体系保障所有文化权利的落实。"这也就是"尊重""保护""实现"三个关键词勾勒出的国家对于文化权利的确认和义务履行的具体形式,印证了前文艾德的观点。正如前文所述,这三个词汇的关系应该是递进、相互连接、相互影响的,"尊重"是前提,"保护"是基础,"实现"是重点。这里的"尊重"并非情感上或是道德上的尊重,而是指法律上的"承认"和"确权",以构建起国家与集体、个人之间的有关文化遗产权利的平衡关系,这种关系是三方明确的且得到三方承认的。而"保护"这一行为既是国家对公民文化遗产权利的尊重,同时又是国家为公民顺利行使文化遗产权利所提供各项保障的行为基础。如果国家不保护公民文化遗产权利的行使,实际上就代表文化遗产权利被排除在国家义务的清单之外,那么法律上对文化遗产权利的"尊重"和"实现"就无从谈起。公民如何实现文化遗产权利,有赖于国家为公民行使文化遗产权利提供什么样的保障,这也是公民能否顺利行使文化遗产权利的关键和核心问题。国家为公民顺利行使文化遗产权利提供的保障的类型多种多样。例如:设施保障,建设良好的公共文化基础设施,如建设博物馆、美术馆、文化馆;供给保障,提供丰富的文化遗产资源等,如举办公开展览和科研活动;政策保障,提供政策上的支持,如制定实施税收优惠或减免政策、人员培养计划;财政保障,提供经济支持,如发放政府补贴,给予经济补偿,创立国有信托机构等。而在各类保障中,法治保障是公民行使文化权利最为基础和重要的部分,是基石。

参考文献

[1] 张文显 . 从义务本位到权利本位是法的发展规律 [J]. 社会科学战线,1990(3):135,142.

[2] 王云霞 . 论文化遗产权 [J]. 中国人民大学学报,2011,25(2):20-27.

[3] 胡姗辰 . 文化权利视野下的文化遗产权初探 [J]. 沈阳工业大学学报(社会科学版),2014,7(1):25,27.

[4] 周军 . 论文化遗产权 [D]. 武汉:武汉大学,2011:52-57,64-65,85.

[5] 莫纪宏 . 论文化权利的宪法保护 [J]. 法学论坛,2012,27(1):20,21.

[6] 齐延平 . 人权与法治 [M]. 济南:山东人民出版社,2003:13,24,25.

[7] 何海岚 .《经济、社会和文化权利国际公约》实施问题研究 [J]. 政法论坛,2012,30(1): 68.

[8] 魏晓阳,等 . 日本文化法治 [M]. 北京:社会科学文献出版社,2016:24-25.

[9] 王锴 . 论文化宪法 [J]. 首都师范大学学报(社会科学版),2013(2):44.

[10] [韩] 孙汉基 . 论文化国原理:以韩国宪法中文化国原理对中国的借鉴为中心 [J]. 东疆学刊,2018,35(1):108.

[11] 胡姗辰 . 从财产权到人权:文化遗产权的理念变迁与范畴重构 [J]. 政法论丛,2015(4):69.

[12] Council of Europe. Framework convention on the value of cultural heritage for society[ED/OL]. [2022-12-23]. https://www.parlament.gv.at/PAKT/VHG/XXV/I/I_00200/imfname_355315.pdf.

[13] Fribourg Group. Cultural Rights, Fribourg Declaration[ED/OL]. [2022−12−23]. https://www.docin.com/p-1434441684.html.

[14] MO J H. Legal protection for rights to cultural heritage[J]. Social sciences in China, 2003(1):138−139.

[15] 邢鸿飞, 杨婧. 文化遗产权利的公益透视 [J]. 河北法学, 2005（4）:71−72.

[16] 杨婧. 文化遗产权刍论 [D]. 南京:河海大学, 2006, 3: 20−22.

[17] 韩小兵. 非物质文化遗产权:一种超越知识产权的新型民事权利 [J]. 法学杂志, 2011,32（1）: 38.

[18] 赖继, 张舫. 传承人诉讼与权利入市:推动非物质文化遗产权利保护的私法基石 [J]. 社会科学研究, 2016（1）:118.

[19] 夏勇. 权利哲学的基本问题 [J]. 法学研究, 2004（3）:5.

[20] 秦前红, 涂云新. 经济、社会、文化权利的可司法性研究:从比较宪法的视角介入 [J]. 法学评论（双月刊）, 2012（4）: 9.

[21] 豪尔赫·A·桑切斯·科尔德罗. 文化遗产保护要案 [M]. 常世儒等, 译. 北京:文物出版社, 2016:155.

理想之城与家园设计

《建筑师的家园》新书分享会在三联韬奋书店（美术馆店）举行

2022 年 10 月 22 日,《中国建筑文化遗产》编委会、《建筑评论》编辑部与三联韬奋书店（美术馆店）联合举办了题为"理想之城与家园设计"的《建筑师的家园》新书分享会。10 余位建筑师与人文学者就"建筑师的社会使命"、"公共空间设计"、对"家·家园·家人"的真挚理解等话题进行了分享。三联书店副总编辑何奎、布正伟资深总建筑师、崔愷院士、赵元超大师、庄惟敏院士、《三联生活周刊》主编李鸿谷、陈雄大师、郭卫兵总建筑师、叶依谦总建筑师、刘晓钟总建筑师、韩林飞教授进行了精彩分享。《中国建筑文化遗产》主编、《建筑评论》编辑部总编辑、《建筑师的家园》主编金磊主持了此次分享会。

理想之城与家园设计 《建筑师的家园》新书分享会嘉宾合影

金磊在主持词中说,借三联书店成立 90 周年,在三联韬奋书店（美术馆店）做《建筑师的家园》分享会,这本身就给予了拥有丰盈精神世界与高超技艺、给我们创造了现实家园的建筑师一个展示与对话的平台。这让人想起 90 年前建筑师梁思成写给东北大学建筑系第一班毕业生的寄语"非得社会对于建筑和建筑师有了认识,建筑不会得到最高的发达……"。为中国建筑师立传的代表性贡献者当数已故的杨永生总编, 20 年前他推出的《中国四代建筑师》是为中国建筑师立传的奠基性著作。今天现场演讲的嘉宾,第三代建筑师布正伟总建筑师,第四代建筑师崔愷院士、庄惟敏院士,他们都是 20 年前《中国四代建筑师》一书中的入选者,今天线上线下的嘉宾都是中国建筑师中的佼佼者。2014 年至今的 8 年间,先后有《建筑师的童年》《建筑师的自白》《建筑师的大学》"三部曲"问世,如今《建筑师的家园》一书仍以"大家小书"的写法,以建筑师个人的叙事,创造出生动感人且直抵人心的故事。全书中的 65 位建筑师营造了三类"家园":建筑师的精神家园、建筑师的设计家园以及建筑师的修养与能力建设家园。

《建筑师的家园》（金磊主编 生活·读书·新知 三联书店, 2022年9月）

布正伟在发言中,先评价了庄惟敏院士主持的延安宝塔山游客中心暨宝塔山景区保护提升工程,在场地环境景观形态系统的营造中没有司空见惯的塑像、浮雕和碑、亭、廊、阁之类的纪念性符号,它既节省了大量投资和宝贵资源,又突出了对宝塔山和珍贵延河水的记忆表达。其是一种朴素革命情感的写照。接着又评价了赵元超总带领团队设计的延安大剧院,赞扬他把黄土高原地域文化中独有的朴拙气质,与对中国现代建筑简洁清新格调的向往,颇得章法地糅合在了一起,营造出"中而不僵,新而不飘"的整体艺术效果,堪称"延安家园一颗星"。最后评价了 2014 年由崔愷院士领衔,以江苏昆山锦溪祝家甸村为基地,开展的长达 6 年的伴随式设计。他们在"微介入"思路下,对原址砖厂、原舍民宿、旧礼堂及乡土景观、农田景观等进行了改造与更新,将一座 20 世纪 80 年代村民自建、现已荒废的砖厂,成功改造成一座网红砖窑文化馆。在砖厂后续改造中,不论是平台下加建的"窑烧咖啡",还是大披檐下用一个封闭空间改造成的"萱草书屋"及窑体改造中融粗拙与风雅于一体的"老窑餐厅"等,都展示出这座祝家甸砖窑文化馆对公众的吸引力。

Investigation Notes on the 20th Century Architectural Heritage on the Fragrant Hills of Beijing

北京香山地区20世纪建筑遗产考察记

胡 燕[*]（Hu Yan）

编者按：2022 年 4 月 22 日，《中国建筑文化遗产》编委会和《建筑评论》编辑部组建建筑文化考察组。金磊、殷力欣、李沉、万玉藻、李玮、胡燕、李海霞、苗淼、朱有恒、董晨曦等一行 10 多人考察了香山地区 20 世纪建筑文化遗产，探访国家植物园北园和香山碧云寺。此次考察重点寻访了 20 世纪 50 年代建设的温室、20 世纪 90 年代北京十大建筑之一的北京植物园展览温室（国家植物园北园温室）、梁思成先生设计的梁启超家族墓园和香山碧云寺的孙中山纪念堂。

Editor's note: On April 22, 2022, the architectural inspection team formed by members of the editorial board of *China Architectural Heritage* and the editorial departments of *Architectural Review*, including Jin Lei, Yin Lixin, Li Shen, Wan Yuzao, Li Wei, Hu Yan, Li Haixia, Miao Miao, Zhu Youheng, and Dong Chenxi, inspected the 20th century architectural heritage on the Fragrant Hills. They visited the north garden of the China National Botanical Garden (CNBG) and Biyun Temple, including the greenhouses built in the 1950s, the exhibition greenhouse at the Beijing Botanical Garden, one of the top ten buildings in Beijing in the 1990s, the Family Cemetery of Liang Qichao designed by Liang Sicheng, and the Sun Yat-sen Memorial Hall in Biyun Temple.

一、20 世纪 50 年代建设的北京植物园低温温室

最美人间四月天！四月的植物园，繁花似锦。素雅的樱花纷纷散落，粉嫩的碧桃挂满枝头，婀娜的郁金香摇曳生姿，谦逊的二月兰默默盛开，雍容的牡丹也紧赶着绽放华丽。建筑文化考察组一行并未流连于花丛中，一直朝着大温室的方向前行。终于，我们寻到被绿树掩映的美丽身影——20 世纪 50 年代建设的一座小型温室。一片泛着淡淡黄色的墙，几只高高翘起的檐角，仿佛在低声诉说："这里还有一座被遗忘的建筑。"

温室呈园林式布局，分为前后两排。前排温室为矩形平面，东侧阶梯形错动，形成错落布局。南侧为大玻璃，倾斜布置，为室内植物提供充足光照。东侧是混凝土山墙，有简洁的装饰缝儿，并有团花形的装饰花纹标志嵌在墙上。墙头类似南方民居中的马头墙，采用中国传统建筑屋脊形式，形成错落有致的节奏。墙面浅黄色，屋脊白色，树影斑驳，投射于墙上，仿佛一幅水墨画。

1954 年，10 名青年植物学家联名写信给毛泽东主席，希望建设植物园。1956 年，国务院以（56）国秘习字 98 号文件批复，同意在香山地区建设北京植物园[①]。这座温室大概就是 20 世纪 50 年代同期建设的。

二、20 世纪 90 年代建设的北京植物园展览温室：绿叶对根的回忆

2022 年 4 月 18 日，国家植物园正式挂牌成立了！依托北京植物园和中国科学院植物研究所，组建国家植物园。北京植物园改为国家植物园北园。为叙述方便，本文仍然将国家植物园北园温室称为北京植物园展览温室。

北京植物园展览温室位于香山脚下的北京植物园内，即现在的国家植物园北园内，占地 5.5 公顷，建筑面积 17000 平方米，于 1999 年 10 月建设完成。温室区包括：展览温室（9800 平方米）、生产温室（6000 平方米）、变配电室、改造锅炉房各一座。展览温室分为地上、地下两层，包括四个主要区域：热带雨林区、四季花园区、沙漠植物区、专类植物区。展览温室由北京市建筑设计研究院张宇及其团队设计，获得全国第十届优秀工程

* 北方工业大学建筑与艺术学院副教授。

① 贺然、魏钰：《关于北京植物园总体规划的研究探讨》，《国土绿化》2020 年第 1 期，第 56~58 页。

20世纪50年代建设的低温温室

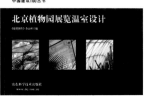
北京植物园展览温室　　　《北京植物园展览温室》

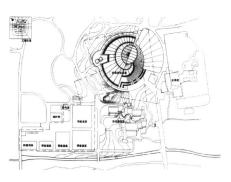
北京植物园展览温室总平面图
（图片来源：张宇《北京植物园展览温室》，
《建筑知识》2000年第1期，第7~8页，第48页）

设计金奖。设计构思是"绿叶对根的回忆"[1]，温室采用钢材与玻璃两种材质，晶莹剔透，宛如香山脚下的一片水晶绿叶。

展览温室设计了"根茎"交织的点式连接玻璃幕墙倾斜顶棚，运用了新结构、新技术、新材料。温室采用钢桁架结构，最大跨度达55米，最高点的高度为20米（室内净高18米），屋面与侧墙均采用点式连接，使用双层中空钢化玻璃，外表面玻璃面积约11000平方米，用钢650吨[2]。玻璃幕墙由形状不规则的玻璃拼贴而成，形成了优美的曲线和曲面，给人以视觉享受，但是不便于施工，成本高昂。

展览温室以四季花园为中心，放射状展开平面，形成热带雨林、专类植物、茶室、接待等区域。入口处形成宽敞的通道，顶部桁架指示明显，自然引导人流参观。

展览温室主要展示热带雨林景观，最奇特的是猪笼草，像一个漂亮的小靴子，张着嘴巴，可以捕食小昆虫。温室中，高大的棕榈树与藤本植物等组合形成立体绿化景观，提升了景观效果。

参观完展览温室之后，一行人横穿植物园，一路向东行走，穿过清代引水石渠，远远看到山坡上有两座碉楼。碉楼由石块砌筑，虎皮石墙面，上小下大，有三层楼高，墙上有排列整齐的窗口，砌筑窗套。但看起来内部是实心的，并不能进入。

这些石碉楼是清乾隆年间（1746—1747年）修建的，距今已有270多年，主要为训练八旗特种兵——云梯兵使用。当时，清朝在四川的金川地区与当地土司发生战争，当地依靠险峻的山势与坚固的石碉楼负隅顽抗，致使清军损失惨重。乾隆帝便命人在西山脚下修建石碉楼，选派勇猛健壮者，练习攻克碉楼的本领。后来这支云梯兵精锐部队就被命名为键锐营，以备不时之需。据说当时修建了大大小小68座石碉楼，大部分为实心的，少部分为空心的，即可以从内部攀登上去。石碉楼有三层、四层、五层等不同高度，便于键锐营操练云梯兵。现多数已损毁。如今，这些遗存碉楼矗立在山坡上，向世人展示着它独特的风貌。

三、梁启超家族墓园

香山地区，山清水秀，风景宜人，实属风水宝地，因而有很多名人埋葬于此，如梁启超、孙传芳、王锡彤等。我们特意寻访了梁启超家族墓园，一是拜谒梁启超先生及其家人墓，二是探索梁思成先生早期设计作品。与植物园入口附近的喧嚣热闹相比，墓园显得非常幽深安静。

梁启超（1873—1929），字卓如，又字任甫，号任公，又号饮冰室主人，广东新会人。他是中国近代思想家、政治家、教育家、史学家、文学家，也是戊戌变法（百日维新）领袖之一、中国近代维新派代表人物。他的原配夫人是李蕙仙（1868—924），第二位夫人是王桂荃（1886—1968）。

梁启超有9个子女，依次为思顺、思成、思永、思忠、思庄、思达、思懿、思宁、思礼。其中，思顺、思成、思庄为梁启超的原配夫人李蕙仙所生，思永、思忠、思达、思懿、思宁、思礼为二夫人王桂荃所生。

[1] 张宇：《北京植物园展览温室》，《建筑创作》2002年第S1期，第70~73页。
[2] 张宇：《北京植物园展览温室》，《建筑知识》2000年第1期，第7~8页，第48页。

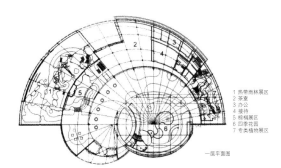
北京植物园展览温室一层平面图（图片来源：同上图）

北京植物园展览温室入口空间　　北京植物园展览温室内景

植物园中的石碉楼

梁启超墓总平面图

梁启超墓

梁启超墓矮墙上的　王桂荃纪念碑
佛像

① 丁文江、赵丰田编《梁启超年谱长编》，上海人民出版社，1983，第1023页。

② 丁文江、赵丰田编《梁启超年谱长编》，上海人民出版社，1983，第1063页。

③ 丁文江、赵丰田编《梁启超年谱长编》，上海人民出版社，1983，第1057页。

梁启超在李夫人去世一周年时（1925年）撰文《祭梁夫人文》悼念亡妻，文中回忆了李夫人一生含辛茹苦地抚养教育孩子，描述了墓地周边环境，体现了他对夫人的深情。"碧云兮自飞，玉泉兮长溜。卧佛兮一卧千年，梦里欠伸兮微笑。郁郁兮佳城，融融兮隧道，我虚兮其左，君宅兮其右。海枯兮石烂，天荒兮地老，君须我兮山之阿！行将与君兮与此长相守。"①墓地自然环境清幽，碧云寺、玉泉河、卧佛寺相伴。李夫人长眠于合葬墓右侧，左侧留给梁启超先生自己。

梁启超墓为边长约90米的正方形，坐北朝南，周边环境清幽。约1.4米高的平台、9级踏步之上为梁启超与夫人李蕙仙合葬墓及二夫人王桂荃女士衣冠冢和纪念碑。墓碑为"凸"字形，前面是墓碑，后面为墓体。墓碑中间耸起的主碑高约3.6米，两侧有护石，高约2.8米，长约1.7米，宽0.7米。护石顶部有祥云纹。碑前有约80厘米高的供台，两侧有环抱状的矮墙，并放置石椅，均用浅黄色花岗岩制成。墓与碑前后连接，浑然一体。碑正面竖刻有"先考任公府君暨""先妣李太夫人墓"两列字。背面竖刻有"中华民国二十年十月，男梁思成、思永、思忠、思达、思礼，女适周思顺、思庄、思懿、思宁，媳林徽音、李福曼，孙女任孙，敬立"。

梁启超去世时，只有3个子女婚配，长女梁思顺嫁给外交官周希哲，故而墓碑上镌刻"适周思顺"，即夫家姓周；长子梁思成和长媳林徽因；次子梁思永和次媳李福曼。当时林徽因已经怀孕，但孙女梁再冰还未出生，因而暂命名为"任孙"，即"梁任公之孙"的意思。值得一提的是，林徽因的名字这里写作"徽音"，梁启超书信中也写作"徽音"，所以曹汛先生一直坚持应写为"林徽音"。不知何时、何故，改成了"林徽因"？

遵照梁启超生前遗愿，墓碑上不记官职，不刻个人生平，没有表明墓主人生平事迹的任何文字。他曾在1925年（民国十四年）10月4日《与思顺、思成、思永、思庄书》中写道："此次未立墓志铭，固由时间匆促，实则可以暂不立，将来行第二次葬礼时，可立一小碑于墓门前之小院子，题新会某某暨夫人某氏之墓，碑阴记我籍贯及汝母生卒年月日，各享寿若干岁，子女及婿、妇名氏，孙及外孙名，其余赞善浮辞悉不用，碑顶能刻一佛像尤妙。"②信件内容是与远在国外的孩子们讲述母亲李夫人入葬事宜，顺便提到未来墓碑的事情。梁启超先生谦虚和善，一切功过留待后人评说。

梁启超笃信佛教，著有多篇佛教相关文章。他指出，佛教乃智信、兼善、入世、无量、平等、自力之宗教，主张"佛教有益于群治"。因而梁思成谨遵父亲遗命，在环抱墓碑的矮墙上，刻佛像两尊，相向而望。并设置石椅，前缘磨成圆角，方便使用者休息。石椅放置在横向伸出的、仿佛张开的怀抱的矮墙内，使后人依然能依附在墓主人身侧，与先人诉说情思。梁启超生前给子女写了大量的书信，特别是几个子女出国读书时，每隔几日便有书信往来，诉说国事、家事，指导学习，嘱咐生活。通过书信可以看出，他与子女们关系非常融洽，孩子们也极其依恋父亲。因而，座椅的设置，既考虑到实际使用需求，又注重人体工学的科学性。主碑两侧有稍矮一些的护石，护石顶部为内旋形的图案，正面、背面均是一朵，侧面三朵。结合梁启超先生的遗愿"碑顶能刻一佛像尤妙"，梁思成在墓碑左右两侧伸出的矮墙顶部刻有佛像，笔者推断主碑护石顶部的图案应为佛教中祥云纹的示意。这样能显示出梁启超先生对于佛教的喜爱以及后人的美好愿望。

合葬墓东侧有一卧碑，这是梁家后人为纪念二夫人王桂荃修建的。1968年，王夫人去世。1995年，梁家后人收集王夫人的衣物，立衣冠冢，葬在了梁启超墓旁，并种植母亲树，以示纪念。卧碑采用白色大理石制成，碑顶部沿用了梁启超墓上的祥云纹样，正面题写了王桂荃夫人生平，背面刻制立碑人姓名，包括子女及孙辈。

墓园中心为一八角形纪念亭，高约5米，坐落于3层台阶之上。四面辟门，门前又有两级踏步，拾级而上，可进入亭中。纪念亭为石质，浅黄色石材砌筑，屋顶为绿色琉璃瓦，中心为平顶，与传统建筑中的盝顶相像。檐下有石椽、斗栱。斗栱为早期样式，转角为一斗三升，门洞上方正中为人字形斗栱。屋顶转角处有内旋形祥云图案，与墓碑护石顶部装饰相同。

亭子内部为八边形藻井，顶部高约4.4米，中心雕有莲花一朵，莲花亦为佛教常用装饰。亭内门洞两侧墙体中心凹入，有预留铁构件，猜测此处可能为装饰石板，未能安装完成，或已损毁。据说石亭内拟立梁启超塑像，后未能实现，纪念碑亭转变成后人祭奠时的休息场所。

1925年9月21日，梁启超先生赴墓次巡视，当天写信给在外留学的孩子们："思顺、思成、思永、思庄同读：……坟园一切布置，皆出二叔意匠，二叔极得意，吾亦深叹其周备。现在规模已具，所余家顶上工作，如用西式墓表等事，及墓旁别墅之建筑等，则待汝兄弟归来时矣。"③可以看出，当时地面以下工程都是梁启超二弟梁启勋操办的，地面之上的建筑等待梁思成和梁思永归国后再做。这里提到的"别墅"，应当就是纪念亭。该亭应为两用，既为去世的先人服务，用作别墅；又为世间的后人使用，当作休息之地。

梁启超病逝于1929年1月19日。当时梁思成刚刚从欧洲旅游归来不到半年，在东北大学致力于建筑系

左上、右图为纪念亭前合影，左下图为梁启超墓前合影

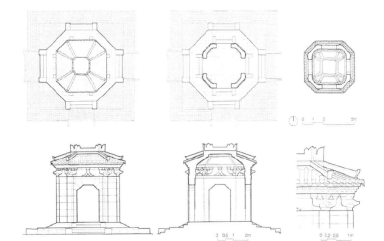

纪念亭平、立、剖面
（图片来源：李兴钢、侯新觉《结构环境，初手经典——梁启超墓园体验释读》，《建筑学报》2021年第9期，第48~59页）

的建立工作。父亲突然病故，令他措手不及，他不得不承担起家族长子的责任。悲痛之余，他精心为父母设计墓园、墓碑。这是他的第一次设计实践，为挚爱的父母。设计充满感情，亲切而温馨；设计不显稚嫩，稳重而大方。可以看出，梁思成是带着父亲的嘱托，带着对父母的依恋，向父母交上了一份学业答卷。

四、香山碧云寺孙中山纪念堂

建筑文化考察组一行人又前往香山公园的碧云寺，主要是为了瞻仰孙中山先生纪念堂和衣冠冢。1925年3月12日，孙中山先生在北京逝世，灵柩在碧云寺金刚宝座塔内保存了4年，南京中山陵在此期间修建。1929年5月26日凌晨开始移灵，棺椁被抬至北京前门火车站，经铁路运往南京，6月1日安葬于紫金山中山陵。

碧云寺位于香山东麓，始建于元代至顺二年（1331年），明清扩建、重修。寺院建筑坐西朝东，中路主要是佛殿建筑区。

碧云寺中轴线上的普明妙觉殿改为孙中山纪念堂，门口高悬宋庆龄亲笔撰写的"孙中山纪念堂"。殿内立有孙中山先生坐像，东西墙上有先生手书——《致苏联遗书》。左右殿内布置有展览，介绍先生相关事情。经过一路攀爬，终于到达金刚宝座塔下，也就是孙中山先生衣冠冢。这里成为缅怀孙中山先生的重要场所，很多人前来拜谒。可惜，通往塔座的台阶被封闭，此行无法到墓前亲自拜谒，留下稍许遗憾。

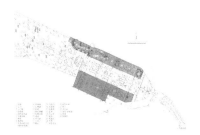

碧云寺平面图
（图片来源：李卫伟《香山碧云寺古建筑探析》，《建筑学报》2011第S1期，第50~54页）

孙中山纪念堂

孙中山先生衣冠冢

参考文献

[1] 贺然，魏钰.关于北京植物园总体规划的研究探讨 [J].国土绿化，2020(1):56-58.
[2] 张宇.北京植物园展览温室 [J].建筑创作，2002(S1):70-73.
[3] 张宇.北京植物园展览温室 [J].建筑知识，2000(1):7-8,48.
[4] 丁文江，赵丰田.梁启超年谱长编 [M].上海:上海人民出版社，1983.
[5] 李兴钢，侯新觉.结构环境，初手经典:梁启超墓园体验释读 [J].建筑学报，2021(9):48-59.
[6] 明晓艳.北京香山的梁启超家族墓园与石刻 [J].北京社会科学，1997(2):142-146.
[7] 丁垚.梁思成建筑设计作品辑略 [J].建筑学报，2021(9):26-47.
[8] 李卫伟.香山碧云寺古建筑探析 [J].建筑学报，2011(S1):50-54.

Concepts Development and Multidisciplinary Research System of Cultural Landscape Heritage

文化景观遗产的理念发展与多学科研究体系

王真真* 郑君雷**（Wang Zhenzhen, Zheng Junlei）

摘要：文化景观遗产代表"自然与人类的联合工程"，展现人类社会和居住地历史演进的过程，是文化遗产概念和类型的理论拓展。随着文化遗产保护从文物保护走向文化景观遗产保护，文化景观遗产概念日渐体现出文化遗产保护理念的主流，其学科渊源、系统认识论和现象学分析方法也对文化遗产研究与保护具有重要借鉴意义。本文追溯文化景观遗产的学科渊源，概括了其概念、特征，从"认同遗产地文化重要性"和"重视地区间民族文化交融"两方面阐释文化景观遗产的理念主旨，提出新时代文化景观遗产的多学科研究体系。

关键词：文化遗产；文化景观遗产；文化线路；多学科研究体系

Abstract: Cultural landscape heritage, combining nature and human beings, reflects the evolving process of human society and residence in the past and today, and is the theoretical expansion of the concept and type of cultural heritage. Along with the focus of cultural heritage conservation changing from relics to nature and culture, heritage and relevant environment, cultural landscape heritage gradually represents the mainstream of it. Because of this, multi-disciplines involved with cultural landscape heritage, systematic epistemology and phenomenological description using to explain specific historic phenomenon also has significant reference for how to conserve cultural heritage systematically. This paper ascended to the relevant multi-disciplines of cultural landscape heritage, discussed its concept and characteristics, and explains the concept of cultural landscape heritage from the two aspects of "identifying with the cultural importance of heritage sites" and "attaching importance to the integration of ethnic cultures between regions". On basis of the above, this paper tried to propose a Multi-disciplinary research system of cultural landscape heritage.

Keywords: Cultural heritage; Cultural landscape heritage; Cultural routes; Multi-disciplinary research system

* 博士，广东省建筑设计研究院有限公司助理研究员。
** 中山大学社会学与人类学学院副院长、教授、博士生导师。

① 按：1972年《保护世界文化和自然遗产公约》获得通过并引发一场声势浩大、影响广泛的国际文化运动和世界思潮，其反映了人类认识的强化和对待自身文化的包容性不断增强，对人与自然、文化与环境的批判反思日益加深。进入21世纪，亚洲遗产地所展现出的文化遗产与区域自然地理和社会人文环境的密切联系，反映出的东方哲学与价值信仰，以及各地丰富的非物质文化遗产以及独具地方文化重要性的人文景观，也使国际文化遗产保护与研究机构清楚地认识到亚洲文化遗产对于平衡世界遗产"文化"与"自然"二元结构具有不可或缺的重要价值。确保亚洲遗产地文化遗产得到应有的保护，并且以一种负责任的、可持续的方式辨识、认知和管理，促进其发展和演进，成为21世纪维护人类文明与世界文化多样性的重要工作和突出贡献。

作为人类文明的产物，文化景观是人类自诞生之后因生存和发展需要在自然界中进行人类活动的结果，其受自然演进和人类活动的综合影响，融合自然与文化属性，代表了"自然与人类的联合工程"。在自然界和人类社会环境中，文化景观客观存在。在认识层面，文化景观呈现为对人与自然、文化与环境客观联系的观念镜像。对地理景观的认识与分类，东西方因迥异的地域环境和文化背景形成了不同的理解。中华文明崇尚仰观天文、俯察地理，以化成天下的宇宙观，关注人与自然的和谐共生、相互影响。西方地理学则认为景观分为原始景观和文化景观两种类型。原始景观指自然界中较少受到或未曾受到人类活动直接影响的原有事物和原生地景。文化景观强调人类活动对原始景观的重大改变，呈现为由此产生的复合形态。

作为一种新的文化遗产概念和类型，文化景观遗产理念出现于20世纪中后期，其一方面吸收了近代地理学意义上的文化景观认识并得益于现代多学科理论探索和跨学科转向，另一方面也受到现代化危机和文化批判思想的时代影响①。出于对人类文明发展成就、生物与文化多样性、人本思想和地区意识的自觉，文化景观遗产旨在唤起一种对人类文明的系统保护意识,推动人类文化认知不断向前发展。相比其他类型的文化遗产,文化景观遗产强调文化与自然的相互联系与影响,关注人地关系所展现的自然与文化景观的综合性和统一性,致力于展现其中蕴含的人类物质与精神文明和作为有机整体的社会发展成就。文化景观遗产从这个角度上也被视为对文化遗产内涵与外延的一次重要拓展。基于文化遗产事业数十年的理论发展和实践探索,今天已不难认识到人与自然、文化与环境的有机联系和相互影响,对文化遗产及其价值的评估认定更加兼顾自然与文化、物质与非物质等多重要素。作为社会可持续发展的重要战略资源,文化遗产已成为保持地域特点及民族特色,推动中华文明繁荣演进的自觉选择。保护人类共有的自然与文化的多样性,持续探索文化景观遗产所蕴含的地方性、民族性、完整性和延续性,不仅是对世界文化的贡献,更是对民族文化认同与保护的一种理念深化。

2021 年,《自然资源部 国家文物局关于在国土空间规划编制和实施中加强历史文化遗产保护管理的指导意见》和《关于在城乡建设中加强历史文化保护传承的意见》等指导性文件先后出台,从区域空间资源统筹的角度,将历史文化遗产视为区域性分布的历史文化资源,并将遗产本体、周边环境及相关的自然生态环境、社会环境作为系统整体加以认识、分析、保护和管控,目的在于使历史文化保护与国土空间开发利用相协调,同时在统筹保护历史文化资源、国土空间资源、自然生态资源和社会资源等各类资源要素的基础上,促进各项保护工作与经济社会发展总体平衡,推动文物保护向内涵与形式更具包容性的文化景观遗产保护系统转变。

文化景观遗产概念内涵的综合性、系统性和延续性,以及在类型特征方面的区域性、空间性和演进性,客观上加大了文化遗产价值体系研究的难度,同时也使文物保护规划与其他行业相关规划的统筹协调更具挑战性。这要求人们拓展文化遗产理论认识,掌握必要的跨学科专业知识;在平衡发展共性和需求差异的过程中,通过建立多学科研究体系,深入了解相关行业管理制度、规范要求、技术标准,把握其他行业规划与空间管控措施对文物保护规划的潜在影响;主动从文化理念和文化遗产保护理念出发,融入国土空间管控和监督管理体系,适应数字化发展趋势,促进文化遗产保护与经济社会协调共进。本文据此对文化景观遗产的学科渊源、概念特征和理念主旨加以概括,尝试建立以多学科研究框架与多元价值体系为支撑的文化景观遗产研究体系。中华文明多元一体、深厚广博,各地文化景观遗产作为"自然与人类的联合工程",深植于中华大地,无论在空间分布还是在内涵构成方面都具有鲜明的地域特征和民族特色,在历史沿革和社会变迁方面更有讲不完的故事。对于扎根地方、和而不同的文化景观遗产,研究与保护模式难以一概而论,唯有从多学科基础研究和应用研究入手开展地域文化调查与系统求证,探索研究性保护规划之路。新时代文化景观遗产保护面对社会发展和自身理论发展的需求,已经对多学科融贯研究及其对文化遗产保护规划的支撑引领作用提出了现实要求。

一、溯源文化景观的多学科认识

19 世纪中期,生物进化论的提出全面激发了自然与人文科学的突破式发展,并在生物学和社会科学之间架起对话的桥梁,促进自然与人文科学加速发展与相互渗透,推动各学科先后完成学科发展史上的关键转变,为现代自然科学和人文科学的发展奠定了新的研究基础,提供了广阔的融合空间,也为重视人与自然和谐共生、文化与环境相互依存的文化景观认识和更深层面的人类文化认知搭建起多学科理论框架(图 1、图 2)。

1. 人文地理学

欧洲文艺复兴和地理大发现后,对地景、人文、物产、资源等加以辨识、描述和解释,成为近代地理学的一项主要研究内容。尽管 19 世纪初德国地理学家 C. 李特尔(C. Ritter)曾提出人地关系和地理学具有综合性和统一性,历史景观是人类活动造就的景观,代表文化体系和某一地区的地理特征。直到 20 世纪上半叶,地理学仍然主张景观分为原始景观和文化景观,并将原始景观向文化景观变化的过程作为学科研究的中心任务。20 世纪 60 年代后,随着人地关系协调论以及自然与人文有机统一思想成为现代地理学理论的普遍认

图1 文化景观遗产与相关学科

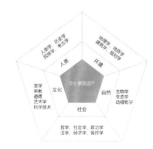

图2 文化景观遗产的内涵构成

① 杨成胜：《莱维—斯特劳斯和他的结构人类学》，《世界民族》1997年第1期，第39~43页，封三。结构人类学主张以下理论观点。①将亲属关系作为社会关系研究的基础和范本。把亲属关系还原至一种亲属结构中，形成一定的亲属形式、关系或结构，才使其具有解释社会生活和内在秩序的功能。②社会结构和文化机制具有同构性。在结构主义文化人类学视野中，社会基本结构与文化深层机制具有同构性。对一个社会的基本结构进行切片式解析，如同揭示一个文化的内在机制与基本特质，反之亦可说明一个社会的最基本的文化特征。
② 刘梓：《结构主义：文化、结构与无意识》，《重庆师院学报（哲学社会科学版）》1989年第3期，第14~24页。
③ 刘梓：《结构主义：文化、结构与无意识》，《重庆师院学报（哲学社会科学版）》1989年第3期，第14~24页。
④ 按："人"是行为的主体和前提，"行为"构成有组织的网络，"网络"既是社会形成的基础，也是社会结构及其文化的映射，三者具有系统性的同构关系。在此基础上，无论是古迹遗址中静态的人类活动时空遗迹，还是民族地区文化中活态的社会交往与互动，终于获得打破时空界限的结构分析前提，使民族文化历史或区域文明史成为流动的相互交织的文化叙事，历史的时空规律自然呈现在社会与文化结构的历时变迁中。
⑤ 吴良镛：《人居环境科学导论》，中国建筑工业出版社，2001，第222页、第227~228页、第232~233页、第373~374页。
按：人类聚居学是由希腊建筑师道萨迪亚斯（C. A. Doxiadis，1919—1975）在20世纪50年代提出的。道萨迪亚斯先生于1945年曾任希腊住房与建设部副部长和希腊重建工作的总负责人。他于1945—1950年负责希腊规划和建设工作，领导完成全国约3000个村庄的重建；20世纪50年代创办"雅典人类聚居学研究中心"（Athens Center of Ekistics）和"雅典工学院"（Athens Institute of Technology），从事人类聚居学理论研究和人才培养工作。道氏提出，人类聚居"是一门以包括乡村、集镇、城市等在内的所有人类聚居（human settlement）为研究对象的科学"。它着重研究人与环境之间的相互关系，强调把人类聚居作为一个整体，从政治、经济、社会、文化、技术等各个方面，全面地、系统地、综合地加以研究。其目的是了解、掌握人类聚居发生发展的客观规律，以更好地建设符合人类理想的聚居环境和人类生活环境。据此，人类聚居一方面包括人类出于生存目的建造的任何类型的场所，以及人们生活其间的聚居或称社群，人类聚居实际上更是我们的生活系统，是一种社会现象，兼具自然科学和人文社会科学属性。对此，道氏还指出，"人类聚居和自然生物体之间的最大区别在于人类聚居是自然的力量与自觉的力量共同作用的产物"。从人类聚居学理论视角，人类聚居和文化景观遗产均可代表自然与人类的联合工程，在基础理论和研究方法上具有比较借鉴意义。

识，地理学成为联系地质学与历史学的重要纽带，显著促进了历史地理和人文地理等交叉学科的发展。

中国现代历史地理学开创者之一的侯仁之先生于20世纪中期，基于人类对环境的认识和改造过程，提出人地关系、人与环境的关系是现代历史地理学研究的中心。同时他认为，历史地理研究的时限应该向前扩展至史前时期，与考古学研究成果紧密结合，以史前人类认识与改造自然为起点全面展示人与环境的关系的发展进程。1991年，人文地理学家吴传钧先生在《论地理学的研究核心——人地关系地域系统》中，进一步提出人地关系体现为一种具有人文社会特征的地理时空辩证关系，反映时代更替和社会变迁，见证区域文明，展现地区发展规律，拥有学术研究价值和文化样本意义。

2. 文化人类学

19世纪末至20世纪初是西方近代人文社会科学取得重大突破的时期。文化人类学的创立使局限于体质结构研究的人类学开始向关注人的社会属性和文化属性转变，标志着关于"人的科学"的研究从注重人类自然属性转入探究人类文化本质的新阶段。此外，瑞士语言学家索绪尔提出结构语言学，为人类学家运用多学科理论方法和研究成果提供条件。美国文化人类学家克洛德·列维-斯特劳斯（Claude Levi-Strauss）将语言学中的结构分析方法引入民族学研究，开创了结构人类学，为现代人文社会科学研究提供了重要分析工具①。

3. 民族学、考古学

民族学与文化人类学的学科联系更为直接。民族学重视研究人类社会和地区民族文化现象，通过比较研究方法对人类各时期的历史加以说明，重视获得有关区域民族文化发生和历时演进的一般规律。比较研究方法赋予民族学研究以区域视野，提供有关人类文化共通性和区域发展规律的完整认识。这正是民族学和文化人类学在区域文化发生及地区传播规律研究中的学科优势。

考古学属于历史科学，与民族学是兄弟学科，透过田野发掘获得的物质遗存与文化材料追溯人类社会发展的历史。20世纪60年代，考古学由"从实物出发"向"从问题出发"深刻转变，主张不再受制于人工制品的类型差异，而"立意将环境中过去的生活方式视为一个系统，将文化变迁的过程加以理论化，除了重建物质遗迹之外，他们也想要重建过去的社会生活，甚至思想世界"②。

新考古学派认为，"考古学家必须把文化看成人们在一个文化体系（系统）里活动的行为。这种行为留下了人工制品。考古学家的任务是根据静止的人工制品——工具、住房、骨制品——在时间和空间上的分布，推断人类行为的动向"③。"将文化视为在一个文化体系里活动的行为"这一系统认识观点，本质上与人类学功能学派主张的"人类社会及其文化，是一个复杂的、有组织的网络系统和一个有功能结构的整体"主旨相通④。对于注重文化与环境、历史与发展动态统一的文化景观遗产而言，文化现象系统认识论使民族学、考古学和文化人类学更加紧密地联系在一起，成为解释社会生活和文化结构的理论指导与方法论工具。

4. 广义建筑学与人居环境科学

人类聚居学⑤是广义建筑学和人居环境科学共同的理论基础，使建筑遗产在其建立和发展的主要历史场景与社会生活中得到系统还原。其通过分析各主要时期社会生活整体，梳理特定建筑文化现象同自然环境、人文语境及社会行为之间的结构联系，还原建筑遗产在特定历史时期的系统功能与文化属性，辨析遗产本体及关联环境，认定遗产价值突出特征与要素，为建筑遗产及其关联要素构成的特定文化景观遗产建立综合价值体系。

在人类聚居学系统理论框架中，人居环境科学与广义建筑学思想一脉相承，提出人类聚居环境由人、居住、网络、社会、自然五大系统构成，从空间层级上又可分为宏观至微观的五大层次,即全球、区域、城市、社区和建筑①。依据人居环境系统构成和层级体系,可建立以五大系统为纬线、五大层级为经线,时间和空间有机统一的时空分析框架,使不同历史时期的人文景观、社会关系、行为网络由此回归到同一个时空框架中以还原历史联系,满足现象学比较研究的前提(图3)。正是基于系统理论认识,人居环境系统时空观与《世界遗产公约》有关文化景观活态特点的理念主旨高度契合。1984年联合国教科文组织世界遗产委员会首次提出文化景观概念时指出"《世界遗产公约》目的不是'选定'景观,而是在一个动态和演变的框架中保护遗产地的和谐与稳定……使人们逐步意识到'文化'与'自然'之间的相互依赖关系"②。

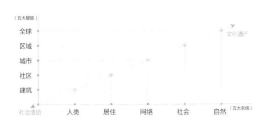

图3 人居环境系统中,社会活动和文化遗产同构互译的关系示意

从文化景观遗产系统研究出发,广义建筑学和人居环境科学的理论贡献在于为文化景观的持续发展和衍生提供了历史与未来有机统一的系统时空观和多学科融贯研究体系,使文化景观遗产所代表的具有"地域"标志性、"文化"象征意义和"历史"纪念价值且处在活态演进中的人文社会现象突破时间桎梏,与现代工业城市文明历史融合(图4)。

图4 文化景观遗产产生规律及跨学科研究思路

二、文化景观遗产的概念和特征

1. 文化景观遗产的概念

人们对地理景观的习惯认识和分类方法,在地理学、建筑学、园林学、城市规划、文化遗产学甚至日常生活中广泛应用。因此,文化遗产与自然遗产长期以来被视为两个相互独立的不同的遗产类型。自然遗产强调人为干预越少越好。文化遗产则重视人类的文化创造,对象本体以文物、古迹遗址、古建筑等为主,忽略其与周边环境构成的空间场域,难以还原具有地方性和文化重要性的社会历史景观。世纪之交,多学科探索和跨学科交融的交往理性精神使人们意识到,应从环境的系统性和综合性出发,认识人与自然、文化与环境的内在联系。20世纪90年代末文化景观遗产概念应运而生,其初衷是保护地区自然与文化生态、维护世界文化多样性,通过强调人与自然的互动关系、文化与环境之间的相互影响、可持续土地利用的特殊方式以及整体保护理念,使人与自然相互依存、文化和环境相互影响的普遍联系与历史统一在文化遗产语境中得到具体体现。

1992年联合国教科文组织世界遗产委员会第16届会议正式将文化景观遗产(cultural landscape heritage)纳入《世界遗产名录》。根据《保护世界文化和自然遗产公约》(以下简称《世界遗产公约》)第1条内容和《实施〈保护世界文化和自然遗产公约〉的操作指南》(以下简称《操作指南》),联合国教科文组织世界遗产委员会认为文化景观遗产代表着"自然与人类的联合工程",是自然与人类创造力的共同结晶,凝聚了人类创造与自然天成相互作用而形成的文化财富。文化景观遗产具有多种多样的形式,反映区域的、独特的文化内涵,特别是出于社会、文化、宗教上的要求并受环境影响,与环境共同构成的独特景观。文化景观遗产因兼具文化遗产与自然遗产保护的要求与特性,被视为文化遗产概念的重要理论创新和类型拓展。透过《世界遗产公约》和《操作指南》对文化景观遗产概念的细致描述,不难看出文化景观遗产的概念并非意在限定或排他,而是更加注重开放性、包容性和适应性。因为文化景观的形成和发展既要依托特定的地域环境,同时又与特定文化主体密切相关,是经过长期历史演进形成的见证人类文明演进的复合成果,客观上给准确定义文化景观遗产带来了不小的困难。从文化遗产研究与实践而言,开放包容的文化遗产概念更利于适应不同的地域条件和文化背景,便于研究者在文化遗产田野工作中面对真实鲜活的文化样本开展求证式的多学科信息采集和分析、评估工作,为以基础研究推动保护规划措施的科学水平的提高奠定基础,并为类型多样的文化景观遗产的价值评估与特征描述提供多学科探索空间。

2. 文化景观遗产的特征

由于兼具文化与自然双重内涵,文化景观遗产常被视为文化和自然遗产要素的并置或叠加。在对文化景观遗产进行价值评估时,要求其具有文化和自然两方面的突出普遍价值,这是概念认识上的误区。

① 吴良镛:《人居环境科学导论》,中国建筑工业出版社,2001,第40~50页。
② 单霁翔:《走进文化景观遗产的世界》,天津大学出版社,2010,第20~21页。

① 单霁翔：《走进文化景观遗产的世界》，天津大学出版社，2010，第58页，第305页。

② 按：澳大利亚ICOMOS《保护具有文化意义地方的宪章》（《巴拉宪章》，1999年）是继《世界遗产公约》后，一份适用于所有类型文化遗产地的极具普遍应用价值的国际宪章，强调以开放的概念诠释文化遗产，提出从地区层面将具有文化重要性的"场所、地区、土地、景观、建筑物（群）"，同时包括构成元素、内容、空间和景致"等广义的"地方"视为文化遗产的组成部分。《巴拉宪章》所倡导的广义文化遗产理念有助于拓展文化遗产空间载体的形式、规模和范围，促进"文化重要性"内涵及其多种形式的遗产载体融入地域环境、社会文化语境以及其他应用场景和社会关系，使以往较少得到关注的遗产要素和地区环境问题成为直接影响遗产保护方针与策略研究的积极因素，保障整体保护要求得到实施。同时，还使孤立看待文物古迹或遗产本体的"精英化"视角下沉到遗产地所属"地区"环境和社会文化中，通过增强"地方"文化特色唤起"地方"文化自觉，倡导结合文化遗产保护和文化资源合理利用促进不同族群之间的文化理解与认同。

③ 单霁翔：《文化景观遗产的提出与国际共识（一）》，《建筑创作》2009年第6期，第140~144页。
按：2005年联合国教科文组织世界遗产委员会第29届会议通过《保护具有历史意义的城市景观备忘录》（《维也纳备忘录》），针对当代社会发展对具有文化遗产意义的城市整体景观的影响展开讨论，其涵盖的区域背景和景观背景更为广泛，综合考虑了当代建筑、城市可持续发展和文化景观完整性之间关系，被视为提倡采取综合方法维护城市景观的重要声明和区域级指南。

文化景观遗产是人类活动与自然环境相互作用的历史结晶，以区域文化空间的形式存在，具有较强的环境系统性和综合性，并非单体文物或遗产要素的简单叠加。因此，文化景观遗产的价值并不在于其具有文化或自然的单方面的"突出普遍价值"，人类与自然的相互关系和综合作用才是其价值的核心所在。《世界遗产名录》中已列入的文化景观遗产项目充分说明了这一点。有代表性的典型文化景观遗产普遍具备"明确界定的地理文化区域方面的代表性，以及体现这些区域基本的、鲜明的文化要素的能力"。这意味着，拟申报的遗产地首先要满足作为明确的人文地理单元这一前提条件，其次主要是展现当地标志性文化要素的历史见证和文化生态环境。尽管困难重重，文化景观遗产的本体判别和价值评估的依据仍是开放的，具有较强的包容性和适应性，关键仍在于"自然与人类的联合工程"这一本质属性和基本特征。

文化景观遗产突破了单体层面的文化遗产保护，迈向整体环境保护以及非物质文化遗产保护层面的系统保护。相应地，对文化景观遗产进行特征描述时，也须系统地反映文化遗产景观对文化与自然遗产要素的整合力和表现力。基于文化景观遗产的基本特征——"自然与人类的联合工程"，依据构成要素的综合性和系统性，可以从时空分布、要素体系、价值内涵等多个角度分析概括出文化景观遗产的如下类型特征：①时空分布方面，包括由地域性、空间性、活态特点表征的"全域特征"和"历时特征"，展现遗产要素在遗产地区域空间中的分布、结构与变迁，见证特定历史时期遗产地与其密切联系地区之间的地域联系与社会交往；②要素体系方面，涵盖由物质与非物质、自然与人类、文化与环境等构成的"全要素特征"和"系统特征"，反映一个国家、地区或民族在某一特定的连续时期内所经历的发展历程，以及曾经或正在实现的文明水平；③价值内涵方面，分别或整体地体现为"历史特征""民族特征""功能特征""人地关系适应特征"。

三、文化景观遗产的理念主旨

文化景观遗产正式纳入《世界遗产名录》，标志着人与自然、文化与环境相互依存、相互影响的关系正式进入文化遗产国际视野，也预示着文化遗产面向整体区域、朝着类型多样化进一步发展。30年来，其所倡导的文化遗产理念和世界遗产的价值标准之间形成了良好的互动，使《世界遗产名录》代表的文化遗产概念及类型得到有效补充，形成了更具平衡性和代表性、体现自然与文化生态多样性、尊重地方文化重要性的世界遗产体系，中国也已完成了从文物保护向文化遗产保护的理念转变，更大步迈向以文化景观遗产保护为代表的跨越文化和自然界限、超越物质和非物质界限的广义文化遗产时代①。文化景观遗产保护日益担负起对保护和发展人类生存环境、传承和塑造人类精神家园的重要作用。

步入广义文化遗产时代，文化遗产保护与经济社会发展的联系更加紧密。作为一种充满理性智慧的社会交往行动和文化自觉意识，文化遗产保护正在引领人们共同维护自然生态平衡、珍视社会历史经验、尊重人的精神世界，广泛参与更加深入复杂、更加强调人与环境密切关联的社会交往和文化对话。从当代社会可持续发展角度看，文化景观遗产所代表的广义文化遗产的理念主旨还具体表现为地区意识增强②。随着文化遗产要素不断向当代社会领域延伸，保护理念从重视单一文化要素向同时重视由文化要素与自然要素相互作用而形成的综合要素以及区域文化交融系统转变。这不仅关系到更大的空间范围和环境规模，更进一步决定了文化遗产将成为深入影响地区社会发展的重要战略资源。各国已普遍将文化遗存的区域保护与国家和地方的文化与生态建设、社会发展紧密结合，有预见性地划定相关文化遗产保护区，联合城市规划、政府管理、土地利用等密切相关的部门开展多学科基础研究和跨领域实践合作，创新文化遗产保护和社会资源管理思路，探索区域整体保护和社会协调发展的地区模式③。以促进世界文化遗产保护均衡发展、认同地方文化重要性、重视地区文化交融为核心理念，文化景观遗产突出体现了21世纪文化遗产保护的重要理论的发展。

1. 认同遗产地文化重要性

文化景观遗产关注人类住区的历史及人文景观，倡导在对动态演进的系统环境的整体认识中维护遗产地自然与文化的生态平衡，促进地区特色和全球化相互协调，拓展了文化遗产概念的内涵和外延，对其的保护无疑是对文化遗产保护从文物保护走向人类历史文化景观系统保护的有益探索。与其他文化遗产类型相比,文化景观遗产的首要特点是重视文物古迹等物质文化遗产本体与相关历史环境的联系,强调文化与自然的相互依存和影响,尊重地区可持续土地利用的特殊方式、民族文化多样性以及对遗产地自然与文化生态进行系统性整体保护的地区理念(图5)。在理念宗旨方面,文化景观遗产理念旨在保护人类生存发展的环境和地区文化多样性;在理论建构方面,倡导自然与文化遗产保护向以地区发展为驱动的文化景观系统认知和现象学分析转变。文化景观遗产理念为世界文化遗产保护开拓了全新的理论视野和实践领域,不仅使活态的社会环境和人类住居等融合了文化与自然要素的历史与文化景观成为新的文化遗产类型,也使文化线路、遗产廊道和线性文化遗产等以人类迁徙与文化传播为主题、扎根地方、紧密联系区域社会的线性文化景观遗产及其整体价值获得认可。

在文化景观遗产理念视野下,人类住区遗产地自然与文化多样性保护、地区自觉和区域协调发展被置于突出重要的地位。某一地区具有独特价值的历史文化现象是最具显示度和地方文化重要性的人文景观,既代表区域文明的最高形式和经典样式,涉及一系列应该整体保护的文化遗产资源,又关涉相当规模和发展水平的人类聚居区,相关环境要素包含生态、生产、生活、消费、信仰、游憩等方面的,不一而足。对这样的文化景观遗产的保护,需要在地区自觉的前提基础上,运用多学科理论方法对其系统认识、现象分析和逻辑推演,从而科学判定遗产要素构成,综合评估整体价值内涵,量身定制遗产地保护与资源管理规划,同时完善专项保护法规,紧密联合规划、建筑、城市设计与社会工作等实践学科,从人居科学的高度和视角将保护目标的实现与民众的日常生活改善相结合,使遗产地保护与区域文化景观整合联系、与社会可持续发展协调统筹。

2. 重视地区间民族文化交融

在文化景观遗产理念和系统环境认识论中,独具地域文化特色的遗产地并非文化孤岛,而是由河川古道和人文足迹连接的区域文化的代表以及当代地区社会不可分割的整体。随着文化景观遗产理念的深化和对地区形势的不断探索,大运河、万里茶道、藏彝走廊、南粤古驿道等代表区域经济和民族文化广泛交融的文化线路、民族走廊、文化景观廊道等线性文化遗产概念及形式日渐引起人们的关注。文化线路拥有的共同特质超越了其原有的功能,基于共同的历史联系和对不同人群的宽容、尊重和对文化多样性的理解,为地区间民族文化交流、传播以及遗产地之间的区域性整体保护提供认同基础和资源依托。因此,文化线路作为一种新的文化遗产理念和类型,并不与现有的遗产概念和类型范畴重叠或冲突。结合文化景观遗产系统环境认识论来看,文化线路开辟出了一种能够将不同类型的文化遗产及个体要素包含在一个联合系统中提升它们的整体价值的在地视角和具体路径。反映在文化遗产宏观结构和具体的时空形态上,文化线路和古迹遗址、文物建筑、历史城镇、传统聚落、自然与文化景观、工业遗产等多种类型的文化遗产时常处在不同程度的相互包含和联系的关系中,"你中有我、我中有你",共同呈现丰富多元的遗产地与地区间的民族文化生态和社会历史场景(图6、图7)。

2003年,国际古迹遗址理事会文化线路科学委员会(CIIC)首次在《操作指南》中形成了有关文化线路的讨论稿,提出文化线路(cultural routes)是拥有特殊文化资源集合的线性或者带状区域内的物质和非物质的文化遗产族群。2005年10月,国际古迹遗址理事会第15届大会在西安召开,形成了《西安宣言》和《文化线路宪章(草案)》。从此,中国学者开始给予文化线路更多的关注。2008年国际古迹遗址理事会《文化线路宪章》获得通过,相关理论研究进一步达成共识,认为"文化线路是通过交通路线发展起来

a. 莲花山下、南溪河畔,20世纪80年代樟林古港(图片来源:《红头船的故乡——樟林古港》)　　b. 山河地景与河海贸易廊道依然是港埠聚落难以分割的一部分

c. 韩江北溪河口和南溪河古航道,曾经支撑起清代中期粤东海上门户　　d. 南溪河南岸的新兴街-永定门主码头旧址

e. 南海观音庙,合祭火帝和天后　　f. 樟林乡民的信仰空间——山海雄镇庙,展现潮汕地区三山国王信仰

图5 樟林古港南溪河文化景观廊道

a. 粤北乐昌云岩镇草鞋岭古驿道,物质文化遗产本体要素包括山关、古道、茶亭、古村、古民居等。自然遗产要素包括理藏型喀斯特地貌、地下河、石灰岩溶洞等。非物质文化遗产要素包括瑶苗山地民族梯田茶桑文化、瑶族山歌、客家采茶戏等　　b. 粤北乳源瑶族自治县乳城镇西南洲街村。曾经是联系粤北韶关和湖南宜章的重要水陆通道,今天是粤北北江流域重要的文化线路之一,由黄、曾、朱等多个姓氏移民家族聚落沿街排列而成,反映典型的地区间文化交融历史现象(洲街村居民黄扬明先生提供)

图6 南粤古驿道展现的文化线路和文化景观

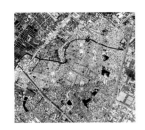

图7 清中后期,樟林古港依托南溪河航道和通往腹地的水陆商贸路线发展起"八街六社"聚落格局和繁荣的地方社会

a. 东汉陶楼，出土于韶关地区。合院形制和凤凰高踞正脊等文化符号，见证了北方中原汉文化南下的历史足迹（韶关市博物馆藏）

b. 东汉胡俑陶灯，出土于韶关地区。生动展现了广州海上丝绸之路与河川古道的密切联系（韶关市博物馆藏）

c. 粤北瑶族民俗文化（图片来源：乳源瑶族自治县世界过山瑶博物馆）

d. 粤北瑶族梯田水稻农业文化（图片来源：乳源瑶族自治县世界过山瑶博物馆）

e. 乐昌坪石镇塘口村朱氏宗祠，见证了武水古航道沿线北方移民南下的人文足迹

f. 乳源大桥镇许屋村（明中期福建移民落户粤北，融合当地瑶族乡民形成了今天聚落）

g. 乳源大桥镇观澜书院

h. 乳源大桥镇步蟾书院

i. 乳源大桥镇观澜书院，尊奉孔子先师

图8 南粤古驿道文化线路及沿线聚落文化景观

① 孙华：《文化遗产概论（上）——文化遗产的类型与价值》，《自然与文化遗产研究》2020年第5卷第1期第8~17页。
② 丁援：《国际古迹遗址理事会（ICOMOS）文化线路宪章》，《中国名城》2009年第5期，第51~56页。
按：2021年《大遗址保护利用"十四五"专项规划》明确指出，线性大遗址和国家遗产廊道将作为构建中华文明标识体系的重要依托，成为新时代大遗址保护利用"点""线""面"新格局构建的主要任务之一。
③ 丁援：《国际古迹遗址理事会（ICOMOS）文化线路宪章》，《中国名城》2009年第5期，第51~56页。

的人类迁徙和交流的特定现象，用于或完全是为一个具体的和特定的用途服务。文化线路不是简单、可能包含文化属性的、联系起不同人群的交通运输路径，而是特定的历史现象"①（图8）。《文化线路宪章》扫除了人们有关文化线路本体形态的困惑，将关注点转向因"迁徙""交流"衍生出的在线性空间中组织分布的活态的社会历史景观，以及对相关人文活动和地域文化现象的系统还原与结构分析。文化线路遗产概念深入聚焦"具有长历史、远距离、双向交流、商品主类突出且具有历史影响的呈线性的特殊历史现象"这一文化内涵。从包含不同层面的文化遗产的宏观结构和类型体系看，文化线路主张文化遗产保护应超越地域的界限，综合考虑遗产的价值，呼吁共同努力、联合保护。在尊重每个独立要素固有价值的同时，强调将每个独立存在的文化遗产作为一个整体组成部分来评估其价值。从文化线路等新型文化遗产的社会价值出发，文化线路遗产概念对地区间民族文化交融和遗产地文化重要性的认识与理解，折射出当代人关于文化遗产价值作为一种持续性社会和经济发展资源的社会观②。

文化线路与文化景观有着深刻的理论联系。从遗产本体与关联环境的系统联系和动态演进角度来看，文化线路可视为文化景观的一种在地化和具体化形式（表1）。相对于文化景观通常以明确的遗产地和区域空间为载体，文化线路长于以古代交通、人口迁徙、文化传播、贸易往来、边疆治理等历史文化叙事为线索，超越物理空间界限，整合沿线多种形式的遗产价值要素，融合区域内独具代表性的自然景观和人文景观。文化线路由此形成了对区域社会历史成就的空间表现力和文化凝聚力，以及对遗产地社会资源的系统整合能力与

表1 文化线路是文化景观的在地化和具体化形式

分析项	文化线路	文化景观
理念宗旨	以人类迁徙和地区交往为中心的特定历史现象	重视自然与文化融合，体现人类社会和居住地历史演进过程
内涵共性	处在活态演进状态的区域特定历史现象；以人类迁徙、交流、聚居、社会交往活动为核心；融合自然与文化双重要素	
价值特征	强调动态性、互动性、延续性的文化遗产概念和特定类型	文化遗产体系中的自然与人类的联合工程
价值意义	迁徙、交往、交流、互惠	文化与自然和谐；地区文化多样性
本体形式	空间形式——线性空间、文化廊道；载体形式——陆地、海域、水域	人类住区、遗产地、区域
内容要素	物质要素——道路及其相关物质遗产要素，补给站、仓库、驿站、要塞等；非物质要素——对物质要素给予支持的非物质形态的遗产要素	遗产地及其构造、环境、用途、含义、记录、相关场所及物体
辨识标准	真实性——物质遗存的本体真实性，史料文献中的真实性；完整性——文化线路的物质构成、显著特征、突出特色，文化线路与关联环境和社会系统有机联系；衍生性——对地区交往与文化传播具有社会和历史贡献	人类影响环境的方式因地而变、因时而异，具有地区多样性。依据不同分类原则，出现不同类型的文化景观
方法论	①系统论＋多学科融贯，历史学＋逻辑演绎，现象学＋结构分析；②基础研究＋保护方针；③组织机制＋联合行动；④提升公众意识；法律保障	①运用多学科知识、技能和方法，了解遗产地及其文化重要性；②遗产地文化重要性和方针书面声明；③依据声明制定遗产地管理计划；鼓励遗产地及与管理相关的集体或个人了解文化的重要性，给予其参与保护和管理的机会

发展潜力,是对文化遗产地区类型的文化自觉和保护模式的实践创新。作为一种线性分布的具有鲜明地域特征的活态文化景观,文化线路建立在动态的迁移和交流理念的基础上,因所处地域和文化差异,最大限度地保护了自然生态和民族文化的多样性与丰富性,便于在"人类迁徙、民族交往、文化交流和互惠"普遍价值取向下包容更多体现遗产地文化重要性的现象表征和价值要素。

文化线路对文化遗产的多样化类型和多元价值内涵的广泛包容,还有助于加强文化线路遗产体系中的构成要素的系统整合,提升其作为整体的综合价值和文化生态意义。更加全面的遗产概念需要在更广阔的背景中用新的视角来看待,以更准确地描述和保护文化遗产与自然、文化和历史环境间直接而重要的关系[①]。这需要跨学科领域的系统研究框架和保护实践路径,对文化线路及沿线关联环境和文化景观进行深入全面的系统认识、现象学结构分析和逻辑整合,对科学假设进行调查和说明,不断丰富对特定时期区域民族交往和社会文化传播的历史认知,挖掘、诠释地方知识经验的丰富性和在地性,为确定系列文化遗产保护方针和管理计划提供依据。

四、文化景观遗产多学科研究体系

文化景观遗产超越了任何单一遗产本体的独特价值,从更大的地域范围和更广阔的遗产地环境出发,关注人类与自然、文化与环境的相互依存和相互影响,以至于要在人类与生存发展环境的时空整体中探讨人类文明的历史进程和多元面貌。文化景观遗产多学科研究体系需要各领域基础科学的理论支撑并与其进行技术合作,获取从文化遗产基础研究、价值评估、保护方针制定、在地管理策划,到社会融合发展全过程全方面的知识、方法和技术标准,解决包含文物古迹、遗产本体、关联环境、地理背景、无形遗产和关联社群等在内的文化景观与人居科学研究和实践问题(表 2)。同样不应忽视的,还有遗产地本土的专家学者、行业从业者以及

表2 文化景观概念相关学科及其方法

学科专业		主要方法/技术	方法论
主干学科	分支学科		
历史学	历史文献学 历史人类学	历史文献研究、田野调查	结构分析与逻辑演绎
地理科学	自然地理学 人文地理学	地理学田野考察、地质勘探、资源调查、GIS、"双评价"智能数据分析与社会学调查等	结构分析与系统整合
人类学	文化人类学	人类学田野考察、社会学调查、民族志调查、大数据统计分析等	结构分析 多学科系统完型 跨领域社会合作
民族学与文化学	民族学 民族史 艺术美学 艺术心理学	民族志调查、人类学田野考察与访谈、影像记录、口述史/口头文学调查记录、艺术采风与非遗调查等	
考古学	田野考古 建筑考古 科技考古 环境考古	考古勘探、田野发掘(地层学、类型学)、科学检测分析与实验室考古、动植物考古、环境考古	
社会学	社会人类学	历史文献研究、人类学田野考察与访谈、社会学调查与大数据统计分析等	
生物学	生态学 动植物学	科学考察、人类学田野考察和社会访谈、科学检验分析、地理学田野考察等	
土木建筑工程学	建筑学-建筑 人类学	现象学结构分析、符号分析、人类学田野考察和社会访谈、艺术采风等	
	艺术学 美学-工艺美术		
系统科学			
建筑学	广义建筑学	多领域信息采集与数据管理;多学科系统认知与逻辑整合;多方面共商合作与监督反馈机制	结构分析 还原论 整体论
人居环境科学			系统论

① 丁援:《国际古迹遗址理事会(ICOMOS)文化线路宪章》,《中国名城》2009年第5期,第51~56页。

社会公众的理解与参与。他们的本土知识、经验传统和集体记忆使他们保有在地优势,有助于自上而下的系统研究和现象学结构分析融入区域文化遗产保护和地区治理,从而推动基于"文化自觉与自觉发展"的遗产地保护和社会可持续发展机制的建立。

第一,应从文化遗产保护和地区发展系统融合的总体任务出发。文化景观遗产保护需要历史文化保护、自然生态保护和地区文化多样性保护三方面的统筹平衡——从内涵上相互佐证支撑,从形式上相互完型补益。地区发展系统融合,则应以"可持续"为根本宗旨,以鼓励和扶植"自然演进、文化传承、社会治理、自觉发展"为基本原则,借鉴交往理性合理化内涵,在动态发展的过程中通过专家、学者、社会公众多方校验与共商机制逐步矫正有关保护和发展工作的认识、评价与措施,转变工具理性工作思维,避免指标的绝对量化使文化遗产保护和地区发展同质化,或有悖"可持续"的根本宗旨,以致对地域特有的自然与文化遗产造成建设性甚至保护性破坏。(表3)

表3 文化景观遗产跨学科研究任务与目标

保护与发展任务		社会发展观	总体目标
历史文化保护			
自然生态保护	系统融合	地区治理	交往理性	可持续发展
地区文化多样性保护			

第二,在学科体系构成方面,宜根据文化景观遗产的学科渊源,顺应文化景观遗产概念衍生和发展的基本规律进行学科配置(表4)。如历史学、地理学和生物学及其分支,主要面向遗产地历史沿革、区位条件、地理环境、气候特征以及生物物种、物产资源等方面开展历史地理研究和环境调查,为系统全面认知遗产地提供区域时空框架;考古学、人类学、民族学与文化学,针对区域文明形成、民族迁徙与文化传播、地区社会史、人文历史等方面组织文献研究、实地调查、类型比较、样本分析和实验工作,内容涵盖人文、艺术、宗教、科学技术等诸多方面,总体目标是完成社会关系和文化结构解析,获得关于地区历史文化形成和社会变迁的一般规律,为文化遗产价值的评估和保护管理策略的制定提供人文社会科学依据。

表4 文化景观遗产跨学科研究体系

多学科体系				成果形式
文化遗产学相关学科		系统科学	分支学科	
主干学科	分支学科			
历史学	社会史 环境史 文明史等	人居环境科学	广义建筑学 城乡规划学 城市设计 文化/历史人类学 社会学与社会工作 经济学 管理学 法学	"一张蓝图" "一个数字化模型集成空间" 文化资源 自然资源 国土空间 城乡空间 地下空间 水下空间
地理学	自然地理学 人文地理学			
生物学	生物学 生态学			
考古学	田野考古 建筑考古 环境考古			
人类学	文化人类学 历史人类学			
民族学与文化学	民族学			
社会学	社会人类学			
管理学	公共管理			

第三,人居环境科学是一项融合社会环境五大系统、贯穿社会空间五大层级相关学科专业的系统科学体系,为文化遗产保护与现代城市文明协调发展奠定了系统理论基础和多学科合作框架。正由于人居环境科学兼具工程科学和社会科学的系统集成性,能够关照文化景观遗产在时空分布和要素体系方面的多重特征与价值,使文化景观等区域性文化遗产涵盖的自然与文化、有形与无形要素得以在人居环境系统体系中找到相应的功能定位和系统联系。在此基础上结合运用现象学结构分析方法,有助于在人居环境构成系统中剖析遗产要素所具有的价值特征与内在联系,为文化遗产突出普遍价值的整体评估和多专业综合评价提供依据,同时有利于研究成果直接转化为文化遗产保护和遗产地管理的策略。文化遗产多元价值体系建立后,便进入遗产保护

与资源管理实践阶段。文化遗产学专业进一步与多学科团队合作,共同研究编制相关保护规划、修缮设计方案和遗产地管理发展计划等,为协调统筹历史文化景观保护和现代人居环境营造提供直接有效的学科工具和技术手段。随着遗产地保护管理与地区发展需求的变化,多学科体系还需要社会学、管理学、经济学、法学等相关学科专业广泛参与和深入合作,为文化遗产保护与资源管理提供全过程多学科研究支撑。

五、结语

新时代文化遗产保护已从文物保护向关注人与自然和谐共生、促进地区可持续发展的文化景观保护转变,迈进了广义文化遗产时代。这一理论思想转变及其所遵循的交往理性使人们认识到,文化遗产保护、地区治理、人居科学研究与社会可持续发展之间,广泛存在同构、互通、互动、共生的结构逻辑和发展机制,这也从观念上否定了所谓"保护与发展之间的冲突与矛盾"这一伪命题。在广义文化遗产视野中,文化景观遗产的保护研究和其在当代社会中的可持续发展,需要借助多学科基础研究才能回归历史时空的宏阔背景和世界文明演进的文化叙事,真实还原文化景观遗产的内容要素和系统逻辑,深刻诠释每一处文化景观遗产的地域本色和文化个性,科学表述文化景观遗产的整体价值和对今天的现实意义。

文化景观遗产多学科研究体系建立的系统认知和现象学结构分析方法,从文化景观遗产形成演进的历史进程出发,符合发生学和文化生态学意义上文化遗产形成发展的普遍规律,有利于增进国家与地区间文化遗产领域的跨学科研究,为世界文化交流与社会合作建立了专业路径,同时体现了注重和平与交往的理性世界观,表达了促进地区文化自觉与可持续发展的建设愿望。随着文化遗产保护与经济社会发展的联系更加密切,多学科研究体系在遗产保护与社会发展方面提供的理论与方法论支撑,对衔接、调和并满足来自两方面的现实需要无疑是必要且适时的文化自觉和学术建构。

图表说明:

除具体说明外,文章所用图表均为作者自摄、改绘。

参考文献

[1] 李孝聪. 历史地理学的开创与传承:谭其骧、侯仁之、史念海 [J]. 历史地理研究,2021,41(3):6-9.

[2] 辛德勇. 历史地理学在中国的创立与发展 [J]. 历史地理研究, 2021,41(3):14-21.

[3] 樊杰,赵鹏军,周尚意,等. 人文地理学学科体系与发展战略要点 [J]. 地理学报,2021,76(9):2083-2093.

[4] 杨莽华. 闽粤赣毗邻区客家民居调查及文化地理因素探析 [J]. 古建园林技术,2021(6):55-58,64.

[5] 蔡威. 藏羌彝走廊研究综述 [J]. 四川民族学院学报,2021,30(5):7-14.

[6] 周星,黄洁. 中国文化遗产的人类学研究(上)[J]. 中国非物质文化遗产,2021(4):20-35.

[7] 陆大道,刘彦随,方创琳,等. 人文与经济地理学的发展和展望 [J]. 地理学报,2020,75(12):2570-2592.

[8] 维克托·布克利. 建筑人类学研究视角与方法的现代主义转向 [J]. 广西民族大学学报(哲学社会科学版),2020,42(4):2-11.

[9] 欧雄全,王蔚. 差异与兼容——建筑社会学与建筑人类学研究之比较 [J]. 新建筑,2020(2):112-117.

[10] 郭丹丹. 中国特色民族研究学科体系建立与中国学派形成(1949～1956)[J]. 北方民族大学学报(哲学社会科学版), 2019(6): 97-102.

[11] 梁伟. 文物保护规划的现状与发展研究 [J]. 遗产与保护研究,2018,3(7):14-19.

[12] 周大鸣. 民族走廊与族群互动 [J]. 中山大学学报(社会科学版),2018,58(6):153-160.

[13] 王丽萍. 文化遗产廊道构建的理论与实践:以滇藏茶马古道为例 [J]. 南方文物,2012(4):190-193.

[14] 单霁翔. 从"功能城市"走向"文化城市"[N]. 文汇报,2012-12-10(00D).

[15] 联合国教科文组织世界遗产中心,国际古迹遗址理事会,中国国家文物局. 国际文化遗产保护文件选编 [M]. 北京:文物出版社,2007.

[16] 乐黛云. 文化自觉与文明共存 [J]. 社会科学,2003(7):116-123.

[17] 方李莉. "文化自觉"与中国文化价值体系的重建 [J]. 民族艺术,2002(4):9-21.

[18] 陈春声. 信仰空间与社区历史的演变:以樟林的神庙系统为例 [J]. 清史研究,1999(2):1-13.

[19] 常青. 建筑人类学发凡 [J]. 建筑学报,1992(5):39-43.

Field Investigation of the Linquan County Government Building Built in the Republic of China Period

临泉县民国县政府旧址建筑调查

王 志[*] 杨桂美[**] 邢 伟[***] 孙 升[****] （Wang Zhi, Yang Guimei, Xing Wei, Sun Sheng）

摘要：临泉县民国县政府旧址建筑群是安徽省为数不多且基本格局与建筑结构尚且清晰可见的建筑群,其对了解民国时期基层政治中心的建筑布局、建筑形式、建筑技术等有重要价值。通过对其进行测绘分析发现,该建筑群在布局上属于传统的合院样式,在结构上呈现中西合璧的特征。其所处的时代正值中国传统建筑向现代建筑转型的关键时期,其体现出传统建筑向现代建筑转型的过渡特点。

关键词：临泉县；民国；县政府；建筑群

* 南京大学历史学院博士研究生，安徽省文物考古研究所副研究馆员。
** 安徽开放大学讲师。
*** 阜阳市临泉县博物馆文博馆员。
**** 安徽建筑大学讲师。

Abstract: The former county government site complex of Linquan County during the Republic of China period is one of the few building complexes in Anhui Province where the basic pattern and architectural structure are still clearly visible, and it is of great value to understand the architectural layout, architectural forms and architectural techniques of the grassroots political center during the Republic of China period. Through the analysis of its mapping, the building group is laid out in the traditional courtyard style, and its structure shows the characteristics of a combination of Chinese and Western. It is located at the critical period of transition from traditional to modern architecture in China, and reflects the transitional characteristics of the transition from traditional to modern architecture.

Keywords: Linquan County; Republic of China; County government; Building Complex

　　临泉县位于安徽省西北部,地处黄淮平原腹地,境内有洪河、泉河、谷河、润河、涎河、流鞍河、苇河等 7 条古河道,适宜的居住环境和气候孕育了临泉县的悠久历史。史载周文王与太姒生有十子,第十子为聃季载。聃季载分封于沈国,沈在春秋晚期为蔡所灭。隋置沈州,辖沈丘县,其后建置多有变更。明初,沈丘县降为沈丘镇,入颍州,属凤阳府。明弘治十一年(1498 年),另择址重建沈丘县,即今河南沈丘县。民国二十三年(1934 年)在旧沈丘镇处成立临泉县(此时沈丘镇已习惯性地被称为"沈丘集")。2012 年,对临泉县民国县政府残存的建筑进行的调查、测绘和初步研究,为其申请安徽省文物保护单位提供了宝贵的基础资料。

一、地理位置与沿革

　　临泉县民国县政府坐落在临泉县老街(沈丘集)内,泉河自西北向东南从老街北侧流过,流鞍河自西南向北汇入泉河。两河恰形成对老街的西、北合围之势。而在泉河之南、流鞍河西侧的便是临泉负有盛名的沈子国古城址,这里至今城墙高耸,城河清晰。沈丘集老街和沈子国古城址隔流鞍河相望,相去约 1 千米。

　　临泉县民国县政府旧址总体为院落建筑群,其前身为清道光年间集资兴建的辅仁书苑。民国二十三年(1934 年),临泉民国县政府成立后,对辅仁书苑进行改造,兴建成现

临泉县民国县政府旧址建筑群区位图

在的院落。临泉县解放后,大院继续为新中国的县政府使用,直到1952年县政府迁出。随后,大院被划拨给县针织厂,针织厂一直使用至20世纪90年代初。20世纪70年代中叶,针织厂经历过一场火灾,大火烧毁了当时作为厂房使用的原政府办公区的建筑,后针织厂对这部分进行了翻盖。针织厂废弃后,大院划归县房产局管理使用。

近80年来,该院落由盛而衰,使用者多次变更,有的建筑已经被破坏或焚毁,有的被翻修和改建,还出现了一些新搭建的矮房和屋棚。经详细考察,其中尚有10座建筑可追溯到民国时期或清代,这批建筑多数主体结构完整,基本保持了原始风貌。调查后根据现场条件,我们测绘了其中7座建筑。

整个县政府大院由办公区、仪式会议厅、议事会客室、伙房和居住区组成,为长80米、宽53.2米的长方形院落,北偏东约10°,占地面积约4200余平方米。后因被破坏和翻修,大院内尚存清末建筑1座,民国时期建筑9座,均为砖木建筑。这些建筑结构各异,顶部有庑殿式顶、悬山顶、硬山顶等,建筑有重檐建筑、阁楼建筑和普通单层建筑。重点建筑如礼堂、秘书处均用规整的灰砖筑造,住房多用扒掘的汉代墓砖砌筑。门、窗多为圆拱形,体现出清末至民国时期建筑艺术中西合璧的特有韵味。

临泉县民国县政府旧址建筑群平面图及建筑编号　临泉县民国县政府旧址建筑群功能分区

二、主要建筑

1. 办公区建筑

办公区建筑已被损毁。经在县政府大院工作过的同志回忆,办公区原分为两个片区,其一为大院最南的一组建筑,以钟鼓楼为中心,左右对称分布。另一为最西侧一组坐西朝东的建筑。县针织厂于此办公时期,南排建筑为厂内办公区,西侧建筑被改为厂房,后因火灾,这两片建筑均遭焚毁,被重新翻盖。

2. 礼堂(①号建筑)

礼堂(①号建筑)为一座单体建筑。位于大院中心偏南,是院内规格最高、体量最大的建筑,是政府官员举行仪式、召开会议的重要场所。礼堂通宽21.2米,进深12.3米,面阔七间,进深四间。其为九脊重檐庑殿式屋顶,顶设四座三角形九架梁,共同承托脊檩,边侧两梁向两侧各连接三根半三角形梁,形成四坡顶。该建筑采用减柱造,厅堂中心减四柱,以形成宽阔的室内空间。

礼堂墙体用青砖砌筑而成,厚约0.5米,墙体下部有0.55米高的勒脚。檐出墙0.6米,

办公区建筑

礼堂外部

礼堂梁架

礼堂外墙立面　　礼堂内部柱子

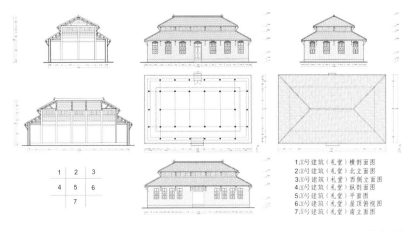

1.①号建筑(礼堂)横剖面图
2.①号建筑(礼堂)北立面图
3.①号建筑(礼堂)西侧立面图
4.①号建筑(礼堂)纵剖面图
5.①号建筑(礼堂)平面图
6.①号建筑(礼堂)屋顶俯视图
7.①号建筑(礼堂)南立面图

礼堂测绘图

秘书处正立面

秘书处内部梁架

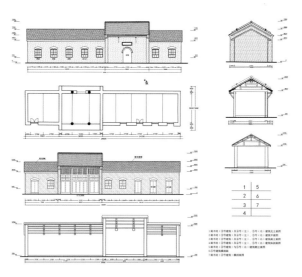

秘书处及④号、⑤号建筑测绘图

伙房

⑥号双层居住用房

⑧号建筑门窗

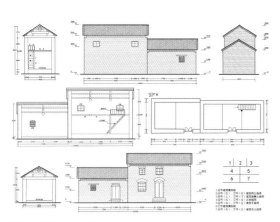

⑥号、⑦号建筑测绘图

以挑枋承托檐檩,枋头呈虎头形,枋下以斜撑支托。屋面铺设小瓦,饰弧扇状瓦当和弧边三角形滴水,上饰兽面、花卉、草叶等纹饰。调查时礼堂的北半部分的瓦、椽有一定坍塌,但整体梁架保持良好。

3. 秘书处(③号建筑)与两侧民房

秘书处(③号建筑)位于礼堂后方,是院内唯一的一座清末建筑,原为辅仁书苑,民国时期和中华人民共和国成立后为临泉县政府的秘书处。建筑坐北朝南,面阔三间,进深一间。通宽8米,进深6米,前后出廊0.8米。其建筑开间为明间3.1米,两次间1.95米,墙厚0.5米。顶部为五脊硬山式顶,山墙以青砖砌筑至顶。屋内有两座三通五瓜七架梁,屋面共有九檩,两檐檩以挑枋承托,枋头呈虎头形,以斜撑支托。此建筑正门已有所拆改,余均保存完好。民国时期,于秘书处两侧各搭盖了一组建筑,可能作为居住或办公用房,分别编为④号、⑤号建筑。

④号、⑤号建筑的门窗均有所改动,但主体结构未变,均为悬山式二坡顶,檐下钉有搏风板,砖墙抹以泥灰。④号建筑面阔两间,进深一间,总面宽5.9米(含外墙厚),深6米,两开间内空均为2.7米。⑤号建筑面阔五间,进深一间,宽14.1米,深亦6米,原仅有中间一门,后来其东边两窗被改为门。

4. 伙房(②号建筑)

伙房(②号建筑)位于大院东部,礼堂的东侧,是民国时期县政府的食堂。该建筑坐东朝西,通宽17.8米,通进深7.3米;为砖木建筑,主体为悬山式二坡顶,中部高出一部分,高出部分也为悬山式二坡顶,周侧全为可以旋转开启的玻璃窗户,其功能是用来引导排出伙房内的水汽。此建筑结构特别,为本地民国时期至中华人民共和国成立初期伙房的常见结构,屋面小瓦为后期重铺。

5. 居住用房

居住用房分布在大院内的北部,除对称搭盖在秘书处两侧的④号和⑤号两座建筑可能为居住用房外,其余居住用房尚有5座,编号为⑥号至⑩号。

⑥号建筑为双层楼式结构,坐西朝东,面阔三间,通宽9.3米,进深4.55米,砖墙厚0.5米。依内空计,其明间阔2.86米,两次间均为2.72米。顶部为悬山式二坡顶,屋内有两座两通三瓜五架梁。室内用约10厘米厚的木板分隔为上下两层,在西北角设楼梯通向阁楼。

房屋正面设 1 扇门和 3 个窗户,均为拱形结构,背面设 2 个长方形窗户。

⑦号建筑搭建在⑥号建筑南侧,同为坐西朝东。通宽 7.2 米,进深 4.8 米,砖墙厚 0.5 米。面阔二间,依内空计,正间 3.6 米,次间 3.1 米。其亦为悬山式二坡顶,梁架与⑥号建筑同,正面设一门一窗,背面设一窗,门窗顶部均有横楣,窗角内收,呈弧边阶梯状。

⑧号、⑨号、⑩号建筑位于大院内西北部,建筑形制一致,均为悬山式二坡顶,门窗顶部均为砖券拱弧。调查后,我们测绘了其中的⑧号建筑。⑧号建筑坐北朝南,面阔五间,进深一间。建筑通宽 16.76 米,进深 6.3 米。中间三间为通间,两侧各有一个单间,其间以砖砌实墙分隔。以内空计,中间三间共宽 9.36 米,明间宽 3.22 米,两次间均为 3.07 米,明间朝南开 1.4 米宽房门,两次间中朝南各开一扇宽 1.22 米的窗户。两侧单间内空宽 2.9 米,与中间三间为同一时期建成。单间朝南均各有一门一窗,门宽 0.86 米,窗宽 0.9 米。⑧号建筑屋顶经过翻修,瓦已更换重铺,因屋内现代吊顶遮挡,内部梁架结构不详。

⑧号建筑测绘图

三、布局与结构分析

临泉县民国县政府旧址建筑群为围合式院落建筑组群,其建筑总体以礼堂、秘书处和居住用房为轴线,前排对称布置钟鼓楼,两侧为厢房、伙房、办公区,与古代衙署、学宫等布局相似。礼堂、秘书处及办公区在前,居住用房在后,是"前朝后寝"传统布局的缩影,符合古代官式建筑的布局特点。伙房设于东边,也体现出古代传统建筑"东厨西库"布局的特征。可见,该建筑组群在整体建筑布局上继承了我国古代官式建筑传统布局的特点。

从建筑结构上看,这批建筑均为砖木结构,以木结构为框架,围以砖墙,延续了明清建筑的主体要素。礼堂作为建筑群中最重要的建筑,是本组建筑中规模最大、等级最高、建造结构最复杂的建筑,屋面采用重檐庑殿顶,但是出檐很窄,屋面也不存在举折,因此建筑整体线条生硬,缺乏灵动性,与传统古建筑相比美感不足。礼堂中部减柱,以尽量扩大室内活动空间,这是对传统建筑营造方式的延续。秘书处是保存下来的唯一的清代建筑,其建筑形制与其他建筑存在明显的区别。该建筑三面用砖墙围合,后有拱券式门,前面则完全为木结构,门扇和前墙皆采用木隔扇形式,前后檐出挑形成檐廊。对比这组建筑的结构特征(表 1、表 2)可以发现以下几方面问题。

(1)建筑的梁架结构主要可分为两种类型。一种为传统的抬梁式结构。另一种则是在抬梁基础上,于梁和檩条结合处增加类似叉手的斜梁,横梁与斜梁以卯榫结合,由斜梁来承托檩条,形成抬梁式与叉手式屋架相结合的复合式三角形梁架结构。使用抬梁式梁架结构的有③号建筑和⑥号、⑦号建筑,使用复合式三角形梁架结构的有①号和④号、⑤号建筑。③号为清代建筑,在此组建筑中年代最久远,使用第一种类型的梁架,其两侧于后期搭建的④号、⑤号建筑则使用另外一种梁架,它们反映了两种类型的梁架的年代的先后关系。第一种类型的梁架属于传统建筑的梁架形式,可以在屋面做出一定的举折;第二种类型的梁架是一种有别于传统梁架的新型梁架结构,采用此梁架则屋面斜直、无举折。③号建筑最早建造,屋面向外挑檐,有一定的举折,而⑥号、⑦号建筑虽然也使用了第一种类型的梁架,却并未向外挑檐,由于进深短,椽数少,故屋面也未体现出举折。依此可以采用考古类型学方法,通过梁架粗略勾勒出这组建筑的年代框架,即③号建筑最早,采用硬山顶、抬梁式屋架,屋面微有举折;⑥号、⑦号次之,采用悬山顶、抬梁式屋架,屋面无举折;①号、④号、⑤号等再次之,采用庑殿顶或悬山顶、复合式三角形屋架,屋面无举折。⑥号、⑦号建筑的修建时间早于县政府大院的改造兴建时间,由此可以解释为何这两座建筑与大院整体规划的朝向不符。

(2)从墙体和门的情况看,建造最早的③号建筑前墙及门为全木结构,采用传统建筑

表1 临泉县民国县政府旧址建筑群基本信息表

建筑	位置	方向	建筑规模 （长、宽、高）	保存情况	主要功能	年代
①号	大院内前部中心	坐北朝南	21.2×12.3×9.35	墙体、梁架基本完好，屋顶局部坍塌	礼堂，举办仪式，召开会议	民国时期
②号	大院东边南部	坐东朝西		墙体、梁架基本完好，屋顶换瓦	伙房，食堂	民国时期
③号	大院中部偏后	坐北朝南	8×7.6×7.25	墙体、梁架和屋顶基本完好，门有改动	清代辅仁书苑建筑，民国时期为秘书处	清代
④号	大院中部偏后	坐北朝南	5.9×6×5.78	墙体、梁架和屋顶基本完好	可能为居住用房或办公用房	民国时期
⑤号	大院中部偏后	坐北朝南	14.1×6×5.9	墙体、梁架和屋顶基本完好，门窗改动	可能为居住用房或办公用房	民国时期
⑥号	大院东边北部	坐西朝东	9.3×4.55×7	墙体、梁架基本完好，屋顶换瓦	居住用房	民国时期
⑦号	大院东边北部	坐西朝东	7.2×4.8×5.12	墙体、梁架和屋顶基本完好	居住用房	民国时期
⑧号	大院西北部	坐北朝南	16.76×6.3×5.6	墙体、梁架基本完好，屋顶换瓦，门窗有改动	居住用房	民国时期
⑨号	大院西北部	坐北朝南		墙体、梁架基本完好，屋顶换瓦	居住用房	民国时期
⑩号	大院西北部	坐北朝南		墙体、梁架基本完好，屋顶换瓦	居住用房	民国时期

的木隔扇结构。其后门为拱券式，拱券为半圆形，是清代拱券式样。⑥号建筑下层和正面门窗皆采用顶部拱弧形式，其拱矢较小，为民国时期新出现的式样，背面上层采用小型方窗。⑦号建筑门窗皆为长方形，顶部加横木，横木下的砖墙叠涩花边状内收成拱，与其他建筑皆有别。①号建筑前门窗采用顶部拱弧形，后窗则为长方形，4号、5号、8号建筑门窗制式统一，皆为顶部拱弧形。由此约可勾勒出这组建筑从清代到民国时期在门窗制式上的变化过程。由于6号、7号建筑不是政府大院建筑，在门窗风格上与其他民国时期建筑统一的制式并不相同。

（3）晚清至民国时期是中西文化碰撞、交流频繁的时期，西方文化的传入，对我国古代建筑形制的演变产生了较大的影响，形成中西合璧、交融的时代特色，这在本组建筑中也有所体现。一是顶部拱弧式门窗。该类型门窗是在中国传统拱券形式的基础上融入西方元素形成的新型样式，被广泛应用于民国时期的建筑中。二是复合式三角形梁架结构。我国传统建筑的梁架结构主要有抬梁式、穿斗式、叉手式等，一般以抬梁式和穿斗式为主，纯粹的叉手式结构主要出现于早期，或被用作复杂结构建筑局部的加固支撑件。与中国的情况不同，西方大量建筑中采用的是叉手式和三角形梁架结构。临泉县民国县政府旧址建筑群中由抬梁和类似叉手的斜梁结合而成的三角形梁架结构或许正是这一时期西方文化影响下的产物。此种复合式三角形梁架结构简单，可以增强梁的稳定性，同时梁不需要直接承托檩条，梁的数量可以不用直接与檩条数量对应，从而摆脱了梁、檩与椽数之间的相互束缚，实现以两通三瓜梁架承托九檩。此种变革虽然牺牲了美感，却使建筑更加稳定，营造起来更为简单，用料更加自由。

表2 临泉县民国县政府旧址建筑群结构对比表

	屋架	屋顶	门窗	屋面举折
①号	复合式三角形梁架	九脊重檐庑殿式顶	门窗顶部砖券拱弧	无
③号	抬梁	硬山式二坡顶	前墙隔扇门，后墙拱券门	微有举折
④号	复合式三角形梁架	悬山式二坡顶	门窗顶部砖券拱弧	无
⑤号	复合式三角形梁	悬山式二坡顶	门窗顶部砖券拱弧	无
⑥号	抬梁	悬山式二坡顶	门窗顶部砖券拱弧，二楼背面两方窗	无
⑦号	抬梁	悬山式二坡顶	方门窗顶部呈花边叠涩拱	无
⑧号	现代吊顶遮挡	悬山式二坡顶	门窗顶部砖券拱弧	无
⑨号	现代吊顶遮挡	悬山式二坡顶	门窗顶部砖券拱弧	无
⑩号	现代吊顶遮挡	悬山式二坡顶	门窗顶部砖券拱弧	无

四、小结

综上，临泉县民国县政府旧址建筑群在布局上传承了中国古代传统的合院建筑特征，在结构上呈现出中西合璧的独特情调。其所处的时代正值中国传统建筑向现代建筑转型的关键时期，其在建筑结构和风格上都体现出了过渡期的特点，其是该时期建筑风格和梁架结构演变的实证材料。除民国县政府旧址以外，临泉县沈丘集老街上还保存有部分清代至民国时期的建筑，大多较为完好，与本组建筑可以相互印证，共同营造出沈丘集老街极具时代感的文化氛围，这在皖北地区尤为难得，是一处珍贵的建筑文化遗产。

A Glimpse of the New Design Museum in London

伦敦设计博物馆新馆管窥

易　晴[*]（Yi Qing）

摘要：本文简明扼要地介绍了伦敦设计博物馆新馆的选址、设计、建构过程以及博物馆独具匠心的视觉识别系统和导视系统，并系统展示了设计博物馆新馆展示的设计大事记（1759—2012年）。

关键词：伦敦设计博物馆新馆；艺术设计；产品设计；视觉识别系统；导视系统

Abstract: This article concisely explains the location, design, construction process of the new Design Museum in London, as well as the museum's unique visual identification system and guide system, and systematically shows the design events (1759-2012) of the new Design Museum.

Keywords: The new Design Museum in London; Art design; Product design; Visual identification system; Guide system

一、伦敦设计博物馆新馆文化诠释

2007年12月，大都会建筑事务所（OMA）受斯图尔特·利普顿（Stuart Lipton）爵士邀请，与其他建筑公司一起探讨英国联邦研究所（Commonwealth Institute）旧址场地的开发潜能事宜。这是将一座1960年修建的二级历史建筑转换为当代博物馆的设计创意，大都会建筑事务所建议将生活元素重新注入现代博物馆的构建中，以此设计新的伦敦设计博物馆（Design Museum），与此同时，保留原建筑独特的铜屋顶和双曲面结构的建筑外观。

英国建筑设计师约翰·帕森（John Pawson）、大都会建筑事务所以及阿莱斯－莫里森（Allies & Morrison）建筑事务所负责整体建筑以及室内、外部的结构形态设计。他们进行了大量复杂的翻新工作，将原来的建筑外墙全部替换成新馆外立面的双层玻璃，以符合当代建筑的技术标准。新的玻璃系统可以控制日光的进入，而原来的彩色玻璃面板被全部拆除。因为旧的建筑结构不能实现任何有意义的现代功能，原建筑结构中除了中庭和屋顶构造外，其余的全部被拆除，原来的所有褐色地板被新馆的米黄色地板所取代。伦敦设计博物馆新馆室内外的景观由West.8公司设计，他们通过精心的研究与实验，将沿荷兰公园和肯辛顿高街边缘的树木保留下来，采用现代设计手法重新诠释了英国联邦研究所的特征。

当游客来到伦敦设计博物馆新馆，可以看见建筑主体之外有一个大约3立方米被称作设计馆箱的透明展览空间。走进伦敦设计博物馆新馆就可以体验其空间格局的变化，一楼是售票窗口及出售与设计相关的书籍和用品的文化商店；建筑的中庭由橡木包裹，建筑师约翰·帕森想要在此表现一种如同在露天煤矿般空旷的感觉；从中庭向上看可以直接看到由钢化玻璃建构的双曲线屋顶。整个空间设计营造出一种安静、平和的感觉。各种风格的画廊、设计文化学习与演讲区、休闲饮食咖啡馆以及临时活动举办区都设置在中庭中心场所内。沿着中庭四周的楼梯拾级而上，设计博物馆新馆的二楼和三楼是主要的展览场所，四楼一般作为特别展览区。设计博物馆新馆顶楼的区域用来展示博物馆的永久收藏。与原来位于伦敦泰晤士南岸的设计博物馆老馆相

*中国艺术研究院工艺美术所副研究员。

比较，新馆无论在空间还是在规模上，都扩大不少。伦敦设计博物馆创始人特伦斯·康兰（Terence Conran）在新馆开幕式上激动地说："我不认为在世界上有任何地方可以和这里相比。"现在，伦敦设计博物馆新馆与伦敦著名的维多利亚和阿尔伯特博物馆、科学博物馆、自然博物馆及蛇形画廊组成博物馆群落。设计博物馆新馆馆内米黄色木质地板及简洁的几何空间结构，给人以简洁的美感。

设计博物馆每年举办年度设计展，汇集年度内各个领域新锐设计作品（涉及中外建筑、数码、时尚、交通、产品、图像六大设计领域），然后设置各种奖项，依照美观及多元化的原则评选出优秀设计作品，提升人们的生活质量。除年度设计奖项评选外，博物馆每段时间都有不同主题的展览。设计博物馆新馆展览区域的面积是老馆的三倍，这些展览均需购票才能参观。另外，还有一些免费展览，同时博物馆还举办学术演讲活动，演讲内容涉及建筑师的创作与设计经验介绍与分享、设计作品解析、主题课程等。作为世界上第一个以设计为主题的博物馆，英国伦敦设计博物馆新馆矢志成为面向公众展示世界一流设计创新作品的世界级博物馆，展出从建筑设计到时尚产品与时尚生活设计、从平面设计到产品设计以及涵盖当代设计领域各个类别的设计杰作。自2008年至今，伦敦设计博物馆新馆已举办了11届比兹利（Beazley）年度设计奖评选，该奖项被称为"设计界的格莱美"。

伦敦设计博物馆新馆的视觉识别系统和导视系统是由费尔南多（Fernando）工作室设计的。Fernando工作室邀请来自A2 SW/HK工作室的亨利克·库贝（Henrik Kubei）重新设定了Logo（标志）的字间距，而新的Logo使用的是一款特殊的中等字重的Schulbuch字体，以更加适用于印刷和数码显示，又强调了字体的高度，并将其作为设计博物馆的一个线上交流链接入口。对于Fernando工作室来说，其挑战在于将那么多的游客、代理商、股东等的不同需要融会在一起，找到一个能够将视觉识别系统铺陈开来的平衡点。这个平衡点来自对新建筑自身特性以及对博物馆设计传承的关注，由卡特利奇·莱文尼（Cartlidge Levene）工作室使用教科书（Schulbuch）字体与经典的奥托·艾舍特（Otl Aichert）图标所设计的导视系统能够非常协调地融入这个建筑空间。Fernando工作室认为"将博物馆迁移到南肯辛顿将会为全世界的游客带来设计体验并探索设计到底是什么以及为什么"。对这一愿景做出回应的是Cartlidge Levene工作室的创始人兰·卡特利奇（Lan Cartlidge），他也认为"设计博物馆对于工业化是不可少的"。Lan和他的团队主要负责为新的设计博物馆设计导视系统，涉及游客游览的方方面面。同Fernando一样，对Lan来说，最根本的任务是需要创造出一套完整的解决方案并将所有的细节均考虑在这套导视系统内：地标、展览宣传、位置标示，以及各层级目录、导览、印刷品等，视觉识别与导视系统井然有序。如同人们所期待的那样，新的视觉识别系统和导视系统为伦敦设计博物馆新馆带来全新的生命诠释。

设计博物馆内的半永久性藏品展区以及档案馆等也拥有相同的格调，而为这些藏品进行展示设计的则

是一向以大胆靓丽的色彩与实验性的手法著称的英国女设计师莫拉克·麦耶斯考（Morag Myerscough）。在她看来，博物馆内的馆藏通常是一种隐形的资源，它们中的大部分可能被存放在仓库中与灰尘为伍，只有小部分可能在半永久性藏品区为人所见。为改变这种状况，设计出使设计者、制作者、使用者同时在场的设计场景感是展示的首要任务。新的设计博物馆之所以能够站在创新的前沿，不仅在于其展示了那些过往已有的成果，而且更在于其展示了最新的事物。展示的目的是展示那些改变生活的、有所突破的、丰富了设计经验的以及捕捉到时代精神的设计。这或许就是伦敦设计博物馆新馆作为创新博物馆设计经典的别具一格的发展魅力之所在。

二、英国伦敦设计博物馆新馆展示的设计大事记（1759—2012 年）

1. 1759 年，乔赛亚·韦奇伍德及其工厂

1759 年，英国陶瓷商人乔赛亚·韦奇伍德（Josiah Wedgwood）创办了自己的第一家陶瓷工厂。韦奇伍德与雕塑家约翰·斐拉克曼（John Flaxman）、画家乔治·斯塔布斯（George Stubbs）等艺术家合作，将古典主义风格引入陶瓷艺术中。他采用规模化的陶瓷工业生产模式，而不是传统作坊式的，可以生产出大量相同的物品。

2. 1851 年，万国工业博览会（the Great Exhibition）和工业的胜利

1851 年第一届世界博览会即万国工业博览会在伦敦海德（Hyde）公园的水晶宫举行，吸引了 600 多万名参观者，展览通过展示来自世界各地的机械、纺织品、天然产品和家具来呈现将艺术和科学应用于生产工业的成就。

3. 1852 年，亨利·科尔展示糟糕的设计

亨利·科尔（Henry Cole）建立了后来更名为"维多利亚和阿尔伯特"的博物馆，收藏了从万国工业博览会上购买的物品，旨在教育公众，同时激励实业家和设计师。科尔设计了一个名为"设计的错误原则"的画廊，画廊展出的是博物馆里最受欢迎的展品。科尔设计的"恐怖室"在 1852 年开放，开启了一个悠久的英国传统，即从品味的角度来理解好或成功的设计。

4. 1856 年，机器时代中的装饰

1856 年出版的欧文·琼斯（Owen Jones）的《装饰语法》是有关装饰设计的视觉百科全书，它涵盖了丰富的内容，包括来自自然的图案和来自不同文化和不同时期的装饰传统案例，为那些正在努力解决当时关键设计问题的设计师和制造商提供参考，告诫人们如何赋予机械产品一种反映时代的美学，而不只是复制历史风格的设计艺术。

5. 1859 年，家具的工业化

奥地利设计师迈克尔·索耐特（Michael Thonet）将一把椅子简化为一组可互换的部件，并发明了一种弯曲木材的新方法。这两项创新使得繁复传统的工艺技术显得累赘，使得简洁廉价而又优雅的 14 号椅子于 1859 年诞生。它仅由 6 块木头和 10 颗螺丝钉组成，这组零件制造起来既快又便宜，而且可以很容易地由不熟练的人组装。索耐特椅子制作技艺一直沿用至今。

6. 1861 年，威廉·莫里斯拒绝工业化

威廉·莫里斯（William Morris）于 1861 年成立了莫里斯公司，他和公司的合作者一起设计挂毯、家具和壁纸。这位英国设计师认为，他的作品代表了传统工艺的简单、美丽和诚实，对于工业革命中的丑陋的产品是一剂解毒剂。对莫里斯来说，设计也是一种道德改革，其作品反映了他对社会的政治承诺。他希望人们能接触到设计精良、工艺精湛、造型优雅

的产品。

7. 1879 年, 第一个现代设计师

克里斯托弗·德莱赛（Christopher Dresser）于 1879 年设计的电镀茶壶是他的代表性产品。德莱赛以一种与他同时代的同胞威廉·莫里斯不同的方式接受了机器和工业, 成为获得"第一个现代设计师"称号的主要代表人物。德莱赛创造了数百种大规模生产的物品, 从纺织品和墙面材料到玻璃制品和金属制品。几何形状和有机图案的结合使他的作品具有惊人的现代感。

8. 1894 年, 维也纳和现代世界的诞生

19 世纪末的维也纳是许多不同文化领域的创新之地。作曲家古斯塔夫·马勒（Gustav Mahler）、文学艺术家埃贡·席勒（Egon Schiele）和古斯塔夫·克里姆特（Gustav Klimt）以及精神分析学家西格蒙德·弗洛伊德（Sigmund Fleud）为现代建筑和设计的出现营造了文化和艺术氛围。建筑师奥托·瓦格纳（Otto Wagner）抛弃传统糟粕, 接受新材料和理性主义。1894 年, 瓦格纳在维也纳美术学院发表演讲, 宣称"每一个艺术创作的起点必须是我们这个时代的需求、能力、手段和成就"。

9. 1903 年, 维也纳工场定义现代奢侈品

1903 年, 建筑师约瑟夫·霍夫曼（Josef Hoffman）和设计师科洛曼·莫泽（Koloman Moser）建立了维也纳工场（Wiener Werkstätte）, 制造和销售高品质的家具、玻璃和餐具, 为手工艺找到一个真实的、比大规模生产设计物品更重要的途径。他们打破传统的形式和过度装饰的繁复主题, 认为"实用性是首要的, 我们的优势在于良好的比例和材料的处理"。

10. 1908 年, 亨利·福特为大众制造汽车

亨利·福特（Henry Ford）是第一个使汽车变得廉价的制造商。1908 年, 在卡尔·本茨（Karl Benz）为其汽油动力汽车设计申请专利 22 年后, 福特推出了 T 型车, 这是一款在底特律装配线上制造出来的低成本汽车。福特受芝加哥屠宰场运送肉类的系统的启发, 设计了汽车生产流水线, 以降低制造成本。部分组装的汽车被悬挂在高架轨道上, 使它们能够在工厂的流水线上移动。

11. 1913 年, 阿道夫·卢斯将装饰与犯罪相提并论

维也纳建筑师阿道夫·卢斯（Adolf Loos）最著名的文章是其于 1913 年撰写的《装饰与犯罪》（Ornament and Crime）, 文中指出过度的装饰性设计是颓废和落后的。卢斯认为, 建筑是通过使用精美的材料而不是应用装饰来丰富的。卢斯为维也纳的美国酒吧设计了简单形式和豪华材料的组合。

12. 1919 年, 包豪斯建立了一个新的设计课程

包豪斯艺术和设计学校是由建筑师瓦尔特·格罗皮乌斯（Walter Gropius）于 1919 年建立的, 与现代主义的国际传播密切相关。学校最初设在德国的魏玛（Weimar）, 后来搬到了格罗皮乌斯在德绍（Dessau）设计的建筑中。格罗皮乌斯招募了具有不同才能的教师, 包括建筑师和设计师马塞尔·布劳尔（Marcel Breuer）以及艺术家瓦西里·康定斯基（Wassily Kandinsky）和保罗·克利（Paul Klee）, 画家约翰尼斯·伊登

(Johannes Itten)建立了包豪斯的必修初步课程,采用了一种革命性的方法,在材料、构图和色彩方面进行探索,并制定了启发世界各地艺术学校的原则。

13. 1923 年,一台生活的机器

勒·柯布西耶(Le Corbusier)在《走向建筑》(Vers une Architecture)中说:"房子是生活的机器。"勒·柯布西耶自己的房子是手工辛勤制作的,但看起来就像在生产线上组装起来的一样。勒·柯布西耶"自由平立面、落地横向长窗、楼底透空、屋顶花园"等房屋建筑学观点成为现代主义建筑的先声。

14. 1925 年,装饰艺术的诞生

1925 年在巴黎举行了国际现代装饰与工业艺术博览会,该博览会的特点是时尚的形式、奢华的材料和风格化的装饰,其展示了时装、玻璃器皿、陶瓷、纺织品和家具中简单而精致的设计,使巴黎得以向世界展示其作为时尚设计之都的形象。

15. 1926 年,玛格丽特·舒特 - 利霍茨基设计了第一款装配式厨房

法兰克福厨房是由玛格丽特·舒特 - 利霍茨基(Margarete Schütte-Lihotzky)于 1926 年设计的。她利用自己对家庭生活的洞察力和对妇女在家庭中角色变化的敏感性,反映空间规划和效率的概念,厨房被设计得尽可能紧凑和经济,单元排列整齐,建构功能顺利地相互衔接。

16. 1932 年,现代主义跨越大西洋

现代艺术博物馆(The Museum of Modern Art)于 1929 年在纽约成立,3 年后举办了一个由美国建筑师菲利普·约翰逊(Philip Johnson)策划的国际展览——现代建筑(Modern Architecture)。这个展览向美国观众介绍了一些重要的欧洲建筑师,包括密斯·凡·德·罗(Mies van der Rohe)、瓦尔特·格罗皮乌斯(Walter Gropius)和勒·柯布西耶(Le Corbusier)。虽然包豪斯、勒·柯布西耶和其他欧洲建筑师所实践的现代主义具有政治性,但约翰逊将他们的作品作为一种新的美学来介绍,他称之为"国际风格"。

17. 1934 年,作为名人的设计师

1934 年,设计师雷蒙德·洛威(Raymond Loewy)率先使用现代广告技术将自己作为一个品牌来展示,他在纽约大都会艺术博物馆的一个展览中设计了一个模拟自己的工作室的

办公空间。洛威将设计理解为一种根本性的商业活动。

18.1934 年,为人民设计的汽车

斐迪南·保时捷（Ferdinand Porsche）借鉴了工程师汉斯·莱德文卡（Hans Ledwinka）的工作,设计了"KdF-Wagen",即后来的大众甲壳虫。他的工作得到了当时德国领导人的支持。1934 年,保时捷被委托建造一个全新的城镇来容纳制造汽车所需的工厂和劳动力。大约在同一时间,雪铁龙公司的皮埃尔·布兰格（Pierre Boulanger）着手生产一种小型且经济的汽车,以帮助农民和供应商在法国农村道路上运输他们的货物。他的设想因第二次世界大战被推迟了,雪铁龙 2CV 最终在 1946 年上市。

19.1943 年,电脑的诞生

在半导体和晶体管之前,脆弱的热离子阀是电子设备的组成部分。邮政研究站的托马斯·弗劳尔斯（Thomas Flowers）在一吨重的"巨人"（Colossus）中使用了超过 1000 个这样的部件,这台机器占据了一个房间的大部分空间,于 1943 年建成,当时正值第二次世界大战,英国在布莱切利庄园召集了阿兰·图灵（Alan Turing）等一批密码破译者使用这台机器破解了德军的密码,确保了盟军的胜利。

20.1946 年,比亚乔为伟士牌申请专利

比亚乔（Piaggio）的轻型摩托车是由意大利航空工程师科拉迪诺·达斯卡尼奥（Corradino D'Ascanio）在第二次世界大战结束时为了维持军用飞机工厂的运营而开发的,其结果就是创造了技术上具有独创性的、以意大利语中"黄蜂"的意思命名的伟士牌（Vespa）,该名称用以象征其微型引擎的声音。时髦的伟士牌比摩托车更舒适,比汽车更便宜。它与 20 世纪 60 年代的青年文化密切相关。

21.1946 年,索尼的成立

当井深大（Masaru Ibuka）和盛田昭夫（Akio Morita）在 1946 年成立索尼公司时,它是新一代日本企业的一部分,在第二次世界大战后被建立起来与当时的垄断企业竞争。该公司第一个成功的商业产品是卷轴式磁带录音机,后来它被授权使用美国设计的晶体管来开发袖珍收音机和便携式电视。

22.1949 年,查尔斯·埃姆斯和雷·凯撒·埃姆斯建造预制房屋

查尔斯·埃姆斯（Charles Eames）和他的妻子雷·凯撒·埃姆斯（Ray Kaiser Eames）是第二次世界大战后最令人钦佩的美国设计师夫妇。1949 年他们在靠近太平洋帕利塞德（Palisades）的海滩上设计了自己的预制房屋和工作室,其是用现成的部件建成的简洁住房,在当时具有巨大的影响力。

23.1951 年,经济紧缩的结束

1951 年,英国工业设计委员会在伦敦的泰晤士南岸举办了"不列颠节",旨在纪念万国工业博览会举办 100 周年,"不列颠节"使得现代设计在这个国家第一次大规模展示,包括字体设计、家具设计和建筑设计,也包括英国第二次世界大战后最好的建筑之一——节日大厅（Festival Hall）。超过八百万人参观了这次展览,而"不列颠节"也创造了英国设计在 20 世纪中期的风格。

24.1953 年,新包豪斯

位于德国南部的乌尔姆设计学院（Ulm Academy of Design）于 1953 年成立并开设了第一批课程。乌尔姆设计学院的管理者从包豪斯的教学方法中获得了灵感,拒绝商业主义,将设计视为逻辑分析的结果,并鼓励学生考虑其社会责任。学院的员工和毕业生都高度认同清晰、理性的设计方法,其可以从学院的联合创始人之一奥托·艾舍（Otl Aicher）为汉莎航空公司设计的企业形象和他为慕尼黑奥运会设计的标志中看出。

25.1957 年,赫尔维提卡字体的发明

字体设计的最大分歧在于是否有衬线。有衬线字体起源于古典的罗马刻字传统,而无衬线字体的不加修饰的简单性则受到现代主义者的青睐。也许所有现代无衬线字体中最成功的是由马克斯·米丁格（Max Miedinger）在 1957 年设计的,当时他制作了一种 19 世纪字体的更新版本,被称为 Neue Haas Grotesk。该字体被重新命名为赫尔维提卡（Helvetica）字体,其因体现中性和现代性的精髓而受到世界各地设计师的青睐。

26.1957 年,物,意味什么?

罗兰·巴特（Roland Barthes）在 1957 年出版的《神话》一书中改变了设计师和设计评论家理解物体的方式,鼓励他们探寻物体的意义。这位法国作家在关于雪铁龙汽车 DS19 的文章中,将汽车在文化中的地位比作一

座伟大的哥特式大教堂,巴特认为 DS19 光滑的车身拥有一种神奇的、超凡脱俗的完美品质,其仿佛一位女神。

27.1958 年,奥利韦蒂和工业文化

1958 年,意大利制造商奥利韦蒂公司聘请埃托雷·索特萨斯(Ettore Scottsass)为意大利的第一台大型计算机 Elea 9300 开展实用的形式设计。除了画家和家具设计师的工作经验之外,索特萨斯没有其他的设计经验。雇用他是意大利企业家阿德里亚诺·奥利韦蒂(Adriano Olivetti)的大胆创举,即引进有才华的设计师和艺术家共同合作。奥利韦蒂的目标是生产出技术精巧的产品以吸引消费者。

28.1960 年,巴西建设新首都

巴西将其首都从沿海城市里约热内卢迁往内陆地区,这是一种自信的政治行为。与此同时,1960 年建成的新首都巴西利亚也是欧洲现代主义城市在南美洲最大规模的实现。卢西奥·科斯塔(Lúcio Costa)的总体规划将城市分为住宅、行政、商业和娱乐区,这是勒·柯布西耶(Le Corbusier)30 年前在其分区城市智慧性规划中使用的方法。勒·柯布西耶曾与科斯塔和塑造了巴西利亚主要建筑的建筑师奥斯卡·尼迈耶(Oscar Niemeyer)合作,在里约热内卢设计了教育部大楼。

29.1961 年,米兰成为新的设计之都

在使米兰成为国际设计之都的过程中,没有哪位设计师比吉奥·庞蒂(Gio Ponti)发挥的作用更重要。他建立了有影响力的设计杂志 Domus,并设计了欧洲最有说服力的摩天大楼——倍耐力(Pirelli)大厦。庞蒂认为设计既是销售产品的一种方式,也是反映甚至批评社会的一种手段。于 1961 年开始举办的米兰国际家具展帮助米兰巩固了自己的地位,成为设计辩论的中心。

30.1961 年,IBM 生产第一台电动打字机

1961 年,IBM 发明的电动打字机的核心是一个高尔夫球式的"打字头"。这项创新消除了在手动打字机上快速打字的障碍,提高了打字速度和办公效率。电动打字机在工程设计上的独创性与 IBM 设计顾问艾略特·诺伊斯(Eliot Noyes)的优雅雕塑设计相匹配。诺伊斯主要负责产品设计、建筑设计和公司的整体形象设计。他委任的主要建筑师包括马塞尔·布鲁尔(Marcel Breuer)和路易斯·卡恩(Louis Kahn),他委托美国艺术总监和平面设计师保罗·兰德(Paul Rand)制作了企业标志。

31.1964 年,特伦斯·康兰开设栖息地

特伦斯·康兰(Terence Conran)于 1964 年在当时世界上最杰出的时尚街——伦敦的国王路附近开设了他的第一家家具店栖息地(Habitat)。当披头士和滚石乐队正在改变青年文化的时候,栖息地向传统的室内装饰发起了冲击。康兰普及了塑料家具、草席和包豪斯风格的产品。他的设计目录则展示了他如何将所有的东西放在一起,重新创造属于他自己的设计外观。

32.1966 年,玛丽·匡特和迷你裙

20 世纪 60 年代,随着人们对时尚和性的态度的改变,裙子也在变短。像约翰·贝茨(John Bates)和安德烈·库热斯(André Courrèges)这样的设计师将短裙作为其系列设计的一部分,但他们只是反映了年轻女性已经有的穿衣方式。玛丽·匡特(Mary Quant)是 20 世纪六七十年代英国时尚界的关键人物之一,她是与长度到膝盖以上几英寸(1 英寸为 2.54 厘米)地方的裙子关系最密切的人。她给这种短裙起的名字叫"迷你裙",灵感来自奥斯汀迷你车(Austin Mini),这辆车在 1959 年成为英国风格的代名词。

33.1968 年,"全球目录"

斯图尔特·布兰德(Stewart Brand)的《全球目录》(Whole Earth Catalog)是在 20 世

纪 60 年代的嬉皮士反主流文化中产生的设计杂志,其内容包括使用手册、百科全书式的汇编、文学评论。它后来被史蒂夫·乔布斯(Steve Jobs)描述为"平装版谷歌"(Google in paperback form),该出版物告诉人们在哪里找到技术和工具以及如何使用它们的信息资源;帮助人们创造了一种氛围,使家酿计算机俱乐部(Homebrew Computer Club)等计算机爱好者团体能够蓬勃发展起来,使硅谷成为今天的样子——一个全球创新中心。

34. 1969 年,米尔顿·凯恩斯新镇计划

1969 年,米尔顿·凯恩斯新镇计划公布。米尔顿·凯恩斯(Milton Keynes)的布局特点是有一个纪念性中心、广泛的交通隔离以及由一批英国建筑师设计的低层住宅。该镇的形象是通过一系列诱人的远景图创造出来的,这些远景图是在挖地基之前委托建筑师和插图画家赫尔穆特·雅各比(Helmut Jacoby)绘制的。

35. 1971 年,维克多·帕帕奈克拒绝消费主义

在 1971 年出版的《现实世界的设计》(Design for the Real World)一书的开篇,维克多·帕帕奈克(Victor Papanek)宣称:"的确有一些职业比工业设计更加有害无益,但是这样的职业不多。"这本书对当代设计进行了毫不妥协的批判,拒绝消费主义和商业设计,并斥责设计师忽视了他们的社会和道德责任。他的观点吸引了一代年轻的设计师,他们热衷于使设计成为一种社会服务,而不是成为营销行业的工具。

36. 1972 年,拉斯维加斯为后现代主义铺平了道路

罗伯特·文丘里(Robert Venturi)、丹尼丝·斯科特·布朗(Denise Scott Brown)和史蒂文·伊泽纳尔(Steven Izenour)在 1972 年出版的《向拉斯维加斯学习》(Learning from Las Vegas)一书,用艺术学术的工具和技术分析了拉斯维加斯大道的流行文化。它探讨了"丑陋和普通"的建筑,并呼吁建筑师要更多地接受普通人的品位和价值观。1966 年文丘里的《建筑的复杂性和矛盾性》(Complexity and Contradication in Architecture)出版,该书提供了现代主义建筑的替代方案,为后来被称为后现代主义的建筑奠定了基础。

37. 1976 年,朋克爆炸

朋克(Punk)是在被疏远的一代英国青年的幻灭中发展起来的。20 世纪 70 年代的朋克爆炸运动是对经济危机和国家虚伪的反应,在英国女王的银禧纪念日前后达到了高潮。朋克的穿着打扮引起了人们的愤怒,他们留着尖尖的头发,穿着束缚的裤子和印有挑衅性声明的 T 恤衫。这一场景对音乐、时尚和平面设计产生了直接影响。40 年后,朋克文化被一个大型的、由公众资助的庆祝活动所接纳,这清楚地表明,愤怒已经变成了一种传统。

38. 1977 年,巴黎的高科技风格

在现代主义建筑似乎正在退缩的时候,理查德·罗杰斯(Richard Rogers)和伦佐·皮亚诺(Renzo Piano)的巴黎市中心新艺术综合体设计竞赛获奖作品是对设计实验的自信和乐观的重申。乔治·蓬皮杜中心(The Centre Georges Pompidou)于 1977 年建成,汇集了法国当代艺术收藏、公共图书馆和一些表演空间。建筑师试图以一种包容、欢迎的方式重新定义文化机构,其暴露的结构和灵活的规划定义了一种建筑氛围。

39. 1981 年,巴黎的日本设计

日本设计师川久保玲(Rei Kawakubo)在 20 世纪 60 年代末创立了时尚品牌 Comme des Garcons,当时,西方世界仍将日本视为廉价复制自己创意的来源地。川久保玲是第一批在巴黎展示自己的系列设计的日本设计师之———这些系列设计于 1981 年在巴黎首次亮相——她的激进设计有力地证明了日本现在正在出口思想。川久保玲准备解构服装传统,她与建筑师的合作意味着 Comme des Garcons 商店看起来更像艺术画廊而不是时装店。

40.1981 年,孟菲斯挑战设计

总部设在米兰的孟菲斯集团在 1981 年推出了第一个设计系列。该系列具有强烈的色彩和图案,是对传统设计品位的一种挑衅性攻击。孟菲斯(Memphis)运动是从 20 世纪六七十年代意大利设计师的激进实验中发展起来的。在资深设计师埃托雷•索特萨斯(Ettore Sottsass)的策划下,一群年轻的家具和产品设计师集合起来,他们提出了一个设计宣言,将人们从功能主义中解放出来,力图通过产品的再设计,寻找通往个人自我发展的道路。

41.1987 年,艺术和设计走得更近

第八届文献展是在德国卡塞尔(Kassel)举行的一次国际艺术展览,它使当代设计进入了与以前截然不同的艺术领域。该展览于 1987 年举行,展出了一些设计师的作品,包括伦敦的贾斯帕•莫里森(Jasper Morrison)和罗恩•阿拉德(Ron Arad)的作品,并加速了限量版设计市场的发展。许多评论家将艺术的力量与它的无用性联系起来,这个定义倾向于将设计排除在外。随着设计师探索更复杂的设计含义,如身份、性别和价值等,艺术和设计这两个学科之间的界限变得更加模糊。

42.1988 年,韩国的崛起

韩国三星电子公司于 1988 年推出了 SH-100 手机。韩国在 30 年前还是美国援助的单一受援国,但该国在发挥企业创造力的基础上建立了现代经济体系。此前三星电子还是以日本为追赶目标的,但后来它成为超过日本的消费电子产品制造商。

43.1991 年,设计师是讲故事的人

1991 年,日本汽车制造商日产(Nissan)将玛驰(Micra)改版为费加罗(Figaro),这是一款在 20 世纪 90 年代生产的汽车,但却让人想起 20 世纪 50 年代的设计风格。该设计使人不得不承认工业设计并不只需要分析效用、安全和经济的问题。毕竟,汽车从本质上是成年人的大型玩具。费加罗是产品设计怀旧浪潮的一部分,这股潮流从汽车传播到相机,从日本传播到欧洲和美国。大众(Volkswagen)、福特(Ford)和菲亚特(Fiat)生产的新型汽车似乎都比 20 世纪 90 年代的其他产品更贴近过去,而法国设计师菲利普•斯塔克(Philippe Starck)则重新利用了装饰艺术(Art Deco)的主题。

44.1992 年,高雅文化遇上迪士尼乐园

1955 年,华特•迪士尼(Walt Disney)首次在加利福尼亚州创建了这个主题公园,当时他的理想是在美国主街(American Main Street)上建造一个规模宏大的游乐场。起初,他的做法并未得到社会认同,但逐渐被视为对城市生活的一种表达方式,引起了许多人的情感共鸣。1992 年,欧洲迪士尼(Euro Disney)的主题公园在巴黎郊外开业,娱乐建筑和高雅建筑之间的区别已经消失。

45.1993 年,实验设计和简陋的材料

由雷尼•拉梅克斯(Renny Ramakers)和吉斯•巴克(Gijs Bakker)于 1993 年创立的楚格(Droog)设计公司使荷兰成为各种实验性设计的中心。Droog 的名字来源于荷兰语"干",它提倡使用相对简单的材料和简单的生产工艺,并开始质疑高级风格的设计。它的第一个系列包括奠定未来基调的马塞尔•万德斯(Marcel Wanders)的"打结的椅子"。

46.1997 年,史蒂夫•乔布斯重返苹果公司

1997 年,时隔 12 年,史蒂夫•乔布斯(Steve Jobs)重返苹果公司。当时,这个曾经试图颠覆计算世界的组织已经变得越来越边缘化了。乔布斯任命乔纳森•埃维(Jonathan Ive)为负责工业设计的高级副总裁,两人随后推出了一系列变革性的产品,从 iMac 到 iPod、iPhone 和 iPad。这些产品的成功根植于对设计的创造性运用,也使苹果公司成为它所在时代的权威公司之一。

47. 2006 年，回到模拟

在第二次世界大战后的大部分时间里，定义青年文化的音乐都是以模拟的形式录制和传播的，黑胶唱片的技术限制决定了专辑的格式。当 20 世纪 90 年代激光唱片问世后，黑胶唱片的销量开始直线下降，直到 2006 年才开始回升。在一个许多产品类别都被淘汰的时代，如相机、音频设备和电话变成了单一的智能手机，但新一代人开始被模拟产品的魅力所吸引。"数码原住民"重新关注黑胶唱片、印刷杂志和宝丽来（Polaroid）照片。

48. 2007 年，扎哈·哈迪德的美学

扎哈·哈迪德（Zaha Hadid）于 2007 年设计的阿塞拜疆巴库（Baku）文化中心是建筑师对建筑理念最清晰的展现。哈迪德属于使用钢笔和墨水、硫酸纸（透写纸）和 T 字形方格的末代建筑师。作为一名学生，她受到 20 世纪早期俄罗斯构成主义的启发，用她的图纸来探索对空间的激进理解。随着时间的推移，哈迪德的建筑变得更加生动，就像溢出的水银。这种变化反映了建筑行业的转型——新的建模程序和数字化制造流程使之成为可能。

49. 2008 年，北京的重塑

2008 年北京奥运会的举办具有象征意义。这一事件表明，中国正在从艺术、建筑和设计的国际趋势的追随者转变为领导者。中国向外部世界开放的步子越迈越大，建立了世界上最大的制造产业，开始以自己的品牌来设计和制造汽车、消费品和电子产品，很多产品打破了外国公司的垄断。

50. 2012 年，新工业革命

2012 年推出的 Makerbot Replicator 是一款 3D 打印机。它不是为科学家的研究设计的，而是为家庭消费者设计的。它能生产的最有用的东西可能是一个鞋拔，但它是制造业革命的一部分。18 世纪的原始工业革命使工人可以用机器廉价生产产品。从那时起，设计师就开始运用铸造、造型和挤压技术，创造出一种特殊的设计语言。而当代，3D 打印等增材制造工艺正在淘汰这些旧技术，能够为个人量身定制产品，并为设计开辟了新的语言与发展道路。

Dialogue about Heritage-related Events and Memories of Cities in the 20th Century: Notes of the "Heritage of the 20th Century and Modern Times: Event + Architecture + People" Workshop

对话20世纪遗产事件，哪些时代城市印迹值得被书写？
——"20世纪与当代遗产：事件+建筑+人"建筑师茶座侧记

CAH编委会（CAH Editorial Board）

　　百年变局中的中国建筑千变万化，在新形态中传承传统成为大趋势。从历史与文化的视角看，20世纪是个理念快速更新的时代，更是一个需要反省、记录的时代。1999年国际建筑师协会（简称"国际建协"，UIA）北京第20届世界建筑师大会发表的《北京宪章》称：20世纪以其独特的方式载入了建筑的史册，但不少地区的"建设性破坏"始料未及。

　　20世纪的当代城市建筑历程中包含着诸多大事件，它们围绕国内外城市与建筑活动和重要人物展开。2022年7月18日，"20世纪与当代遗产：事件+建筑+人"建筑师茶座由中国文物学会20世纪建筑遗产委员会、北京市建筑设计研究院有限公司叶依谦工作室、《中国建筑文化遗产》编委会、《建筑评论》编辑部联合主办承办。中国工程院院士、全国工程勘察设计大师马国馨等10余位建筑界、文博界专家学者现场与会，全国工程勘察设计大师、中国建筑西北设计研究院总建筑师赵元超等10余位京外专家在线参会。

　　会议期间有两本极具"口述"与"事件"研究价值的图书发布：一是李东晔博士采访整理的《予知识以殿堂：国家图书馆馆舍建设（1975—1987）口述史》；二是曹汛（1935—2021）著的《林徽音先生年谱》一书，该书由曹汛之子曹洪舟先生赠送给与会专家。本次活动由北京市建筑设计研究院有限公司执行总建筑师、中国建筑学会建筑师分会秘书长叶依谦，中国文物学会20世纪建筑遗产委员会副主任委员兼秘书长、中国建筑学会建筑评论学术委员会副理事长、《中国建筑文化遗产》主编金磊联合主持。

"20世纪与当代遗产：事件+建筑+人"建筑师茶座嘉宾合影

叶依谦（北京市建筑设计研究院有限公司执行总建筑师、中国建筑学会建筑师分会秘书长）：

欢迎院内院外、线上线下的建筑师、文博学人参加今天这个意义非凡的研讨会。我很同意邀请函上对这次会议的两个定位：其一，无论是从建筑师与文博学人拓宽理性视野的需要看，还是从事件与思想融会的需要看，这次会议都显得十分必要；其二，事件研究必将促使建筑学人有意识地培养更宽广的观察视角，使大量看似无关的城市社会生活与遗产发展产生革命性的联系，并会赋予建筑创作与城市设计更有张力的新哲思。作为建筑师，我倡言，要使设计有创新，不可忘记传承。建筑师的历史敬畏观是创作所需要的，今天的讨论是一次有价值的文化"言说"。

叶依谦　　　　　　　　　金磊

金磊（中国文物学会 20 世纪建筑遗产委员会副主任委员兼秘书长、中国建筑学会建筑评论学术委员会副理事长）：

本次活动的关键词是 20 世纪与当代遗产背景下的"事件、建筑与人"。在当下举办这个小型活动，缘于中国国家图书馆研究馆员李东晔博士的启发。事件需要回眸，特别离不开有记录且有省思、归纳的研究。而 20 世纪遗产提供的正是最好的舞台。今天与会的马国馨院士就是中国第一位积极倡导研究 20 世纪现代建筑经典的先行者，相关代表事件就是：2004 年他代表中国建筑学会建筑师分会向国际建协提交了《20 世纪中国建筑遗产的清单》，其中有 20 世纪中国建筑经典 22 项。如果说，1999 年吴良镛院士起草的《北京宪章》提醒各国建筑师不仅要面向 21 世纪，更要及时总结 20 世纪的建筑精神，那么，马院士的工作则是一种持续的开拓。中国文物学会会长单霁翔在提及 20 世纪遗产时总要讲述马国馨院士的贡献，也恰恰为此。

2018第三批中国20世纪建筑遗产项目终评推荐会
（左起：修龙、马国馨、单霁翔）

8 年前的 2014 年，中国文物学会 20 世纪建筑遗产委员会在故宫博物院敬胜斋成立。

"20 世纪与当代遗产"体现了我们对遗产时间的新理解。如果说保护中国 20 世纪建筑遗产是一个文化国家需要努力践行的"大事"，那么在过去的岁月中我们的确留下了丰富的学术"印迹"，不少看似平凡的"建筑、事件与人"的故事，都有摧枯拉朽的力量，其以追求"真实"成为时代的骄傲。

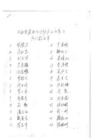

《建筑中国六十年 1949-2009事件卷》　　杨永生为《60位建筑师回顾建筑60年》拟的约稿单　　《建筑编辑家杨永生》　　《缅述》

马国馨（中国工程院院士、全国工程勘察设计大师、北京市建筑设计研究院有限公司顾问总建筑师）：

讲到 20 世纪遗产，除了研究建筑本身，对人和事也要特别关心，"抢救"发生在建筑背后的"故事"是很急迫的，要尽快梳理出来。中国文物学会 20 世纪建筑遗产委员会面临着大量的工作。

目前对人物的研究多以传记的形式呈现，也有对文学文化界、老科学家相关资料的整理。过去常把传记归为文学作品，文学成分相当多，有时不是特别客观。近年来发生了很重要的改变，就是将传记划为历史学的一部分。从历史上看，国外早在 17、18 世纪就出过传记，比如牛津大学出版社出版过《牛津国家人物传记大辞典》，此后这种文化现象在欧美各国普及。

"传记不如年谱，年谱不如日记。"年谱以谱主为中心，以年月日为经纬，全面载述谱主的一生。在中国古代，记录皇帝言行的档案被称为

马国馨　　　　　《牛津国家人物传记大辞典》

赵元超

《中国建筑西北设计研究院建筑作品集：1952—2022》

张松

《当代中国历史保护读本》

《起居注》，这其中就有年谱的概念。所以，曹汛先生的这本《林徽音先生年谱》很珍贵，因为目前业界做建筑师或者建筑人的年谱的不多，做大事记的比较多。

梁启超曾说，做史学工作的人要掌握最基本的东西，特别要重视年谱的价值。学界做这类工作的人还不是很多，因为要参考不同种类的资料，从书信、书法、绘画、照片，再到对当事人或相关人的采访，工作量和难度较大。日记也是重要的资料，但需要一定程度的校勘，因为有些日记不是给自己看的，多有美化的嫌疑，为尊者讳的事也很多。相较之下，做年谱实属不易，《林徽音先生年谱》颇有价值。

赵元超（全国工程勘察设计大师、中国建筑西北设计研究院总建筑师）：

谈到经典建筑，其背后一定有很多故事。我们中建西北院（中国建筑西北设计研究院）的黄克武、王觉先生曾参与了中国国家图书馆的设计，但很可惜这两位先生都去世了，所以及时把建筑背后的人和事挖掘出来太有必要了。

最近，在梳理设计创作体会时，我也联想到作为建筑师的辛酸，愿与大家分享。我们用 8 年时间设计完成了陕西省图书馆（高新馆），原计划举行一个很隆重的开馆仪式，但由于当时新冠肺炎疫情影响，仪式最后缩减至 65 人的规模。遗憾的是，我作为这个项目的总建筑师未能参加开馆仪式。联想到巴黎埃菲尔铁塔建成时，主建筑师古斯塔夫·埃菲尔主持并陪同时任法国总理皮埃尔·蒂拉尔出席了落成仪式。所以，我尤其认为邀请建筑师参加开馆仪式不仅是对建筑师的尊重，更应成为一个制度。

今年是中建西北院成立 70 周年，回想起 20 世纪 50 年代初，西安百废待兴，苏联援建的 156 个项目中有 17 个落地西安，吸引了大批优秀的建筑师在西安"安营扎寨"，比如中国第一代建筑师董大酉，他曾提出"中国固有式建筑"。此后，洪青、张锦秋都真心把现代建筑创作与中国传统融合在一起。特别值得注意的是，董大酉在西安工作了两年多；洪青从上海到西安，在西安工作了 20 余年，诸多作品被评为 20 世纪中国建筑遗产；张锦秋院士在西安深耕了 50 多年。他们三位都有对中国固有建筑的热爱，把东方传统建筑的形式、现代功能以及适应性的研究融合在一起，为西安城市风貌奠定了基调。

近期，我在读《筑业中国：1914-1935 亨利·茂飞在华二十年》，这本书从外国人的视角看待东方建筑，探讨如何能让东方建筑进行一些适应性的转化。我在想，茂飞在中国开展建筑创作至今也有百年，那么从茂飞到董大酉、洪青，再到张锦秋，他们经历了怎样的创作过程？张锦秋是真心地想把传统建筑与现当代设计结合起来，从一个中国建筑师的立场看待我们的东方文化。我在想，中国建筑的现代化是一个持续了百年的探索，是一个与城市发展紧密相关的话题。

张松（同济大学建筑与城市规划学院教授、住房和城乡建设部历史文化保护与传承专委会委员）：

我在编写《当代中国历史保护读本》时发现，梁思成先生还有很多没发表的学术文章。我看过一份资料，记载了梁思成和张锐合作参加过的 1930 年的一场设计竞赛。梁思成等人的设计入围，他们获得了很高的奖金。梁思成就拿这笔奖金出了一本书，记载的就是参赛者的设计方案。

回到今天会议的主题。我查了资料，1949 年欧洲委员会成立，下设文化合作委员会。第二次世界大战后，欧洲十国为了恢复团结，在 1954 年签署了《欧洲文化公约》，公约共 11 条，其中有 2 条都谈到了文化遗产，具体地说就是每个缔约国都要采取适当的措施保护欧洲的共同遗产，并在保护本国文化遗产方面做贡献。其中每个缔约国还要把本国具有欧洲文化价值的文物视为欧洲共同遗产的组成部分，给予适当的保护，而且必须确保合理地对外开放。

当前，我们也做了很多保护工作。不过，我们特别注重对古老建筑的保护，但对 20 世纪遗产的重视有所欠缺。1970 年，欧洲提出要保护威尼斯，欧洲团结起来，共同提供财政支持。欧洲在这些方面的发展比我们要早很多，1991 年欧洲就通过了保护 20 世纪遗产的建议与准则。

"遗址和纪念物"的复兴，就是保护和修复具有历史意义的地段。这是陈志华先生率先翻译过来的。陈先生去过罗马，因此他将要保护和修复的地段翻译成"遗址和纪念物"，其内涵是保护具有文化意义的历史中心区。

李东晔（国家图书馆研究馆员、人类学博士）：

我从事口述史的相关工作已有 20 年了，很幸运能参与这样一份有价值的工作，尤其是有幸结识马国馨院士等前辈大家，我受益匪浅。2017年是原来的北京图书馆，现在的中国国家图书馆南区建成30周年，当年的建设过程是漫长的。从1973年周恩来总理批示开始，到1975年立项，再到设计方案、通过审批，直到建成，整个过程耗时10多年。当时图书馆想搞一个纪念活动，领导指派我来完成纪念活动的策划和执行，我便思考如何能做得有特色且有深度，于是便想将"口述史"作为纪念活动的重要板块。

李东晔

初步的计划是做大约10个人的访谈，但在采访过程中发现有太多珍贵的历史文献、记忆、事件需要挖掘和梳理，所以最后呈现出了20多位老师的"口述史"记录。今天的茶座的主题之一为"事件"，往宏观说它可能是一个国家事件，抑或是一个集体事件，但聚焦到每一位参与者就是个人的事件。对于这本《予知识以殿堂：国家图书馆馆舍建设（1975—1987）口述史》，必定有"国家记忆"的成分在其中。在多年前，我就曾读到过金磊主编写的一篇文章，其中就提出了"事件建筑学"的命题，我很受启发，便思考如何在"事件建筑学"的命题下进行更深入的探讨。

《予知识以殿堂：国家图书馆馆舍建设（1975—1987）口述史》

作为对中国国家图书馆建设历程的讲述，我认为至少有3个至4个重要的事件节点需要我们去关注。任何建筑的设计建造背后都有特定的事件背景作为依托，无论这个建筑规模大小、用途如何。因此，我便从社会背景的视角切入，思考为什么建设图书馆的要求会在1973年被提出？1973年还处于"文革"时期，重要的社会事件层出不穷，图书馆作为一座面向公众的公共建筑，在那样的年代受到国家领导人的重视得以提上议事日程，它背后的社会背景是怎样的？再联系到各种审批手续，我们知道，公共建筑的审批是十分严格的，历经周折、通过层层关卡，最后得以批复同意，其中有哪些值得记忆的故事？

建筑使用者的讲述也是十分有意义的。在采访崔愷院士时，他也提到正在做关于"建筑使用说明书"的课题。我认为，这是特别有意义的。长期以来建筑的设计、建设和它的使用者之间是有一些脱节的，当一座建筑建成后，准确解读使用该建筑需要注意的事项、建筑本身的设计与建设理念，会令使用者更充分地认识到建筑本身的意义，给予使用者充分适应的时间，从而避免在建筑投入使用后的较短时间内，使用者就擅自进行改造，破坏了历史信息。因此，我很认同今日的讨论的价值与意义。

潘守永（上海大学教授、图书馆馆长）：

我与李东晔博士在工作中有很多合作，所以先谈谈对她的《予知识以殿堂：国家图书馆馆舍建设（1975—1987）口述史》一书的感受。这本书对我们而言是一个比较标准的"口述史"的成果，李博士围绕中国国家图书馆这座颇有影响力的建筑，通过对与之相关联的人物的访谈，挖掘建筑背后的"事件"与"历史"，我们叫作"社会记忆"中的"事件分析"方法。从李博士的书中能看出，她还是比较好地遵守了"口述史"的访谈原则的，既做了文字的记录，更做了影像的记录。24位受访人讲述的故事，从不同的侧重点和角度出发，构成了关于中国国家图书馆的内容丰富的"再叙述"，堪称对20世纪建筑遗产文化的书写，具有示范意义。

潘守永

我们在呈现建筑的时候，除了展示历史档案、图像、影像等文献资料外，又增加了对"人"的故事的更丰富的展示，我认为这会让建筑更加鲜活。我原是中央民族大学的老师，在那里任教28年，也做了几项很有趣的工作。其中一项就是我主持完成了20世纪重大考古发现的亲历者的口述访谈工作，如大葆台西汉墓，当时我就认为保护大葆台西汉墓应该在原址建博物馆。我来访了该项目的亲历者和博物馆建设者。

我认为，光是学术论文这种文献，是不足以形成一个系统性的完整认知的。因为学术论文有严格的编辑格式要求，某些情况下就会把一些细节但重要的内容筛选掉了，由此我想应该还有一种文本范式专门用于对口述历史的记录，因为每个人的经历讲述都带有不同的感受和风格，它是丰富多彩的表达。"口述"除了可做的资料补充、学术补充和对学术记忆的记录之外，还具有更强大的在民众中的传播效力与亲和力。如我的一位同事，也算我的学生，是《舌尖上的中国》的编导之一，他将这种影像记录的"口述"方式实验性地应用到了《舌尖上的中国》的拍摄中，引发了很大的社会反响。

总之，关于"口述史"的内容的研究是十分重要的，我也时常思考如何既能来访到已经发生的历史，也能通过这些历史探寻出尚未发生的以及为什么不能发生的根源，从而对当下的社会发展起到实际的指导作用。由此，我想到在美国国会图书馆中有专门的工作室存放着大量的供大众查阅的建筑资料；这里还有专门的老兵"口述史"专题研究，内容十分庞大。所以，围绕20世纪重要建筑遗产制订"口述史"计划，的确是具有迫切性及抢救性的。

向欣然的黄鹤楼重建方案

岳阳楼

滕王阁

刘临安

范欣

刘临安（北京建筑大学教授、建筑与城市规划学院原院长）：

今天的交流让我回想起一些与建筑遗产保护相关的往事。多年前，我曾带领学生做过"中国文学与古建筑关系"的研究，如中国历史上著名的"三大名楼"：南昌的滕王阁、武汉的黄鹤楼、岳阳的岳阳楼，它们都寄托着中国园林中"文井乡音"的内涵。今天的"三大名楼"虽与原貌有所出入，但历史上歌颂它们的文学作品数不胜数。通过口口相传，与它们相关的故事或称"事件"流传至今，从某种程度上也成就了这些建筑在中国古建筑历史上的地位。

据资料记载，北京城解放时，解放军从白石桥进入西直门。但首长认为，虽然解放军是从西直门进入北京城的，但最后的入城仪式一定要正规，一定要表现出"凯旋之师"或者"威武之师"的气势，所以又专门从永定门外调了一个师，从永定门浩浩荡荡进入了北京城。受此事件的启发，我让两位学生专门调研，发现当年省会城市解放后，解放军无论从哪里攻入城内，最后都要浩浩荡荡地从这座城市最主要的城门入城。

前段时间，我在澳门参加学术会议时正值香港回归 25 周年纪念日。在与香港建筑遗产保护专家连线时，我询问香港遗产保护界有什么阶段成果要展示，对方回答只是做了日常的保护工作研究。由此，我便向澳门方面建议，要在 2024 年澳门回归 25 周年之际推出一些重要的研究成果。澳门的城市规划不在城市大小，可以通过挖掘实现以小见大，以呈现出更为丰富的研究成果。简言之，建筑历史上的重要"事件"，其实与当时的社会事件相关联，比如各个城市的解放过程，它们是重大红色历史事件的组成部分，与城市建筑共同见证城市的变迁。

范欣（新疆建筑设计研究院有限公司副总建筑师、绿建中心总工程师、新疆建筑文化遗产研究中心主任）：

我在建筑设计的一线，同时在新疆大学和新疆师范大学担任校外硕士生导师，我的工作内容体现了实践与理论的结合。2022 年初，在金磊主编及其团队的运筹和支持下，我们完成了"新疆人民剧场"的文稿，将其纳入了"中国 20 世纪建筑遗产项目·文化系列"丛书。在书中，我们将新疆人民剧场设计建设中的事件、建筑和人进行了尝试性结合，从 1954 年开始设计工作，到 2021 年完成作为 20 世纪建筑遗产的新疆人民剧场的修缮工作，我们对长达 60 多年的台前幕后的故事做了梳理，将前辈建筑师的足迹和设计思想彰显出来。

在为"中国 20 世纪建筑遗产项目·文化系列"丛书撰稿时，我感触颇深。一方面对新疆拥有的 20 世纪建筑遗产的丰富多彩而感到欣喜，另一方面也为那些消逝的瑰宝深感惋惜，尤其是建于我们这一代建筑师亲历的 20 世纪八九十年代的建筑,正以惊人的速度消失,或者说是改头换面。例如建于 1985 年的新疆人民会堂,它荣获过国家级的设计奖项,同时也在 2016 年被评为第一批 98 个中国 20 世纪建筑遗产项目之一,但就在入选的当年,这座建筑历经了面目全非的改建。

新疆人民会堂的设计者是孙国城大师、王小东院士以及当时顶尖的各专业技术人员。另外,还有王小东院士的代表作——1993 年建成的库车的龟兹宾馆,也被拆除了。这些建筑都是改革开放后新疆建筑创作非常繁荣时期的作品,它们是将新疆本土传统的建筑设计与新时代的技术材料、功能和时代精神相结合的建筑典范。这些经典建筑的设计者是在新疆维吾尔自治区成立前后,也就是 1955 年前后,从全国各地来到新疆的。年轻的他们凭着对新疆本土传统建筑的热爱投身新疆建筑创作,树立起为这片土地的发展建设做贡献的年轻人朝气蓬勃的群像。

范欣(右)与金祖怡老师

2019 年,值中华人民共和国成立 70 周年之际,新疆建筑设计研究院(简称"新疆院")制作了一部短片,名为《建筑会说话》,当时新疆院曾就如何制作该片向我征求意见。我建议为老一辈建筑师,如 20 世纪 50 年代初进入新疆的金祖怡老师、王小东院士、孙国城大师等前辈,做个人专辑,因为他们代表了最早参加新疆建设的奋斗集体。我毕业于 1991 年,当时大家进行建筑创作时,首要考虑的就是城市文脉。现在的建筑创作很多时候不再注重去反映历史观和哲学观了。不久前一位建筑师和我说:"你不是在讲建筑,你讲的是哲学观念。"今天肯定会成为明天的历史,我们今天所设计的哪怕是再普通的建筑,都与历史息息相关。

戴路

2018 年,我参与编写了国家出版基金项目《中国传统建筑解析与传承:新疆卷》,当时我将"解析篇"的重点放在了代表民间智慧的传统民居上。有些考古专家却认为,应将重点放在更具标志性的殿堂庙宇。但是我认为正是那些传统民居,在建筑材料匮乏、经济条件受限、气候环境复杂的重重制约下,更能展现出民族的惊人智慧,所以我坚持了当时的写作思路。

戴路(天津大学建筑学院教授兼博士生导师):

我想就"城市中的建筑生活记忆"的主题,讲讲记忆书籍、记忆访谈和记忆研究这三点。

一是记忆书籍。第一本图书是《中国建筑历程 1978—2018》。这本书涉及 43 个经典作品、49 位建筑学人、47 部代表性图书,记载了中国改革开放 40 年发生的建筑设计故事,记录下了中国建筑设计行业的发展历程,从本书中,读者可以寻找到这一时期建筑发展的动因和主线。从书中那些中国优秀建筑的缩影,我们可以读出中国建筑设计行业的历史,寻找到建筑师的宝贵记忆,探寻出代表了建筑思想进步的过去。第二本图书是由邹德侬先生领衔、我参编的《中国现代建筑史》。这本书从 2001 年出版后多次再版,建筑案例一增再增,图片不断更新,它见证了书中部分建于 20 世纪的建筑作品由诞生直至成为当代遗产的全过程。

《中国建筑历程1978—2018》

二是记忆访谈。时至今日,我从事了 5 年的访谈工作。其实早在邹老师写《中国现代建筑史》时,他也是手握录音机,奔波于各大院采访建筑师。现在我也带着学生们,一起延续邹先生的访谈之路。我们通过"口述史"的方式,了解建筑师、建筑学者的成长经历。我们访谈的内容很广泛,如与天津大学建筑学院老先生们关

《中国现代建筑史》(第二版)

新疆人民剧场

天津大学第九教学楼（局部）

戴路与导师邹德侬在一起交流

于建筑教育的访谈，还有就是这几年开展的关于改革开放初期海外留学建筑师群体的访谈。在各种访谈中，我们看到了建筑与生活相互作用的发展和变化，我有两方面的体会。首先是体育建筑的遗产示范作用。我们在与马国馨院士的访谈中，以1990年在北京举办的第11届亚运会为开端，谈到2008年的北京奥运会，再到2022年的北京冬季奥运会。马院士强调环境设计，包括对人与环境的关注，这远远超越了城市空间节点的意义。其次是突发性公共卫生事件对建筑的新需求。联想到2003年的"非典"以及2020年的新冠肺炎疫情，黄锡璆先生向我们讲述了当初在设计"小汤山医院"时的情况，包括后来在武汉火神山、雷神山医院的设计中做了哪些改变和提升。

陈日飙

三是记忆研究。2022年是中国高等院校院系调整70周年，我们对天津大学卫津路校区建设背景进行了梳理，对当年参与建设的老先生们进行了来访。天津大学以第九教学楼为代表的建筑群已被天津市人民政府确定为历史风貌建筑加以保护，也入选了中国20世纪建筑遗产。我们分别从类型、数量上做了统计，然后从校区发展历史角度进行了梳理，去学校基建处调取了丰富的档案，对原始图纸进行了整理。现在天津大学建筑学院所在的第21教学楼是建筑系馆，也是天津大学卫津路校区轴线上唯一的建筑物。

我们常陪同邹先生在校园游览，听他为我们讲述他所了解的关于天津大学校园建设的情况。当年，天津大学校园建设的方针可归纳为"经济美观、自然绿色、设计自觉"。天津大学卫津路校区建设布局呈现出了清晰的轴线效果，从中我们还可以看到建筑风格从民族风格转向自由现代、建筑形式从砖混砖木结构转向框架结构的创作过程。在对天津大学卫津路校区校园发展历史进行整理的过程中，我有如下体会：一是还原历史真相，二是补充对建筑细部的相关研究，三是梳理发展脉络。

陈日飙 [香港华艺设计顾问（深圳）有限公司总经理兼设计总监、深圳市勘察设计行业协会会长]：

我研究生毕业后，在深圳从事建筑设计近20年。在深圳特区这片改革开放的前沿阵地上，我一方面持续关注全国建筑设计行业的热点话题及动向，另一方面在推进粤港澳大湾区建设的时空背景下，从地域视角思考建筑与城市、人与自然的关系。建筑师阿尔多·罗西在他的《城市建筑学》中写道："城市是上演人类事件的

深圳发展银行

剧场,特定的空间是由场所中发生的特定事件而产生的,所以在这个特定的空间里就充满着代代相传的情感和记忆。"这里他将城市比喻成上演人类事件的剧场,而城市的特定空间是由我们的众多建筑及建筑内外所限定的场所构成的,这句话高度概括了城市建筑与人和人类事件的关系。

如果从时空的角度看,我认为建筑可分为两类:第一类是历时性建筑,它是构成城市场景的建筑,承载着强烈的历史感和人们的记忆;第二类是共时性建筑,共时性是指对当下发生的事件产生"认同感"的建筑,如新冠肺炎疫情防控期间修建的方舱医院等抗疫建筑。历时性建筑又可以分为三类:第一类是与大的历史事件有显著关联的仪式性场所,比如天安门广场与开国大典,鸟巢与北京奥运会,于改革开放初期创造了"三天一层楼"建设奇迹的深圳国贸大厦象征着深圳特区蓬勃发展的超常速度;第二类是指建筑空间本身承载着某个群体在特定时间的情感与记忆,比如哈尔滨工业大学老土木楼、华南理工大学建筑学院的红楼、包豪斯的教学楼,这类教育建筑是从事建筑相关设计和教育的师生实践建筑理念的重要场所;第三类是指凝聚着历史、地域与集体记忆的建筑,譬如旧村落、旧厂房、旧工业建筑遗址等。

记得有专家研究中国近现代的建设规模后得出一个结论:数十年来,中国城市的建筑量翻了一番,相当于又造了一个中国。城市土地不够用了,就拆旧建新。这样周而复始,我们的老房子和传统街巷逐渐消失了,城市的记忆承载场所慢慢就没有了。我们不禁要反思:哪些房子才是一座城市最重要的、最值得保留的公共建筑?过去我们有些"盆景式"保护建筑遗产的做法是否恰当?我认为今天的讨论极具价值,建筑遗产的保护需要不同城乡的百姓的参与和认同,同时又需要专家给出专业的研判和界定。数代建筑人所从事的相关工作,决定了未来能给我们的后代留下的中国乡村和城市的面貌。路漫漫而志坚,我坚信,在各位院士、大师和金主编等有识之士的共同努力下,我们的工作会有越来越多的朋友加入,对建设一个有记忆的未来文化中国更有深远的意义!

刘晓钟(北京市建筑设计研究院有限公司总建筑师、刘晓钟工作室主任):

提到曹汛老师,不禁令我想起大学三年级时,我们班在曹汛和侯幼彬老师带领下去沈阳故宫开展古建筑测绘的往事。在对古建筑进行实地考察与学习时,他们站在建筑前,声情并茂地既讲历史事件又讲文化事件,将建筑细节与建筑评论融为一体。对此,我至今印象深刻,无法忘怀。

说到今天城市更新过程中的建筑改造或拆除,从目前社会需求来看,建筑师需要正确且理性适应,过去的材料或功能可能不适应当今的需求。为此,我们也做过不少改造项目。更新改造,我认为也是历史发展的必然,但重在以什么态度与认知去设计改造。居住建筑不能简单地改造,必须要有对人文情怀的梳理与理解。我认为改造项目要求建筑师对当地历史、对原建筑师及旧有规划等方面有透彻的理解,先做足功课,再付诸实践。

刘晓钟

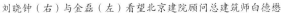

刘晓钟(右)与金磊(左)看望北京建院顾问总建筑师白德懋

恩济里小区

张祺

永昕群

比如像方庄和百万庄都有历史,但它们是不一样的,要区别对待,下功夫钻研,否则所做的更新设计适应不了建筑语境。

张祺(中国建筑设计研究院有限公司总建筑师):

我认为建筑除了自身的功能外,还与业主的使用要求关系密切,这实际上是建立起了设计者与使用者之间的紧密联系。我看过一本体系很完整的书,记述了建筑师弗兰克·劳埃德·赖特在设计流水别墅时与投资商合作的过程。如今赖特的这个作品已入选《世界遗产名录》,我觉得建筑确实是可以书写的,而且需要艺术化或者诗情化的表现。

在我的印象中,曾参与中国国家图书馆设计的中国建筑设计研究院总建筑师翟宗璠女士对年轻人的要求很严格,她在审图时如果发现图纸上有 2 处以上的错误,她就将图纸退给设计者自查。我还回忆起清华大学的主楼,它形似 1953 年建成的莫斯科大学新校区主楼。后来我曾去莫斯科大使馆进行考察,顺道去了莫斯科大学。那时我就被莫斯科大学的宏伟气势所折服,并手握画笔、带着速写本每天早晚都去写生(马国馨院士解释道:"清华大学主楼实际上是借鉴莫斯科大学旁的附属建筑所建")。

在参与大量设计项目后,我越来越感到历史的跨越往往给人以启示,如当年我们在外交部的指派下,远赴刚刚经历海啸的斯里兰卡调研,目睹了灾后惨烈的场景。尽管我们未能直接参与灾后重建的任务,但那次海外调研的经历至今仍记忆犹新。我感悟到建筑能跨越一定的历史进程,对每一代建筑师来说都是极大的教育资源。公共建筑往往带给人不一样的享受,因为它比政府办公楼更具文化性。关于建筑的重要价值,我很认同有些学者所说的,建筑的重要价值不是它自身的成绩,而是它给社会带来的成效。老话说,人有年谱。我认为建筑也需要记载,应该建立建筑的百年谱系。

永昕群(中国文化遗产研究院研究馆员):

做建筑史研究,年谱档案非常重要。正如潘老师所述,当年大葆台西汉墓被发现后,就盖了个纪念馆。但我们前段时间在审查方案时发现,当年的博物馆又要改造了,也面临即将被拆的命运,所以对现代建筑遗产从功能上进行改变或许是一个必然的过程。一方面,现代建筑或称 20 世纪遗产不像古建筑,它本身凝聚着建筑师的当代设计理念,这是一个很值得保护的内容;另一方面,应不同时代使用者的需求,其建筑功能要随之变化。所以,单纯地保存原状并非唯一正确的选择,它并不意味着现代意义上的传承。从建筑外观上讲,现代建筑不像古建筑自带历史痕迹,现代建筑往往以一种崭新的状态呈现,对建筑材料的更新也是必要的。

当今,国内外城市有很多地标建筑被拆建的例子。如 1968 年纽约宾夕法尼亚车站难逃被拆除的厄运,当时该车站的拆除引起了很大的社会反响,也促进了日后美国各地关于现代建筑遗产保护的思考和行动。联系今天讨论的主题,我们谈到国内外为大家所熟悉的消失的城市记忆,这就不能不联想到对中国 20 世纪建筑早期的引领者朱启钤的贡献的认知。朱启钤创办的中国营造学社与当时的大事件密不可分,他关于中国建筑研

北京大学百周年纪念讲堂

究的成果在许多方面都达到了国际水平，在 21 世纪的今天仍然是城市与建筑文化传承的标杆。尽管今天的议题不是针对朱启钤的，但结合 20 世纪的事件与人物，再次提及他，也是因为今年是他诞生 150 周年，我们确实应该纪念他并学习他的建筑精神。

殷力欣(《中国建筑文化遗产》副主编)：

我早年间学习美术史，所以今天的主题让我联想到在美术史中的美术作品与美术事件。马塞尔·杜尚将小便器放进了美术馆，有人说这不是一件作品，而是一个事件。尔后这件当年颇受争议的作品引发了后人对事件和历史的深度思考。

回到今天的主题，我想与诸位分享今年 3 月我与李海霞博士在《建筑学报》上发表的《建构一座文化圣山——简论南京原中央博物院建造过程中的一份未竟方案》一文。这篇文章通过一张没有被采用的图纸，大胆猜测今天的南京博物院建筑很可能曾被构想建造成今天所见规模的 3 倍，进而形成了一座文化圣山。文章刊发后，读者通过《建筑学报》编辑部提出了不同理解。读者认为文中提到的这座圣山的构想很可能不存在，并质疑徐敬直、李惠伯、梁思成这些建筑师怎么可能在国家战乱频频且斗争艰苦卓绝的时候提出如此宏大的建筑规划。

为此，我想继续谈谈我的解读。我们普遍认为盛世时建造宏伟壮丽的建筑是合乎情理的，而当国家处于危难之际，建筑规模要尽量节俭。但从人类历史的长河看，有很多例外，比如十多年前建筑文化考察组编写的《中山纪念建筑》《抗战纪念建筑》《辛亥革命纪念建筑》这三本著作中提到的纪念建筑实际上就是我们认知中的例外，同时也是时代的例外。比如湖南衡山的南岳忠烈祠，它是在抗战最艰苦卓绝的时候，用几乎能打造一个整编军的经费建造的(据多位抗战老兵回忆，并参照其建造费用的历史记录)。将南岳忠烈祠现存规模与第二次世界大战期间其他参战国所建的同类建筑比较，可以说这是第二次世界大战期间所建造的规模最大的纪念建筑，它起到的文化抗争的意义绝不是简单的人力、物力、财力所能衡量的。作为建筑从业者，我不禁感慨，越是盛世时越要居安思危，把建设的规模控制在合理的范围内。

胡燕(北方工业大学建筑与艺术学院副教授)：

感谢马国馨院士关于年谱的知识的普及，这让我想到了 2022 年 4 月 22 日金磊主编曾带领我们参观了梁启超家族墓园。梁启超家族墓园的诸多建设细节都被详细地记录在《梁启超年谱长编》中，我看后备受感动。该书按照年份，以梁启超书信的形式展现了相关内容。在这些书信中，梁启超将他对自己身后事的安排、墓地的购买与建设以及自己弟弟帮忙操持的全过程翔实地"讲述"给他远在海外的子女。

在梁启超第一夫人李蕙仙去世后，他通过书信的方式详细安排了墓穴和碑的样式以及入葬的先后顺序。因为梁启超对佛教有深入研究，所以对于碑的具体细节，他特别在书信中提道："碑顶能刻一佛像尤妙。"但可惜的是不少文献记载都省略了这极具分量的表述。但还好梁思成谨遵父亲遗命，很好地实现了父亲的想法。

殷力欣

《中山纪念建筑》《抗战纪念建筑》
《辛亥革命纪念建筑》

胡燕

2022年，建筑文化考察组考察梁启超家族墓园

曹洪舟

黄晓

《林徽音先生年谱》

1947年,林徽因与女儿梁再冰游颐和园(中国营造学社提供)

但遗憾的是,当梁启超去世后,在梁思成真正做墓碑时,相应的文献资料记载并不翔实,这可能是因为梁思成那时身兼数职,既要兼顾东北大学的教书重任,又要操持父亲的身后事。这不禁让我联想到,今天的建筑师在完成自己的作品后,要及时梳理思路,通过文字记述将自己的思想以及对建筑设计的感想记录并传承下去。

曹洪舟(北京首都工程建筑设计有限公司合伙人、总建筑师、副总经理):

我是因父之名来参加今天的交流的。我想通过自己的两段亲身经历,来说说我的感受。

我是学建筑学的,但回顾自己对父亲曹汛学术精神的传承,我感到很惭愧。我在想,为什么自己进行建筑创作的同时没有像父亲一样关注建筑史料背后的故事呢?我感谢方拥老师,他很敬重我父亲的学识。当他得知我父亲教了一辈子书,但没有机会拥有自己的学生时,他派他的两位学生给父亲做学术助手。在父亲的追悼会上,这两位学生为父亲写的挽联令我特别感动,内容是"啸傲嵩岳寒山,寄情网师环秀,建筑园林两担云彩;勾稽鲁班明仲,畅论东郭南垣,哲匠宗师千古风襟。后学受业刘珊珊、黄晓哀挽"。

我要与大家分享的第二段经历是关于最令我愉悦的设计的。我做了一个昌平区的法院项目。项目的甲方虽不是学建筑的,但甲方对建筑师很尊重、很信任,这无形中给了我们创作的空间。虽然遇到了这么好的甲方,我也很用心,但现在回想起来还是有遗憾的,我当时并没有建筑记忆的观念,没有把这些珍贵的过程完整地记录下来。

前面的各位专家都提到一些建筑被拆毁了,其实我最近也在做改造和扩建项目,其中也包括我自己的项目。比如某个文娱项目的功能不断变化,使得项目的归属不太明确。所以在一个建筑发展的过程中,有些事是不受建筑师本人左右的,但这前后发生的故事有必要记载下来。有时面对某种现实,建筑师的愤慨是无济于事的,我们应该向前辈学习,寻找积极应对和解决问题的办法。这就是我今天参加这个主题会议的感悟。我将在未来的设计实践中不断地提升对设计记忆的认识,努力让建筑作品与建筑文化留在城市和我们心中。

黄晓(北京林业大学园林学院副教授):

我认为马国馨院士说的"传记不如年谱,年谱不如日记"特别好。具体落实到《林徽音先生年谱》这本书上来看,因为林先生的日记没有了,所以要做的话,只能从年谱和传记这个角度深入挖掘。我们在整理这本书的稿件时发现有年谱,有传记,有从不同角度撰写的几篇文章。其实曹汛先生在编《林徽因诗文集》时,他的想法是为林徽因编一个全集。但当越来越多的材料出现的时候,我们发现他其实是想做一个系统性工程。

诸位在翻看《林徽音先生年谱》一书时,不难发现这本书的文风与曹汛先生之前洋洋洒洒的文风不一样,这本书他用字精练,惜墨如金,有的年代只写了一两条,或者一条只写了三五行。我猜想这可能是曹先生在面对自己的老师时,有一种学生在老师面前的胆怯感。进而,我也认为这是曹先生作为历史学家的一种克制。所以你会发现他写的事件其实也是点到为止的,没有做任何的引申与抒发(马国馨院士补充道:"梁思成、林徽因在哪一天发现佛光寺在这本书中并没被提及,但这个日期在历史上是非常重要的。另外,梁再冰、梁从诫的出生日期也没记载,但这些日子对林徽因却格外重要。")。马院士提到的这些对曹先生来说可能略有遗憾,可能因为他不能完全确定具体日期。从我对这本书的认知来看,虽然曹汛先生在年谱部分行文简练,但他将更多的情感放进了传记里,所以在品读这本书时,要将年谱和传记结合起来看。

就今天的主题,具体结合对曹汛先生的研究,我想进一步分享曹先生作为研究者,其对建筑、事件和人的理解。我将从以下三个方面来谈:第一个方面,曹先生对寒山寺、独乐寺、网师园、环秀山庄等建筑进行了深入研究;第二个方面,曹先生研究了多位建筑大家,比如造园大师张南垣、编写《营造法式》的李明仲、明代建筑匠师蒯祥、著有《营造法原》的姚承祖等,我深深感受到曹先生对古代建筑先贤寄托的非常深厚的感情;第三个方面,曹先生在研究古代人物时特别注重与"事件"的结合,所以他经常选取建筑大家的周年纪念日借以追思与缅怀,这里有"事件"的力量。

刘珊珊(北京建筑大学建筑与城市规划学院副教授):

我们在整理《林徽音先生年谱》的相关资料时,会最大限度地尊重曹汛先生的原意并保持曹先生作品的原貌。如果不是明显事实类的错误,比如笔误,我们会随即修正;但如果有错误,我们会认为这是一个有价值的错误,供后人就其作品文本再去研究与分析。有关《林徽音先生年谱》这本书的书名,我们采用了林徽因的原名"林徽音"(编者注:后人常用"林徽因")。这本书得到了国家出版基金的资助。在整个出版过程中,王忠波老师做了很多工作，也承受着来自各方的压力，特别是面对无数次有关"林徽音"中"音"字的质疑，但我们最终还是坚定地保持了原作者的理解。

此外，我们还在整理有关造园大师张南垣的资料。之前这部分稿件拿给出版社校对后遗失了。后经多方寻找，目前终于找到了相对完整的稿件。曹汛先生对自己著作的要求特别严苛，所以有关全集的出版还需要一步步整理资料。

王忠波（北京出版集团文津出版社、副总编辑）：

就我们最后采用了"林徽音"中的"音"字，我想补充几句。《林徽音先生年谱》这本书中有几个注释。其中一个注释是关于文章中使用"因"还是"音"，我加了一句话，就是"遵照手稿"。在梳理这些文稿的过程中，我几乎把市面上所有关于林徽因的资料都研读了一遍，包括人民文学出版社几个版本的《林徽因》和去年梁再冰口述、于葵执笔的《梁思成与林徽因：我的父亲母亲》，我都认真查阅了。事实上，在我看过这么多材料后，我发现梁家自己的材料也是相互矛盾的，所以就这本书的出版，我的办法是在没有绝对的把握下不动曹先生的原稿。

刘珊珊

叶依谦（北京市建筑设计研究院有限公司执行总建筑师、中国建筑学会建筑师分会秘书长）：

有关建筑事件历史或叫人物历史的讨论，我觉得特别珍贵。记得北京 T2 航站楼还没建成时，北京建院组织我们去参观。马国馨院士带着我们把整个楼走了一遍，给我们讲了很多细节，包括天窗怎么跟钢梁构成建筑关系，屋面的结构，墙面采用微晶石的原因，灯箱的创意，等等。由此，我想到单纯记录建筑的历史是远远不够的，记录创作者、设计者、参与者的创作过程同等重要，甚至比记录建筑本身的意义还重大。再比如说，北京建院每年都带新员工去实地参观，朱嘉录老师带着我们 1996 年入职的新员工参观当时刚竣工但还没有正式通车的北京西客站。朱老师特别讲到，西客站的地下埋了长达一公里的地铁站，这在当时是特别超前的设计，尤其是关于交通枢纽的设计理念特别先进前卫。

王忠波

金主编及其团队最近又做了一件特别有历史价值的事，那就是将于 10 月出版的献礼北京航空航天大学（简称"北航"）建校 70 周年的《空天报国忆家园——北航校园规划建设纪事（1952—2022 年）》。这本书不单从北航建设史的角度切入，还为北航校园拍摄了大量珍贵的经典建筑照片，并采访了不同年代为北航建校建设做出贡献的前辈设计者与管理者。我坚信由中国文物学会 20 世纪建筑遗产委员会策划的这本书既有口述历史，又有实物的历史，其中还包含了近千幅珍贵的新老照片与图纸。可以说，这本书也许在北京高校里是首屈一指的。

北京航空航天大学3号楼

Reflections on the 20th Century Heritage
—Notes of "Announcement of the Sixth List of China's 20th Century Architectural Heritage & Architectural Heritage Inheritance and Innovation Seminar"

在20世纪遗产原野上行与思
——"第六批中国20世纪建筑遗产项目推介公布暨建筑遗产传承与创新研讨会"纪实

CAH编委会（CAH Editorial Board）

金磊

2022年8月26日"第六批中国20世纪建筑遗产项目推介公布暨建筑遗产传承与创新研讨会"在第四批中国20世纪建筑遗产项目地武汉洪山宾馆举行。会议盛况依旧，发布了颇受业界关注的《中国20世纪建筑遗产传承与发展·武汉倡议》，同时中国文物学会单霁翔会长及数十位专家还为与会者带来了关于城市存量更新及遗产"活化"等有学术见地及文化激情的报告。新华社和《人民日报》《光明日报》《湖北日报》《长江日报》《文博中国》等30多家权威媒体对会议进行了深入报道，将有价值的建筑、文博活动和学术思想全方位展现在大众面前，使相关学术思想在学术领域外得到更广泛的传播。20世纪建筑遗产的传承与创新既需要学术交流的繁荣，也离不开有旨趣及影响力的社会认知。"第六批中国20世纪建筑遗产项目推介公布暨建筑遗产传承与创新研讨会"由中国文物学会、中国建筑学会提供学术支持，湖北省文物事业发展中心、中南建筑设计院股份有限公司、中国建筑第三工程局有限公司、中国文物学会20世纪建筑遗产委员会主办，湖北省古建筑保护中心、《中国建筑文化遗产》编委会承办，中建三局（中国建筑第三工程局有限公司）第一建设工程有限责任公司、湖北华中建筑杂志有限责任公司协办。在来自全国各地的建筑、文博专家的共同见证下，会议向行业与社会推介了100个第六批中国20世纪建筑遗产项目。推介活动由中国文物学会20世纪建筑遗产委员会副主任委员、秘书长金磊主持。

金磊秘书长主持会议

8月26日公布的推介项目是自2016年首次公布中国20世纪建筑遗产以来的第六批,至此全国已公布中国20世纪建筑遗产597项,涉及纪念建筑、会堂建筑、教科文体建筑、住宅与住区、医疗建筑、办公建筑、宾馆建筑、交通建筑、商业建筑、工业建筑等十几个门类,时间跨度达百余年。值得关注的是,第六批中国20世纪建筑遗产项目呈现出与以往不同的两个特点:其一,第六批中国20世纪建筑遗产项目密切联系中国共产党百年奋斗史、新中国建设奋斗史,具有时代标志性及推动20世纪建筑进步的作品、新中国建设项目占本次推介项目总数的一半以上;其二,2020年新冠肺炎疫情暴发后,在中国20世纪建筑遗产项目的推介过程中,委员会顾问专家对武汉这座"英雄的城市"给予了极大的关注。第一批至第六批项目中,湖北省被推介项目共计35项(第六批占10项),其中武汉市31项(第六批占9项)。

2022年是联合国教科文组织《保护世界文化和自然遗产公约》(以下简称《世界遗产公约》)公布50周年,是《中华人民共和国文物保护法》公布及我国历史文化名城保护制度建立40周年。在国内外遗产保护大事件周年纪念的大背景下召开的武汉会议,不仅会被载入中国建筑文博史册,还会让大家思考:如何以国际视角和中国精神看待20世纪建筑遗产;如何在城市更新与减量发展中,让20世纪建筑遗产更充分地发挥促进当代社会文化繁荣的作用;如何让建筑师、文博专家及管理者在遗产传承与创新中,用创意之力激发城市活力。

中南建筑设计院股份有限公司(以下简称"中南院")党委副书记、总经理杨剑华在欢迎词中表示,湖北是建筑大省、文化大省,是中华民族灿烂文化的重要发祥地之一,有着荆风楚韵的独特魅力和大江大湖的大美风光。武汉市在湖北省委、省政府的正确领导下,为建设全国构建新发展格局先行区注入了强大的力量。中南院建于1952年,是中国最早成立的六大区域综合建筑设计院之一,在海内外设计完成了20000多项工程,其中1200多项获得国际、国家、省部级大奖。让人备感光荣的是,中南院因在雷神山医院、方舱医院等抗疫抢建项目中所做出的突出贡献,荣获了"全国抗击新冠肺炎疫情先进集体"等荣誉称号。2022年4月29日,在湖北省委、省政府的关心支持下,中南院迎来了历史性改革重组,迎来了黄金发展机遇,将充分发挥建筑及规划综合咨询优势,打造"国内领先、世界知名"的一流设计企业,进一步擦亮70年的金字招牌。中南院历来注重历史传承,在本土化创作中彰显文化自信,创作完成的中国人民革命军事博物馆改扩建工程入选第二批中国20世纪建筑遗产,深圳国贸大厦入选第三批,武汉歌剧院、洪山宾馆入选第四批,黄鹤楼(复建)入选第五批,抗美援朝纪念馆及改扩建工程入选第六批,等等。这些是中南院多年来坚持文化赋能的成果。

杨剑华

中国建筑第三工程局有限公司(以下简称"中建三局")党委副书记、总经理李琦致欢迎词。他表示,中国20世纪建筑遗产项目是中国文物学会携手中国建筑学会精心打造的品牌,此次以"建筑遗产传承与创新"为主题开展的研讨会,兼具历史与当代的时代特征,对弘扬中国建筑文化、推动中国建筑业创新发展具有重要意义。建筑遗产的打造离不开建筑创作者,也离不开工程建设者,正是创作与建设的相辅相成、完美协同,才打造出一座座建筑经典工程,留下了一座座建筑历史丰碑。中建三局成立50多年来,始终以传承建筑文化、铸就时代精品为己任,不断挑战城市建设跨度、高度、速度之最,打造了一批影响深远的标志性建筑,为中国建筑遗产事业贡献了绵薄之力。在深圳国贸大厦的施工中,中建三局创造了"三天一层楼"的"深圳速度",使其成为中国改革开放的代名词;在抗击新冠肺炎疫情的大战大考中,仅用10天、12天的时间便分别建成了火神山、雷神山医院,创造了新时代的"中国速度"。从"深圳速度"到"中国速度",中建三局的历史,就是一部与祖国同心、与时代同行的奋斗史!

李琦

李存东

全国工程勘察设计大师、中国建筑学会秘书长李存东在欢迎词中表示,我们在"英雄的城市"、曾经召开中共中央八届六中全会的圣地、31 项(截至 2022 年)中国 20 世纪建筑遗产项目的所在地湖北省武汉市举行"第六批中国 20 世纪建筑遗产项目推介公布"活动,意义格外深远。置身作为新中国建设成就的、20 世纪建筑遗产之一的武汉洪山宾馆,可见我们的所作所为是多么有价值的,相信今天的发布会及举办的学术研讨活动必将给行业与公众带来不同寻常的感受。中国建筑学会与单霁翔会长领导下的中国文物学会共同支持的中国 20 世纪建筑遗产项目推介活动,截至 2022 年共举办 6 届,已向社会推介了 6 批 597 项中国 20 世纪建筑经典项目。回首自 2016 年走过的 6 个春秋,有一些特殊的感悟与大家分享:其一,我们应持续敬畏并传承建筑先贤倾注在中国 20 世纪建筑经典项目中的设计思想;其二,近年来的国际化交流研究让我们清晰认识到,20 世纪建筑遗产是备受认同的"遗产新类型",所以遏制"保护性破坏""修缮性破坏"的城乡建设行为,是建筑文博与城市管理各界的首要任务;其三,中国建筑学会与中国文物学会支持的中国 20 世纪建筑遗产项目推介活动获得了诸多的宝贵经验,已得到业界及社会公众的广泛关注与认可,它有效地推动了建筑文化与建筑评论的发展,尤其对树立中国建筑文化自信起到了重要示范作用。

湖北省人民政府副省长在讲话中表示,建筑是一个城市的灵魂,是一个城市的气质,更是一个城市永不褪色的代表性符号。作为中国建筑文化遗产的重要组成部分,20 世纪建筑遗产不仅记录着一代人的丰功伟绩,诉说着一代人的传奇,也承载着一代代人留住乡愁的美好记忆,不断激励后来人继续前行。湖北是中国近现代革命的重要策源地、社会主义建设时期的重要生产地,厚重的历史积淀背后是十分丰富的文化遗产资源。提到湖北,我想大家首先能想到的就是"日暮乡关何处是,烟波江上使人愁"的黄鹤楼,一桥飞架南北、天堑变通途的武汉长江大桥等这些作为历史见证和载体的 20 世纪中国建筑遗产。自 2016 年中国 20 世纪建筑遗产项目推介活动启动以来,湖北省有 35 项群众喜爱的建筑遗产先后入选,充分彰显了湖北作为文旅大省、建筑大省的生活底蕴与雄厚实力。保护文物功在当代,利在千秋。今天众多来自中国建筑和文博领域的顶尖专家学者齐聚武汉,共同为促进中国建筑遗产保护的传承与创新、城市的改造与更新出谋划策。在此,我们也愿倾听专家为湖北发展建设提出的宝贵建议。

金磊秘书长与全国工程勘察设计大师、中南建筑设计院股份有限公司党委书记、董事长李霆向与会嘉宾解读了《中国 20 世纪建筑遗产传承与发展·武汉倡议》(以下简称《武汉倡议》)的要点:20 世纪建筑遗产需要"城市更新"的借鉴范本;20 世纪建筑遗产需要立法保护策略;20 世纪建筑遗产要让建筑记忆"见物见人";20 世纪建筑遗产保护修缮要发扬工匠精神;20 世纪建筑遗产"活化"要借助数字技术与传播手段。

中国文物学会会长单霁翔,中国文物学会副会长刘若梅、高蒙河,湖北省、武汉市、荆州市相关领导,湖北交通投资集团、湖北联投集团、湖北铁路集团等相关领导,共同见证了《中国 20 世纪建筑遗产传承与发展·武汉倡议》的发布。

全国工程勘察设计大师赵元超宣读了以北京积水潭医院(老楼)、中国华录电子有限公司、重庆大田湾体育场建筑群(含跳伞塔)、抗美援朝纪念馆及改扩建工程、西南联大旧址(云南师范大学、蒙自校区及昆明龙泉镇住区)、中华苏维埃共和国临时中央政府大礼堂(江西)、深圳大学(早期建筑)、中国共产党第五次代表大会旧址(武汉)、抗洪纪念碑(武汉)、秦始皇陵兵马俑博物馆、西安交通大学主楼群、兰州黄河大桥、南京农业大学教学楼(旧址)为代表的 100 个第六批中国 20 世纪建筑遗产项目。

中国文物学会常务理事路红用"五个关键词"诠释了推介项目的意义与价值。第一,遵循标准。100 个第六批中国 20 世纪建筑遗产项目的推介,均认真遵循了《中国 20 世纪建筑遗产认定标准(试行稿)》[2014 年 8 月(试行),2021 年 8 月(修订)]的标准与要求。第二,

金磊秘书长与李霆大师共同解读《武汉倡议》

专家领导见证《武汉倡议》发布   赵元超大师与路红常务理事宣读并阐释第六批中国20世纪
建筑遗产项目

红色遗产。2021 年是中国共产党成立 100 周年,2022 年又即将召开党的"二十大",专家学者再次高度关注红色遗产的保护与传承。第三,新中国成就。推荐项目密切结合了新中国 70 多年建筑发展的实际,重点选择了与新中国建设奋斗史相关,同时在建筑样式、建筑技术、建筑材料、建筑艺术、建筑历史等方面极具时代标志性的事件建筑。第四,传承性与系统性。20 世纪建筑遗产的推介高度重视建筑遗产的传承性与系统性。第五,广泛性。第六批中国 20 世纪建筑遗产推荐项目分布在全国 27 个省、自治区、直辖市,在类型地域上体现出更加广泛的特色。

第六批中国20世纪建筑遗产项目天津第二工人文化宫

金磊秘书长(代表全国工程勘察设计大师、天津市建筑设计研究院有限公司名誉院长刘景樑),中国勘察设计协会建筑分会副秘书长、北京市建筑设计研究院有限公司副总经理郑琪,全国工程勘察设计大师、中南建筑设计院股份有限公司首席总建筑师桂学文,分别作为第六批中国 20 世纪建筑遗产项目设计单位代表与大家分享了来自设计单位的创作体会。

金磊(中国文物学会 20 世纪建筑遗产委员会副主任委员、秘书长):

1954 年天津第二工人文化宫(简称"二宫")建成投入使用。二宫是集文化、教育、体育、休闲和娱乐等多功能于一体的综合性文化公园,承担着文化宫和公园双重公益性一站式服务的职能。二宫大剧场是公园内的一座主体建筑。观众厅的观众席有 1610 个座位,是天津解放后建成的第一座以演出戏剧、歌舞以及放映电影为主的综合性影剧院。舞台后部延伸至室外,别出心裁地设计了公园的露天舞台,创新了日间场内外演出活动可同时进行的空间,并提供了夜间可放映电影的室外平台。建筑总体造型大气、朴实、庄重,风格古朴典雅、简洁明快。它的设计师虞福京(1923—2007)功不可没。

郑琪

郑琪(中国勘察设计协会建筑分会副秘书长、北京市建筑设计研究院有限公司副总经理):

面对这些著名的建筑,我们一方面感受到的是历史的传承,另一方面感受到的是肩上的责任。将这些优秀的建筑文化传承下去,在传承中努力创新是历史赋予我们的重要的使命。对于一个优秀的历史文化建筑,我们要看到其背后老一辈建筑师和工程师所做出的努力。2021 年北京建院在北京市委、市政府的支持下,举办了北京城市建筑双年展,其中就包含了中国建筑学会建筑文化学术委员会与中国文物学会 20 世纪建筑遗产委员会共同举办的"致敬百年经典——中国第一代建筑师的北京实践"系列学术活动。我们在创作理念上始终坚持两点:一是坚持对老一辈建筑师设计思想的总结,特别注重对他们创作思想的整理出版工作,比如 2019 年北京建院成立 70 周年的时候,出版了《五十年代"八大总"》一书,其中包括杨宽麟、杨锡镠、顾鹏程、朱兆雪、张镈、张开济、华揽洪、赵冬日等,这是一部反映新中国初创时期北京城市建筑大师的集体史的书籍;二是坚持在设计中研究并体现以人为本的进程,如在北京城市副中心张家湾建设的张家湾设计小镇,充分体现了城市更新改

《五十年代"八大总"》
《中国建筑文化遗产 25》

桂学文

第六批中国20世纪建筑遗产项目抗美援朝纪念馆
及改扩建工程

造创意的新思想。

桂学文（全国工程勘察设计大师、中南建筑设计院股份有限公司首席总建筑师）：

我代表抗美援朝纪念馆改扩建工程的设计以及建设的各方团队，向大家简要汇报我们的设计思考和建设历程，汇报主题为"和平的基石"。抗美援朝纪念馆所在的丹东市同样是"英雄的城市"。抗美援朝战争是史无前例的，中国以弱胜强，改变了世界对中国积贫积弱的看法和态度，使中国的国际威望空前提高，也为新中国赢得了发展的和平环境。对于抗美援朝纪念馆改扩建项目，通过对整体用地以及现状的分析，我们面临四个方面的挑战。第一，如何在秉承整体观、大局观的前提下，实现改扩建的目标。第二，如何能够实现这个项目的专业性和功能性。作为战争纪念馆，其对叙事性、纪念性、体验性、标志性的要求都很高，但是如何能够使之形成一个整体，更需要认真思考。第三，如何在尊重历史文脉和既有建筑的前提下，实现保留、改建、扩建及新旧建筑的衔接，尽量实现与自然的一体化，同时与山体能够有机结合。第四，在规划、建筑设计等方面要统筹兼顾，做到近远期相结合，在不同时间、空间尺度实现生态可持续、建筑可生长。敬畏20世纪历史的建筑实践，让建筑师用传承和创新、保护和孵化有机融合之法，做到了对原真性的保护，同时提升了艺术性，创造了有前瞻性、专业性、体验性、现代性的场所空间。

《世界的当代建筑经典——深圳国贸大厦建设印记》一书的首发式在会议期间同步举行。金磊秘书长表示，在中南院支持下出版的《世界的当代建筑经典——深圳国贸大厦的建设印记》一书是"中国20世纪建筑遗产项目·文化系列"丛书的最新成果，它记载了中国改革开放的"地标建筑"——深圳国贸大厦的建设壮举，是一项重要的文化工程。该书用亦遗产、亦创意的形式展示了中南院建筑师、中建三局建设者的睿智，书写了创造现代遗产的先行者的故事。这里我们缅述深圳国贸大厦设计者、全国工程勘察设计大师袁培煌先生，2021年末我们因编撰图书还采访了他。可惜袁大师在图书出版前夕辞世。今天让我们用这本书及这次活动作为对他的特别纪念。我们相信，这本精致的图书，一定会成为中国现代建筑出版"以史为鉴，面向未来"的经典之作。

中国文物学会会长、故宫博物院前院长单霁翔为大会做了题为《从"文物保护"走向"文化遗产保护"》的主旨演讲。在演讲中，单霁翔会长充分阐释了遗产保护传承对城市发展、自然与文化发展的价值。从"文物保护"走向"文化遗产保护"必将中国20世纪建筑遗产保护产生重要的借鉴意义。单霁翔会长还结合湖北省、武汉市中国20世纪建筑遗产项

《世界的当代建筑经典——深圳国贸大厦建设印记》出版首发仪式

目情况,以传承与创新的历史观对建筑师、规划师的城乡遗产观的树立提出了期待。无论是当代建筑师还是文博专家乃至全社会,树立中华文化自信尤其重要,我们要从 20 世纪建筑经典与设计先贤的理念中汲取营养,对建筑遗产有敬畏的文化自觉,这样必将对繁荣与复兴城市文化、创造属于人类的现当代遗产产生积极作用。与会专家及嘉宾从单霁翔会长精彩的演讲中感悟到,20 世纪建筑遗产在城市化发展与城市更新浪潮下应备受关注,因为它们才是构成现当代城市的生活与生产场景空间,是历史、科技、文化的见证;在 20 世纪建筑遗产传承的任务中,"活化利用"是最好的保护,在这方面香港、上海、武汉、天津、北京、南京都不乏好案例,要加大宣传,要使之"活化"传播。

中国文物学会单霁翔会长做主旨演讲

举办推介公布活动的当天下午,"建筑遗产传承与创新研讨会"召开。研讨会由全国工程勘察设计大师、中南建筑设计院股份有限公司首席总建筑师桂学文主持。桂学文提到:"中国经济进入新常态,城市化进程已经从增量发展阶段步入存量发展的阶段,即高质量发展阶段。目前我们在建筑遗产方面的观念还比较传统,很多遗产项目正在快速消亡,所以我们要与时间赛跑,在遗产保护与传承创新上跑出'加速度'。今天有幸请到 5 位嘉宾与我们分享他们的经验与认知。"

刘临安(北京建筑大学教授、建筑与城市规划学院原院长):

刘临安

借今天的机会,我分享一下自己从事建筑遗产保护的心得,特别是在中国 20 世纪建筑遗产项目推介过程中形成的新认识与新想法。20 世纪 70 年代中期,"遗产"的概念从西方传入中国,但中西方对遗产的理解是不一样的。中国人普遍认为,祖先传承给后辈且有用之物才是遗产。我在国外学习时与海外专家就此定义进行过探讨,他们认为遗产是人类在文明进程中创造出的文化成就的遗留物。在俄罗斯访问时,当地专家还曾提到"近现代遗产"一词。我认为,遗产既是过去时态的,又是将来时态的。我们现在保护的遗产是祖先留给我们的文化成就,今天的我们仍要创造文化成就留给我们的后辈。我坚持认为遗产既包括过去产生或者创造的成就,也包括未来能堪称遗产的成就。所以,今天的建筑师应抱有遗产观念,怀着创造文化遗产价值的信念感和责任感投入创作。我们的建筑创作任重道远。

在近几年持续开展的中国 20 世纪建筑遗产项目推介活动中,我深感 20 世纪是伟大的世纪,文化与科技都在此刻闪烁着璀璨夺目的成就,所以无论是在世界还是在中国,20 世纪建筑遗产都富有重要的文化意义。我对六批中国 20 世纪建筑遗产项目进行了梳理,总结出四大特点。第一,正统化。清晚期的正统化建筑的特点即拥有大屋顶,其彰显的是建筑如何在中国传统礼制下表现出正统。第二,多样化。鸦片战争后中国开始沦为半殖民地半封建社会,此后,中国建筑呈现出多样化的风格,且一直持续到 20 世纪 50 年代末期。第三,繁荣化。改革开放后,中国建筑迈入繁荣化阶段,特别是改革开放后的八九十年代,中国建筑呈现出百花齐放的状态。第四,引领化。进入 21 世纪以后,中国建筑要力争在国际上处于引领地位。正统化、多样化、繁荣化、引领化是 20 世纪中国建筑遗产的重要特点。

保护和传承建筑遗产时要以史为鉴,以史为诚。20 世纪时,我们走过一些弯路,但也创

"建筑遗产传承与创新研讨会"现场

造了诸多建筑文化成就,比如长沙火车站。我们的建筑彰显着我们创造的成就与辉煌。但实际上,不少中国 20 世纪建筑遗产却表现了中华民族对外抗争过程中的艰难与痛苦。我在想,一个民族如果在建筑或者文化遗产上一味强调欢愉是不全面的。期望在未来推介中国 20 世纪建筑遗产项目时,可以在深度和广度上更全面与客观,使我们对 20 世纪建筑遗产的认识更丰满与鲜活,为后辈贡献我辈在保护和发展建筑遗产上的思考与心得。

薄宏涛(筑境设计董事、总建筑师):

除在物理空间上对建筑进行传承、修缮、维护外,我们更要依托人文和情感对其进行传承。正如卡尔维诺在《看不见的城市》中所说:"我不愿意全部讲述威尼斯,就是怕一下失去她。或者,在我讲述其他城市的时候,我已经在一点点失去她。"如今的阿姆斯特丹因为交通工具的拓展已演变成超级现代城市,而真正给人留下深刻印象的还是它的内核——完整的人工运河,以及有关人与河、人与水、水与它的经济和"海上马车夫"的人文故事。由此可见,今天的城市一直在不断地生长并修正它自身的机体,也就是我们今天谈到的城市更新。建筑师接触到的一直是一个个独立的单体,但是反向推断,我们又是通过对每个单体的改造,不断地使我们的城市机体拥有继续前进的动力的。

程泰宁院士主持设计的杭州铁路新客站入选了第六批中国 20 世纪建筑遗产项目。这座 1991 年设计的杭州铁路新客站是对粉墙黛瓦的当代演绎,其中水平线条和坡屋顶的建筑造型,形成了具有传统意韵的江南门户。在进行第二代场站设计时,我们特别强调重要交通建筑对于城市的门户意义、形式意义以及背后承载的文化情感。所以,在建筑细节、用色处理上,设计方案包含了当代中国文化元素和江南色彩意韵承载的对人文情感的倾诉。

20 世纪 90 年代初,杭州铁路新客站就采取了高架落客平台,在当时的站房设计中实属先进、有前瞻性的想法。2015 年开始的杭州西站综合枢纽设计,体现了水意墨韵的当代建构。在这个项目中,设计方案提出了站城融合(指铁路车站与城市空间既有机衔接,又相互间隔,进而形成铁路建设与城市发展的联动效应)的新理念,并进行了分层确权的尝试,这是国内站城融合领域的代表项目。其中,云门室内空间具有城市公共属性,可提供多样化的公共活动空间。前后 2 个站房虽跨越 25 年,但我们一直在追求对江南水墨意韵的描摹和演绎,其中蕴藏着一条文化线索——让站房真正与城市生活无缝衔接,并影响每个在城市中生活的人。

2015 年,我们参与了首钢园区区域复兴的整体设计,这是一种铁色记忆的涅槃重生。在 2022 年举行北京冬奥会时,园区呈现的样貌实际上来自它过往一个世纪在这块土地上形成的物质载体和其背后的人文传承。今天首钢园区的凤凰涅槃,远不是城市工业遗产更新的偶然,而是源自生生不息的文化力量的驱动。这块 8.63 平方千米的孕育了十里钢城的土地原先曾经是一块飞地,但慢慢地,它的西侧就与永定河畔的山路自然融为一体,而它的东侧则与城市合为一体,因此它成为城市与自然的有机衔接体。

薄宏涛

程泰宁院士手绘杭州铁路新客站

杭州西站综合枢纽

首钢园区区域复兴整体设计

对首钢园区更新的推演过程采用了"都市针灸"的方法,我们将这种更新称为被压缩的渐进式更新,因为其拥有所有渐进式更新的重要节点。从冬奥广场、首钢博物馆、冬训中心再到首钢大跳台,这4个项目是整个园区启动的锚点建筑项目。我们相信这些建筑背后的人和事是这块土地上不断延续的文化与情感。作为建筑师,我们慢慢变成这块土地上的一分子,而不再以外来者的眼光"居高临下"地观察它,而能从中找到它的内生动力,寻觅到它的文化基因。

郭和平(中南建筑设计院股份有限公司副总建筑师):

"荆楚派"建筑是一个新概念。湖北有悠久的历史文化,应当做有关"荆楚派"建筑的专项研究,我们也回顾了许多国际建筑大师在建筑的地域性与当代性的结合方面进行积极探索的作品,如美籍华裔建筑师贝聿铭的卡塔尔伊斯兰艺术博物馆和苏州博物馆,瑞士建筑师博塔的圣玛丽亚教堂,日本建筑师安藤忠雄的莲花佛寺和水之教堂等。从历史角度看,由于战乱不断、土木结构不耐风化等多种原因,残存的"楚建筑"已湮灭于历史之中。此后,荆楚大地上的建筑也被周边省份同化,特色逐渐消失。可以说,对"楚建筑"的认识属于一种断代研究,我们对"荆楚派"建筑的研究与探索不能停留在愿景层面,现在是深入挖掘荆楚独特地域风格的绝好机会。

传承荆楚建筑文化不仅需要在历史文献中进行"捕风捉影"式的务虚研究,还要进行"寻踪觅迹"式的务实研究,主要从5个方面体现:其一,从1992年《考古学报》刊载的纪南城遗址考古资料可以看出,楚人已熟练掌握了建筑土工基础技术和大木榫卯技术;其二,大量出土文物展示了楚人近乎完美的艺术造型能力,并在冶炼铸造、金木构造、雕刻修漆、色彩运用等方面技巧卓越;其三,汉画像石中的建筑形象展现出精美的建筑层次和浪漫的生活场景;其四,在湖北现存的传统建筑中,很多做法仍保留了明显的楚文化印迹;其五,在各类系统研究中,楚建筑"奇幻、精美、流畅、激越、空灵"的艺术风格,与北方多地建筑"庄严、稳定、匀称、敦厚、朴拙"的风格形成鲜明对照。对楚宫建筑形式美的诗意化写照,就如唐代诗人李涉所述,"十二山晴花尽开,楚宫双阙对阳台"。

"荆楚派"建筑设计可以分为3个类型。其一,仿古建筑设计。这类建筑与地域文脉、历史遗迹密切相关,规划设计要严格考证历史资料、建筑形制和遗址环境。其二,采用传统符号的当代建筑设计。提取传统建筑符号作为重点装饰,丰富建筑细部造型,或对传统建筑符号进行适当变形或位移,是当代"荆楚派"建筑创新的重要途径。其三,具有荆楚神韵的当代建筑设计。通过抽象构成体现楚文化的韵味,透过精巧的构造形成亲和特色,彰显当代荆楚人的豪迈气势。中南院三代建筑师对荆楚建筑进行探索的典型案例包括:20世纪

荆州市楚王宫风景区效果图

湖北省博物馆

重点项目

王辉

徐俊辉

50 年代末 60 年代初，我院第一代建筑师在武汉东湖建设的行吟阁、长天楼、屈原纪念馆和濒湖画廊；改革开放初期，结合地域文化，我院建筑师设计的黄鹤楼、东湖楚天台、武当山大门、武当山太和楼等；改革开放后，我院主持设计的湖北省博物馆门阙及博物馆主楼。可以看出，我们对传承荆楚建筑文化的不懈追求，现在也一直在探索创新中前行。

王辉（中建第三工程局有限公司副总工程师）：

中建三局在建筑施工技术创新探索与实践之路上，始终服务国家战略，秉承央企责任担当，在改革创新中不断发展壮大。经过 50 多年的发展，从创造"三天一层楼"的"深圳速度"，到 10 天、12 天分别建成火神山、雷神山医院，再次创造的"中国速度"，中建三局累计获得了 15 项国家科学技术奖、28 项"詹天佑奖"、306 项"鲁班奖"及国家优质工程奖等荣誉。

从技术创新的视角，中建三局在科技创新发展上有着清晰的脉络。回望过去，基于重大工程建设，我们重温了晴川饭店、深圳国贸大厦、上海环球金融中心、武汉站等一大批"高大新尖特"工程背后的创新故事；围绕核心装备打造，聚焦智能建造与建筑工业化协同发展中的"卡脖子"技术，我们讲述了"空中造楼机""住宅造楼机"与循环运行施工电梯等关键核心装备背后的创新实践体会。立足当下，紧跟 5G（第五代移动通信技术）、人工智能等新一代信息技术发展，积极融合创新，针对行业共性问题与痛点，我们自主开发了移动式高精度测量机器人、基于 5G 的智能远程控制塔机、基于 BIM（建筑信息模型）的钢筋工程集约化施工技术等创新成果，助力工程建造生产方式变革。展望未来，我们畅想企业已进入建筑产品开发新阶段，开始布局探索开发高海拔地区增压式宜居建筑、低碳智慧建筑等建筑新产品。我们期望协同社会各界，汲取智慧与力量，共同拓展人们居住的幸福空间。

徐俊辉（武汉理工大学艺术与设计学院副教授）：

截至 2020 年，中国 20 世纪建筑遗产项目共评选出五批，入选建筑遗产项目达 495 项，其中湖北省的建筑遗产占 26 项，除 2 处建筑遗产分别位于宜昌和黄石外，其他建筑遗产均位于武汉市主城区内。目前，26 项位于湖北的中国 20 世纪建筑遗产中仍有近 40% 的建筑遗产保留着建筑的原真状态，成为地区文化的重要标志。20 世纪的武汉作为中国近现代典型的汇合型城市，空间上融汇五湖，贯通两江，将晚清的武昌府城、汉阳府城、汉口镇城（隶属于汉阳府）整合，形成影响深远的中部支点型城市。20 世纪的武汉市和湖北地区发生了许多中国历史上重大的转折事件，如著名的辛亥革命。湖广总督、洋务运动代表人物之一的张之洞在这里创办了武汉汉阳铁厂及汉阳重工业基地，为辛亥革命的成功打下了物质基础。同时，他还在湖北地区建立早期学堂，包括武备学堂和服务于工业基础行业的专业性学堂，如矿务局工程学堂，这些学堂奠定了日后湖北在 20 世纪建筑文化遗产中校园建筑遗产的重要基础。另外，湖北地区作为中国共产党早期革命的重要地区，留存了包

工业遗产：大智门火车站旧照

革命遗产：辛亥革命武昌起义纪念馆

校园遗产：武汉大学早期建筑群

括武汉农民运动讲习所旧址、八七会议会址等诸多革命建筑遗址。

在湖北省 20 世纪建筑遗产中，第一类是工业遗产，如清光绪十九年（1893 年）建成的汉阳铁厂是近代中国首个大规模的利用新式机械动力进行生产的钢铁工厂，其生产的枪支上刻有"汉阳造"字样，更有"中华第一枪"的美誉。因钢铁和煤矿的发展产生了交通需求，1906 年全线通车的京汉铁路（卢沟桥至汉口）揭开了湖北交通运输业的历史新篇章。因修建铁路又建造了汉口大智门火车站（新汉口火车站的前身），公铁兼用的武汉长江大桥等交通建筑遗产。民族工商业的兴起也催生出了近代湖北工商业发展的内核——码头文化。这里值得关注的是入选首批中国 20 世纪建筑遗产项目，始建于 1907 年，后称"中国水泥工业的摇篮"的华新水泥厂旧址；入选第二批中国 20 世纪建筑遗产项目，始建于 1956 年的汉冶萍煤铁厂矿；还有入选第五批中国 20 世纪建筑遗产项目的武汉青山区红房子历史街区，它是伴随着新中国"钢铁长子"——武钢的诞生而形成的。第二类是革命遗产，包括 1961 年第一批全国重点文物保护单位、2016 年入选第一批中国 20 世纪建筑遗产项目的武昌起义军政府旧址，在这里爆发的武昌起义打响了辛亥革命的"第一枪"，今天也形成了武昌首义文化园。还有武汉农民运动讲习所旧址、八七会议会址、中共五大开幕式会场和毛泽东旧居纪念馆等中国早期革命遗址。第三类是校园遗产，这是武汉市特别有亮点的遗产类型。为了推动实业教育的发展，武汉逐步建立了以湖北矿务局工程学堂、湖北农务学堂（华中农业大学前身）、湖北工艺学堂、自强学堂等为代表的新式学堂。为带动近代军事、法政教育的发展，武汉先后开办了武备学堂、武高等学堂等军事学堂和训练班，成为全国重要的军事教育中心之一。中国建筑史上具里程碑意义的武汉大学早期建筑群、作为中国近代文化教育建筑典范的湖北省立图书馆旧址也都堪称武汉校园遗产中的经典项目。

"建筑遗产传承与创新研讨会"的两场沙龙研讨由天津大学建筑学院教授戴路和国家特聘专家、四川大学建筑与环境学院教授罗隽主持。

1. 沙龙研讨：我们在"城市更新行动"中的敬畏与创新

戴路（天津大学建筑学院教授）：

这场沙龙研讨的主题是"我们在'城市更新行动'中的敬畏与创新"，在沙龙研讨正式开始前，我与大家共同回顾两个重要的时间节点。

2021 年 8 月 30 日，《住房和城乡建设部关于在实施城市更新行动中防止大拆大建问题的通知》，要求实施城市更新行动要顺应城市发展规律，尊重人民群众意愿，以内涵集约、绿色低碳发展为路径，转变城市开发建设方式，坚持"留改拆"并举，以保留利用提升为主，加强修缮改造，补齐城市短板，注重提升功能，增强城市活力。2021 年 8 月 31 日，第六批中国 20 世纪建筑遗产项目终评活动在北京举行，共计 100 个中国 20 世纪建筑遗产项目被推介。

张祺（中国建筑设计研究院有限公司总建筑师）：

就 20 世纪历史文化遗产保护这个主题，我提几点感想。城市不是一天建成的，它承载着多年来人类的生活记忆与生活痕迹。任何断裂或者是突飞猛进的城市发展，往往都伴随着遗憾，所以说中国 20 世纪建筑遗产项目推介对建筑遗产保护有特别的促进作用。比如，捷克首都布拉格的历史中心建于 11 世纪至 18 世纪之间，它的面积为 496 平方千米，整个历史中心于 1992 年被联合国教科文组织列入《世界遗产名录》。相比之下，我

戴路

张祺

布拉格查理大桥

陈日飙

宫绍山

抗美援朝纪念塔

们对城市的保护还有进步空间。

每一个建筑介入城市时的角色,最开始是客人,最后则成为主人,主客角色的转变体现了建筑引领城市发展的重要作用。建筑是否成功往往要交给历史来判定,包括能否经受住自然或人为因素的考验。

陈日飙[香港华艺设计顾问(深圳)有限公司总经理、设计总监,深圳市勘察设计行业协会会长]:

深圳是改革开放后党和人民一手缔造的经济特区,在这里中国特色社会主义进行了精彩演绎。深圳成长得很快,目前在全球城市范围内,深圳在建或已建成的 200 米以上的超高层的数量超越了迪拜。作为速生型城市,我们面临诸多挑战。在第七次全国人口普查后,深圳的人口比第六次全国人口普查时多出了四五百万人。在深圳近 2000 平方千米的土地上,需要兴修更多的房子来承载增量人口。

作为高速发展的城市,要将其整体全部保留下来是很困难的,深圳金威啤酒厂是一个较好的范式。虽然啤酒厂被拆迁至其他地点,但啤酒制作车间里典型的生产流水线被保留下来,储存啤酒的金属设施被融进城市中,作为休憩、展示等的多元化空间。旁边的工厂建筑拆除后被建成高层商业建筑。我们希望在中国文物学会 20 世纪建筑遗产委员会的带动下,为深圳及粤港澳大湾区多做有辐射影响力的事,让更多有价值、有城市记忆的建筑或场所更好地被保护下来并"活化"。我们要在奔跑中不断地省思,或及时调一调方向,尽可能多留下一些有价值的建筑。

宫绍山(抗美援朝纪念馆副馆长):

我想从传播的角度谈谈建筑遗产的保护与传承。作为革命纪念馆,我们常说"三分在看,七分在讲",就是要通过恰到好处的讲解,把观众不了解或者看不到的信息传达出来,介绍文物、讲述历史是这样,传承建筑遗产也应如此,要思考如何把建筑背后的故事、文化和内涵传递给公众,从而让更多的人了解、关注进而尊重、保护建筑遗产。

抗美援朝纪念馆始建于 1958 年,1993 年迁至位于丹东英华山的现址,2016 年由中南院进行改扩建工程设计。整个改扩建历程中,既有创新又有传承,始终坚持把抗美援朝的相关元素、细节融入建筑中。例如,作为馆区最高的建筑,抗美援朝纪念塔高 53 米,寓意是 1953 年抗美援朝战争取得伟大胜利;塔顶部是 2 节圆柱和 9 节嵌套,象征历经 2 年零 9 个月的浴血奋战。通过建筑中的这组数字,我们既为讲解找到了切入点,也形象地把这段历史、这个概念传递给了公众,让建筑和历史在相互映衬中完成信息传播。在改扩建工程中,我们探寻新的思路,新馆从外形上被设计为体量巨大的条石,突出"和平的基石"概念,连同馆内的陈列布展,形成"和平的基石,英雄的赞歌"主题,彰显抗美援朝战争作为立国之战的伟大历史意义。

正如金磊秘书长曾提及的"关注建筑的同时,也要关注建筑背后的人和事",我们也注重挖掘建筑遗产背后的历史内容,比如雕塑《临危受命》中既有 1950 年决策出兵的历史背景,又饱含 1993 年新址建设时中国人民志愿军老将军的殷殷嘱托。所以说,做好建筑遗产的传播阐释,让更多的人理解建筑遗产背后的价值,对整体推进建筑遗产保护、传承和创新具有深远的现实意义。

李春舫(中南建筑设计院股份有限公司总建筑师):

我国城市发展正经历新阶段,存量的城市发展成为一种新常态。城市中优秀建筑遗产的保护和再利用,成为时代发展的强大动力。我回想起 5 年前与桂大师共同参与的武汉市政府改造与维护中山路的项目。

百年前,当时中国有 2 个金融中心,一个在上海,另一个就在武汉江汉路。当时武汉江汉路上的租界建筑的高度可与美国芝加哥的建筑高度相提并论,因此武汉有"东方芝加哥"的称谓。在中山路项目中,我发现很多老建筑的立面用简单的材料就打造出了既精致又具艺术美感的图纹样式,还有百年前中国银行职员公寓的水磨石地面,都说明我们应该向建筑前辈致敬,还要向拥有高超的传统技艺的匠人致敬。对应今天的项目,我建议把每栋楼的原状、修缮过程及成果以电子文档的形式加以整体梳理,在对现有建筑的合理性使用中,加强条例性约束。

程一多(中南建筑设计院股份有限公司第一建筑院总建筑师):

在城市更新过程中,传承的概念已深入建设者和设计师的脑海。近期我主持了位于武汉市武昌昙华林历史文化街区的核心区改造项目,这个建筑群主要包括 9 栋优秀历史建筑、9 栋一般历史建筑以及 40 栋一般保留建筑。作为项目的设计者、亲历者,我从设计、建造、运营各个方面对区域做整体升级改造,这里的一砖一瓦、

| 李春舫 | 武汉江汉路的昔日 | 程一多 | 昙华林历史文化街区 |

一梁一木,均按原样式拓模、修复,结构体系未做改变。

在城市更新过程中,我们有很大的概率会遇到文物建筑或面临修缮的历史建筑。从我的亲身经历看,熟练掌握修缮技艺的匠人多为年长者,这种技艺很有可能在未来十多年就消失殆尽了,因此在历史建筑的修复过程中,容不得失误或失败。同时,重要的是,城市更新是在城市发展过程中,对不适合现代人居住或生活的方面进行的改造,但又不是崭新的创造。

2. 沙龙研讨:肩负社会责任使命与塑造城市文化

罗隽(国家特聘专家,四川大学建筑与环境学院教授、博士生导师):

在中国文物学会 20 世纪建筑遗产委员会的组织下,我作为一位职业建筑师参与中国 20 世纪建筑遗产项目推介活动已有 6 年了。我 1994 年出国攻读博士学位后,先后在英国两家公司工作,深感对历史建筑和城镇的保护是建筑师从文艺复兴时代就开始的一项非常重要的工作。如英国福斯特事务所,其有非常强烈的社会责任感,参加了在第二次世界大战中被炸毁的德国柏林议会大厦的更新和改造工作,非常成功,如今议会大厦已成为柏林的新文化地标;第二个项目是在法国小城尼姆,该城中心有一座罗马神庙,福斯特事务所当时接到一个在其对面建设现代艺术馆的项目,这个项目也做得非常成功,整个设计彰显出了建筑师深厚的理论功底和设计技巧。对于今天发布的《武汉倡议》,我还要强调一点,就是要构建我们在历史建筑和城镇保护方面的理论体系。下面有请诸位专家发言。

殷力欣(《中国建筑文化遗产》副主编、中国艺术研究院研究员):

2006 年,我们成立了建筑文化考察组,开始从事传统与现代建筑史研究。后来我们对中山纪念建筑、抗战纪念建筑、辛亥革命纪念建筑进行了专题性研究和总结,从 2009—2011 年的 3 年间,我们先后出版了 3 本关于中国 20 世纪建筑事件史的专著——《中山纪念建筑》《抗战纪念建筑》《辛亥革命纪念建筑》。书中涉及不少武汉的项目,比如在抗战遗址中武汉有一处张公堤碉堡群遗址。2009 年在武汉考察时,我们发现张公堤碉堡群已被历史遗忘,几乎成为废墟。但经过改造,武汉市将其修建成森林文化公园。曾经弹痕累累、记录着日本侵华罪行的张公堤,成为武汉的一处文化景观。

永昕群(中国文化遗产研究院研究馆员):

从文物角度看,20 世纪建筑遗产属于现代建筑,它是与古建筑有区别的,对于 20 世纪建筑遗产,我们更看重对设计师设计意图的保护、对建筑本身功能性的转化。20 世纪建筑遗产通常采用现代材料来建造。几十年来,国际上对现代建筑遗产的保护已探索出了一套方法,比如对混凝土、玻璃、挂面石材的保护。虽说 20 世纪建筑遗产与文物建筑、古建筑有区别,但从本质上讲,20 世纪经典项目已遗产化,是文物,我们需要从价值凝结物的维度对其进行考量。

罗隽

殷力欣

永昕群

舒莺

重庆市消防人员殉职纪念碑

我们提及的保护是真实性的保护，是对真东西的留存。城市承载了历史长河中各时代的优秀遗存物，它们代表着时代的先进技术、先进文化或者独特思想。提到社会责任这个议题，中国 20 世纪建筑遗产项目已连续推介 6 批，对我震动很大，其也确实产生了很大的社会反响。这不禁让我想起 20 世纪早期朱启钤先生在任内务总长时就组织了多项改造工作，并潜心钻研建筑等领域，创立了中国营造学社。他将视角转到对清末建筑的技术传承上，意识到如果不保护、不研究，当时的建筑技艺就会失传。今天看来，朱启钤先生研究中国古建筑的目的是指导现代建筑设计，他的创举体现出了他的社会责任感，我们要纪念并传承他的文化思想与城市主张。

舒莺（四川美术学院公共艺术学院副教授）：

对于在城市更新中，我们应如何肩负社会责任并塑造城市文化形象，我想浅谈一下自己的感触。在武汉开会的这几天，重庆一直面临着从未经历过的酷暑高温，外加燃烧的山火。这不禁让我联想到，重庆在抗战时被称为"铁骨铮铮"的城市，也以"英雄城市"命名。这次重庆应对酷暑和山火的过程，让我们考虑是不是要建立一个新的消防纪念碑，并且将摩托车志愿者把消防器材全部运到山上留下的摩托车道保留下来。

回望历史，为了纪念在重庆大轰炸期间英勇殉职的消防人员，重庆建立了重庆消防人员殉职纪念碑，这是重庆的城市文化遗产与难忘记忆。传承建筑文化遗产，一方面要尊重传统、尊重历史、铭记历史，另一方面要服务当下、引领未来。这就给我们的建筑遗产保护提出新的命题，要确定对建筑遗产进行判断、认定和保护的基本标准。

郭建昌（广州市设计院集团有限公司科技质量部副部长）：

我想通过广州中山纪念堂和白天鹅宾馆这两个 20 世纪建筑遗产案例，谈谈我在 20 世纪建筑遗产"既要见物见人，又要关注建筑遗产创新"方面的感想。1952 年成立的广州市设计院 70 年来一直守护着文物建筑。广州中山纪念堂是第一代建筑师吕彦直的作品，中山纪念堂建好后，我院第一任院长林克明先生一直对这座建筑进行保护、维护与更新。从 20 世纪 50 年代起，林克明先生就带领团队对中山纪念堂进行了修缮。70 年代时，为满足开放纪念堂的新需求——加建车道与休息厅，我院佘畯南大师带队对中山纪念堂进行了改造。他在僻静的角落，用岭南传统园林的手法对建筑物进行了第二次修缮。90 年代时，中山纪念堂要将原来的展览馆、纪念馆改造成会堂，对建筑物主体的改造对设计师来说是很大的挑战。改造方案虽然看上去仅使建筑物维持了原貌，但实际上我们对建筑的空间结构进行了加固，还对其从建筑声学、通风空调方面进行了再设计。改造完成后，中山纪念堂焕发出新活力，也体现出广州建筑敢为天下先的精神。

白天鹅宾馆作为现代建筑，是 20 世纪 70 年代末 80 年代初由佘畯南、莫伯治大师完成的建筑项目，2014 年我院对其进行了改造。我院在设备改造方面进行了创新，比如建设了高效制冷机房，还通过节能绿色

郭建昌

广州中山纪念堂

白天鹅宾馆

与会专家领导合影

低碳的技术手段达到了创新目的。该建筑现在仍是中国 20 世纪建筑中岭南派的代表。

李海清（东南大学建筑学院教授）：

理解建筑遗产本体的价值很重要，因为 20 世纪建筑遗产与古代遗产最大的区别在于它是鲜活的，而且状态良好，并与我们日常生活的联系非常紧密。因此，如何把遗产本体价值和与学科有密切关系的本体价值呈现出来并向世人昭示很重要。我就 2 个项目浅谈一些体会，一个是齐康院士主持的沈阳"九一八"历史博物馆扩建项目，另一个是齐院士的老师杨廷宝先生在中华人民共和国成立初期主持的南京华东航空学院主教学楼（现为南京农业大学教学楼）项目。

以"社会责任"为题，齐康院士团队设计扩建沈阳"九一八"历史博物馆时，在用地条件苛刻的情况下，充分利用地形，把在这次扩建前已完成、由沈阳鲁迅美术学院雕刻系创作的雕塑镶嵌到博物馆建筑中。齐院士结合狭长的地形，设计了合理的参观流线，融会了中国传统民居意象，坚守了传统。以"城市文化"为题，南京华东航空学院主教学楼建于 1953 年，那时正值中华人民共和国成立初期，百废待兴，建筑师需要在经费紧张的条件下，想尽办法为大学创造较好的教学空间。因此，杨先生的设计方法是将大面积平屋顶和十字脊歇山顶进行有机组合。在艰难时刻减少以"大屋顶"为特征的中国固有式建筑的使用，这在中华人民共和国成立初期是大胆的尝试。这些案例足以体现前辈建筑师在建设城市和弘扬建筑文化上的自觉意识，对后辈建筑师有重要的启迪与鞭策作用。

邱文航（中南建筑设计院股份有限公司副总建筑师）：

好的城市规划、城市设计、城市建筑都能对城市文化的塑造产生影响。比如我主持设计的湖北省科学技术馆，其以"光谷核芯、科技引擎"为出发点，外部造型以活字印刷为元素，结合了现代建筑的建造技术，融合地区的丘陵地貌，将整个建筑植入环境之中，展现出半山半城的城市风貌。我们还在武汉市长江边，设计了武汉月亮湾城市阳台，其中采用了数字设计技术，用复杂优美的曲线展示建筑形象，凸显长江的水文化。相信它也会成为武汉的最佳观江点和独特景观之一。

唐文胜（中南建筑设计院股份有限公司副总建筑师）：

对于城市文化遗产的保护和发展，建筑师无疑是最具有担当精神的。在城市更新中，我们提倡有机更新，以微介入、微改造，即"绣花"的态度来对待城市更新。10 年前，我负责了百年老站——沈阳站的更新改造。沈阳站是建筑师辰野金吾在 1910 年的作品。他在设计这栋三层楼高、体现出维多利亚特色的"辰野风格"红砖房子时，深受其导师英国建筑师乔赛亚·康德（Josiah Conder）的影响。我们接到的任务是让 3000 平方米的沈阳站与 60000 平方米的现代化高铁站进行"对话"。我们采用修旧如旧、维持原貌的方式进行改造，最终使一个百年老站又重新焕发了青春活力，实现了活化利用的效果。

2018 年，我受中国建筑学会的委派去巴基斯坦的拉合尔参加亚洲建筑师协会与 V4AF（欧洲四国——土耳其、捷克、斯洛伐克、匈牙利）举办的第三届世界遗产圆桌会议。会议提出要做活态遗产的理念。我们还参观拉合尔千年古城，其中有一条有着 700 多年历史的街道，这里积淀了璀璨而深厚的文化底蕴，老街两侧都是活态遗产，令我印象深刻。

李海清

第六批中国20世纪建筑遗产项目
——南京农业大学教学楼

邱文航

唐文胜

Inheriting 70-year History And Culture, Creating the Brand of "A Century's Architecture"

—Record of the Symposium on China Northwest Architectural Design and Research Institute's 70 Years Creation

传承七十载文脉 打造"百年老店"品牌

——"中建西北院70年创作"座谈会纪实

CAH编委会（CAH Editorial Board）

编者按：2022 年 6 月 1 日，中国建筑西北设计研究院(以下简称"中建西北院")迎来了成立 70 周年纪念日。组建于 1952 年的中建西北院是中华人民共和国成立初期国家设立的六大区建筑设计院之一，也是西北地区成立最早、规模最大的甲级建筑设计单位。在 70 年风雨历程中，中建西北院的一代代建筑师始终秉持对社会、对人民、对历史负责的创作态度，让一个个瑰丽作品矗立于陕西乃至全国大地上。为梳理、总结、传播中建西北院建院 70 年来建筑创作的突出成就，向业界与公众展示以张锦秋院士、洪青大师、赵元超大师等为代表的中建西北院建筑大师及中青年建筑师的经典作品与创作理念，特别是近 10 年文化传承的设计新成果，中建西北院特邀请《中国建筑文化遗产》编委会、《建筑评论》编辑部合作编撰出版《中国建筑西北设计研究院建筑作品集 1952—2022》一书。2022 年 3 月 2 日，"中建西北院 70 年创作" 座谈会举办，邀请中建西北院骨干建筑师尤其是中青年建筑师座谈交流，大家结合各自在中建西北院的创作经历与成长过程谈了自己切身的感悟与体会。座谈会由赵元超总建筑师、金磊主编联合主持。

《中国建筑西北设计研究院建筑作品集 1952—2022》

Editor's note:The year 2022 marked the 70th anniversary of the founding of China Northwest Architectural Design and Research Institute. Founded in 1952, the Institute is one of the six regional architectural design institutes established by the state in the early days of the People's Republic of China. It is also the oldest and largest Grade A architectural design institute in Northwest China. In the 70 years of ups and downs, architects of China Northwest Architectural Design and Research Institute have taken the attitude of responsibility toward society, the people, and history. Their works can be found all around Shanxi and the rest of the country. Upon the Institute's invitation, the editorial teams of *Chinese Architectural Heritage* and *Architectural Review* have worked together to publish Architectural Works by *Architects of China Northwest Architectural Design and Research Institute (1952-2022)*. This book summarizes the outstanding achievements, works and theories of the Institute's architects in the past 70 years, including Zhang Jinqiu (academician of Chinese Academy of Engineering), Hong Qing, and Zhao Yuanchao, especially their achievements related to cultural inheritance in the past ten years. On March 2, 2022, the Symposium on Works by Architects of China Northwest Architectural Design and Research Institute in the Past 70 Years was held. Young and middle-aged architects of the Institute participated in the event and shared their views and experience. The symposium was co-chaired by Chief Architect Zhao Yuanchao and Chief Editor Jin Lei.

赵元超（全国工程勘察设计大师、中建西北院总建筑师）：

2022 年是中建西北院建院 70 周年的重要时间节点，按照以往的惯例，每 10 年中建西北院会出版一本总结性的作品集。回望中建西北院 70 年的发展历程，长路漫漫，我将其分为三个阶段。第一个阶段是"峥嵘岁月"。1952 年，上海华东建筑设计研究总院、甘肃省建筑设计研究院等调派了一批优秀建筑师来到西安，他们成为中建西北院的创始团队。其间虽然经历了特殊的历史时期，但中建西北院的建筑师仍排除万难创作了一批具有代表性的作品。第二个阶段是"改革创新"。1978 年至 1999 年是中建西北院发展的重要时期，其间中建西北院建筑师的创作激情井喷式地迸发出来，很多具有代表性的建筑师与作品涌现，如张锦秋院士的主要创作成果就是在这 20 年间完成的。第三个阶段是"百家争鸣"，也就是 2000 年至 2022 年。21 世纪，全国掀起了城镇化浪潮，中国的建筑创作空前繁荣。

赵元超

我们尤其应关注 70 年中涌现出的代表建筑师，如早期的董大酉先生和洪青大师等，他们在中华人民共和国成立前就开始了建筑创作，而后在中华人民共和国成立初期的建设中也贡献了心智。张锦秋院士这一代建筑师属于第二代创作力量，他们出生在 1949 年以前，成长在新中国，一生都在为中国的建设、发展奋斗和奉献。而像与我同龄的建筑师，应属第三代，我们成长在红旗下，得益于改革开放，见证了中国经济腾飞的 40 年。生于 20 世纪七八十年代的建筑师应该算第四代了，他们正逐步成为当今中国城市建设和建筑创作的主力军。我们将这样的创作梯队称为"四世同堂"。当然，更具活力的 90 后建筑师也逐渐崭露头角。

为回望老一辈建筑师创作精神并向他们致敬，我们曾经举办过"重走洪青之路婺源行"活动，今后也会将系列活动持续办下去，让"重走"持续创新。近年来，我们一直想举办"重走董大酉创作之路"的活动。董先生是中国固有式建筑的提出者，他身体力行地创作了上海虹口体育场，然后又主持了上海的都市规划。中建西北院走过的 70 年历程的确十分漫长，院史的梳理工作意义重大，我正在与院相关部门商议，力争找到经历了建院且还健在的"老人"，请他们帮助填补和丰富中建西北院的历史，以激励我们的后代。

金磊（中国建筑学会建筑评论学术委员会副理事长、《中国建筑文化遗产》主编、《建筑评论》总编辑）：

作为建筑设计领域的传媒工作者，我们策划并参与编撰的作品集数量很多，题材也很丰富，包括个人的、工作室的、机构的等等。多年来，我们为北京市建筑设计研究院有限公司（以下简称"北京建院"）出版的作品集与纪念集类的图书达数十部。虽然《中国建筑西北设计研究院建筑作品集 1952—2022》一书的出版时间紧，质量要求高，但以我们的经验，只要相互默契配合，是完全可以高水平完成任务的。我们能胜任此工作在于我们与中建西北院长期的合作和积累的情感，如在 2006 年，中建西北院和我们就开始着手编纂张锦秋院士"长安意匠——张锦秋建筑作品集"系列丛书，在长达 8 年的时光里，我们一起编辑出版了 7 本著作。这些著作让我们系统地领悟到张院士作品的价值，感受到专业出版助推中国建筑设计文化传播的力量。 2016 年，我们与赵元超总建筑师合作编辑出版了《天地之间——张锦秋建筑思想集成研究》一书，让更多人可以更加全面地解读一代大师的设计话语。在这之前，赵元超主编的《都市印迹——中建西北院 U/A 设计研究中心作品档案 (2009—2014)》一书，让我们看到中建西北院中青年建筑师的创作活力以及他们对文化的理解、思考和追问。中建西北院一代代有理想、有创意的建筑师是我们全力编辑这本作品集的底气来源与热情源泉。关于图书的版式、装帧等技术性的问题，我们会把好关；关于图书的内容，要在这么短的时间内完成一部优秀的作品集类图书，就必须采用高效的手法去编撰；若想作品集成为佳作，贵在留下设计思想及文脉，这就一定要有一篇过硬的综述文章，这就需要赵元超总亲自执笔。这篇文章展现的既是中建西北院 70 年分阶段的发展史，更是中建西北院几代建筑师耕耘 70 年的设计史和人物史。据我所知，在目前出版的设计机构作品集中，将一个单位的建筑师按年代划分还是罕见的。中建西北院的 70 年纪念作品集如能按这样的思路编撰，就一定可以彰显中建西北院建筑师群体在全国建筑设计行业中的地位。当然，对于建筑创作，不仅有年代之分，还有创作理念的更新和普适性的发展，要用项目证明中建西北院建筑师的创作并不止于"三秦"大地，他们的作品在全国更广泛的地区也同样被高度认可，因此要梳理出创作理念不同凡响的地方。今天在座的各位中建西北院建筑师都有自己独特的创作道路，同时也肩负着为中建西北院设计"筑史"的责任。中建西北院走过了 70 年，虽然各位可能只参与了其中一个时间段的发展，但这也是与中建西北院发展同频的成长之路，希望每个人都能站在自己的角度谈出自身对中建西北院设计发展历程的理解和感悟，这将是一笔笔宝贵的财富。

金磊

李建广

李建广（中建西北院专业总建筑师）：

我是 20 世纪 80 年代初来到中建西北院的。在中建西北院的从业经历中，有几个项目让我印象非常深刻，从中可以提炼出中建西北院这 70 年发展历程的关键词。

记得在张锦秋院士的带领下，我、赵元超总、屈培青总 3 人被特别点名参与陕西省文化体育科技中心项目，其中包含了好几个单项，总体设计沿着南二环的一条线展开。在规划阶段，张院士有总体考虑，她看问题不是局部地看，而是从一个城市、从一个区域的整体进行把控，这一点对我们当时做设计有特别的启发价值。对这组建筑的规划设计，确实有一个总体关系的考量。如体育场的长轴与小雁塔南北一条线。我们做规划时提出了多个不同的方案，方案里包括图书馆、美术馆、体育教育公寓、商业综合体以及信息大厦。我们按照张院士的大思路，尊重城市整体格局，注重延续历史文脉。我们几个年轻建筑师在设计院工作的时间并不是特别长，张院士能够邀请我们一起做这么重要的项目，我觉得是一种荣幸，更幸运的是能得到张院士的言传身教。

除了对项目的总体把控外，张院士对图书馆的设计让我印象格外深刻。关于图书馆的定位，当时我们做了很多方案，大家讨论很充分。张院士非常谦虚，也没有大师的架子，让大家提意见。我们那时候比较年轻，总觉得给张院士提意见有点不好意思。但是她说："你们尽管提，咱们就是讨论。"后来她直接点名让我说，我就谈了自己的想法。建成的项目就是按照张院士的规划布局的，整体很平实，并不张扬，平面基本上是"工"字形的。首先，她提出，方案应该满足图书馆的基本功能需求。图书馆的场地在一个坡地上，当时大家有不同

会议现场（一）

会议现场（二）

2022年3月2日，"中建西北院 70 年创作"座谈会合影（2022年3月2日）

想法,有的说平地肯定好做,把那个土坡推平就完了。我们当时讨论能不能利用这个地势特点进行一些创作。张院士后来做了一个方案,采取了保留坡地的方式,与此同时,她查阅了很多资料。她提出,从唐代来讲这个地方就是文化场所,从延续历史文脉的角度而言,在这个地方建造图书馆是适宜的。当然,这个位置也有不利的一面,它正好在城市立交桥转角的附近,确实有一些噪声干扰。于是,我们通过建筑处理的手法来解决,在转角的地方设计了一个文化广场。对此,张院士指出:第一,从空间上讲,有一个过渡;第二,从隔音上讲,拉大距离,减少噪声,而且就高度而言,保留土坡,也会降低噪声的影响。由此可见,张院士在做设计的时候不是简单地唯形式论,而是从建筑的基本功能需求出发,同时也从环境出发,充分考虑技术问题的解决。其次,她特别强调创作中的文化内涵。张院士曾和我说:"搞设计不是只有室内空间、室外空间,还有中间空间,叫'灰空间',介于室内、室外空间之间。"这个"灰空间"的设计手法在建筑设计上要多研究,加以利用,这也体现了中国传统文化的一大特点。

在座的各位中,我和李子萍总是同一批的,我们也是改革开放后最早来到中建西北院的。我记得很清楚,当年刚入职时,一共有 27 个毕业生来到中建西北院。当时设计单位少,开办建筑学专业的大学也不是特别多,27 个人里有 7 个是建筑学专业毕业的学生,他们分别来自全国建筑老八校里的六大院校。我记得有重庆工程学院的姜怡筠,是位女生,后来去了日本;有同济大学的丁峰;还有西安冶金建筑学院的朱大中和崔树功两位。所以,从中建西北院的人员构成来讲,建筑师来自不同的地区、不同的院校,这里汇聚了东西南北各个地域的人才。中建西北院最早的有国外留学背景的第一代建筑前辈有董大酉先生、洪青大师等。

关于建筑师的断代问题,我基本认可赵总提出的观点,大概是五代,具体怎么划分还可以再认真考虑一下。第一代,我想是中建西北院创建初期,以董大酉、洪青为代表的前辈建筑师以及黄克武、郑贤荣,从年龄结构来讲,他们也应该属于第一代。张院士一再表示,黄克武、郑贤荣都是她的老师,所以,我认为他们应属于第一代。第二代是张锦秋院士、教锦章总、刘绍周总等。在我们加入中建西北院时,他们就是我们的老师,对我们言传身教。中建西北院的精神基本上是以"传帮带"的方式传承的,像手工画图,他们都是手把手地指导我们修改,就像师傅带徒弟一样。那时每个毕业生被分配到设计部门后,都有一位老同志来带,我们确实从前辈建筑师身上学到很多东西。我们这一代放第三代还是比较合适的。此后就是 20 世纪 70 年代出生的建筑师。第五代是 80 年代毕业的。在座的还有 3 位 80 后建筑师,应该属于第五代。

刚才谈到了中建西北院 70 年的发展历程,其中有历代建筑师不懈的努力和探索,我想应该将各代建筑师的作品、有代表性的人物结合起来,"见物见人",这样的讲述方式更加生动。中建西北院 70 年的创作历程回顾应遵循怎样的脉络和思路?我想应该从中建西北院开始创建,西迁专家人员的支援,还有西安本地的一些设计机构、设计公司的加入入手,体现中建西北院是一个融合的集体。此外,这个城市的特色孕育了中建西北院的特色。西安是世界历史文化名城,有独特的文化地位,这座城市的特色和历史文化也是建筑设计必须考虑的因素。大家可以看到,以董大酉、洪青为代表的第一代建筑师从国外学到了西方现代建筑和古典建筑知识,归国后在西安土地上进行建筑创作实践,留下的作品如西安人民大厦、西安人民剧院等,应该是中西合璧式建筑的展示。西安人民大厦就是很有代表性的中西合璧的作品,建筑师的创作手法非常熟练,细部做得非常精致,其中也融入了西安地域特色,并没有一味模仿国外的设计手法,更没有因循守旧地把过去的建筑形式复制过来。

我们可以挑选一些 20 世纪 70 年代至 80 年代初期的有代表性的作品,像长城宾馆、西安宾馆,这些设计就是在现代建筑中融合了一些传统的符号,也成为当时的主流,这类创作作品还有陕西省人民政府办公楼、西安火车站。这一时期的建筑创新也有迭代的问题,对于传统建筑符号在现代建筑上的体现,中建西北院在那时也做了一些探索。此外,张院士创作的传统空间意象不仅仅是一个符号,也不仅仅是一个表面的形式,而是在城市空间、群体空间、个体建筑几个维度的营造。我们当时加入中建西北院时,恰逢陕西历史博物馆征集方案,我和李子萍总等赶上了这个关键的时间点,做了一个比较方案。那时我们刚刚从学校毕业,所以这个方案是用相对现代的手法做的一个方案。即使是历史博物馆,没有历史怎么表现它?它又是一个博物馆,是历史的博物馆,实际上是国家级别的馆。当时设计理念上肯定有争议,有的人要现代的,有的人要传统的,最终张院士还是非常坚持自己的观点,也说服了很多决策者,把陕西历史博物馆的方案落实了。我们有幸做了一些辅助性的工作。事实证明,最终选定的方案应该是在当时的历史条件下最适宜的。该馆建成后获得多个国家奖项,这也得益于张院士超凡的创作自信和文化坚守。如果从现在的视角来解读,实际上那时的张院士就有一种意识,叫文化自信。现在国家提出坚定文化自信,可见,那时张院士的思想就很有前瞻性了,这说明文化自信在她的心中是根深蒂固的。

中建西北院的创作一直在发展,也一直在寻求创新。中建西北院的建筑创作,实际上在沿着这样一个脉络发展,就是现代建筑如何把传统文化和地域特色融合在一起,既不能一直走过去的路,一定要创新,又不能丢掉文化根基和地域根基,这是中建西北院的集体潜意识,得益于中建西北院的世代传承和历史底蕴。虽然我们在很多方面和北上广的设计大院有些差距,但是我们有自己的特点,有自己的底蕴和追求。

说到传承,我认为应在以下几个方面有所坚持。第一,建筑创作思路的传承,这是中建西北院的一个特点。第二,坚守精神的传承,面对国内纷杂的创作思潮,张院士坚持的具有传统特色的现代建筑之路,也曾有不同的质疑声音,但如果她动摇了,我们可能就没有今天进一步探索的机会了。中建西北院人并没有受到这些外来因素的干扰,一直在坚守自己的初心。此外,中建西北院建筑师的创作非常务实,他们坚持不断思考、不断脚踏实地的创作。张院士一直强调,设计院要做精品,要总结,要提高,要不断创新,但是不能丢了中国的传统文化。张院士也单独找我谈过几次,她强调要好好研究彰显中国传统文化的经典建筑,包括苏州园林等。第三,中建西北院的未来还是在于创新,这也是我们一直秉持的理念。西安是一座历史文化古城,我们不能将这些厚重的历史当作包袱,而要将其作为建筑创作的基石,让我们的建筑创作有根、有源。

李子萍(中建西北院顾问总建筑师):

如果在学界目前认定的全国代际平台上,将中建西北院的代际人物融入的话,第一代的代表人物只有一位,即董大酉,第二代是洪青,第三代是张锦秋,第四代是赵元超,第五代建筑师应是 70 后、80 后、90 后的一大批新生代建筑师。我个人认为,应该从学术贡献和代表性作品的角度为建筑师断代,而不是单纯以年龄作为划分标准,建筑师的作品风格和创作寿命常常有跨代的现象。因此,对中建西北院 70 年创作有较为突出贡献的是三个代际建筑师。

李子萍

第一、二代就是中建西北院创立时期的建筑师,有董大酉、洪青、华冠球、包汉弟、黄克武、方山寿、郑贤荣、杨家闻、何昆年、安中义、曹希曾等。中建西北院初创时期也是西方建筑思潮进入东方的时期。西迁并不是随着"大三线"建设开始的,在全面抗战期间就已经有西迁的现象了,西北公司就是抗战时从沿海城市来到西安的建筑师成立的。这一批建筑师创作的特点是中西合璧,将西方的设计手法和语言与中国文化相结合。老一辈建筑师不少是赴国外留学后回国的,也有民国时期培养的。后来随着中华人民共和国的成立、"大三线"建设和交通大学西迁,新一代的建筑师落户西安,总之他们大部分是从东边往西边迁,他们的教育背景、建筑作品的特点也非常相似。他们在新中国一穷二白的时候开始创业,其作品奠定了中华人民共和国成立后 30 年西安的城市风貌。

第三代建筑师是以张锦秋院士为代表的新中国自己培养的建筑师,他们在祖国最需要的时候走上了建筑舞台,设计了一批有代表性的作品。为什么说以张院士为代表呢?张院士不同于上一代建筑师的最重要的特点是她明确提出了"新唐风"理念并加以实践,而在她之前没有人提出"新唐风"这个理念。我认为她倡导的理论和创作的作品足以成为一代的鲜明特征。20 世纪五六十年代,和张院士同时期的、以建筑老八校毕业生为主的一批建筑师有王懋正、王觉、王人豪、刘绍周、吴乃申、教锦章、龙志启、葛守信、魏代平、王立民、安志峰、王天星、王洪涛等,他们走的路和张院士同中有异。张院士以坚持民族风格、特色鲜明的"新唐风"为新建筑创作的出发点,其他人大多坚持以现代风格传承民族文脉,用现代主义语言解释传统建筑风格。我们不应该忽略这些人,他们的建筑作品在相当一个阶段占到中建西北院整体创作作品的百分之七八十以上,勾勒出改革开放初期西安的城市风貌。

第四代建筑师就是以赵元超为代表的、改革开放后中国自己培养的一批建筑师。他们坚持用现代风格进行地域文化及传统文化的传承创新,承前启后,与老一辈和新生代一起,担负起在中国城市化浪潮中迅猛发展的历史使命,其建筑创作为新中国成立后 40 年西安城市风貌的发展做出重要贡献。

张锦秋院士至今仍保持着旺盛的创作活力,"新唐风"理论及其实践成为 70 年中建西北院创作的鲜明特色。中建西北院以第二、三、四代建筑师为主，以新生代为辅，共同塑造了今天历史文化名城西安的城市风貌。同时，我们应建立有效机制，为中建西北院新生代建筑师的成长和创新发展提供有力支持。

安军（中建西北院专业总建筑师）：

建筑设计行业贵在有坚守精神，作为建筑师，我对这点也深有感触。我出生于 20 世纪 60 年代，从业已有 30 多年，参加同学聚会时大家经常谈论谁还在坚持自己的设计专业，数下来已是寥寥无几，可见我几十年坚守建筑师职业实属不易。中建西北院立足西安、根植西北，在西部经济欠发达的特殊环境下，中建西北院建筑师坚持设计、坚持专业，如果没有坚守精神，确实很难有今天这样的积累和成果。

安军

《中国建筑西北设计研究院建筑作品集 1952—2022》的编辑出版确实是中建西北院建院 70 年来的一件大事，有很高的学术价值。设计单位就是依靠优秀的作品赢得市场话语权的。像中建西北院这样有如此悠久历史的设计单位，其核心价值不在于产值，而在于人才和作品的积累。要打造"百年老店"，不能单以产值来衡量，更要靠优秀作品的涌现和一代代中建西北院人的坚守和传承。由此我提出以下四个方面建议。

第一方面，对中建西北院发展时期的划分。我完全同意以三个阶段来划分中建西北院发展史。对于中国共产党的百年历程，有人提出以四个时期来划分的论点，四个时期分别以救国大业、兴国大业、富国大业和强国大业为主。总体来说，中建西北院是伴随着新中国的发展而成长起来的。第一阶段从 1952 年到 1978 年，第二阶段是改革开放的前 20 多年，第三阶段是 2000 年到 2022 年，中建西北院见证了国家从站起来、富起来到强起来的发展历程。历史断代很重要，作品集应把发展脉络梳理清楚，树立建筑师的认同感和中建西北院人的历史观。

第二方面，建筑师的断代问题。根据历史沿革、设计实践、人员的代表性等，我觉得中建西北院建筑师大概可以分为四代。第一代建筑师以"西迁精神"为特征，如董大酉、洪青等；第二代建筑师以张锦秋院士为代表，他们是新中国培养起来的大学生；第三代建筑师是改革开放、恢复高考后培养起来的大学生，以赵元超大师等为代表；第四代主要是以 80 后建筑师为代表，是最具活力的青年群体，也是中建西北院的未来。四代建筑师的划分基本符合中建西北院的发展历程，作品集不但要体现建筑师的迭代，更要反映建筑思想的变化发展，其是指导今后建筑创作的工具和指南。

第三方面，作品集应反映中建西北院独特基因的传承。独特基因也可称为群体精神、集体画像。首先，中建西北院是中国传统建筑文化的守望者，就全国而言，这是中建西北院相对突出的特色。西安是中华文明的故乡、中华民族灵魂的故土，以张锦秋院士为代表的建筑师在塑造城市特色、留住文化记忆、探索传统建筑现代化表达方面功不可没。作为中建西北院的守望者和坚守者，她实至名归。其次，中建西北院也是现代建筑之路的探索者。社会需要现代化，城市需要现代化，科技需要现代化，建筑设计的传统与现代的结合是中建西北院建筑创作一直探索的方向。再次，中建西北院是西部建筑的耕耘者。西安是西北地区唯一的一座副省级城市。中建西北院以西部为根，可以说是地区建筑设计行业的领头羊，以西部为取之不尽的创造源泉。最后，中建西北院是"长安建派"的营建者。与"长安画派""长安学派"相呼应，我们希望通过作品集确立"长安建派"的建筑师群体风格，形成辐射西北乃至全国的文化符号及学术品牌。

第四方面，作品集回顾总结过去的目的是面向未来。中建西北院 80 后、90 后建筑师是未来的代表，应该给他们留出更多的空间。期待中建西北院的年轻建筑师能够传承有度、守正出新，在新时代破茧成蝶，有风格，有作品，做到百花齐放。同时，编撰作品集要有更高的站位和更广的视角，风物长宜放眼量，建议放眼全国甚至全球范围，要以大视野定位作品集的内容、风格和属性，反映中建西北院整体的、综合性的成绩。

秦峰（中建西北院专业总建筑师）：

中建西北院走过的 70 年，实际上体现的是集体奋斗的概念。我们提出要打造"百年老店"，而"百年老店"的秘方是什么？就是在中建西北院这么多年的坚守、演变过程中，刻在中建西北院骨子里的精神或称基因。如何提炼总结、发扬光大这种基因是我们要思考的问题。

就建筑师个人的创作感悟而言，如何在西安、在西北搞建筑创作，这其实是西北本土建筑师一直在思考的课题。我们大学刚毕业的时候选择回到西安，在西安的创作土壤里一直工作，我给自己的评价就是：土生土长的西安建筑师。我认为，我们这批建筑师骨子里坚持的基本理念就是要在西安、在西北创作出不一样的

秦峰

建筑作品。

在新时代的背景下，我们应该想一想西北的创作土壤是什么，创作方法有哪些，最后形成了什么经验，从而思考中建西北院的未来如何发展。现在设计市场竞争越来越激烈，未来是要交给青年一代建筑师的。可贵的是中建西北院有张锦秋院士、赵元超大师这样成功的建筑师作为榜样，他们给了这些年轻建筑师正确的引导。将中建西北院 70 年来的作品汇集成册的特别意义在于，在中建西北院建院 70 周年之际，通过这样一本书形成中建西北院较清晰的设计史发展脉络。我本人于 1990 年来到中建西北院，30 多年来一直埋头工作，从来没有仔细地想想这些问题，其实这更关乎中建西北院创作精神的传承与发扬。

我认为，中建西北院最闪光的精神在于坚守，这个感悟与我个人的经历是分不开的。我刚加入中建西北院时还是一个年轻的小伙子，满怀热情，满怀希望。那时，中建西北院就有较为宽松的创作环境，我和安军总还曾到清华大学学习画渲染图，这段学习经历对我帮助特别大。记得有一次我很认真地画了一份作业，老师给我的评价是为什么没有颜色？我一直都记得这句话，从那之后我除了注意素描的表现外更关注用色彩表达创作的理念。随着建筑设计的市场化，竞争也日益激烈，中建西北院也经历了人员的变动。我 1999 年回归设计院，进入华夏所工作，也曾经与赵元超总做过一些项目，但是面对全国整体建筑风格的变化，我们作为西部建筑师似乎对自己的创作又有点不太自信。此后，张锦秋院士的一批作品在全国甚至在世界范围内产生了影响，于是我们又找到了创作的根基，并一直坚守着。我认为，坚守下来还是很有价值的，至少从我们自己得到的一些成果来说也是在探索一条创作道路，总结起来就是地域化或对中国传统建筑文化的传承与发扬。此外，我们也一直在探索如何在西部的经济条件下进行建筑创作，在这个过程中，我们实现了基本经验的积累以及专业化上的提升。我们始终坚信这条路是能走通的，这也是我们作为西部建筑师对专业的"任性"。

李冰（中建西北院专业总建筑师）：

我于 1989 年毕业后就到中建西北院工作了。中建西北院的 70 年，是坚守的 70 年，也是传承的 70 年，这个定位是比较准确的。根据个人经历，我说一下对传承的理解。

第一是"西迁精神"。记得 2019 年我们去西安交通大学学习的时候，就看到学校档案馆里摆放的中建西北院的作品档案。交通大学 20 世纪 50 年代末迁址西安，当时的大部分校园建筑都是中建西北院第一代建筑师的作品。目前中建西北院在整理"西迁"的资料，这段历史是关于中建西北院建院的重要历史。中建西北院是如何成立的，我估计 80 后、90 后建筑师很难讲清楚，所以我们应该借这本作品集来让大家了解中建西北院的建院历程。

李冰

第二是我院的第一代建筑师，包括董大酉、洪青等。我们只是听别人说起过他们，但他们的事迹、故事流传得很少，传播得更不够，包括他们的作品，唯有几例能够看到。在中建西北院建院 70 周年之际，既然讲到传承，就一定要让所有中建西北院人都能了解这些前辈建筑师的贡献和作品。

对中建西北院的传承，我的体会还是比较深的。我刚来中建西北院时，老师是魏代平总，他让我看到了什么是严谨的治学态度。第二年我们跟着李建广总到厦门分院工作，建广总当时带着我们这些年轻人在厦门参与了恒通大厦等的施工图设计，后来回西安，我又回到一所 103 组。建广总就比我们大两三岁，亦师亦友，他言传身教，培养了我们踏踏实实的工作作风。到 2012 年左右我主要搞经营和管理了，很少参与创作了。近几年我有幸跟着赵大师做西安火车站改造，通过参与这个项目我感受颇深。整个设计过程中，赵总将地域文化、环境和谐延伸到整个创作过程，将他对西安这座城市的理解和情怀融入建筑创作中，体现了一位自信的建筑师的职业坚守。针对如何协调与丹凤门的关系、如何将大体量站房建筑从高 36 米减到 24 米等问题，他做了多个备选方案，并以 1∶10 的模型进行多角度的细节推敲，最终形成目前新老建筑"对话"的精彩和谐场景。西安火车站改造项目体现了我们所说的传统建筑现代化，体现了传承与创新，中国国家铁路集团有限公司对这个项目采取降低高度以达到与环境融合的设计效果还是非常认可的。

第三是传统文化的传承和创新。传承是根基，创新是发展。我认为对于中建西北院过去的 70 年，传承是主旋律。我们出去投标，如西安火车站改造项目的投标，中国国家铁路集团有限公司那边常说，我们基本能认出你们的方案，你们更擅长体现传统文化、地域文化。的确如此，我们完成并获得好评的新疆和田站、西藏日喀则站、安徽亳州站都属于此类。这就引申出了一个特别重要的创新话题，没有文化传承的创新是无源之水。

这几年中建西北院也在大力提倡设计创新,也创作了一些具有时代气息的建筑作品。希望从现在开始,创新也能成为我院发展的主旋律,也能督促中建西北院的建筑师实现自我能力的不断提升。

吕成(中建西北院副总建筑师):

吕成

前面的几位老总从不同的角度对中建西北院的历史脉络做了很好的阐释,我从个人成长角度谈谈中建西北院的传承。

回顾我的成长经历,我深感幸运。我是土生土长的西安人,当年我的同学去北上广深的大有人在,留在西安的并不多,我们那一届西安建筑科技大学建筑学专业进入中建西北院的就我一个人。在我职业生涯的启航阶段,我有幸和院里多位老总、前辈学习过。我入职培训的第一课就是张锦秋院士上的,我们当时都很激动,感到十分荣幸。张院士讲述了中建西北院的发展历史,问我们来中建西北院后有什么职业规划,并明确要求我们:"你们来中建西北院一是要干事业,二是要做精品。"我在初入职时很懵懂,对张院士提出的"干事业"理解并不深,更不要说"做精品"了。当时画一张效果图一千多块钱,比工资高,外面随便做做项目就有不少额外收入,社会诱惑非常多,乱花渐欲迷人眼。对自己的职业规划,我没有形成一个清晰的路径,但幸运的是,在个人职业成长的关键期,我得到了几位老总的悉心指导,他们为我的职业生涯发展提供了极大的帮助。

第一位给我指导的前辈是教锦章总。我当时已经入职,但还没有报到,教总给我打电话,希望我在学校图书馆帮他借一本书,书名叫《总平面图设计》。教总当年负责注册建筑师考试中"场地设计"科目的出题工作,他找了很久都没找到这本书,于是希望我帮忙去我们学校的图书馆找一找。后来教总还书时我看到教总做了很多关于这本书的读书笔记,十分详细。那种认真钻研的精神对我影响很大,让我至今难忘。

正式入职后我做的第一个项目是为陕西咸阳505集团设计一栋康养建筑,这个项目是在王天星总带领下完成的。王总非常严格,对于主要图纸及效果图要求我先手绘一遍草图,并将所有草图订成一本,最后与正式图纸一起统一归档。后来,我又先后在几位院总的领导下参与了一些项目设计,受益匪浅。我记得李建广总还专门把我叫到办公室,与我交流在中建西北院的自我发展的问题。建广总根据自己的奋斗成长经历,告诉我做事情就是要脚踏实地、努力奋斗,不要好高骛远、左右动摇。刚才大家提到的坚守的理念总结得十分到位,设计师就是要靠坚守才能有所成就的。

我是2007年加入的华夏所,有幸跟赵元超总做了西安市行政中心项目。做那个项目的时候我真正认识到什么是"做精品"。赵总从整个项目的大局进行把控,他对西安历史的深入了解、全过程的精益求精和殚精竭虑的付出,对我有很大的教育作用。就是从那个项目开始,我才对"做精品"有了具体的工作方法认知。

后来,我有机会得到张锦秋院士的亲自指导,跟随她做了一些项目,也更能体会张院士当年说的"干事业""做精品"的内涵。比如凤凰池项目,张院士并没有采用一个固定的套路,完全从地域环境和主要空间意境角度去创作,而且对规划和建筑、景观、环境的细节掌控已经到了极细致的程度。她不但会关注景观节点的视线关系和空间效果,还会给每一个景点起一个非常有诗意的名称,以达到情景交融的境界。细化控制到如此程度,实在令人钦佩。因此,能够跟随中建西北院的老总们学习,亲身感受中建西北院精神的传承,我无疑是非常幸运的。

关于建筑创作,我有一个想法。中建西北院一代代建筑师创作的作品其实都有一个主旋律,那就是对中华优秀传统文化的传承和创新,这可称为中建西北院建筑创作的集体意识。张院士对自己的创作有一个总结,即坚持和谐建筑理念,就是坚持建筑与自然的和谐、与城市的和谐及建筑自身的和谐。建筑设计无关风格,其根基是中国优秀传统建筑文化,强调的是建筑的在地性,强调对城市历史文化的深入研究,同时强调根据时代进行创新。

正是因为中建西北院对传统文化或者地域文化的重视,我们对项目所在城市的理解会更深一些。中建西北院在西安这么多年的创作,从第一代建筑师创作的西安人民大厦、西安人民剧院等一系列项目,到张院士创作的一系列体现"新唐风"理念的标志性建筑,再到后来赵元超总做的一系列经典作品,我想都是在这个根基下面针对时代的一种创新性和引领性的表达,根虽是传统的,但表达方式却具有时代性。我们是西部地区建筑设计领域的领头企业,我们在西部这片历史文化底蕴深厚的土壤上进行创作,形成了创作的潜意识。这个创作的潜意识其实是与其他发达地区不太一样的,我们不能固守西部,还要勇于走出去。最近几年,跟随华夏所在全国做项目的感受是,我们对传统文化和地域文化的重视所形成的创作潜意识与其他同行相比还是很有自身特点的,这方面要结合时代的创新和发展进行发扬,这可能是中建西北院未来需要持续努力的方向。

我在中建西北院已经工作 27 年了,回过头来再想想张院士在我入职时提出的"干事业""做精品"的要求,其实就是我们中建西北院每一位建筑师所要努力奋斗的目标,至于怎么做,需要长时间的努力和学习,毕竟当建筑师是一辈子的事。张院士告诫我们:"你们中青年建筑师在这个年纪不奋斗什么时候奋斗?"张院士现在 80 多岁了,还在不断地画草图。建筑师是需要奋斗终身的,对中建西北院来说,要做"百年老店",建筑师也要奋斗百年。

刘斌

刘斌(中建西北院副总建筑师):

我是 1995 年来到中建西北院的,中建西北院的很多精神一直影响着一代代建筑师,如"西迁精神""传承精神""地域精神""创新精神"。中建西北院的成立得益于从上海的一些设计院西迁来的一批老一辈设计人员。我们那时在院里也经常得到老专家的指导和教育。说到"传承精神",我有幸和赵元超总一起做了几个项目,在以赵元超总为代表的中建西北院建筑师身上,我学习到了很多东西。他们真的能够做到知无不言、言无不尽,这其中不仅包括知识层面的,更有在品德和职业操守方面的言传身教。

对于建筑设计,我们既应坚守地域的创作,还应结合区域的实际情况进行创新发展。一方面,气候环境、地域环境对建筑创作影响很大;另一方面,现在生产经营的担子也比较重,所以我们要发扬中建西北院固有的创作精神,引领新一代建筑师在建筑创新方面做出承上启下的贡献。中建西北院结合 70 年院庆举行了很多活动,前一段时间组织了 70 周年 Logo(标志)的征集活动,当时我也参与了。在众多方案中,院里最后选择了一个有中国古典符号的方案,但大家在选择这个方案的时候也比较纠结,纠结的原因可能还是想打破中建西北院在建筑设计方面的这种固有印象,想突破这种传统的束缚。我想无论是老一代的建筑师,还是年轻的建筑师后辈,一方面要做到守正,另一方面还是要做到创新。那就希望年轻一代建筑师们在坚守"传承"这个强大基因的基础上,能够做出一些更优秀的作品,冲破原有思想的窠臼,为中建西北院"百年老店"的后 30 年发展奉献自己的才智。

张莉娟

张莉娟(中建西北院副总建筑师):

我 1996 年来到中建西北院,到现在已经 26 年了。回想这段历程,我觉得自己很幸运。我刚到院里就赶上了上一代建筑师创作特别繁荣的年代,这些老总带着我们参与了很多优秀的工程,在学习过程中我们过得很充实,成长也很快,毕竟有这么多优秀的建筑师作为我们学习的榜样。

在这个过程中,我深深地体会到,中建西北院的建筑师不仅设计能力出众,而且工作也十分踏实,他们阅古览今,保持着高昂的学习热情,与时俱进,使设计团队一直拥有稳定的输出水准。

在创作过程中,大家都在为好的设计想法的实现而奋斗和坚守,将整个城市的历史、地域和环境,真真切切地融入设计作品中。而这些潜在基因,是我们思考设计创作、汲取养分的源泉,也是中建西北院留给我们的创作印迹。纵观西安的城市发展,正是一批批辛勤耕耘的建设者的奉献,才形成了西安古都的别样风貌。一代代建筑师创作的优秀作品准确地诠释了西安的性格。而大家之所以能坚守,正是出于对整个城市和建筑创作的热爱。

作为 70 后建筑师,我们所扮演的是承上启下的角色,我们要循着前辈的创作道路,帮助后辈青年建筑师成长,要把中建西北院的传统,包括我们的建筑设计理念和精神继续传承下去,使中建西北院在发展过程中形成自身的演进脉络,形成具有中建西北院特色的建筑创作风格。

徐建生

徐建生(中建西北院青年建筑师):

我出生于 1982 年,今年刚好 40 岁,在我看来,并非四十不惑,而恰恰是"尚不知所惑"。40 年的人生经历,我在专业上的探索还远远不够,修炼和求索的道路依然漫长。而今恰逢中建西北院成立 70 周年的重要历史节点,我不免感慨万千。

按照时间算来,我这 40 年的成长,恰好是与改革开放 40 年的历程相伴随的,可以说我们与好时代相逢。2000 年,我就读于建筑学专业,至今在建筑领域学习工作已 22 年。身处央企大院,耳濡目染的是老一辈建筑师扎根西北的执着与坚守,感叹至深的是西部建筑师的勤劳与智慧。在这里,我和众多青年建筑师一样,得到了历练,收获了成长,培养了对专业的热情和信念。因此我很庆幸,能够一直坚守在建筑创作一线,能够耳濡目染地接触大院的文化。一方面是中建西北院一以贯之的传承精神,这种传承不仅是中建西北院坚守的对文化的传承,更有老一辈建筑师对青年建筑师的传授,前辈建筑师身体力行,彰显出职业建筑师对社会和城市所应有的责任与担当;另一方面是众多前辈建筑师多年来扎根西北、辛勤耕耘,为"三秦"大地的美好而不断努力,为建筑的理想而终年忙碌,这种坚持和守望令人感动。他们的守望展现出的不仅是对文化的自觉与自信,更是建筑师的原创精神与匠人情怀。

高萌(中建西北院青年建筑师):

2001 年,我选择了建筑学专业,家人或朋友对我选择的专业都不了解。一直以来,数学和物理是我最感兴趣的学科,当时选报专业时认为建筑学是涵盖面很广的学科,其中也涉及结构专业的知识,所以就报考了。最终,一个拥有理科思维的人进入了建筑学领域。

高萌

我是在哈尔滨工业大学完成本科和研究生学业的,2009 年毕业后在哈尔滨工业大学建筑设计研究院工作了 4 年,2013 年来到中建西北院工作,至今已有 9 年时间了。我一直试图对建筑创作的规律进行一些总结和比较。在我参加工作的这十几年中,很荣幸师从两位大师——梅洪元大师和赵元超大师。在两位大师的指导下,我参与了很多项目的创作。下面就以我在两个设计院亲身经历的比较典型的项目为例,谈一谈我对建筑创作的感受。

在哈尔滨工业大学建筑设计研究院工作时,我参与了 3 个比较典型的项目。一个是果戈里大街的立面改造项目。果戈里大街是正对着哈尔滨老火车站的一条街,当时为了打造哈尔滨城市特色风貌,领导、专家研究后认为这条街应该恢复最初规划时的样子,应给所有的现代建筑"穿衣戴帽",全部进行欧化风格的表达,让旅客走出老火车站后马上就能感受到"东方莫斯科""东方小巴黎"的文化氛围。我们设计组成员对哈尔滨的欧陆文化进行了细致的调研,最终效果也基本让人满意。第二个是哈尔滨哈西火车站项目。我参与了站前广场项目的设计,项目组撷取哈尔滨作为东北老工业基地的厂房文化,利用老工业基地的红砖以及拱券的元素来做设计,各方对最终成品的效果也比较满意。该项目也经历了对哈尔滨文化的深入挖掘、梳理的过程,但它和第一个项目提炼的文化基因又完全不同。第三个项目,就是我们和马岩松 MAD 建筑事务所配合,做了一个木雕馆项目的施工图设计,当时已经采用参数化的设计技术。木雕馆坐落在一个新城中,设计方案并没有提炼到特殊的地域文化,我们是用一个参数化的表皮来模拟一段木雕摆在地上的形态。这个博物馆当时也成为哈尔滨较受关注的新建筑之一。这 3 个项目的设计概念代表了哈尔滨城市 3 种完全不同的文化基因,也表达了3 种文化理念。

在加入中建西北院之后我进入"都市中心",参与的第一个项目就是"金延安"项目,重点对延安老城特色进行研究,以便使"金延安"钟楼、西街在新的区域及土地上让人们体验到老延安的文化氛围。我们提炼了延安的窑洞文化元素,采用了拱券,从符号学角度以及材料材质方面进行了一些传承,这也是对当时延安城市文化的一种理解与思考。第二个项目是我们工作室创作的延安大剧院,它在文化表达上用的也是延安的文化符号,但在提炼的基础上又进行了一些质感的塑造,包括空间意象的塑造,我认为这个项目在纵深的水平上又进了一步。第三个项目是 2021 年在赵总带领下做的长安系列工程,即"长安云""长安乐""长安谷""长安书院"等。我们在创作过程中注重对西安广运潭地区传统文化的提炼,尤其在"长安乐"的设计中采用了古陶埙文化意象。同时,我们也用了参数化设计来塑造比较有动感的流线型表皮,包括地景建筑概念的融入。

从上述项目中可以看到,哈尔滨的 3 个项目是从 3 个不同的文化方向进行的建筑创作;而在西安的项目则是沿着一条纵深的文化脉络逐步深化的,呈现出的是迭代的进化状态。如果说"金延安"是我们做的对传统文化传承的 1.0 代作品的话,那么我们做的延安大剧院则在文化传承方面上升到了 2.0 代,"长安系列"我们又上升到了 3.0 代,整体是一个呈阶梯状上升的趋势。

我们这代建筑师也是快 40 岁的人了,虽然积累了一点点设计经验,但还远远不够。我想以后进行建筑创作时,要在传承前辈建筑师精神的同时,站在巨人的肩膀上进行创新,以中华文化为根基,紧跟世界建筑设计发展的脚步,不仅要传承我们的本土文化,而且需要融入现代设计理念、建造技术、建筑材料。

刘月超

刘月超（中建西北院青年建筑师）：

我是1985年出生的，也就是赵总说的第四代建筑师。我最近也在思考和探寻中建西北院70年的创作规律，但毕竟作为年轻建筑师，我们短暂的执业认知，使我们对问题的认识没有前辈那么深。最近我正在参与一个档案馆的改造项目。我们探勘现场后就感觉原有建筑的现代味很浓厚，一追溯才发现是中建西北院做的设计。随后我们找到当年的设计图纸，这是一套纯手绘的图，看图签，项目负责人应该是曹曼华和王利民。当时中建西北院还是陕西省第一设计院，所以我们看到这套图纸也很感慨。根据原有的设计理念，我们确定了这个项目的定位：一方面要满足新的档案存储的要求，另一方面将其定义为当时陕南地区首批有现代风格的公共建筑。原建筑属于建筑遗产的范畴，对原有的设计手法我们尽可能保留下来。通过这个项目，我们感触很深，现在已经能接到20世纪70年代的改造项目了，还是中建西北院前辈建筑师的作品，我们一定要把项目做好、传承好，这也是我们的荣幸。

通过各位老总的发言，我们对中建西北院的发展脉络有了进一步认识，我认为，这也是中建西北院建筑思想的发展历程。尤其是前三代建筑师已经形成了比较有特点的建筑思想，甚至是建筑思潮。我们一直强调我们是传统文化的守望者，我认为中建西北院的建筑师还有其他身份值得关注，即新地域文化的探寻者。各位老总的作品都体现了新时代丰富的地域文化，如赵总在四方城内的建筑、在宝塔山下的创作以及"十四运"的系列作品。我是安总的研究生，和安总一起工作的这十几年，参与了很有代表性的咸阳机场规划项目等。大师们的作品虽然是现代的，但是回过头来看，还是有根可寻的，它们不是无本之木的创作。中建西北院在西安做建筑的建筑师一直在坚守，这也是我院70年来留下的重要财富。作为第四代建筑师，我们现在最大的任务就是将前辈建筑师的创作精神完整地承接好、发扬好。

许佳轶（中建西北院青年建筑师）：

我想以个人在中建西北院的工作经历来谈谈对中建西北院建院70周年的感受。我毕业于华南理工大学，在大学期间主要接受的是以现代建筑设计思想为核心的教育，参与过侵华日军南京大屠杀遇难同胞纪念馆设计竞赛，当时整个年级都参加了。毕业后我回到西安，进入中建西北院工作。在这里，我最大的感触是建筑师在创作中对地缘因素和历史因素的重视。我记得张锦秋院士曾经写过一篇文章，她指出西部建筑师特别是中建西北院的建筑师的设计工作要植根于这片历史文化积淀深厚的土地。在经济相对落后的环境中，他们以高度的文化自信和自觉，努力寻找符合所处地域环境的建筑创作道路。

许佳轶

这也深深地影响着我。近几年我有幸做了一些整理张院士设计材料的工作，看到她撰写的很多文章，也聆听她讲述学生时代、1949年后的国家建设、"文革"时期到改革开放至今的工作、生活经历，还有中建西北院老一辈建筑师在项目设计时对细节的钻研。张院士曾作为年轻建筑师参加毛主席纪念堂的设计工作，杨廷宝先生对她的指导令她终生难忘。张院士说，当时建筑师没有统一的设计室，在酒店临时准备的房间里进行设计，十分分散。但杨先生会逐一去指导，还特别提出了一些对园林方面的意见和建议。"文革"后期，张院士希望帮助下乡的青年学习知识，给他们买书送书，还向青年建筑师讲述了自己如何从华清宫大门这样一个小项目开始，一步步积累总结、思考实践的经历。对我们年轻一代而言，真实地感受前辈建筑师走过的路，那种冲击感是很强烈的，对他们的崇敬之情也油然而生。

在我的工作经历中，前辈建筑师给我留下了很多印象深刻的画面：张院士这样一位慈祥的老人，曾经在医院的病床上指导芙蓉园凤鸣九天剧院方案的修改；做西安市行政中心项目时，赵元超总建筑师带领团队晚上在办公室里研究模型；秦峰总建筑师将自己对建筑创新的方法总结后传授给我们青年建筑师；高朝君副总建筑师、吕成副总建筑师、张冬总、王瑜总等许多经验丰富的建筑师、工程师努力工作，对设计质量严格要求。

这些人、这些事，都让我在内心深处感受到：他们不管是在社会动荡时期，还是在改革开放后市场冲击强烈时期，都能默默地在建筑创作上做到坚守和传承。建筑师以设计作品回馈社会，如中国大运河博物馆、中央礼品文物管理中心、中国长城博物馆、黄帝陵轩辕殿、延安革命纪念馆等就是这样的作品。

中建西北院的建筑师在不同时期投身国家建设，坚持服务国家发展的客观需要，将自身的创作热情融入各个时代的建筑作品中。由此我认为，作为建筑师，尤其是作为中建西北院的建筑师，应当始终传承服务国家社会发展的精神。前辈们将所有的创作激情奉献于国家的发展之中，这种精神感动着我们，对青年建筑师来说,我们依然要无怨无悔地创作下去!

这就是 70 岁的中建西北院一代代人所拥有的精神和情怀带给我的最深切的感受。

张晶(中建西北院青年建筑师):

张晶

我是从 2012 年读研究生时开始接触中建西北院的,那时我是赵元超总的学生,现在算来也经历了中建西北院 70 年历程的 1/7。从我的视角来看,自己在西安上大学,并留在这座城市生活、工作,从最开始对这座城市朦胧的印象,到伴随专业知识的学习,逐渐形成了自己对西安城市的认识。我们走在西安的大街小巷,拐个弯,走几步,都会遇到中建西北院的设计作品。可以说中建西北院在西安的城市发展过程中,几十年如一日,用无限的激情在西安这片热土上书写着它对建筑和城市的情怀,描绘出城市的整体风貌。中建西北院对西安城市发展的贡献是巨大的。对像我这样的青年建筑师来说,这是莫大的骄傲。

对我们这些年轻建筑师而言,我们何其有幸,能够站在前辈们用情怀和奋斗为我们筑起的广阔平台上,去追求梦想,实现自己的人生价值。虽然我们目前接触的项目不算多,接受中建西北院文化熏陶的时间也不是很长,但我们也通过所参与的设计持续向前辈、大师学习,汲取力量,传承和发扬中建西北院精益求精的创作精神。由此我想,我们更重要的任务是在传承的基础上谋求创新,尤其让西安这座历史名城的文化遗产与现代城市建设更加和谐,使古城焕发出新时代的新活力,这是我们努力的重要方向。

同时,我们应该以更广阔的视野,放眼全国,为不同地区的城市在新时期、新格局下健康发展注入我们的设计力量,也为中建西北院未来的发展做出我们应有的贡献。

王元舜(中建西北院青年建筑师):

王元舜

我的博士论文是围绕"设计机构建筑实践与城市发展之间影响"的相关内容展开研究的,因此我整理了一些文献资料,在这里向各位专家、老总、同事汇报一下。

一个是关于前面秦总提出的中建西北院建筑设计的基因或称创作精神的问题。在对中建西北院 1952—2012 年 60 年间在西安的建筑实践的梳理与分析研究中,我将这种基因或称创作精神描述为"在个人建筑实践及群体建筑师实践中均可见的、具有较明确迭代和历史指向性特点的创新设计"。第一,这种创新设计既存在于个体建筑师的建筑实践中,也在群体建筑师实践和跨代建筑师的建筑实践中有所体现。前者以张锦秋、赵元超总建筑师为代表,后者在西北建筑设计公司、20 世纪 50 年代建筑师、20 世纪八九十年代建筑师、屈培青工作室等群体的实践中都可以看到。例如,20 世纪 50 年代初,董大酉在主持当时的"西北人民体育场"(现在的陕西省体育场)项目时,将主体育场的中轴线置于用地北面唐荐福寺小雁塔的南北轴线之上。20 世纪 90 年代中期中建西北院在主持陕西省体育场改扩建工程时,提出了在原体育场基础上更新改造的方案。随后又在用地南部区域,对称规划设计了 2 栋高层塔楼,以塔楼之间的虚空间进一步强化了"小雁塔南北轴线—体育场中轴线"这条跨越千年的"历史对话"轴线。第二,具有迭代特点。也就是当下的建筑实践是在之前实践积累之上的再创作。同时,当下的创作又成为下一次实践开展的基础。像 20 世纪 50 年代初董大酉主持设计的西安市委礼堂,是在其 20 世纪 30 年代设计的上海市政府大厦基础上的再创新,同时又成为合作者洪青转变设计理念和设计手法、开辟新实践路径的基础。20 世纪 80 年代初,杨家闻在主持设计西安唐城宾馆时,一方面,以开放的心态多方汲取同时期国内外高级宾馆的设计理念和手法,例如在借鉴建国饭店室外庭院组织空间理念的基础上,恰如其分地在室外庭院植入"长安八景";另一方面,他又以开放的心态采纳院内其他建筑师的想法和建议。被杨家闻采纳的、由建筑师葛守信和吴乃申提出的核心筒部分的造型手法,成为之后葛守信以现代手法设计西安交通大学钱学森图书馆的火种(葛守信设计的西安交通大学图书馆被西安建筑科技大学刘克成称作西安第一个后现代建筑作品)和吴乃申设计西安美术学院教学主楼的立意原点。第三,这种创新有明确的历史指向性。在中建西北院 70 年的众多建筑实践中,明确地以多种不同方式对西安城市进行回应,是优秀建筑作品的共同特点。悠远的历史和厚重的文化总能从深处激发起今人对于盛世长安的共鸣,也构成了这座城市市民的集体记忆。

另一个是关于中建西北院建院初期的一些信息。1951 年初,隶属交通部的中国交通建设企业总公司西北区公司(是 1952 年组建中建西北院的五家设计公司之一,庄俊先生当时任中国交通建设企业总公司总建筑师),以类似于今天工程总承包的方式,承接了西北军政委员会办公大楼(今西安人民大厦)的建设任务。时任西北区公司概预算主任科员的李守义前往上海,邀请好友洪青前往西安参与项目设计。1951 年 10 月,洪青带领近 30 名技术人员抵达西安,加入中国交通建设企业总公司西北区公司,并作为项目主要设计人员领导主持项目设计。董大酉先生在 1951 年接受北京永茂公司的聘请,出任永茂公司西北分公司总工程师一职。1951 年底,董大酉携家眷抵达西安,受到西安市高级领导到站迎接的礼遇,政府为其在西安药王洞安排一院大宅供其居住,还配有厨师、勤杂工和专车司机。据杨家闻先生回忆,洪青和董大酉两位先生在西北建筑设计公司共事时,彼此合作十分愉快。董先生通常会把控设计大思路和大原则,负责总体规划布局;洪先生则负责具体落实和对设计细节的把控以及和各专业的协调工作。洪先生还经常协助年轻技术人员解决具体设计问题,帮助他们完善设计方案、绘制效果图等。1954 年底,董大酉先生调离中建西北院,洪青先生在随后的实践中,大体上延续了之前的设计风格和设计手法,并且对从上海调入中建西北院的华东院同事的设计理念产生了较大的影响。

还有一点,我想谈一下对中建西北院未来建筑实践的认知与思考。

对建筑实践的探讨,特别是对区域性的、具有某些共同特点的建筑展开整体性、历史性分析研究的时候,背景和语境是首先需要被明确和前置的。其实,在开展建筑实践时,也需要建筑师对项目的背景和语境有较清晰的认知。通常情况下,全球化被认为是任何建筑实践都离不开的语境,而改革开放则构成了讨论中国现代城市建设变迁发展的背景。从总体来看,对中建西北院建筑实践的分析与思考,也可以基于上述背景、语境展开。

进入 21 世纪,随着"一带一路"倡议的提出和全方位践行,这一背景和新语境就以潜移默化、草蛇灰线的方式存在,并影响着中建西北院的建筑实践。自 21 世纪第一个 10 年后,这一背景逐渐成为前景,终将成为中建西北院、西安、西部建筑实践中所不可忽视的基本语境。

西安的城市建设和建筑实践一直受到来自国内外的关注。西安是世界四大文明古都之一,是中国的十三朝古都,亦是中国国家中心城市和被国务院明确提出的三座国际化大都市之一,西安在城市建设和建筑实践中遇到的问题及其解决方法,能为学术界学习研究提供极有价值和意义的案例。当西安发展建设的作用、意义和影响力不再局限于国内时,当底层逻辑和生存方式发生系统性转变时,如何在更加开放的国内、国际市场环境中,"立足国情、走自己的路",寻找、重新建构与历史禀赋、自然禀赋、社会禀赋相适应的理论和技术体系,积极地、系统性地探索新语境下中建西北院、西安乃至西部新建筑实践的经验是值得思考的。

毛宇帆(中建西北院青年建筑师):

我和在座的各位老总、同事相比就更属后辈了。我是 1994 年出生的,可以说是在学习各位老师创作的作品中成长的。作为一名年轻建筑师,我最大的感受是任何一项创作都在不停地影响着城市的发展,而城市也会反过来影响我们这些生活在其中的人。

以我为例,我之前就了解到中建西北院在西安城市之中有很多作品,而在参与筹备中建西北院作品集的这段时间,我才发现原来小时候放学路上经过的一个宾馆、经常去玩的一个公园都是中建西北院的作品,它们有些依然是我记忆中的样子,有些已经经历了更新,以另外的形式出现在城市环境中。可以说,历史悠久的中建西北院在一定程度上塑造了我们对这座城市的最初认知。

这种经历对我们这些在这座城市长大的孩子来说,会是一种更深刻的、更有传承性的记忆,对我的教育经历、成长经历来说也影响颇深。

我 2012 年开始读建筑学本科,在随后的研究生学习中,我选择了城市规划专业,跟随导师关注、研究的就是北京旧城,我当时就发现对旧城研究感兴趣的学生大都来自北京、天津、西安甚至泉州这种蕴含着古老基因的城市。这也是我认为城市在不停地影响着居住其中的人的原因。

我们天然地生长于一座古城中,也在不断建设这座古老的城市,前辈们的作品像一棵大树,枝繁叶茂。对即将走过 70 年历程的中建西北院来说,创造城市记忆就是我们一直在做而且有所成效的事情,也是需要去传承和发展的东西。而对我们这些正在成长之中的建筑师而言,站在这个时间点上看未来,我们希望传承所在城市的基因和记忆,以鲜活的、高品质的城市空间和建筑环境,为未来的人们去创造一些属于他们的记忆,进而有可能去参与塑造人们的生活。我想这可能就是我们作为新一代的建筑师想要努力承担的责任。

毛宇帆

会议现场（三）

赵元超：

　　非常感谢大家精彩的发言，这为我们做好中建西北院作品集提供了新的思路、想法和资源。我认为通过这次作品集的编撰，一定有不同以往的中建西北院设计历史被挖掘出来，从传承开始，到展望中建西北院今后的发展，精神也好，基因也好，这些无形的力量总能化为我们中建西北院建筑师的创作动力与灵感源泉。

Accumulate Thickness and Shine Brilliantly, a New Landmark in Beijing

—China Architectural Heritage go to the Central Gifts and Artifacts Center for Investigation and Exchange

积厚流异彩 首都新地标

——《中国建筑文化遗产》赴中央礼品文物管理中心考察交流

CAH编委会（CAH Editorial Board）

中央礼品文物管理中心外景

中央礼品文物管理中心展馆内景

2022年7月27日，在全国工程勘察设计大师、中建西北院首席总建筑师赵元超的引荐和陪同下，中国文物学会20世纪建筑遗产委员会副会长兼秘书长金磊率《中国建筑文化遗产》编委会一行数人，参观考察了刚刚建成并对外开放的庆祝中国共产党成立100周年的重要工程——中央礼品文物管理中心展馆，并同管理中心负责人进行了交流。通过负责人绘声绘色的讲述，大家不仅领略到项目建筑的庄重大气，也从国之礼品中感悟到大国之风与和平之气。登上顶层，大家更为那种"德之所在，天下归之"的环境氛围所震撼。这个国家级红色地标，以其"百川归海，万物生辉"的展品记录着中华人民共和国成立70多年来国家重要的外事活动，是集文物馆藏、研究与陈列、爱国主义教育为一身的建筑殿堂，成为首都北京中轴线上的重要建筑。

该项目区位之重要、创作之特殊、内涵之丰富，使其自开放以来就得到社会各界参观者的盛赞。通过介绍，大家感慨该项目决策筹备、设计创作、施工建设管理的难度，敬佩各方建设者爱岗敬业的职业精神、精益求精的品质精神、协作共进的团队精神以及追求卓越的创新精神。该项目形成了新时代标志性纪念与展示建筑的设计建造管理体系，打造出文化盛世与精品云集的特色展陈体系。建筑空间与礼品瑰宝和谐交融，形成移步换景的文化艺术陈列园区，让观者在游览中，体味到大国盛世的历史脉络与气概。

有鉴于此，2022年8月9日，中国文物学会20世纪建筑遗产委员会秘书处联合中建西北院，向中央礼品文物管理中心提交了"积厚流异彩 首都新地标——中央礼品文物管理中心项目编研与建筑文化研讨策划案"，计划由中国文物学会20世纪建筑遗产委员会、中建西北院、《中国建筑文化遗产》编委会、《建筑评论》编辑部联合为该项目在建筑创作理念与技法、当代遗产价值诠释、文博展示风格诸方面从学术上、文献上做个小结，以服务中央礼品文物管理中心的建设方。该策划案得到中央礼品文物管理中心的初步认可。

考察团队同中央礼品文物管理中心负责人合影